可再生能源系列丛书

太阳能热利用

Solar Energy Utilization

王 军　邹宁宇　Peter David Lund（彼得·大卫·伦德）　张耀明◎编著

河海大学出版社
HOHAI UNIVERSITY PRESS
·南京·

图书在版编目(CIP)数据

太阳能热利用 / 王军等编著. -- 南京 : 河海大学出版社，2024. 10. --(可再生能源系列丛书).
ISBN 978-7-5630-9347-2

Ⅰ. TK519

中国国家版本馆 CIP 数据核字第 2024SN5737 号

书　　名	太阳能热利用
书　　号	ISBN 978-7-5630-9347-2
责任编辑	杜文渊
文字编辑	张金权
特约校对	李　浪　杜彩平
装帧设计	徐娟娟
出版发行	河海大学出版社
地　　址	南京市西康路 1 号(邮编:210098)
网　　址	http://www.hhup.com
电　　话	(025)83737852(总编室) (025)83722833(营销部)
经　　销	江苏省新华发行集团有限公司
排　　版	南京布克文化发展有限公司
印　　刷	广东虎彩云印刷有限公司
开　　本	787 毫米×1092 毫米　1/16
印　　张	18.75
字　　数	490 千字
版　　次	2024 年 10 月第 1 版
印　　次	2024 年 10 月第 1 次印刷
定　　价	89.00 元

前言

太阳能热利用历史悠久，千百年来人们广泛利用太阳光晒干衣服、物料和工农业产品等，但这些都是最简单的利用，人类真正高品质地利用太阳热能的时间还不长。利用开发太阳能的出发点，一是致力于提高太阳能的能流密度，技术思路有聚光、跟踪；二是通过能量聚集，把低品位的太阳能转化为高品位的热能，技术思路有太阳能集热器；三是致力于提高转换效率，技术思路有真空管、热管、选择性吸收性涂层；四是太阳能热的储存，技术思路有显热存储、相变存储、化学存储、热泵跨季节存储；五是实现太阳能热低成本的多层次、多元化的利用。新技术和新材料是太阳能热利用的动力源泉。太阳能热发电是太阳能热利用的高级形式，吸取了各类太阳能热利用技术的成果。

现代太阳能热利用所指的就是用太阳能集热器将太阳辐射能收集起来，通过与物质的相互作用转换成热能加以利用。按利用的温度不同分为太阳能低温（＜100℃）利用、中温（100℃～500℃）利用和高温（＞500℃）利用。成熟技术部分主要包括集热器、热水系统、太阳灶、太阳能暖房等传统的太阳能热利用技术；先进技术部分主要阐述了尚处于研究推广阶段的高品位太阳能热利用技术，包括太阳能空调降温/制冷、太阳能制氢、太阳能热发电等。当前研究的热点主要是太阳能建筑热利用的技术问题。

太阳能热利用的关键部分是太阳能集热器，目前使用的太阳能集热器根据集热方式不同分为平板型集热器和聚焦型集热器，前者接受太阳辐射的面积与吸热体的面积相等，为了接收到较多的太阳能需要很大的集热面积，且集热介质的工作温度也较低；后者通过采用不同的聚焦器，如槽式聚焦器和塔式聚焦器等，将太阳辐射聚集到较小的集热面上，可获得较高的集热温度。可以获得较高温度的集热器又称太阳锅炉。若用太阳能全方位地解决建筑内热水、采暖、空调和照明用能，这将是最理想的方案。太阳能与建筑（包括高层）一体化研究与实施，是未来太阳能开发利用的重要方向，也是整个太阳能行业壮大的根本所在。

目录 CONTENTS

1 太阳能干燥

1.1 太阳能干燥与干燥理论

1.1.1 太阳能干燥的特点

太阳能干燥是人类利用太阳能历史最悠久、最广泛的一种形式。早在几千年前，人们就开始把食品和农副产品直接放在太阳底下进行摊晒，待物品干燥后再保存起来。这种直接在阳光下摊晒的方法一直延续至今，但是，这种传统的露天自然干燥方法存在诸多弊端：效率低、周期长、占地面积大，易受阵雨、梅雨等气候条件的影响，也易受风沙、灰尘、苍蝇、虫蚁等的污染，难以保证被干燥食品和农副产品的质量。本章介绍的太阳能干燥，是利用太阳能干燥器对物料进行干燥。如今，太阳能干燥技术的应用范围有了进一步扩大，已从食品、农副产品扩大到木材、中药材、工业产品等的干燥。为了更有效地利用太阳辐射能来干燥物料，人们结合各地的太阳能资源和气候条件，根据物料的干燥特性，设计和建造了各种形式的太阳能干燥器，可以分成高温聚焦型和低温热利用型两大类。前者由于造价高、设备复杂，很少被使用；后者由于造价较低，可因地制宜、就地取材施工。况且，农副产品一般只需低温（40℃～65℃）干燥，有的则必须低温干燥（如种子和带挥发性物质的中药材等），因而低温热利用型太阳能干燥器发展迅速。本章所述太阳能干燥，均指用低温热利用型干燥器来干燥物料。这种形式的太阳能干燥器，可将太阳辐射能直接照射在物料上，利用温室效应，人为地创造一种适合于干燥作业的环境，并通过合理的送风使物料干燥；也可以利用太阳能空气集热器采集太阳辐射能加热空气，用流动的热空气来干燥物料；或将两者组合起来应用。通过光伏电池等还可以实现红外干燥和微波干燥，进一步提高干燥效率。

实验表明：晒干的鲜菜，其叶绿素、维生素等营养成分仅剩 3%，阴干则可以保持 17%，热风快速干燥可保留到 40%，微波干燥则能保留 60%～90%，微波升华干燥则可保持 97%。

太阳能干燥器与常规能源配套使用，还能实现全天候运行、产业化生产的目的。利用太阳能干燥器进行干燥作业，具有干燥周期短、干燥效率高、产品干燥品质好的优点，可避免自然摊晒的物料污染和腐败变质损失。实践证明，利用太阳能干燥器进行干燥作业具有较明显的经济效益和社会效益。

1.1.2　太阳能干燥原理

1. 太阳能干燥过程

干燥过程是利用热能使固体物料中的水分汽化并扩散到空气中去的过程。物料表面获得热量后，将热量传入物料内部，使物料中所含的水分从物料内部以液态或气态方式进行扩散，逐渐到达物料表面，然后通过物料表面的气膜扩散到空气中去，使物料所含的水分逐步减少，最终成为干燥状态。按照传热和加热方式的不同，干燥方式主要可分为四种：传导干燥、对流干燥、辐射干燥和介电加热干燥。

太阳能干燥是指以太阳能为能源进行的干燥过程。在干燥过程中，被干燥的湿物料或者在温室内直接吸收太阳能并将它转换为热能，或者通过太阳能集热器所加热的空气进行对流换热而获得热能。物料表面获得热量后，将热量传入内部，使物料中所含的水分从物料内部以液态或气态逐渐到达物料表面，然后通过物料表面的气态界面层（边界层）扩散到空气中去。在干燥过程中，湿物料所含的水分逐步减少，最终达到预定的终态含水率，变成干物料。因此，干燥过程实际上是一个传热、传质的过程，它包括以下几方面。

（1）太阳能直接或间接加热物料表面，热量由物料表面传至内部。

（2）物料表面的水分首先蒸发，并由流经表面的空气带走。此过程的速率主要取决于空气温度、相对湿度和空气流速，以及物料与空气接触的表面积等外部条件。此过程称为外部条件控制过程。

（3）物料内部的水分获得足够的能量后，在含水率梯度（浓度梯度）或蒸汽压力梯度的作用下，由内部迁移至物料表面。此过程的速率主要取决于物料性质、温度和含水率等内部条件。此过程称为内部条件控制过程。

物料干燥速率的大小取决于上述两种控制过程当中较慢的那个速率。一般来说，非吸湿性的疏松性物料，两种速率大致相等；而吸湿性的多孔物料，如黏土、谷物、木材和棉织物等物料，干燥的前期取决于表面水分汽化速率，后期物料内部水分扩散传递速率滞后于表面水分汽化，导致干燥速率下降。

太阳能干燥是热空气与湿物料间对流换热的过程，热量由物料表面传至内部，物料内的温度是外高内低；而物料内的水分是由内向外迁移，其含水率是内高外低。由于温差和湿度差对水分的推动方向正好相反，结果温差削弱了内部水分扩散的推动力。当物料内部温差不大时，温差的影响可以忽略不计。另外在干燥工艺上可以采取一些措施，来减少这种影响。

物料干燥过程中，水分不断地由物料转移至空气中，使干燥室空气的相对湿度逐渐增大，因此需要及时排除一部分湿空气，同时从外界吸入一部分新鲜空气，减少干燥室空气的湿度，才能使干燥过程持续进行。

2. 太阳能干燥过程中的水分变化

太阳能干燥通常采用空气作为干燥介质。在太阳能干燥器中，空气与被干燥物料接触，热空气将热量不断传递给被干燥物料，使物料中水分不断汽化，并把水汽及时带走，从而使物料得以干燥。

太阳能干燥的对象称为物料，譬如食品、农副产品、木材、药材、工业产品等。不同的物料具有不同的干燥特性，而且即使同一种物料在不同的干燥阶段也会表现出不同的内部特性。

只有充分掌握干燥过程中物料的内部特性及干燥介质的物理特性，才能确定合理的干燥工艺，并设计出有效的太阳能干燥器。物料的内部特性包括被干燥物料的成分、结构、尺寸、形状、导热系数、比热容、含水量、水分与物料的结合形式等。干燥介质的物理特性包括空气的温度、湿度、比热容和湿空气状态参数的变化规律等。

(1) 物料中所含的水分

物料中所含的水分，根据其存在的状况，一般可分为：游离水分、物化结合水分和化学结合水分三类。

(2) 物料的平衡含水率

物料的平衡含水率，是指一定的物料在与一定参数的湿空气接触时，物料中最终含水量占此物料全部质量的百分比。

实际上，当物料内部所维持的水蒸气分压等于周围空气的水蒸气分压时，物料的含水率即为该状态下的物料的平衡含水率，而此时物料周围空气的相对湿度则称为平衡相对湿度。

平衡含水率的概念对于研究物料的干燥过程是十分重要的，因为在任何已知或已设定的干燥状态下，可以通过平衡含水率的关系，确定物料经过干燥后可能达到的最终含水量。这也就是说，掌握平衡含水率的规律，可以帮助我们确定物料的最终干燥状态。

不同物料的平衡含水率是不同的，可以通过实验予以测定。

(3) 物料干燥过程的汽化热

从湿润物料中将单位质量的水分蒸发所需要的热量，称为物料干燥过程的汽化热，单位为 kJ/kg。

物料的汽化热与物料的含水率及干燥温度有关。在干燥初期，物料含水较多，物料的汽化热与自由水分的汽化热比较接近；随着物料含水率降低，物料汽化热就逐渐增加，原因是物料水分汽化时，除了需要能量使水分汽化，还需要多消耗能量克服水分子与物料表面的物化结合力。此外，物料汽化热与干燥温度的关系，其规律性与自由水分汽化的规律性大致相同，即干燥温度越低，消耗的汽化热就越多。

1.2 太阳能干燥生产工艺

1.2.1 太阳能干燥工艺特点

1. 在20世纪90年代之前，我国太阳能干燥工艺就有了一定程度的发展，在技术开发和推广应用方面都取得了较大的成绩

各地报道的太阳能干燥实例很多。在食品、农副产品方面，有各种谷物、蔬菜、水果、鱼虾、香肠、挂面、茶叶、烟叶、饲料等的干燥；在木材方面，有白松、美松、榆木板、水曲柳等的干燥；在中药材方面，有陈皮、当归、天麻、丹参、人参、鹿茸、西洋参等的干燥；在工业产品方面，有橡胶、纸张、蚕丝、制鞋、陶瓷泥胎等的干燥。

国际上对太阳能干燥的研究开发及实际应用一直都比较重视。在国际能源署(IEA)太阳能供热制冷委员会(SHC)中，还专门设立了“太阳能干燥农作物”任务组(第29项任务)，主要成员有加拿大、荷兰、美国等国家。该任务组研究开发的太阳能干燥项目有：咖啡、烟叶、谷物、水果、生物质、椰子皮纤维和泥煤等的干燥。

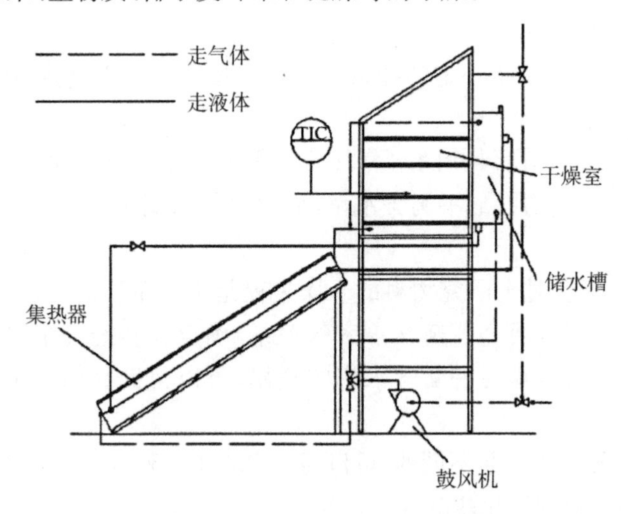

图1-1 太阳能干燥设备工作原理

太阳能干燥使用清洁能源，对保护自然环境十分有利，而且可以防止因常规干燥消耗燃料而给环境造成严重污染。与露天自然干燥相比，太阳能干燥是在特定的装置内完成，可以改善干燥条件，提高干燥温度，缩短干燥时间，进而提高干燥效率。

各种太阳能干燥装置都采用专门的干燥室，可避免灰尘、忽然降雨等污染和危害，又由于干燥温度较自然干燥温度高，还具有杀虫灭菌的作用。图1-1是太阳能干燥设备的工作原理。

2. 太阳能烟囱作为一项新技术，在自然通风、农副产品干燥和发电领域有着广泛的应用前景

太阳能烟囱是一种热压作用下的自然通风设备，它利用太阳辐射为空气流动提供动

力，将热能转化为动能，从而增大压头和排风量。到目前为止，国内外已对太阳能烟囱的各种可能应用进行了大量的理论研究、实验研究以及数值模拟研究。目前，太阳能烟囱技术典型的应用可归纳为三类：室内通风、发电、农副产品干燥。其中最有可能获广泛应用的是室内通风的农副产品干燥。

太阳能烟囱对自然通风的强化和集热性能够更好地完成传统干燥工艺的任务，并且这方面的研究已逐渐引起了相关学者的重视。使用太阳能烟囱技术来完成水分蒸发任务：首先集热板覆盖区域内的温度较高，高温条件下的水分蒸发速度将高于露天的自然干燥过程；同时，太阳能烟囱借助太阳辐射能来加速内部空气的自然循环流动，提高了物料表面的空气流速，增加了瞬态条件下物料表面的湿度梯度，提高了水分蒸发的推动力，使整个过程得到了强化。由于太阳能烟囱能够吸收大量的太阳辐射能，同时干燥物料处于集热板覆盖区域内，所以整个干燥过程受外部环境因素影响较小。

3. 与采用常规能源的干燥装置相比，太阳能干燥具有以下特点

(1) 节省燃料。常压下蒸发 1 kg 水，约需要 2.5×10^3 kJ/kg 的热量。考虑到物料升温所需热量、炉子燃烧效率等各种因素，有资料估算，干燥 1 t 农副产品，大约要消耗 1 t 以上的原煤；若是干燥 1 t 烟叶，则需耗煤 2.5 t。据统计我国烟叶年产量约为 420 万 t，目前大多采用农民自制的土烤房进行干燥，能耗很大，若采用太阳能干燥则节能效果非常明显。20 世纪 70 年代末，我国河南省长葛市在太阳能烤烟的试验中，有效节约了 25%～30%的常规能源。泰国在 20 世纪 80 年代中期在这方面也做过大量工作，采用太阳能作为辅助能源进行烟叶干燥，试验证明能有效地节约 30%～40%的常规能源。

(2) 减少对环境的污染。如前所述，我国大气污染严重，这主要源于煤、石油等燃烧后的废气和烟尘的排放，采用太阳能干燥工农业产品，在节约化石燃料的同时，又可以缓解环境压力。

(3) 运行费用低。就初投资而言，太阳能干燥与常规能源干燥二者相差不大。但是在系统运行时，采用常规能源的干燥设备燃料的费用是很高的。如某果品食品开发有限公司购买了一台采用燃煤的干燥设备，价值 10 余万元，一次可干燥 800 kg 梅子，但需耗煤 900 kg。若采用太阳能干燥，设备投资(初投资)二者相差不大，但太阳能干燥除风机消耗少量电能外，只消耗免费的太阳能。虽然太阳能干燥不能完全取代采用常规能源的干燥手段，但是通过设计使二者有机结合，使太阳能占到总能量消耗的较大比例，也同样可节约大量运行费用。

(4) 太阳能是间断的多变能源。夜晚和阴雨天气无法利用太阳能，即便是晴天，太阳辐射强度也随时间和季节变化而变化，相应的空气温度和湿度也在变化，因而，谷物的干燥速率、干燥周期和干燥装置的热效率也随之变化。

(5) 太阳能干燥装置的年度运行时间长。以空气作为干燥介质，不存在像太阳能热水器中水冻结的问题，一个保温良好的太阳能干燥装置，在冬季也能运行，只需有效地防止夜晚和阴雨天气冻坏谷物即可。

(6) 太阳能干燥装置适用于低温干燥(40～65℃)。各地可结合当地太阳能资源和气候条件、干燥对象的特点，选择合适的干燥装置型式，因地制宜、就地取材设计施工，以达

到较好的干燥效果和较佳的经济效益。季节性使用的太阳能干燥装置应尽量降低成本。全天候使用的太阳能干燥装置,可与常规能源配合使用。

1.2.2 太阳能干燥器类型

以阳光是否直接照射在物料上为依据,我们可以把太阳能干燥器分为两类,即温室型太阳能干燥器和空气集热器型太阳能干燥器。前者阳光直接照射在物料上;后者阳光不直接照射在物料上,而是照射在空气集热器上,吸热板采集太阳能,流经集热器的空气经过加热被输送到干燥室干燥物料。此外,用温室代替空气集热器型太阳能干燥器中的干燥室,还可以构成空气集热器和温室组合型太阳能干燥器。

按空气流动的驱动力分类,可以把太阳能干燥器分为自然抽风式和强迫循环式。

按干燥器的结构型式和运行方式分类:温室型太阳能干燥器;集热器型太阳能干燥器;集热器-温室型太阳能干燥器;整体式太阳能干燥器;其他形式的太阳能干燥器。

一般说来,温室型太阳能干燥器是直接受热式干燥器;集热器型太阳能干燥器是间接受热式干燥器;集热器-温室型太阳能干燥器是同时具有直接和间接式受热的混合式干燥器;整体式太阳能干燥器则是将直接和间接受热合为一体的太阳能干燥器。

1.2.3 典型的太阳能干燥器

1. 温室型太阳能干燥器

温室型太阳能干燥器按驱动空气流动的动力来分,有自然抽风式和强迫循环式两种。

如图 1-2 所示,自然抽风式温室太阳能干燥器的干燥过程包括两个阶段:(1) 对工作流体(通常是空气)加热;(2) 热空气从待干物品中抽取并带走水分。加热空气可采用直接或间接两种方法:直接加热是在放置待干物品的干燥室(箱)内进行的;间接加热需要利用太阳能空气加热器,以提高空气的温度并降低其相对湿度。一般来说,空气温度每升高 11℃,干燥时间可减少 30%以上。

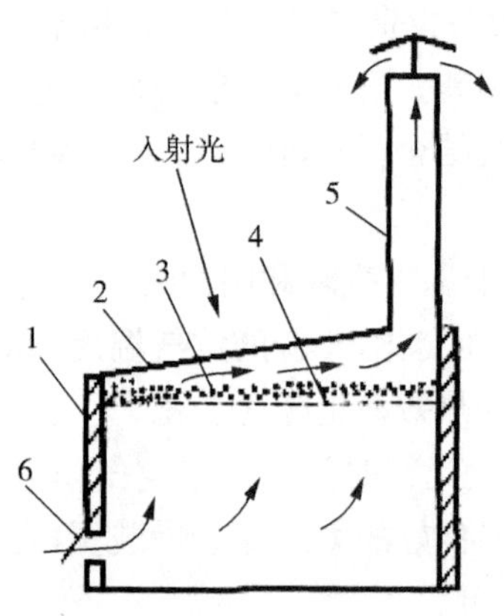

图 1-2 自然抽风温室型干燥器

1. 墙体;2. 透明盖板;3. 物料;4. 多孔筛屉;5. 烟囱;6. 活阀

2. 吸收式干燥器

(1) 自然循环吸收式太阳能干燥器

如图 1-2 所示，透过玻璃的太阳辐射被涂黑表面吸收，同时也被待干燥物吸收，结果使干燥器内的空气温度升高。热空气容易从含有水分的物品中夺得水分而湿化，并由于自然对流作用从上部的孔眼中流出，而湿度较低的冷空气则从底部孔眼流入，形成不断循环的过程，从而使待干燥物除去水分，得到干燥。自然循环吸收式太阳能干燥器的主要优点是结构简单、造价低廉、维修费用低，可以连续作业，不需要循环动力。

(2) 自然循环半直接吸收式太阳能干燥器

如图 1-3 所示，半直接吸收式太阳能干燥器的干燥过程为：首先将待干燥物品放入后房预热干燥室预热，等到待干燥物品失去 25%～30%水分后，再将其移至前房干燥室，直至烘干为止。

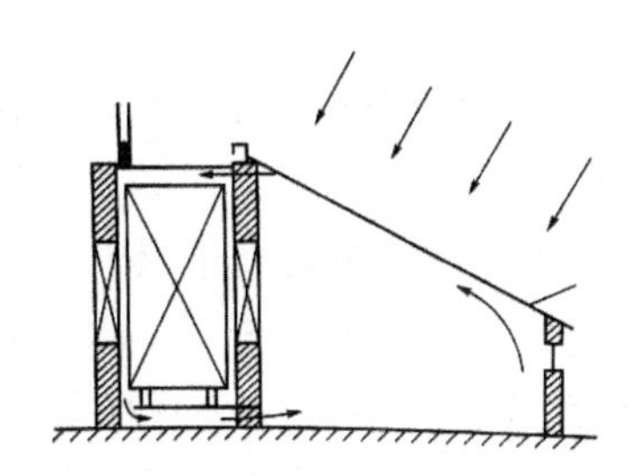

图 1-3 自然循环半直接吸收式太阳能干燥器

(3) 强迫循环吸收式太阳能干燥器

强迫循环吸收式是利用小型风机强迫空气循环，吸收被太阳能加热的干燥物料中的水分，使其干燥。它同样可以分为直接吸收式和半直接吸收式两种。强迫循环的干燥效果比自然循环的要好，因为它可以根据待干燥物品的生产工艺要求，进行风量、气温和湿度的调节；缺点是需要消耗动力，且产品成本和维修成本相对较高。

(4) 拼装式空气集热器的阵列组合由空气集热器、风管、干燥室、主风管风阀、物料、支架组成。

3. 对流式干燥器

这种干燥器的太阳能集热(空气集热器)和物料干燥分开，空气由风机送至空气集热器加热后，再进入干燥室对物料进行烘干并吸收物料中的水分，见图 1-4。太阳能集热方式大多采用专门设计的空气集热器，也可采用一般的热水器，将水加热后，再经热交换器将空气加热。

图 1-4 中的装置适用于全天候稳定的较高温度的干燥要求。经集热器加热的空气，与干燥室回流的空气混合后，又经空气加热器(如蒸汽-空气热交换器)加热到要求的干燥温度，输入到干燥室干燥物料；湿空气部分排入大气，部分回流使用，经集热器加热的空气仅是干燥器排出的湿空气的补充。图 1-4 中，物料置于托架上，也可以置于链条驱动的多孔床上，进行连续干燥作业。干燥室回风风机的设置加强了干燥室内热空气的流动速度。空气加热器也可以置于干燥室内。

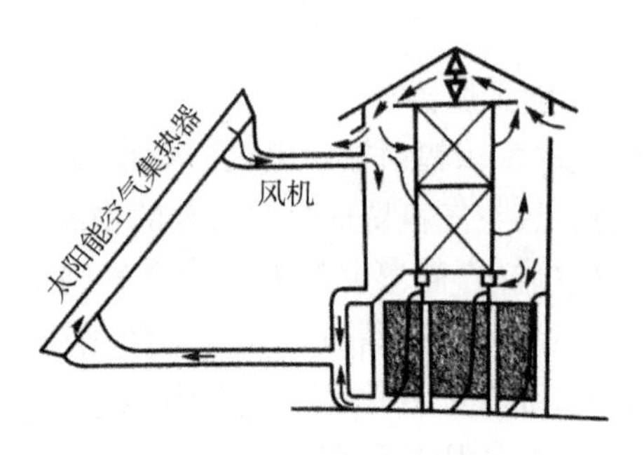

图 1-4　对流式干燥器

需要注意的是，采用太阳能干燥物料，集热器、干燥室以及风管系统的良好保温是十分必要的。

4．整体式干燥器

整体式太阳能干燥器的特征是空气集热器与干燥室组合成一个整体，并设置了热交换板，能回收利用部分排出湿空气的热量。

整体式干燥器兼有温室型干燥器和集热器型干燥器的优点，同时也避免两者各自的缺点。太阳能干燥系统引进先进的太阳能烤房技术，具有结构设计科学合理、控制简单可靠、高效率等优点。全新的烘烤工艺使脱水每公斤所需热量降至最低，且运行费用低廉，产品性能达到国际水准。除此之外，整体式干燥器可以实现全自动运行，且不受自然条件的影响，可以实现 24 小时工作。

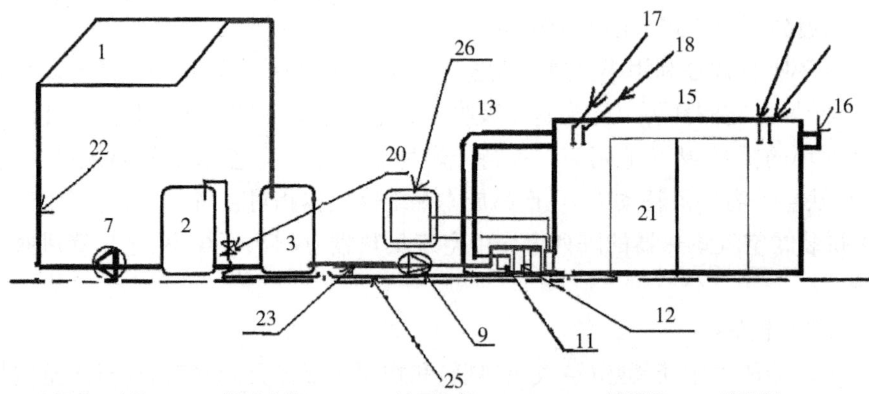

1. 太阳能工程机；2、3. 保温水箱；4、5、6. 地下水箱；7、8、9、10. 循环泵；11. 送风机；12. 空气水热交换器；13. 循环保温风管；14. 新风门；15. 烘干房；16. 抽风机或排湿机；17. 温度计；18. 湿度计；19、20. 电磁阀；21. 烘房门；22. 水管；23、24. 热水管；25. 回水管；26. 高温空气能热泵(地下水箱、部分循环泵、电磁阀门水管等图中没有显示)

图 1-5　太阳能热泵烘干机系统工程

5．太阳能热泵烘干机

只需消耗少量的电能，太阳能热泵烘干机就可以从太阳能中吸收大量的热量，耗电量仅为加热器的 1/30～1/40；同燃煤、燃油、燃气烘干设备相比，可节省 75%～98%的运行费用。

6. 太阳能-热泵联合干燥器

热泵干燥是一种节能效果显著的干燥技术，20 世纪 70 年代开始在欧洲得到广泛使用。热泵与常规的干燥设备一起组成热泵干燥装置，其工作原理如图 1-6 所示。干燥介质在干燥器内全部循环使用。热泵工质在蒸发器中吸收来自干燥过程排放废气中的热量，使废气中的大部分水蒸气在蒸发器中被冷凝下来直接排掉；从蒸发器出来的制冷剂蒸汽，经压缩机绝热压缩后进入冷凝器。在冷凝器高压下热泵工质冷凝液化放出冷凝潜热，加热来自蒸发器的、已降温去湿的低温空气，低温空气加热到要求的温度后，进入干燥器内作干燥介质；而从冷凝器出来的热泵工质经膨胀阀绝热膨胀，再进入蒸发器，如此循环。

热泵干燥无任何燃烧物及排放物，是一种可持续发展的环保型技术，具有以下优点。

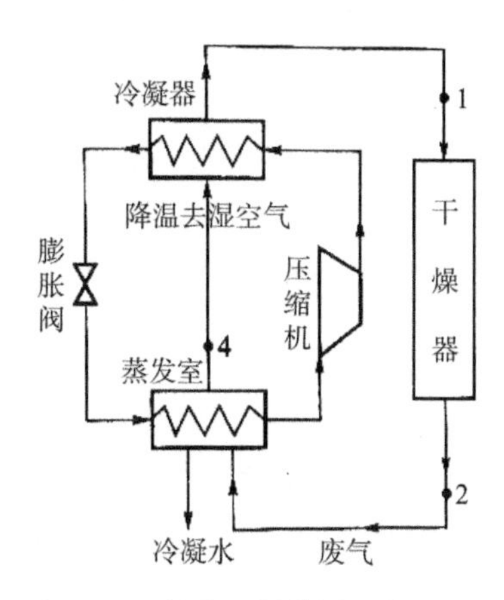

图 1-6　热泵干燥装置工作原理

(1) 运行安全可靠：整个系统的运行无传统干燥器（燃油、燃气或电加热）中可能存在的易燃、易爆、中毒、短路等危险，是一种绝对安全可靠的全封闭干燥系统。

(2) 使用寿命长，维护费用低：在传统空调的技术基础上发展而来，节能环保性能稳定、可靠，使用寿命长；运行安全可靠，全自动免人工操作，智能化控制。

(3) 舒适方便，自动化、智能化程度高：采用自动控恒温装置 24 小时连续干燥作业。

(4) 适用范围广，不受气候影响。

7. 温室型干燥器

温室型干燥器的结构与栽培农作物的温室相似，温室即为干燥室，待干物料被置于温室内，直接吸收太阳辐射；温室内的空气被加热升温，物料脱去水分，达到干燥的目的。

温室型太阳能干燥器结构简单，造价低，太阳能利用效率高，但由于温升较小，在干燥含水率高的物料时（如蔬菜、水果等），温室型干燥器所获得的能量不足以在较短的时间内将物料干燥至安全含水率以下。为增加能量以保证被干燥物料的干燥质量，在温室外增加一部分集热器，就组成了集热器-温室型太阳能干燥装置。物料一方面直接吸收透过玻璃盖层的太阳辐射，另一方面又受到来自空气集热器的热风冲刷，以辐射和对流换热方式加热物料。这种装置适合干燥那些含水率高、对干燥温度要求较高的物料。中国科学院广州能源研究为广东省某果品公司加工厂所设计的太阳能水果干燥系统就是一座带有空气集热器的隧道式温室型干燥装置。云南师范大学太阳能研究所星火燎原计划项目组对水泡梅的恒温干燥特性进行了实验研究，在此基础上设计制作了 6 m^2 的集热器-温室型太阳能干燥装置，并进行了一系列试验，与传统的露天自然摊晒进行对比，结果是：干燥周期从 48 天缩短到 15 天，干燥质量也有大幅度的提高。

2 太阳能温室

2.1 太阳能温室概述

温室一般指培育喜温植物的房屋，有防寒、加温和透光等设备。

在不适宜植物生长的季节，温室能提供生育期和增加产量，多用于低温季节喜温蔬菜、花卉、林木等植物栽培或育苗等。温室根据不同的屋架材料、采光材料、外形及加温条件等可分为很多种类，如玻璃温室、塑料聚碳酸酯温室，单栋温室、连栋温室，单屋面温室、双屋面温室，加温温室、不加温温室等。温室结构应密封保温，但又应便于通风降温。现代化温室中具有控制温湿度、光照等条件的设备，用电脑自动控制创造植物所需的最佳环境条件。温室大棚就是模拟一个适合生物生长的气候条件，创造一个人工气象环境，来消除温度对生物生长的约束。而且，温室大棚能克服环境对生物生长的限制，能使不同的农作物在不适合其生长的季节产出，使季节对农作物的生长不再产生过度影响，大大减少了农作物对自然条件的依赖。因为温室大棚能带来可观的经济效益，所以温室大棚技术越来越普及，并且已成为农民增收的主要手段。

2.1.1 太阳能温室的类型

1. 太阳能空气集热器

太阳能空气集热器是太阳能干燥和主动式太阳房用于收集太阳能的主要关键部件，世界各国都有进行太阳能空气集热器热性能试验标准的研究。《太阳能空气集热器热性能试验方法》(GB/T 26977—2011)全面科学地规定了太阳能空气集热器的热性能试验方法，对试验装置、试验条件、试验程序以及数据处理作出了科学的规定，对太阳辐射、空气温度和流量、进出口压差、风速和太阳入射角的测试方法、测试仪表和测试精度等均提出了明确的要求。这就使我国有了统一的测试标准来对太阳能空气集热器进行试验、评价和鉴定，对于太阳能空气集热器的研究、商品化生产以及热性能的改进均具有很大的指导意义。

2. 太阳能温室

太阳能温室(Solar Greenhouse)是根据温室效应的原理加以建造的。温室内温度升高后所发射的长波辐射能阻挡热量,或很少有热量透过玻璃或塑料薄膜散失到外界,温室的热量损失主要是通过对流和导热的热损失。如果人们采取密封、保温等措施,则可减少这部分热损失;若室内安装储热装置,则可将这部分多余的热量储存起来。太阳能温室在夜间没有太阳辐射时,仍然会向外界散发热量,这时温室处于降温状态,为了减少散热,故夜间要在温室外部加盖保温层。若温室内有储热装置,晚间可以将白天储存的热量释放出来,以确保温室夜间的最低温度。太阳能干燥、太阳能建筑在一定程度上可以看成是温室功能的延伸。太阳能温室的原理和太阳能干燥器类似,有些情况下,温室本身就是太阳能干燥器的组成部分。

(1) 根据用途分类:

展览温室、栽培与生产温室、繁殖温室。

(2) 根据室内温度分类:

高温温室(一般冬季要求 18℃～36℃)、中温温室(冬季要求 12℃～25℃)、低温温室(冬季要求 5℃～20℃)、冷室(冬季要求 0℃～15℃)。

(3) 根据太阳能与温室结合方式分类:

被动太阳能温室、主动太阳能温室。

(4) 根据温室的结构分类:

土温室、砖木结构温室、混凝土结构温室、钢结构或有色金属结构温室。

(5) 根据温室透光结构材料分类:

玻璃窗温室、塑料薄膜温室、其他透光材料的温室。

(6) 按温室朝向和外形分类:

南向温室、东西向温室。

附加温室可以完全突出在建筑物外面[图 2-1(a)],也可以凹入建筑物内,只有一面或两面朝外[图 2-1(b)和(c)]。从热工及经济效果看,第 2 种[图 2-1(b)]最好,第 3 种[图 2-1(c)]次之。

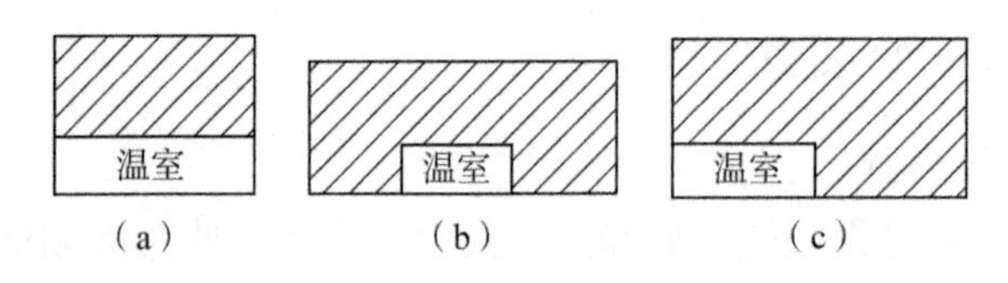

图 2-1 温室构造

附加温室结构在房屋外部建一玻璃温室,与室内有洞口相通。白天太阳将温室加热后,实墙已蓄热,热量即散入室内。实墙也可设计成隔热用的水墙。温室也可以作为一个附加的、阳光充足的空间,作为生活起居之用,可以种菜、栽花或室内绿化,但在夏季要有遮阳措施。

2.1.2 太阳能温室技术要求

太阳能温室应满足植物对不同季节、不同地区、不同气候条件的需求。太阳能温室必须在工程技术上满足以下技术要求：

(1) 应具有良好的采光面，能最大限度接收太阳的能量；

(2) 要有良好的保温措施和蓄热装置；

(3) 要有很好的结构强度，具有较强的抗风雪荷载的能力；

(4) 温室应具备良好的通风、排湿、排水、降温等功能；

(5) 温室建造要因地制宜，就地取材，注重实效，降低成本。

温室(含有加温设备的温室)里热量的来源，大部分还是以太阳的辐射热量为主，因此，采光也就成为了温室设计中的一项重要问题。太阳的辐照度、日照时间是随季节、地理纬度和天气条件变化而变化的。而照射到温室内的光强和辐射能量，既取决于太阳的辐照度，又取决于温室建筑的方位、屋顶角度、南向温室之间的距离、温室顶面覆盖材料的透光性能等因素，因此设计温室时，必须对这些因素予以充分考虑。

温室透光材料的透过率(即光线透过透光材料后的光强与未透过前光强的百分比)直接影响温室的透光能力和保温能力。透光材料对太阳光谱($\lambda=0.3\sim3$ mm)的透过率越高，则室内温度越高；对于 λ 大于 5 mm 的红外辐射透过率越高，则温室保温性能越差。目前常用的温室透光材料为玻璃或五色塑料薄膜，较好的塑料薄膜(厚度为 0.1 mm)对太阳光谱的透光率与厚度为 3 mm 的玻璃相近，但对于 λ 大于 5 mm 的红外辐射的透过率却高于玻璃，因而用塑料薄膜的温室保温性能较玻璃温室差。

无论是玻璃温室还是塑料薄膜温室，当透光层表面附有水滴和灰尘时，都会影响温室的透光性能。一般塑料薄膜上聚有水滴时，约有 20%的光能被反射回去。消除水滴的影响，除采用无滴薄膜外，还可实行人工涂抹、敲打等措施，对提高透光率有明显效果。

2.2 太阳能温室实例

2.2.1 日光温室

日光温室作为当下科技农业发展的主要形态之一，其设计理念主要体现为节能、环保、高效。日光温室的建设主要考虑其基本构造及性能要求，重点在于采光结构设计、场地及布局、主体建造要求、覆盖物等方面。建设日光温室产业化蔬菜育苗基地，是满足现代蔬菜种植产业的发展及经济效益的提升，以及实现农业产业结构调整、发展特色产业的首选，值得在我国西部、北部地区大力推广应用。

所谓日光温室，是指在东、西、北三面堆砌具有较高热阻的墙体，上面覆盖透明塑料薄膜或平板玻璃，夜间用草帘子覆盖进行保温的加热或者不加热温室。根据覆盖透明材料的不同，分为玻璃日光温室和塑料薄膜日光温室。日光温室结构简单、造价便宜、经济实用，并具有较好的温度性能。

节能型日光温室的透光率一般在60%～80%，温度保持在21℃～25℃。

(1) 日光温室采光

一方面，太阳辐射是维持日光温室温度或保持热量平衡的最重要的能量来源；另一方面，太阳辐射又是作物进行光合作用的唯一光源。

(2) 日光温室保温

日光温室的保温由保温围护结构和活动保温被两部分组成。前屋面的保温材料应使用柔性材料以易于收起和放下。

对新型前屋面保温材料的研制和开发主要侧重于便于机械化作业、价格便宜、重量轻、耐老化、防水等指标的要求。

日光温室主要由围护墙体、后屋面和前屋面三部分组成，简称日光温室的“三要素”，其中前屋面是温室的全部采光面，白天采光时段前屋面只覆盖塑料膜采光，当室外光照减弱时，及时用活动保温被覆盖塑料膜，以加强温室的保温。

日光温室还可配置顶部开窗系统、卷膜系统等。

中国北方地区冬季日照时间短，太阳辐照度低，环境温度低。在这种情况下，按常规设计的温室一般都有采光较差、热损失大、能耗高、运行费用高和夜间管理麻烦等缺点。为克服上述缺点，经过不断探索与实践，近年来，设计并推广了各种类型的冬季不加温或少加温的日光温室，取得了较好的经济效益和节能效益，已成为北方地区生产新鲜蔬菜的主要生产基地。

在冬季遇到连续阴、雪天气时，日光温室中还必须有应急加温措施。需要辅助加热的日光温室叫日光加热温室。加热温室通常都带有半永久性质，因此，多用玻璃作覆盖材料，拱架多采用钢型材或铝合金型材，可承受较大的晚间覆盖保温层负载。日光加热温室常用型有单屋面、双屋面、连接屋面等几种型式。

2.2.2 被动式和主动式太阳能温室

与太阳房的分类原理相同，人们把利用太阳能增温的温室分为主动式太阳能温室和被动式太阳能温室两大类。所谓被动式太阳能温室是指温室本身就是一个太阳能集热器，其建筑结构与常规温室相同，不同之处是被动式太阳能温室在室内(或室外)设置一储热系统，白天将室内多余的热量输送到储热区，夜间再利用储存的热量满足温室的增温需要。

图2-2是采用水储热的被动式太阳能温室，其中图2-2(a)是把装满水的金属桶或塑料袋放置在沿植物行间通道的地面上，图2-2(b)是将盛水容器沿温室北侧放置。水作为储热介质白天吸收太阳辐射，晚上则通过自然对流及辐射将储存的热用来提高室温。当按每平方米温室表面积配20～40 L水的容量设计时，该类温室晚上室内温度比最低环境温度高2.5℃～10℃，而白天室内最高温度可降低1℃～7℃。埋管的被动式太阳能温室和采用北墙储热的被动式太阳能温室，多数应用场合是将地下管道与北面储热墙相结合，室内气温较最低环境气温最高可提高15℃左右。

主动式太阳房(太阳温室)，即改变普通被动式太阳房被动蓄温储热的特性，采取主

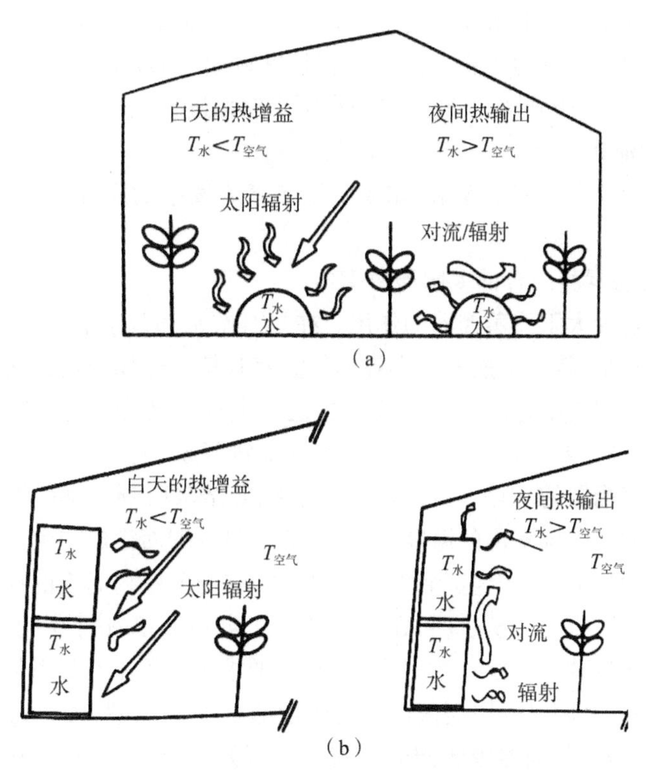

图 2-2 采用水储热的被动式太阳能温室

动利用太阳能进行采温、供温、保暖的办法，来保障室内所需要的温度、湿度等各项指标得到落实；运用太阳能设备，实现采温送暖及传输蒸汽等，并且配有自动装置，使农业生产实现现代化和自动化。

主动式太阳房是太阳能热利用技术的主要发展方向，它在农业生产中的应用前景十分广阔。传统的被动式太阳房难以控制温度，有时因温度太高，还要人为地放走一部分热量，以适应植物生长的需要，到了晚上又因没有储热设备而无法保温，影响植物生长。而主动式太阳房的应用体现了太阳能高新技术的巨大价值，解决了传统的被动式太阳房根本无法解决的恒温、恒湿及智能化控制与管理问题。

太阳能温室对养殖业(包括家禽、家畜、水产等)同样具有很重要的意义，它不仅能缩短生长期，对提高繁殖率、降低死亡率都有明显的效果。因此，太阳能温室已成为中国农、牧、渔业现代化发展不可缺少的技术装备。

2.2.3 太阳能温室的发展

1. 多功能温室薄膜

为了提高温室作物的产量，改进温室的性能，很多科技人员分别从水、土、肥、温度等不同角度进行研究，并已取得喜人的成果。20 世纪 90 年代前后，人们也相继开展多功能温室薄膜的研究，但从防老化、光线调节、防雾滴及保温、防虫病害、防紫外线等方面着手提高薄膜的光能利用效率的研究才起步不久。这是一项集光生物学、光化学、光物理、材料科学和农业科学为一体的工程。高光效膜是继玻璃和聚乙烯塑料等之后的第二代温室材料，它有助于提高透光率，其转光作用有利于植物进行光合作用。

2. 温室的功能扩大

现在一些大型的太阳能干燥室，如太阳能热气流发电的底部塑料棚，都可以看成是一种温室。

3. 和温室或房屋相结合的太阳能蒸馏器

温室也可以发挥太阳能蒸馏器的作用。在只有咸水和苦水的地方，如果把太阳能蒸馏器和温室结合起来，就有可能发展小规模的温室栽培。作物所需的淡水可由太阳能蒸馏器提供。这种与温室结合的太阳能蒸馏器是一个双层结构，上面是蒸馏器，盛水盘中放了含盐水；下部则是温室，温室的地面是黑色塑料薄膜，上面也有一层含盐水，因而下部的温室也起到蒸馏器的作用。倾斜的顶盖能把凝结水引到下部的聚水槽中。房顶是用透明材料制作的。若温室内的温度太高，可把一部分墙面涂成白色。如果把太阳能蒸馏器放在一个平屋顶上，在产生蒸馏水的同时还具有调节室内温度的作用。印度的研究者针对德里的条件进行的分析表明，在 6 月的一个炎热天里，这种屋顶蒸馏器可以使由屋顶传至室内的热量减少 40%。在这种情况下，要求蒸馏器不是尽可能多地吸收太阳辐射能，而是反射一部分阳光。因而蒸馏水的产量不是很高，约为 0.6 $kg/(m^2 \cdot d)$。但在较冷的日子，则要增强蒸馏器吸收阳光的能力。例如，可通过向蒸馏器中加颜料来实现这一点。由于太阳能蒸馏器底部和屋顶之间有保温层，而且室内温度高于环境温度，故蒸馏器的底部热损失较小。因而蒸馏水的产量将会超过普通的太阳能蒸馏器，可达到 5 $kg/(m^2 \cdot d)$。在冷天，屋顶装了蒸馏器后，由屋顶传至室内的热量也比没有装蒸馏器的光屋顶多。

4. 储热式温室大棚

储热式太阳能温室大棚是一种光能应用技术，其结构关系是：阳光板骨架一端与中空保温后墙体固定，其另一端固定在立柱上；在中空保温后墙体的顶端安装着卷帘机，卷帘机的下边有通风口。操作平台固定在中空保温后墙体的中上部；中空保温后墙体的中间是中空层；波浪型黑色吸热板固定在中空保温后墙体的内侧；在阳光板骨架上固定着阳光板；太阳能集热板一端固定在立柱顶端与阳光板骨架连接处，另一端与地面连接，保温隔板位于地面以下 80 cm 处的大棚内土壤外侧，在地面以下 80 cm 处的土壤层上连接着一层地盘管；在地面以下 40 cm 处的土壤层上连接着一层地盘管；循环水泵安装在太阳能集热板与地盘管主管道的衔接处，太阳能集热板内有导热液。

5. 展览温室

展览温室是科技、经济和文化发展到一定水平的产物，它的形成和发展与建筑材料和技术进步密切相关。

展览温室是在人工控制的相对稳定的环境条件下，通过科学地、艺术地布展珍奇植物，供人们游赏的室内空间；同时，也是进行植物收集、栽培和适应性研究以及植物科普宣传、教育的基地，是青少年和游客认识自然界植物多样性的重要场所。

在建筑立面造型和玻璃幕墙错落运用的过程中，立体水平绿化的做法更进一步。所谓立体水平绿化，是指在玻璃幕墙的不同水平间距之间实施大面积的绿化，例如在高层建筑安全层的外墙建造空中花园，并留下通风口。虽然通风口的开通未能使旁边的房间达到最佳通风的效果，但可以使整栋建筑产生气流流通和空气交换，整体上达到了一定的良好效应。

竖直幕墙绿化把每一块玻璃块之间的竖直位置加宽，构成“绿色玻璃带”。绿色玻璃带分内外两层，其中外层是疏松的网格状或百叶状的合成有机物质，能储存大量水分，利用垂直植物（如爬山虎、吊兰等）根部吸收水分及吸附作用，让植物生长在幕墙的钢架之间或玻璃块之间；内层是可闭合、可开放的百叶窗，用途是在适当的时候避免外界的影响，如同开关窗户一样。

6. 太阳能沼气温室

太阳能沼气温室是太阳能地下温室。将沼气生产和温室功能结合，是一种双赢的选择。在比较寒冷的季节，建筑在沼气池上的温室提供沼气中有机物发生反应所需要的温度，而沼气的应用，又保证了温室所需要的温度。

2.2.4 太阳能光伏温室

太阳能光伏温室是一种新型的温室，是在温室的部分或全部向阳面上铺设光伏太阳能发电装置的温室，它既具有发电能力，又能为一些作物或食用菌提供适宜的生长环境，一定程度上解决了光伏发电与种植的争地矛盾。

1. 按照结构分类

光伏太阳能温室有两种类型，一种类似于传统的日光温室，带有保温性能良好的墙体，在采光面上安装光伏太阳能电池板，称为光伏太阳能日光温室；另一种类似于传统的连栋温室，屋顶向阳面安装光伏太阳能电池板，墙体透明，以薄膜、玻璃或阳光板为墙体材料，保温性较差，称为光伏太阳能连栋温室（图 2-3）。对于大多数地区而言，光伏太阳能温室适合在夏季强光月份应用，而不适合在冬季弱光月份应用，也就是说在低温季节不能既发电又进行农业生产。故而在大多数情况下，只适宜建造光伏太阳能连栋温室。但在西藏、青海等地白天光照强、夜间温度低的特殊条件下，更适于设计建造光伏太阳能日光温室。

2. 按照遮光程度分类

光伏太阳能温室有全遮光型和部分遮光型两种类型。全遮光型多为日光温室结构，温室内几乎没有光照，温度变化较为平衡，适合种植食用菌类产品。部分遮光型包括全部的太阳能连栋温室和一些光伏太阳能日光温室，其光伏太阳能电池板的排列差异较大，从遮光面积比例来看，为 20%～80%不等。在光伏太阳能日光温室上，电池板在采光面后部排列较多，而在前部排列相对较少或没有，遮光带更多地分布在后墙上，这样更有利于植物生长；在光伏太阳能连栋温室上，电池板一般铺设在每个屋顶的向阳面上，而背阳面没有铺设，电池板块之间呈马赛克状排列。较先进的电池板本身就呈马赛克状，较先进的玻璃或薄膜具有散射光的特点，这两点都能使温室内的光照变得相对均匀一些，甚至接近或达到无影

图 2-3　光伏太阳能连栋温室

效果，以利于温室内植物的生长。具有一定透光率的薄膜电池也具有同样的效果。

3. 光伏太阳能温室的优缺点

(1) 优点

①温室表面加装太阳能电池板，使温室具有了发电功能，能够更充分地利用太阳能。

②同一片土地上实现了发电与种植同时进行，既节约了土地资源，又在很大程度上解决了光伏发电与种植业的争地矛盾。

③能够防风和减少蒸发，可以将蒸发量太大或风沙过大造就的不毛之地变为保护条件下的可耕地，如沙漠地区、西北干旱地区等。

④实现一室多用，在条件艰苦的地方，除了能供电和进行农业生产外，还具有防风、防雨、防雪、防雹，生产淡水、收集降水等更多功能，可以拓展应用到生活、养殖等更多方面。

(2) 缺点

①太阳能电池板不可以随季节变化而拆装，在光照较少的季节，发电与植物生长争光，矛盾较大。

②建造成本非常高，回收期较长，不适合小规模的家庭经营。

③对种植的植物要求较高。一般不适宜种植喜光的植物，尤其是光伏太阳能日光温室，可以种植一些不太需要高温强光的叶菜等作物，甚至是一些不需要见光的作物，如食用菌。美国加州大学圣克鲁兹的科学家通过一种新颖的波长选择型光伏系统(WSPVs)技术，可以让架设在温室屋顶的太阳能板在收集阳光能量的同时，不会影响到底下农作物的生长，达到农电共生目标。这一新技术号称比传统光伏系统发电效率更高、成本也更低。温室建筑的原料为玻璃或塑料，吸收太阳电磁辐射而加热，使温室内的植物、泥土、空气变暖，种植作物较不受气候与季节影响，因此在亚热带和温带国家很流行，另外在干燥地区还有防止水分过度蒸发的效果。

现在，科学家将透明、嵌入亮红色发光染料的太阳能板镶在温室屋顶上，可以在吸收光线的同时将能量集中到狭窄的材料带上产生电力，用来驱动温室内的风扇、加热器、供水系统等，促使温室脱离电网不依赖化石燃料。

如同其名，波长选择型光伏系统只会吸收蓝色和绿色波长光，其余光线则放行通过让植物吸收成长，加州大学圣克鲁兹分校迈克尔·洛伊克(Michael Loik)教授领导的研究小组在实验期间监控了20种温室作物(番茄、黄瓜、柠檬、辣椒、草莓等)的光合作用及产量，发现80%作物的生长并未受到影响，甚至有20%作物在红色太阳能板下长得更好。

另一个实验发现：在红色太阳能板下种植的番茄，用水量反而比传统的温室节省5%。虽然洛伊克认为农作物在红色太阳能板下生长的速度会变慢，但最后产量与品质并不会受到影响。

过去20年，全球温室作物产量增加了6倍，占地逾364万公顷，如果温室用电未来可以自给自足，或许多少能减少温室气体的排放量。WSPVs太阳能板的成本更低，每瓦约65美分，比传统矽基光伏电池每瓦的成本少了将近40%。

2.2.5 太阳能温室的贡献

1. 改善采暖功能

在中国北方，太阳能温室还能与沼气利用装置相结合，用来提高池温，增加产气率。比如由山东某新能源公司设计承建的东北地区三位一体太阳能温室，就包括了太阳能温室种植、沼气升温、居住采暖等功能，为北方地区冬季生活带来了舒适和温暖。

2. 改善生态环境

能够防风和减少蒸发，可以将蒸发量太大或风沙过大造就的不毛之地变为保护条件下的可耕地，如沙漠地区，西北干旱地区等。

实现一室多用，在条件艰苦的地方，除了能供电和进行农业生产外，还具有防风、防雨、防雪、防雹，生产淡水、收集降水等更多功能，可以拓展应用到生活、养殖等更多方面。

3. 可缓解城市热岛效应

人们普遍认为，有植被的屋顶可以延长屋顶寿命、节约能源、减少雨水径流和空气污染。新的研究表明，屋顶种植也可以提高太阳能电池板的性能。植物的蒸腾作用可以降低周围的空气温度，从而缓解城市热岛效应。这种降温方式也能使光伏电池板更有效地运行。植物还能减少空气中的污染物和尘埃颗粒，从而使电池板吸收更多的阳光。

4. 增强粮食生产

用于立体农业种植的温室将会有巨大的发展，这种温室旨在产生能源和自给自足的粮食种植，代表着朝向更加生态的农业转型和解决粮食和能源贫困问题在未来能取得进展。其目的是设计和建立一个可以在农村和城市地区复制的系统，是研究和探索适应现代生活、抵御未来粮食和能源危机的新方法的结果，它以更生态的方式重新诠释了我们满足最基本社会需求的方式。该项目提出构建一个自给自足的种植空间，作为城市粮食和能源生产的解决方案，并取得进一步进展，进而在2050年前向欧盟提出的零排放城市模式。其成果是一个先进的温室，使用太阳能、可持续材料和先进的栽培技术，可以在农村或城市屋顶上实施，为粮食自给自足作出有效贡献。

通过使用致力于“零公里”种植和先进农业技术的新解决方案，可以将粮食生产、加工和分配对环境的影响降至最低。在这方面，太阳能温室可以被视为改变这种全球状况和提出一种新的、更有效的农业模式的下一步，这种模式既可以应用于农村，也可以应用于世界任何地区的城市，种植的食物可以直接从生产转移到消费，从而不需要依赖于供应链。

3 太阳灶 太阳炉

太阳灶和太阳炉，原理相同，只是由于聚光度不同，二者获得的温度产生巨大差异。有的资料将除高温太阳炉之外的利用太阳光热转换的简单装置统称为太阳灶。

3.1 太阳灶

太阳灶是通过聚光等形式利用太阳能辐射获取热量，对食物进行加热，进行食物烹饪的一种装置。它不烧任何燃料、没有任何污染；方便快捷、简单易制。利用太阳灶将太阳辐射热能传给食物，增高温度，并加以烹调，使食物产生化学变化以供食用，在广大农村，海岛、荒原的驻军，特别是在燃料缺乏的地区，具有很大现实意义。

这里要特别强调一下环保效益，太阳灶能在减少植被破坏、空气污染、饮食生冷含菌、不安全用水方面都能发挥作用，而且我国地域辽阔，除四川、贵州、重庆部分地区外，均是太阳灶用武之地。

目前，世界上太阳灶的利用已相当广泛，技术也较成熟，它不仅可以节约煤炭、木材、电力、天然气，而且十分干净，毫无污染，是一个可望得到大力推广的太阳能热利用装置。

3.1.1 太阳灶类型

目前得到普遍应用的太阳灶大致有三种类型：一是热箱式太阳灶；二是聚光式太阳灶，它利用反射聚光器把太阳光直接反射集中到锅上或食物上；三是蒸汽式太阳灶，它利用平板型太阳能热水器把水烧沸产生蒸汽，然后再利用蒸汽蒸煮食物。

1. 镜面反射

目前应用最广泛的聚光式太阳灶是利用镜面反射汇聚阳光，效率明显提高。聚光式太阳灶所用聚光镜面多样，其中最常用的是旋转抛物面，它是把镜面反射的阳光汇聚到锅底，形成一个炽热的光团，温度可达 400℃～1 000℃，是目前适用于聚光式太阳灶的最佳聚光镜面。图 3-1 是反射式太阳灶结构。

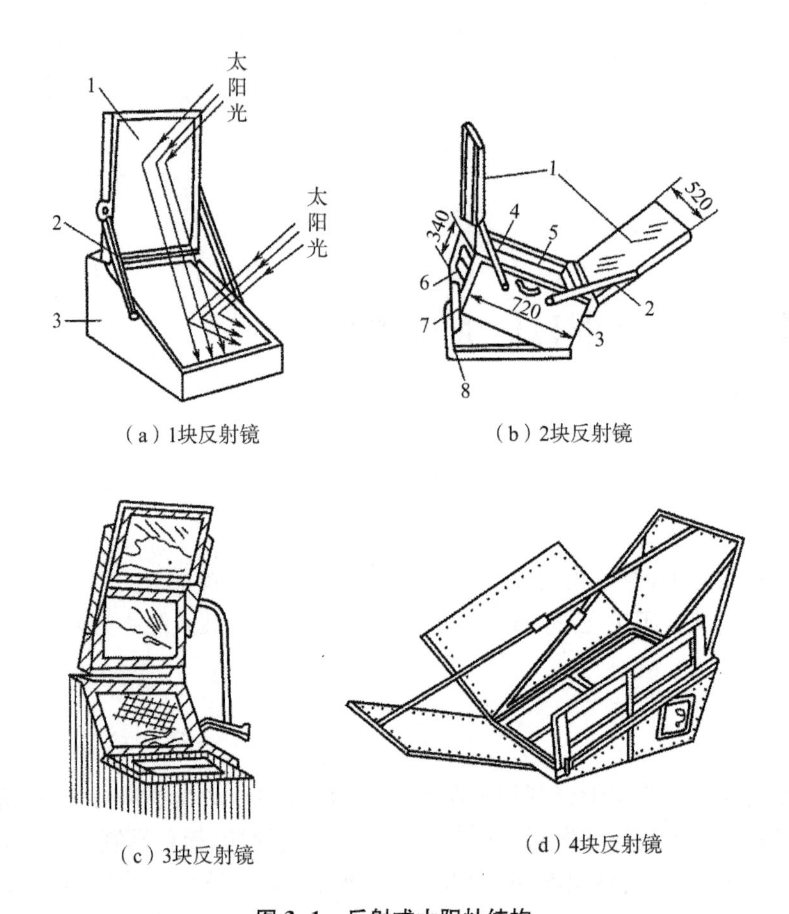

（a）1块反射镜　（b）2块反射镜

（c）3块反射镜　（d）4块反射镜

图 3-1　反射式太阳灶结构

1—反射镜；2—支架；3—灶体；4—铝板空箱体；5—玻璃盖板；6—炉门；7—支柱；8—底框

几年前，一个价值约合 6 美元、能利用太阳能煮饭烧开水的装置赢得了应对全球变暖的创意大奖，这种装置的推广目标是数十亿至今还在用木柴做饭的人。这种装置因《京都议定书》而得名“京都箱”，目的在于消减温室气体的排放。

“京都箱”的发明者约恩 · 伯默尔在报告中称：“我们在挽救生命、挽救树木。”其实，这种装置就是我国常用的一种箱体式太阳灶。

2. 菲涅尔镜聚光式

聚光式太阳灶除采用旋转抛物面反射镜外，还有将抛物面分割成若干段的反射镜，光学上称之为菲涅尔镜，也有把菲涅尔镜做成连续的螺旋式反光带片，俗称“蚊香式太阳灶”。这类灶型都是可折叠的便携式太阳灶。聚光式太阳灶的镜面，有用玻璃整体热弯成型的，也有用普通玻璃镜片碎块粘贴在设计好的底板上，或者用高反光率的镀铝涤纶薄膜裱糊在底板上的。底板可用水泥制成，或用铁皮、钙塑材料等加工成型，也可直接用铝板抛光并涂以防氧化剂制成反光镜。聚光式太阳灶的架体用金属管材弯制，锅架高度应适中，要便于操作，镜面仰角可灵活调节。为了移动方便，也可在架底安装两个小轮，但必须保证灶体的稳定性。在有风的地方，太阳灶要能抗风不倒。可在锅底部位加装防风罩，避免锅底因受风影响而功率下降。有的太阳灶装有自动跟踪太阳的跟踪器，但是一般认为这只会增加太阳灶的造价。在我国农村推广的一些聚光式太阳灶，大部分为水泥壳体加玻璃镜面，造价低，便于就地制作，但不利于工业化生产和运输。

3.1.2 聚光式太阳灶

聚光式太阳灶就是通过镜面的反射作用将阳光汇聚起来进行炊事活动的太阳灶，它与热箱式太阳灶的原理不同。此类太阳灶由于聚光的方式不同而分为菲涅尔反光太阳灶、柱状抛物面太阳灶、旋转抛物面太阳灶、圆锥面太阳灶、球面太阳灶等多种类型。图3-2是一种旋转抛物面式的聚光太阳灶结构。

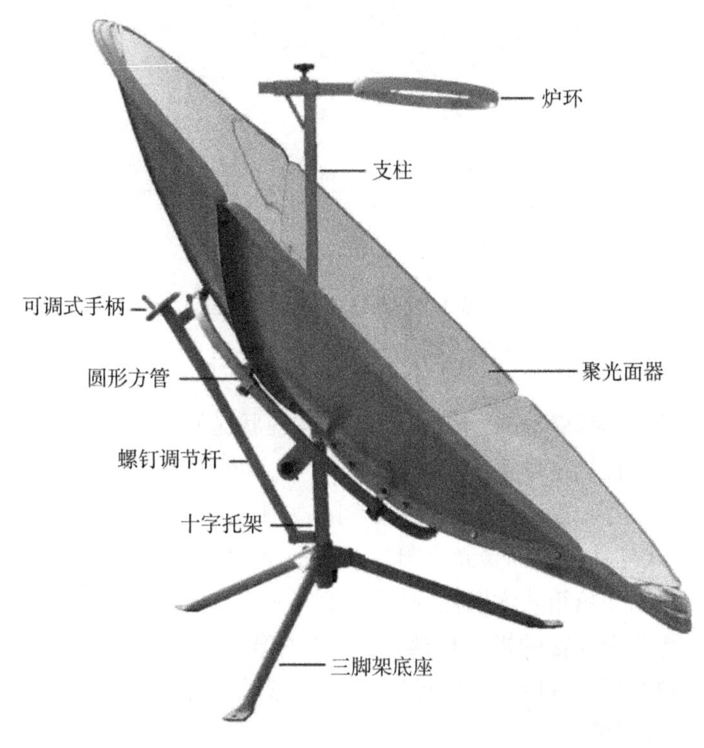

图 3-2 旋转抛物面太阳灶

3.1.3 聚光式太阳灶结构

1. 菲涅尔反光太阳灶

菲涅尔反光太阳灶的镜面可以看成是共有一个主光轴，共有一个焦点，但焦距不同(从中心起，焦距由小变大)的一系列抛物面，被一个垂直主光轴的平面截取而得到的若干个抛物面，对于每一块小反射曲面来说，可以近似地看成是一个斜平面。实际的反光面可以是共有一个圆心的若干个抛物面圈，也可以是螺旋式抛物面带，但它们的剖面都像是对称的锯齿。这种太阳灶可制成近似的平面结构，质量较轻，方便携带，但由于光带间互相遮光的影响，效率较低，应用范围受到一定的限制。

因为精密制造的透镜焦距一般较长，而制造很短焦距的透镜又非常困难，同时聚焦比与透镜的直径与焦距之比成正比，所以，单一透镜能达到的聚焦比是有限的。菲涅尔透镜是一个元件，它具有透镜系统的优点，而且能克服透镜系统的缺点，菲涅尔透镜的每一段都可以把入射的太阳辐射聚焦到放在中心位置的接收器上。它的另一个优点是垂直于辐射的镜面部分比较薄，这就减轻了镜面的重量。它能够安装在一维跟踪的大架子上。图 3-3 展示的是菲涅尔透镜的横截面。当集热器的工作温度在 250℃以下时，菲涅尔透镜用作聚焦集热器的性能比真空管集热器性能好。

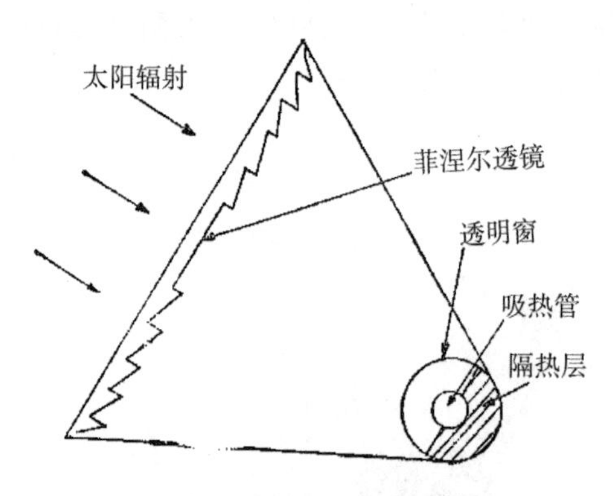

图 3-3　菲涅尔透镜横截面

2. 柱状抛物面太阳灶

当一条抛物线沿对称轴平行移动时，就形成柱状抛物面。显然，当阳光从平行于主光轴的方向入射时，柱状抛物面不是聚焦为一个点，而是聚焦为一条线，这条线的长短约等于抛物线平移的距离。利用柱状抛物面制作太阳灶的实例不多，主要是用来烧开水。还有一种是热箱式柱状抛物面聚光太阳灶，即在柱状抛物面的焦线处放置一个与焦线等长的箱体，该箱体采用热箱式太阳灶的原理制作，只是箱底是玻璃窗口，反射光通过玻璃窗口射入箱体，将箱内放置的饭盒加热，将食物煮熟。这种太阳灶是热箱式太阳灶与聚光式太阳灶的巧妙结合，箱内的温度可达 300℃。只是箱底的窗玻璃遇水容易破裂，而且箱内只适合放置金属饭盒。

3. 旋转抛物面聚光太阳灶

旋转抛物面聚光太阳灶是一种使用最广泛、效果最好的聚光太阳灶。它利用旋转抛物面的聚光原理，经镜面反射把阳光汇聚到锅底，形成一个炽热的光团，温度可达 400℃～1 000℃，同普通炉灶一样，能满足普通家庭的炊事要求。我国目前推广的几十万台太阳灶大都是这种抛物面聚光太阳灶，因为抛物反光面是目前最佳的反射面，最适于太阳灶的应用。

4. 储热太阳灶

上述太阳灶，不能在室内、晚上或阴天使用。随着储热技术的发展，国外已有人研制出一种储热太阳灶，它所利用的是化学热泵储热的原理，这种储热装置可以在环境温度下长期储存太阳热而没有热损失，一旦需要用热时，就可以释放出供炊事活动用的热量。

整个系统包括两个基本部件：一个是中心太阳能加热器，另一个是储热箱。中心太阳能加热器是由塑料片制成的菲涅尔透镜，安装在一个框架上，其长度足以盖住几个储热箱。

储热箱内有一个化学系统，能吸收、储存太阳能，并在需要时释放出温度达 300℃的热量。化学系统所用的材料，主要选用氯化镁和氯化钙的氨盐。把热管真空管和箱式太阳灶的箱体结合起来，就形成了热管真空管太阳灶。

储热太阳灶由聚光器、热管储热装置、炊具组成，将收集的太阳能传递到室内进行炊事活动(图 3-4)。通过聚光器将光线聚集照射到热管蒸发段，热量通过热管迅速传导到热管冷凝段，再通过散热板将它传给换热器中的硝酸盐，再用高温泵和开关使其管内传热介质把硝酸盐获得的热量传给炉盘，利用炉盘所达到的高温进行炊事操作。

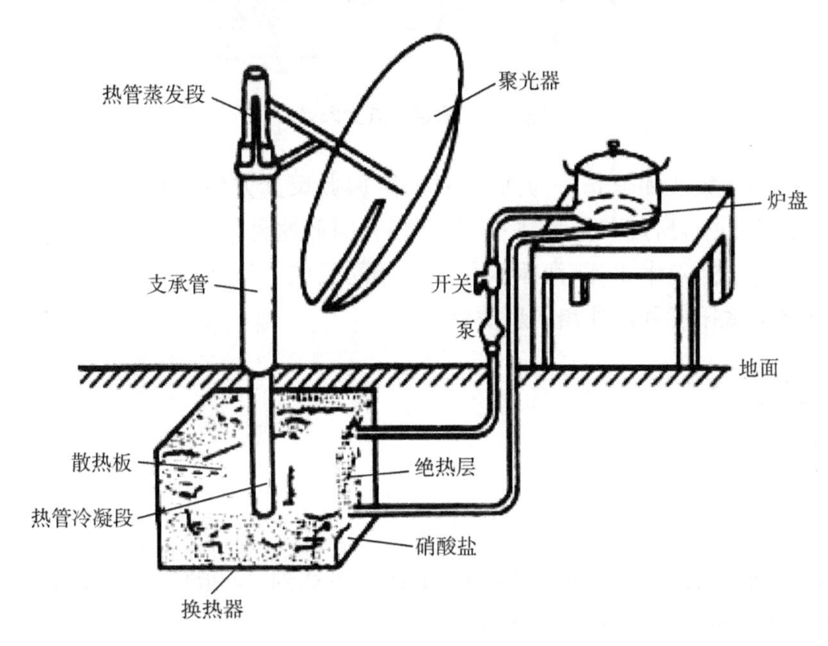

图 3-4　储热式太阳灶

这类太阳灶实际上是一种室内太阳灶，比室外太阳灶有了很大改进，但技术难度在于研制一种可靠的高温热管，以及管道中高温介质的安全输送和循环，而且这对工作可靠性要求很高，目前尚无成熟的产品上市。

聚光双回路太阳灶也是一种典型的室内太阳灶，其工作原理是：聚光器将太阳光聚集到吸热管，吸热管所获得的热量能将第一回路中的传热介质(棉籽油)加热到 500℃，通过盘管换热器把热量传给锡，锡熔融后再把热量传给第二回路中的棉籽油，使其达到 300℃左右，最后通过炉盘来加热食物。

5. 固定焦点太阳能灶

固定焦点太阳能灶是由我国科学工作者经过十多年的研制而开发的一种新型太阳能灶。其特点是将聚光集热与蓄热储能分为两个不同部分，该聚光结构在自动跟踪器的引导下使锅形聚光器始终对准阳光，并沿着地轴方向将阳光反射到集热储能器的靶心上，并将获得的高能光热转换到集热器上(图 3-5)。

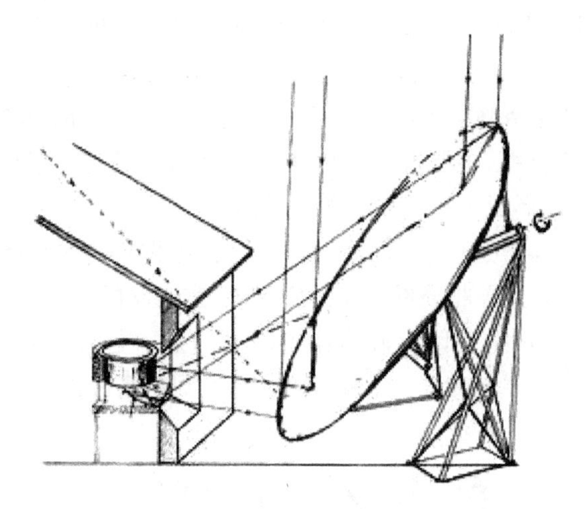

图 3-5 固定焦点太阳灶

其优点是由于集热和聚光分为两个不同体，因此聚光方便，使用动力小，费用低，而储能部分在其靶心上，所以其重量体积不受限制，因而这种固定焦点太阳能灶可以用于集体食堂、高温集热、热水工程、海水淡化及太阳能发电。该技术处于世界前列，也是我国科学工作者对太阳能利用作出的新贡献。

3.2 太阳炉

3.3.1 太阳炉接收器

太阳炉是利用太阳能的加热炉的简称，其温度可达到 3 500℃，可用于高温材料的科学研究，也用于军事武器的研究上(图 3-6)。

太阳能接收器(Receiver)是太阳能热系统的集热部件，平板集热器同时具有聚光器与接收器的功能，而中高温聚光热接收器成为接收已经聚集的太阳能辐射的专有装置。对接收器的主要要求是能承受一定数值(密度、梯度)的太阳辐射，避免局部过热等现象发生，流体的流动分布与能量密度分布匹配，带有一定储热功能。当然同时要求兼顾效率与制造成本。

聚光与接收是一个完整系统的两个部分，占发电站投资比例最大。它的功能是接收已经聚焦的太阳辐射能量，并将其转化成为热能。

接收器可以说是一种将太阳辐射能转换为热能的热交换器，是组成各种太阳能热利用系统的关键部件。无论是太阳能热水器、太阳灶、主动式太阳房、太阳能温室，还是太阳能干燥、太阳能工业加热、太阳能热发电等，都离不开太阳能接收器，都是以太阳能接收器的系统为动力或者核心部件。

由于用途不同，接收器及其匹配的系统类型分为许多种，名称也不同，如用于炊事活

图 3-6　太阳炉

动的太阳灶、用于产生热水的太阳能热水器、用于干燥物品的太阳能干燥器、用于熔炼金属的高温太阳炉，以及太阳房、太阳能热电站、太阳能海水淡化器等。

接收器的分类方法众多。按工作温度范围，分为低温接收器、中温接收器和高温接收器三类；按是否采用聚光接收手段，分为平板型接收器和聚光型接收器。平板型接收器，同时具有接收阳光和将阳光辐射转换为工质热能的功能，一般又称为集热器。本书介绍的太阳池和太阳烟囱，甚至广袤的海洋都可视为庞大的平板型接收器。在日常生活中，平板型接收器一般用于太阳能热水系统等场合。聚光型接收器的聚光和接收有所分工，聚焦阳光以获得高温，焦点呈点状或线状，主要用于太阳灶、太阳能热电站、房屋的采暖（暖气）和空调（冷气）、高温太阳炉等。

实际上，太阳能接收器还可根据传热工质、是否跟踪太阳、是否有真空空间等进行分类，各种分类往往相互交叉。譬如：某台液体集热器，可以是平板型集热器，自然也是非聚光型集热器及非跟踪型集热器，属于低温集热器；另一台液体集热器，可以是真空管集热器，又是聚光型集热器及非跟踪型集热器，属于中温集热器。

从换热原理角度来看，集热接收器就是太阳辐射直流锅炉。实际上，太阳能热发电最初的设计者也是按照直流锅炉原理构思接收器的。他们采用小管径耐热铜管制成作为换热基本单元体的排管束，在外部受光型接收器的排管束外表面涂覆高温选择性吸收膜。

吸收太阳辐射的工质有水、导热油和各类熔盐，它们有的用于载热驱动电机，有的兼具载热和储热双重功能。目前这项技术上已经取得重大突破。

3.3.2　太阳炉结构

太阳炉由抛物面镜反射器、受热器、支持器、转动机械及调整装置组成。物料位于反射镜的焦点处，太阳光线射到抛物面镜反射器上，聚焦在被加热物料上，使物料加热。反射镜可由机械转动和调整装置跟踪太阳转动，以便充分接受太阳能。温度可达 3 500℃。可在氧化气氛和高温下对试样进行观察，不受电场、磁场和燃料产物的干扰；可用于高温材料的科学研究。

太阳炉和太阳灶的工作原理基本相同，与碟式太阳热发电系统类似，差别在于太阳炉比太阳灶更复杂，可以达到数千度高温，这是主要用于炊事活动的太阳灶所望尘莫及的。

图 3-7 是大型太阳炉结构示意图，炉温可达 2 500℃，用于生产高纯和超纯钛酸铝、锆酸钙、钇铝石榴石和二氧化锆等。由于热源来自太阳，没有燃料杂质，太阳炉是理想的高纯金属和特殊材料的熔炼装置。高温太阳炉的特点是温度高，升温和降温快，除了用来熔炼金属，还可以用于研究高温材料的熔点、比热容、电导率、热离子发射、高温反应、高温焊接和高温热处理。

太阳炉由凹面反光镜、平面反光镜、控制系统和炉体组成。平面反光镜将阳光反射到凹面反射镜上，经聚光后形成光斑，温度达到 3 200℃。图 3-8 为位于法国比利牛斯山脉的世界最大的太阳能高温炉。1970 年，在法国南部比利牛斯山区奥代洛(Odeillo)正式投产的巨型太阳炉在太阳炉技术发展中具有里程碑式的作用，现在还在进行冶金、科研活动，也是著名旅游景点，其光学系统和主要参数如下。

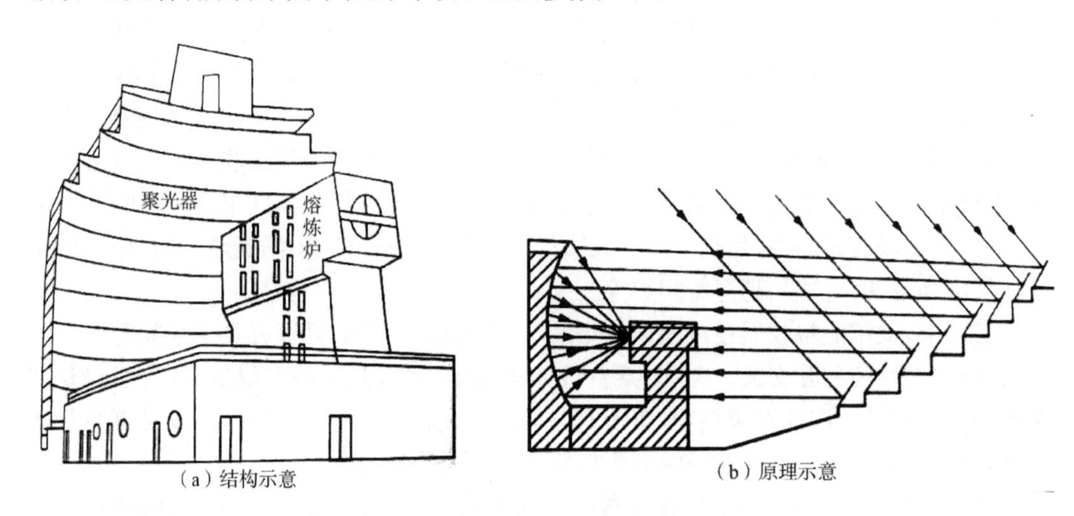

（a）结构示意　　（b）原理示意

图 3-7　奥代洛(Odeillo)太阳炉聚光系统

光学系统布置：

这座太阳炉是由抛物面聚光器和反射镜组成的复合反射聚光系统。定日镜布置在山坡上，即依山而建，充分利用了当地地形优势，如图 3-8 所示。

主要参数：

焦面功率为 1 000 kW，炉温为 4 000 K，炉址海拔 1 800 m。

聚光器为 40 m×54 m 旋转抛物面，由 9 500 片玻璃镀银背面镜组成，每片规格为 45 cm×45 cm，有效镜面面积为 1 900 m^2，焦距为 18 m，相对光孔为 2.8，提供入射太阳辐射功率为 1 800 kW。

图 3-8　法国比利牛斯山的太阳炉

装在山坡露台上的 63 个日光反射镜，将太阳的光线反射到一个大的凹面镜上，最后将大量的阳光聚焦在大约一个烹饪锅大小的区域上，这个区域的温度可以提高到 3 500℃(大约是地球核心温度的一半)。

太阳炉所使用的原理是反射镜的射线浓度，最先由位于斜坡上的第一组可控反射镜拾取太阳光线，然后发送到放置在抛物线中的第二系列镜子(也就是光线“集中器”)，再将它们收敛于中心塔顶部的圆形目标内，目标直径仅为 40 cm，相当于在这直径为 40 cm 的区域内集中了“万个太阳”的能量。

太阳炉的优点就在于它可以迅速提高温度，可以在短短几秒之内将温度提高到 3 500℃。它获取能量的方式比较“自由”，主要通过镜子采集太阳光线，这个过程是无污染的。

太阳炉提供的快速温度变化，可以用来研究热冲击的影响。研究过程没有污染元素(燃烧气体、污染物、废物等)，因为只有被检查物体才能被辐射加热，这种加热可以在受控的气氛(空间的真空，火星的上层大气等)中完成。太阳能炉已经被国家科学研究中心用于研究传热流体系统、能量转换器和高温材料的行为。现在，这些研究领域也扩展到航空航天工业。这说明人们在运用太阳的能量上，有进一步的发展。

2010 年，中国科学院电工研究所太阳能热发电实验室承担研制的大功率太阳炉聚光器在宁夏惠安堡镇竣工，其成功研制表明中国科研工作者已掌握了大型高精度聚光器的核心技术和制作工艺。

“太阳能聚集供热方法的研究及成套设备的开发”是国家“973”项目和“863”太阳能制氢课题子课题。大功率太阳炉聚光器经过近 3 年的研制，各项技术参数经过精心调试，已达到合同要求，并在太阳能制氢试验试运行中产出氢气。

据介绍，该太阳炉系统由 3 个平整度为 1 mm 的 120 m^2 的正方形定日镜、跟踪控制系统、300 m^2 大型高精度抛面聚光器、太阳炉和制氢系统组成。其中，定日镜边长 11 m，成三角形排列，后面一座高出前面两座 1.8 m。聚光器为旋转抛物面，旋转轴与地面平行，距地 3 m。根据惯例，太阳直射辐射按照 1 000 kW/m^2 计算，该太阳炉的总功率是

0.3 MW。此套系统是中国自主研发的第一台大功率太阳炉聚光器，总聚光面积300 m^2，跟踪精度好于1 mrad，峰值能流密度设计值高达10 MW/m^2。该太阳炉的热功率仅次于位于法国的科学研究中心(CNRS)和乌兹别克斯坦物理研究所内的太阳炉，为世界第三名。

3.3.3 太阳能热制氢

1. 太阳能热制氢的意义

氢气在空气中燃烧，可达到1 000℃的高温；氢气在氧气中燃烧，可达2 800℃的高温。若将氢气冷却至－240℃以下，再经过加压，氢就变成一种无色的液体——液态氢。这是火箭、火车、飞机、轮船、汽车等的极佳燃料。例如汽车用它作燃料，110 km只需消耗5 000 g氢气。

近几年来，随着质子交换膜氢燃料电池技术获得前所未有的进展，氢燃料电池被视为最具潜力的环保汽车动力源，并逐步走向商品化。氢燃料电池利用氢和氧(或空气)直接经电化学反应产生电能。氢也可以直接燃烧放热。氢的热值(142 000 kJ/kg)大约是石油热值(48 000 kJ/kg)的3倍。而且，氢的燃烧产物主要是水，具有无污染、无毒害的环保优势，这是矿物燃料无法比拟的。科学家研究表明，在石油中加入5%的氢，可提高20%的燃烧效率，并减少90%的致癌物。若用管道传送氢气到五六百公里外，要比电线输送同等能量的电力便宜90%。科学家预测，氢将会成为未来化石能源的主要替代能源之一。

传统的制氢方法需要消耗巨大的常规能源，使氢能身价太高，成为典型的"贵族能"，大大限制了氢能的推广应用。于是科学家们很快想到利用取之不尽的太阳能作为氢能形成过程中的一次能源，使氢能开发展现出更加广阔的前景。科学家称这种仅用阳光和水产生氢和氧的技术为人类的理想技术之一。进入21世纪，全世界氢产量以每年6%～7%的速度递增。"太阳能热—制氢—发电"也可被归类为一种最重要的太阳能热化学储存。

氢能具备电能和热能所缺乏的可储存性，使得氢成为最好的二次能源，从某种角度上说，可以认为发展氢能是发展可再生能源的先决条件。氢作为一种高效、清洁、无碳能源已受到世界各国的普遍关注。

使用太阳能制氢，使其转化为稳定的清洁能源并储存下来，解决了太阳能的不稳定性问题。这样，两种无污染的可再生能源强强联合，构成太阳能-氢能源系统，将给未来的能源利用和生态环境的可持续发展带来巨大的好处。

太阳能制氢是近三四十年才发展起来的。到目前为止，太阳能制氢的方法主要集中在如下几种方法：直接加热分解法、热化学循环法、光催化法以及光电化学分解法。

2. 直接加热法制氢

如果把水加热到3 000 K或者以上，水就开始分解出氢气和氧气，水的分解反应为

$$H_2O \xrightarrow{\text{高温}} \eta_1 H_2O + \eta_2 H_2 + \eta_3 O_2$$

各种物质均为气态，η_1、η_2、η_3是摩尔分数。

氢分解所需要的能量可从太阳能热中得到，为此，可以利用聚光收集器。能量聚光比是聚焦起来的小面积内的热流密度与实际接收的热流密度之比，它基本上决定了该面积(焦斑)内所能达到的温度。

现有的氢分解装置，其高温从太阳炉中获得。为取得 2 500 K 以上的温度，高温聚光比最小应为 10 000。

从概念上讲，太阳能直接热分解水制氢是最简单的方法，就是利用太阳炉收集太阳能直接加热水，使其达到 2 500 K 以上的温度从而分解为氢气和氧气的过程(在 2 500 K 时，有 25%的水分解；而到 2 800 K 时，有 55%的水分解)。这种方法需要解决的主要问题是：(1) 高温下氢气和氧气的分离；(2) 高温太阳能反应器的材料问题。温度越高，水的分解效率越高，到大约 4 700 K 时，水分解反应的吉布斯函数便接近于零。但是，与此同时，上述的 2 个问题也越来越难以解决。正是由于这个原因，这种方法在 1971 年被提出来以后发展比较缓慢。

随着聚光技术和膜科学技术的发展，这种方法又重新激起了科学家的研究热情。其中以色列魏茨曼研究所从理论和试验上对 HSTWS(太阳能热直接分解水制氢技术)可行性进行了论证，并对如何提高高温反应器的制氢效率和开发更为稳定的多孔陶瓷膜反应器进行了研究。

由于只有来光度达到 10 000 以上时，才能产生 2 500 K 的高温，而普通的来光装置的来光度只能达到数千，故在该研究中使用了二次聚光系统。测试表明，反应器壁温度达到 1 920 K 时，开始产生氢气，但由于存在 ZrO_2 在操作过程中的烧结问题，故产量会随时间推移而逐渐下降。等离子技术也是热解水制氢的候选技术之一。这主要是由于常压条件下热解水的最佳温度为 3 400～3 500 K，一般的加热方式难以达到这么高的温度，而使用等离子喷枪则很容易做到。

3. 热化学法制氢

太阳能热化学制氢是率先实现工业化大生产的比较成熟的太阳能制氢技术之一。它的优点是生产量大，成本较低，许多副产品也是有用的工业原料。其缺点是生产过程需要复杂的机电设备，并需强电辅助。

直接加热法制氢的一个缺点是需要很高的温度。这一困难使得许多科学家去探索分解水的热化学反应。在这种方法里，当加热时，水首先同一种或几种化学元素产生化合物反应，氢元素或氧元素与其他化合物(一种或几种)结合，从而释放出氢气或氧气。然后在一次或多次化学反应里，第一次反应生成的新化合物在其他中间化学物质和热量的辅助作用下，还原为它原来的成分，放出氢气和氧气。为了分离这些化学生成物还需要做某些功。因此，输入的仅仅是热量、水和功，而输出的则是氢气、氧气和低温热量，中间化学元素或化合物被再生和再循环。

目前比较具体的方案有如下几种。

(1) 太阳能硫氧循环制氢

加拿大在研究核热能制氢技术的基础上，首先提出了太阳能硫氧循环制氢的方案，并以此为主线建立了太阳能制氢工厂。该循环主要分为酸沸腾和浓缩、酸分解、分硫和产氢 4 个反应步骤。

$$产氢：SO_2 + 2H_2O \rightarrow H_2SO_4 + H_2$$

反应温度分别在 359℃、756℃、852℃。由于氧在该循环过程中质量保持不变，只起引子作用，故称该循环为硫氧循环。值得说明的是，以上反应均需在高温下进行，太阳能的任务是提供反应所需的热能，该循环中太阳能产氢的总效率约为 38%。

(2) 太阳能硫溴循环制氢

该循环分为 HBr 和 H_2SO_4 的生成、HBr 的分解和 H_2SO_4 的分解 3 个反应步骤。反应过程中，中间产物 HBr、SO_2 和 H_2SO_4 都参加了再循环。

对于热化学过程来说，需要考虑的一个重要问题是反应物和化学物的回收。据估计，如果要使热化学过程有生命力，每个循环回收必须达到 99.9%，甚至是 99.99%。

该循环制氢过程只需要水、热能和电能，太阳能可提供热能和电能，实现循环。

4. 太阳能高温水蒸气制氢

该方案包括 3 种制氢方法，太阳能烃类水蒸气催化制氢、太阳能水蒸气-铁制氢和太阳能水蒸气分解甲醇制氢，这 3 种制氢方法的反应式分别为：

$$CH_4 + H_2O \rightarrow 3H_2 + CO$$

$$3Fe + 4H_2O \rightarrow Fe_3O_4 + 4H_2$$

$$CH_3OH + H_2O \rightarrow 3H_2 + CO_2$$

这 3 种反应均需高温水蒸气。目前在这 3 种制氢方法中用常规能源汽化水的方法已被商业界广泛采用，但需要消耗巨大的常规能源，并可能造成环境污染。因此，科学家们设想，用太阳能来制备上述高温水蒸气，从而降低制氢成本，现在太阳炉的温度可高达 1 200℃，有利于热化学循环分解水工艺的发展。

这种新发展起来的多步骤热驱动制氢化学原理可以归纳如下：

$$AB + H_2O \xrightarrow{高温} AH_2 + BO$$

$$AH_2 \xrightarrow{高温} A + H_2$$

$$2BO \xrightarrow{高温} 2B + O_2$$

$$A + B \xrightarrow{高温} AB$$

式中的 AB 为循环试剂。对这一系列反应的探索就是希望驱动反应的温度能处在工业上常用的温度范围内，或者通过采用热化学的方法可在相对温和的条件下将水分解成氢气和氧气，这样就可以避免水在耗能极高的条件下热分解。目前已知的可用于分解水的热化学循环反应已超过 100 种，较著名的有美国化学家提出的硫碘热化学循环，锰的氧化物循环，Zn-ZnO 体系热循环制氢等。

5. 氨化学太阳能储热系统

澳大利亚大学太阳能学会设计了氨化学太阳能储热结构。此系统用于碟式系统，每碟面积为 20 m^2，集热器由 20 根装有催化剂的管道组成。正常工作时，管内温度为 750℃，压力为 20 MPa；氨容器内反应平衡时温度为 593℃，压力为 15 MPa。热还原装置和集热器结构相似，由 19 根装有催化剂的管道组成，完成氨的合成和热量释放，据分析，热量还原效率达到 57%。氨的合成有 100 多年的历史，技术比较成熟，合成与分解过程没有副反应发生，这样反应就比较容易控制。发生吸热反应的温度与集热器温度相当，适合热能的吸收。在氨的合成条件下氨气饱和，绝大部分氨以液态形式存在，储存方便。太阳能热发电各种聚热方式工作温度不同，储热方式多样，所以现阶段研究储热材料的种类很多，如浇注料、混凝土储热，矿物油、液态硝酸盐储热，叠层硝酸盐相变储热，金属相变储热，氨热反应储热等。太阳能热发电技术同其他太阳能利用技术一样，也在不断完善和发展。

4 太阳能热水

4.1 太阳能热水装置概述

太阳能热水器是太阳能热低温利用的主要产品之一。它是利用温室原理，将太阳的辐射能转变为热能，向水传递热量，从而获得热水的一种装置。太阳能热水器亦称太阳能热水装置，基本上可分为家用太阳能热水器和太阳能热水系统两大类，太阳能热水系统亦称太阳能热水工程。根据太阳能热水系统性能评定规范国家标准 GB/T 18713—2002 和行业标准 NY/T 513—2002 的规定，凡储热水箱的容水量在 0.6 t 以下的太阳能热水器称为家用太阳能热水器，大于 0.6 t 的则称为太阳能热水系统。

4.1.1 太阳能热水装置的构造

太阳能热水系统主要由太阳能集热器、支架、储水保温水箱、管道保温系统(连接管道)、自动控制系统和其他外部设备(如循环泵、电磁阀及伴热带等)组成，见图 4-1。

太阳能集热器是一种吸收太阳辐射能量并向工质传递热量的装置。用于太阳能热水的集热器结构、安装使用与计算方式和用于太阳能温室、太阳能干燥上的集热器基本相同，可以根据需要选择设计。系统中的集热元件，其功能相当于电热水器中的电热管。和电热水器、燃气热水器不同的是，太阳能集热器利用的是太阳的辐射热量，故而加热时间只能在太阳照射度达到一定值的范围内。在自然循环或强制循环的单回路系统中，将室外管路中最易结冰的部分敷设自限式电热带，它利用一个热敏电阻设置在电热带附近并接到电热带的电路中。当电热带通电后，在加热管路中的水的同时，也使热敏电阻的温度升高，随之热敏电阻的电阻增大；当热敏电阻的电阻增大到某个数值时，电路中断，电热带停止通电，温度逐步下降。这样无数次重复，既保证室外管路中的水不结冰，又防止电热带温度过高造成危险。这种防冻方法也要消耗一定的电能。

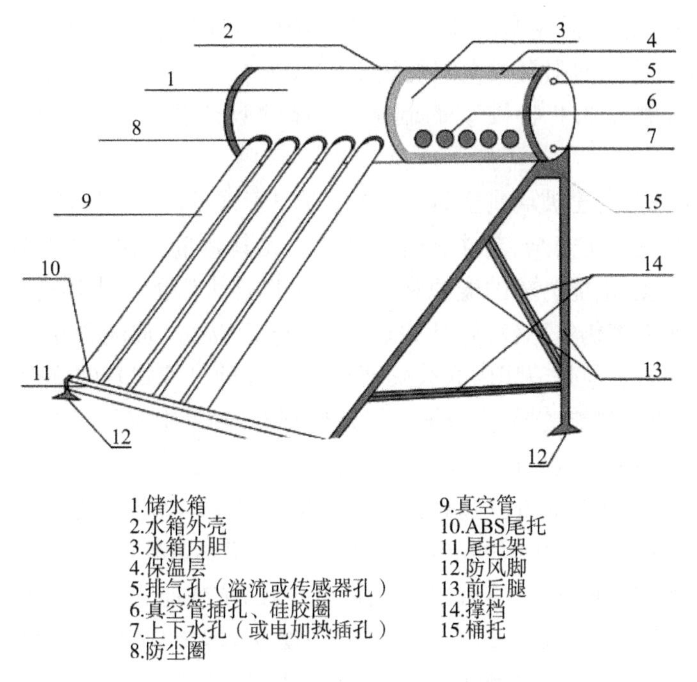

图 4-1　太阳能热水器构造

4.1.2　太阳能热水装置的分类

太阳能热水系统按传热工质不同进行的分类，见图 4-2。

1. 按集热部分来分类

(1)玻璃真空管太阳能热水器

系统中的集热元件，其功能相当于电热水器中的电加热管。和电热水器、燃气热水器不同，太阳能集热器利用的是太阳的辐射热量，故而加热时间只能在有太阳照射的白昼，所以有时需要辅助加热，如锅炉、电加热等。

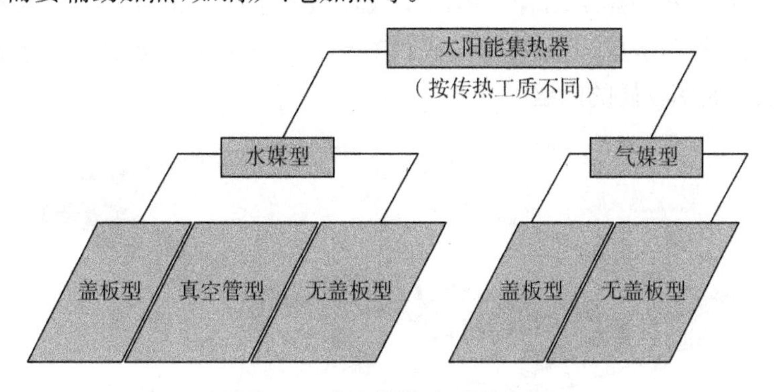

图 4-2　太阳能热水系统分类

中国市场上最常见的是全玻璃太阳能真空集热管。结构分为外管、内管，在内管外壁镀有选择性吸收涂层。平板集热器的集热面板上镀有黑铬等吸热膜，金属管焊接在集热板上。平板集热器成本较真空管集热器稍高，近几年平板集热器用量呈现上升趋势，尤其在高层住宅的阳台式太阳能热水器市场中有独特优势。全玻璃太阳能集热真空管一般由高硼硅 3.3 特硬玻璃制造，选择性吸热膜采用真空溅射选择性镀膜工艺。

真空管式可细分为全玻璃真空管式、热管真空管式、U 形管真空管式。常用的为全玻璃真空管式，其优点是安全、节能、环保、经济。尤其是带辅助电加热功能的太阳能热水器，以太阳能为主、电能为辅的能源利用方式可以使太阳能热水器全年全天候正常运行，环境温度低时效率仍然比较高，其缺点是体积比较庞大、玻璃管易碎、管中容易集结水垢、不能承压运行。但是清华阳光公司研究出了一种热管式真空集热玻璃管，它以导热介质为导热媒进行热能传递，充分解决了玻璃管易碎、管中容易集结水垢、管中结冰等诸多问题，并且它的集热效果比其他集热管还高。

(2) 真空管集热器产生的热水温度可达 80℃～180℃，最高可达 200℃以上，可用于家庭或工业热水制备、建筑供暖等。除全玻璃真空管集热器外，均可承压运行，在低温环境中高效运行，尤其是热管式太阳能集热器有很强的抗冻能力。真空管的尺寸、数量能根据实际需要灵活配置。根据 2007 年底的统计数据，国内真空管集热器的使用量已超过 90%。随着建筑一体化的不断发展，平板型太阳能集热器的大小尺寸可根据建筑的实际需要进行灵活裁切，可以和建筑屋面、墙面、阳台栏板等构件有机结合，而且可承压运行。诸多业内专家都大力鼓励推广应用平板型太阳能集热器，普通的真空管集热器会逐渐被取代，一些性能更佳的真空管集热器如 U 形管型、热管型真空管也将在未来有进一步的发展。

(3) 平板型太阳能集热器是欧洲使用最普遍的集热器类型，由吸热板、盖板、保温层和外壳四部分组成(图 4-3)。阳光透过盖板(玻璃)照射在表面涂有高太阳能吸收率的吸热板上，吸热板升温并将热量传递给吸热板内传热工质，保温材料起到减少散热的作用。平板型集热器产生的热水温度达 30℃～70℃，可承压运行，主要用于家庭热水制备和区域供热，可以多种形式和建筑结合。但由于吸热板和盖板之间存在空气夹层，会产生对流散热，金属吸热板与金属边框会向外传导散热，因此平板型集热器存在着热损失大、在低温环境中集热效率较低的问题。

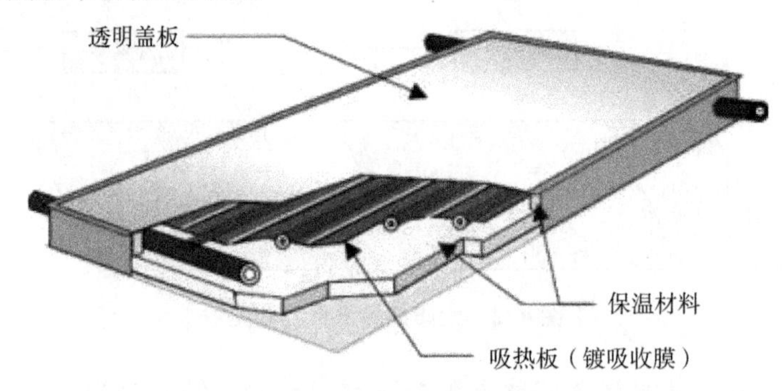

图 4-3　平板型太阳能集热器结构

平板型太阳能热水器可分为管板式、翼管式、蛇管式、扁盒式、圆管式和热管式，具有整体性好、寿命长、故障少、安全隐患低、能承压运行、吸热体面积大、易于与建筑相结合、耐无水空晒性强等优点，其热性能也很稳定。但由于盖板内为非真空，保温性能差，故环境温度较低时，平板型太阳能热水器集热性能较差，采用辅助加热时相对耗电；环境温度低或要求出水温度高时，热效率较低。另外，如冻坏需更换整个集热板，所以该热水器只适合冬天不结冰的南方地区选用。

(4) 陶瓷中空平板型太阳能热水器

陶瓷太阳能板是以普通陶瓷为基体，以立体网状钒钛黑瓷为表面层的中空薄壁扁盒式太阳能集热体。陶瓷太阳能板整体为瓷质材料，不透水、不渗水、强度高、刚性好，不腐蚀、不老化、不退色，无毒、无害、无放射性，阳光吸收率不会衰减，具有长期较高的光热转换效率。经国家太阳能热水器质量监督检验中心检测，陶瓷太阳能板的阳光吸收比为 0.95，混凝土结构陶瓷太阳能房顶的日得热量为 8.6 MJ，远高于国家标准。陶瓷太阳能板制造、使用成本低，阳光吸收比不衰减，与建筑同寿命，可以与原房顶共用结构层、保温层、防水层，结构简单，保温隔热效果好于原房顶。与建筑一体化的混凝土结构陶瓷太阳能房顶、向阳墙面、阳台护栏面，为建筑提供热水、取暖，为工农业、养殖业提供热能。

2. 按结构来分类

(1) 紧凑式太阳能热水器：将真空玻璃管直接插入水箱中，利用加热水的循环，使水箱中的水温升高，这是市场最常规的太阳能热水器。

(2) 分体式热水器：将集热器与水箱分开，大大增加了太阳能热水器容量，不采用落水式工作方式，扩大了使用范围。

3. 按水箱受压来分类

(1) 承压式太阳能热水器：太阳能热水器的出水是有压力的，一般为顶水式工作，不一定采用承压式水箱。

(2) 非承压式太阳能热水器：普通太阳能热水器都是属于非承压式热水器，它们的水箱有一根管子与大气相通，利用屋顶和家里的高度落差，在使用水时产生压力。其安全性、成本都比承压式要高，使用寿命也比承压式要长。

4. 家用太阳能热水器通常可分为闷晒家用太阳能热水器、平板家用太阳能热水器和真空管家用太阳能热水器。太阳能热水器可根据使用时间不同，分为季节性太阳能热水器(无辅助热源)和全年使用的全天候太阳能热水器(有辅助热源及控制系统)。

4.1.3 系统特征

国际标准 ISO9459 针对太阳能热水系统提出了科学的分类方法，即按照太阳能热水系统的七个特征进行分类，其中每个特征又都分为 2～3 种类型，从而构成了一个严谨的太阳能热水系统分类体系，如表 4-1 所示。

表 4-1　太阳能热水系统分类

特征	A	B	C
1	太阳能单独系统	太阳能预热系统	太阳能带辅助能源系统
2	直接系统	间接系统	
3	敞开系统	开口系统	封闭系统
4	充满系统	回流系统	排放系统
5	自然循环系统	强制循环系统	
6	循环系统	直流系统	
7	分体式系统	紧凑式系统	整体式系统

1. 第 1 特征表示系统中太阳能与其他能源的关系

(1) 太阳能单独系统——没有任何辅助能源的太阳能热水系统；

(2) 太阳能预热系统——在水进入任何其他类型加热器之前，对水进行预热的太阳能热水系统；

(3) 太阳能带辅助能源系统——联合使用太阳能和辅助能源，并可不依赖于太阳能而提供所需热能的太阳能热水系统。

2. 第 2 特征表示集热器内传热工质是否为用户消费的热水

(1) 直接系统——传热工质(水)最终被用户消费，或循环流至用户的热水直接流经集热器的系统，亦称为单循环系统或单回路系统；

(2) 间接系统——传热工质不是最终被用户消费，或循环流至用户的水不作为传热工质而是其他传热工质流经集热器的系统，亦称为双循环系统或双回路系统。

3. 第 3 特征表示系统传热工质与大气接触的情况

(1) 敞开系统——传热工质与大气有大面积接触的系统，其接触面主要在蓄热装置的敞开面；

(2) 开口系统——传热工质与大气的接触仅限于补给箱和膨胀箱的自由表面或排气管开口的系统；

(3) 封闭系统——传热工质与大气完全隔离的系统。

4. 第 4 特征表示传热工质在集热器内的状况

(1) 充满系统——在集热器内始终充满传热工质的系统；

(2) 回流系统——作为正常工作循环的一部分，传热工质在泵停止运行时由集热器流入到蓄热装置，而在泵重新开启时又流入集热器的系统；

(3) 排放系统——为了防冻，水可以从集热器排出而不再利用的系统。

5. 第 5 特征表示系统循环的种类

(1) 自然循环系统——仅仅利用传热工质的密度变化来实现集热器和蓄热装置(或换热器)之间进行循环的系统，亦称为热虹吸系统；

(2) 强制循环系统——利用泵迫使传热工质通过集热器进行循环的系统，亦称为强迫循环系统或机械循环系统。

6. 第6特征表示系统的运行方式

(1) 循环系统——运行期间，传热工质在集热器和蓄热装置之间进行循环的系统；

(2) 直流式系统——有待加热的传热工质一次流过集热器后，进入蓄热装置(储水箱)或进入使用辅助能源加热设备的系统，有时亦称为定温防水系统。

7. 第7特征表示系统中集热器与储水箱的相对位置

(1) 分体式系统——储水箱和集热器之间分开一定距离安装的系统；

(2) 紧凑式系统——将储水箱直接安装在集热器相邻位置上的系统，通常已成为紧凑式太阳能热水器；

(3) 整体式系统——将集热器作为储水箱的系统，通常亦称为闷晒式太阳能热水器。

实际上，同一套太阳能热水系统往往同时具备上述7个特征中的各一种类型。譬如，太阳能热水系统使用的一套典型的太阳能热水系统，可以同时是太阳能带辅助能源系统、间接系统、封闭系统、充满系统、强制循环系统和分体式系统。

8. 除了按系统的特征进行分类之外，还有其他一些常用的分类方法，现列出其中三种。

(1) 按太阳能集热器的类型分类

平板太阳能热水系统——采用平板集热器的太阳能热水系统；

真空管太阳能热水系统——采用真空管集热器的太阳能热水系统；

U形管太阳能热水系统——采用U形管集热器的太阳能热水系统；

热管太阳能热水系统——采用热管集热器的太阳能热水系统；

陶瓷太阳能热水系统——采用陶瓷太阳能集热器的太阳能热水系统。

(2) 按储水箱的容积分类

根据用户对热水供应的需求，确定储水箱的容量。按照储水箱的容积，系统可分为：

家用太阳能热水系统——储水箱容积小于0.6 m^3 的太阳能热水系统，通常亦称为家用太阳能热水器；

公用太阳能热水系统——储水箱容积大于等于0.6 m^3 的太阳能热水系统，通常亦称为公用太阳能热水系统。

(3) 按热水使用情况分类

根据用户对热水供应的使用情况可分为：间歇供热水太阳能热水系统和连续供热水太阳能热水系统。

间歇供热水太阳能热水系统主要供应那些定时用热水的单位，例如部队、学校、工厂等；连续供热水太阳能热水系统指那些24小时连续使用热水的系统，例如医院、宾馆、酒店、生产线等。

4.1.4 防冻措施

太阳能热水系统中的集热器及其置于室外的管路，在严冬季节常常因积存在其中的水结冰膨胀而胀裂损坏，尤其是高纬度寒冷地区。因此必须从技术上考虑太阳能热水系统的“越冬”防冻措施。常用的太阳能热水系统防冻措施大致有以下几种。

1. 集热器

集热器是太阳能热水系统中必须暴露在室外的重要部件，如果直接选用具有防冻功能的集热器，就可以避免集热器在严冬季节冻坏。聚光是提高太阳能集热装置温度的唯一有效方法，在达到平衡条件之前，聚光器受到日照，吸收表面的温度是持续上升的。例如，对于平板聚热器，入射辐射为 400 W/m^2 时的平衡温度如下：

日照表面温度为 25℃（高于环境温度）；

单层玻璃盖板温度为 39℃；

双层玻璃盖板温度为 53℃。

若需更高的温度，则需将辐射进行某种形式的光学汇聚。例如，当入射辐射为 630 W/m^2 时，可以达到的平衡温度如下：

单层玻璃盖板温度为 59℃（高于环境温度）；

双层玻璃盖板温度为 71℃。

聚光器：聚光度
- 5 178℃（高于环境温度）；
- 10 306℃；
- 20 520℃。

聚光度（Cr）是垂直于太阳光线的日照面积（即“捕捉面积”）与吸收器上由聚光装置产生的太阳影像面积之比。

聚光装置的优点不仅是产生的温度较高，而且在于从大面积得到热量的同时却仅从小面积（实际的吸收体）损失热量；缺点是只能利用定向的直接辐射能，而不能利用散射辐射能。

热管式真空管集热器以及内插管的全玻璃真空管集热器都属于具有防冻功能的集热器，因为被加热的水都不直接进入真空管内，真空管的玻璃罩管不接触水，再加上热管本身的工质容量又很少，所以即使在零下几十摄氏度的环境温度下真空管也不冻坏。

另一种具有防冻功能的集热器是热管平板集热器，它跟普通平板集热器的不同之处在于吸热板的排管用热管代替，并以低沸点、低凝固点介质作为热管的工质，因而吸热板也不会冻坏，不过由于热管平板集热器的技术经济性能不及上述真空管集热器，应用尚不普遍。

2. 双循环

双循环系统（或称双回路系统）就是在太阳能热水系统中设置换热器，集热器与换热器的热侧组成第一循环（或称第一回路），并使用低凝固点的防冻液作为传热工质，从而实现系统的防冻。双循环系统在自然循环和强制循环两类太阳能热水系统中都可以使用。

在自然循环系统中，尽管第一回路使用了防冻液，但由于贮水箱置于室外，系统的补冷水箱与供热水管也部分敷设在室外，在严寒的冬夜，这些室外管路虽有保温措施，但仍不能保证管中的水不结冰。因此，在系统设计时需要考虑采取某种设施，在用毕后使管路中的热水排空。例如采用虹吸式取热水管，兼作补冷水管，在其顶部设通大气阀，控制其开闭，实现该管路的排空。

3. 回流系统

在强制循环的单回路系统中，一般采用温差控制循环水泵的运转，贮水箱通常置于室内（底层或地下室）。冬季白天，在有足够的太阳辐照时，温差控制器开启循环水泵，集热器可以正常运行。夜晚或阴天，在太阳辐照不足时，温差控制器关闭循环水泵，这时集热器和管路中的水由于重力作用全部回流到贮水箱中，避免因集热器和管路中的水结冰而损坏；次日白天或太阳辐照再次足够时，温差控制器再次开启循环水泵，将贮水箱内的水重新泵入偏置器中，系统可以继续运行。这种防冻系统简单可靠，不需增设其他设备，但系统中的循环水泵要有较高的扬程。

近几年，国外开始将回流防冻措施应用于双回路系统，其第一回路不使用防冻液而仍使用水作为集热器的传热介质。当夜晚或阴天太阳辐照不足时，循环水泵自动关闭，集热器中的水通过虹吸作用流入专门设置的小贮水箱中，待次日白天或太阳辐照再次足够时，重新泵入集热器，使系统继续运行。

4. 排放系统

在自然循环或强制循环的单回路系统中，在集热器吸热体的下部或室外环境温度最低处的管路上埋设温度敏感元件，接至控制器。当集热器内或室外管路中的水温接近冻结温度（3℃～4℃）时，控制器将根据温度敏感元件传送的信号，开启排放阀和通大气阀，集热器和室外管路中的水由于重力作用排放到系统外，不再重新使用，从而达到防冻的目的。控制器打开电源，启动循环水泵，将贮水箱内的热水送往集热器，使集热器和管路中的水温升高。当集热器或管路中的水温升高到某设定值（或当水泵运转某设定时段）时，控制器关闭电源，循环水泵停止工作。这种防冻方法由于要消耗一定的动力以驱动循环水泵，因而适用于偶尔发生冰冻的非严寒地区。

4.2 热水装置工作过程

4.2.1 太阳能集热器循环

在太阳能集热器循环中，水或其他工质被太阳能集热器加热至高温状态，先后通过气液分离器、锅炉、预热器，分别几次放热，温度逐步降低，最后又进入太阳能集热器进行加热。如此周而复始，使太阳能集热器成为热机循环的热源。

在热机循环中，低沸点工质从气液分离器出来时，压力和温度升高，成为高压蒸汽，推动蒸汽轮机旋转，从而对外做功，然后进入热交换器冷却，再通过冷凝器冷凝成液体。该液态的低沸点工质又先后通过预热器、锅炉、气液分离器，再次被加热成高压蒸汽。

1. 吸热过程

太阳辐射透过真空管的外管，被集热镀膜吸收后沿内管壁传递到管内的水。管内的水吸热后温度升高，比重减小而上升，形成一个向上的动力，构成一个热虹吸系统。随着热水不断上移并储存在储水箱上部，同时温度较低的水沿管的另一侧不断补充，如此循环往复，最终整箱水都升高至一定的温度。而平板式热水器一般为分体式热水器，介质在集热板内因热虹吸自然循环，将太阳辐射在集热板的热量及时传送到水箱内，水箱内通过热交换(夹套或盘管)将热量传送给冷水。介质也可通过泵循环实现热量传递。

2. 循环管路

家用太阳能热水器通常按自然循环方式工作，没有外在的动力。真空管式太阳能热水器为直插式结构，热水通过重力作用提供动力。平板式太阳能热水器通过自来水的压力(称为顶水)提供动力。而太阳能集中供热系统均采用泵循环。由于太阳能热水器集热面积不大，考虑到热能损失，一般不采用管道循环。

3. 顶水式使用过程

平板式太阳能热水器实行顶水方式工作，真空管太阳能热水器也可实行顶水工作的方式，水箱内可以采用夹套或盘管方式。顶水工作的优点是供水压力为自来水压力，比自然重力式压力大，尤其是安装高度不高时。其特点是使用过程中水温先高后低，容易掌握，使用者容易适应，但是要求自来水保持供水能力。顶水工作方式的太阳能热水器比重力式热水器成本大、价格高。

4.2.2 太阳能热水系统的循环方式

太阳能热水器把太阳光能转化为热能，将水从低温度加热到高温度，以满足人们在生活、生产中的热水使用需求。太阳能热水器按结构形式分为真空管式太阳能热水器和平板式太阳能热水器，目前真空管式太阳能热水器占主导，占据国内95%的市场份额。真空管式家用太阳能热水器是由集热管、储水箱及支架等相关附件组成，把太阳能转换成热能主要依靠集热管。集热管利用热水上浮冷水下沉的原理，使水产生微循环而达到所需热水。

就其结构来说，太阳能热水器可以分为自然循环式热水器、强制循环式热水器和直流式热水器三类系统。

系统组成：真空管集热器、可连接水箱、可调整支架、换热器。

无动力循环即热式太阳能热水系统运行原理：真空管内的水经阳光辐射后开始升温，管内的水升温后密度变小，自然循环到水箱内，逐步把水箱内的水加热，升温后的水储存在具有聚氨酯发泡保温的的水箱内。室内冷水经过水箱内固定好的波纹管流道，把带有压力的自来水温升到几乎与水箱内水温相同的温度(温差小于2℃)，从而获得稳定、有压力的、洁净的热水。

1. 自然循环

自然循环太阳能热水系统是依靠集热器和储水箱中的温差，形成系统的热虹吸压头，使水在系统中循环；与此同时，将集热器的有用能量收益通过加热水不断储存在储水箱内。

系统运行过程中，集热器内的水受太阳辐射能加热，温度升高，密度降低。加热后的水在集热器内逐步上升，从集热器的上循环管进入储水箱的上部；与此同时，储水箱底部的冷水由下循环管流入集热器的底部。这样经过一段时间后，储水箱中的水形成明显的温度分层，上层水首先达到可使用的温度，直至整个储水箱的水都可以使用。

用热水时，有两种取热水的方法。一种是有补水箱的情况，由补水箱向储水箱底部补充冷水，将储水箱上层热水顶出使用，其水位由补水箱内的浮球阀控制，有时称这种方法为顶水法；另一种是无补水箱的情况，热水依靠本身重力从储水箱底部落下使用，有时称这种方法为落水法。

2. 强制循环

强制循环是太阳能热水强制循环系统中的一种温差直接控制系统(图 4-4)。温差系统还有间接强制循环系统、间接强制循环回排系统，与其类似的有光电控制系统、定时器控制系统等。直流式系统是在自然循环式和强制循环式的基础上发展而来的，其优点是适于水压较高的大型用户，布置比较灵活，但控制系统比较复杂。

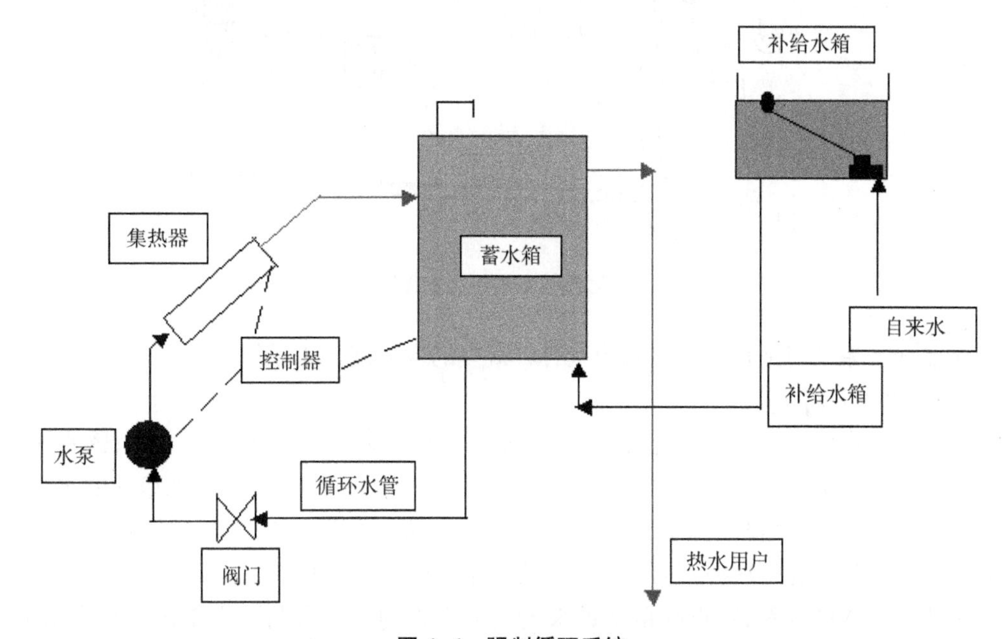

图 4-4　强制循环系统

系统运行过程中，循环泵的启动和关闭必须要有控制，否则既浪费电能又损失热能。通常温差控制较为普及，有时还同时应用温差控制和光电控制。

温差控制是利用集热器出口处水温和贮水箱底部水温之间的温差来控制循环泵的运行。

早晨日出后，集热器内的水受太阳辐射能加热，温度逐步升高。一旦集热器出口处水温和贮水箱底部水温之间的温差达到设定值(一般为 8℃～10℃)时，温差控制器给出信号，启动循环泵，系统开始运行；遇到云遮日或在下午日落前，太阳辐照度降低，集热器温度逐步下降，一旦集热器出口处水温和贮水箱底部水温之间的温差达到另一设定值(一般为 3℃～4℃)时，温差控制器给出信号，关闭循环泵，系统停止运行。在双回路的强制循环系统中，换热器既可以是置于贮水箱内的浸没式换热器，也可以是置于贮水箱外的板式换热器。板式换热器与浸没式换热器相比，有许多优点：其一，板式换热器的换热面积大，传热温差小，对系统效率影响少；其二，板式换热器设置在系统管路之中，灵活性较大，便于系统设计布置；其三，板式换热器已商品化、标准化，质量容易保证，可靠性好。

图 4-5 是一种温差控制直接强制循环系统。

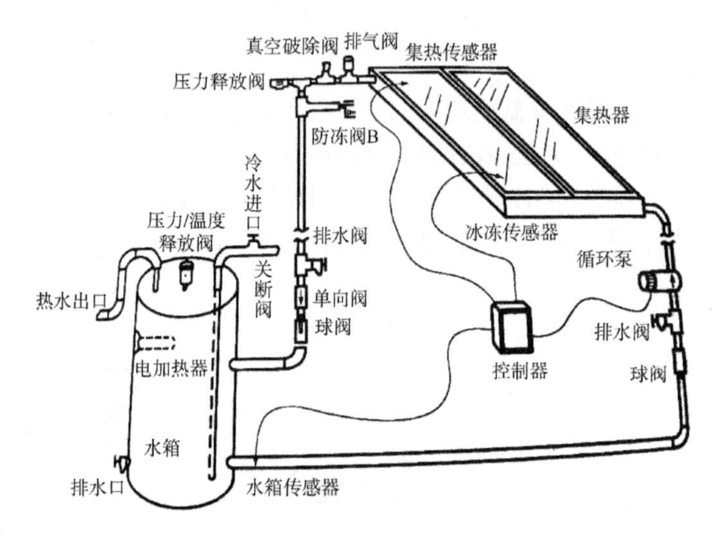

图 4-5　温差控制直接强制循环系统

强制循环系统可适用于大、中、小型各种规模的太阳能热水系统。

3. 顶水法和落水法

顶水法是向贮水箱底部补充冷水（自来水），将贮水箱上层热水顶出使用；落水法是依靠热水本身重力从贮水箱底部落下使用。在强制循环条件下，由于贮水箱内的水得到充分的混合，不出现明显的温度分层，所以顶水法和落水法都可以在一开始就取到热水。顶水法与落水法相比，其优点是压力下的热水喷淋可提高使用者的舒适度，而且不必考虑向贮水箱补水的问题；缺点则是从贮水箱底部进入的冷水会与贮水箱内的热水掺混。落水法的优点是没有冷热水的掺混，但缺点是热水靠重力落下会影响使用者的舒适度，而且存在每天必须向贮水箱补水的问题。

4. 直流式

直流式太阳能热水系统使水一次通过集热器就被加热到所需的温度，并陆续进入贮水箱中。

系统运行过程中，为了得到温度符合用户要求的热水，通常采用定温放水的方法。集热器进口管与自来水管连接。集热器内的水受太阳辐射能加热后，温度逐步升高。在集热器出口处安装测温元件，通过温度控制器控制安装在集热器进口管上的电动阀的开度，根据集热器出口温度来调节集热器进口水流量，使出口水温始终保持恒定。这种系统运行的可靠性取决于变流量电动阀和控制器的工作质量。直流式系统有许多优点：其一，与强制循环系统相比，不需要设置水泵；其二，与自然循环系统相比，贮水箱可以放在室内；其三，与循环系统相比，每天可较早地得到可用热水，而且只要有一段见晴时刻，就可以得到一定量的可用热水；其四，容易实现冬季夜间系统排空防冻的设计。直流式系统的缺点是要求性能可靠的变流量电动阀和控制器，使系统复杂、投资增大。

直流式系统主要适用于大型太阳能热水系统。

有些系统为了避免对电动阀和控制器提出苛刻的要求，将电动阀安装在集热器出口处，而且电动阀只有开启和关闭两种状态。当集热器出口温度达到某一设定值时，通过温度控制器开启电动阀，热水从集热器出口注入贮水箱；与此同时，冷水（自来水）补充进入集热器，直至集热器出口温度低于设定值时，关闭电动阀，然后重复上述过程。这种定温放水的方法虽然比较简单，但由于电动阀关闭存在滞后现象，所以得到的热水温度会比设定值低一些。

4.2.3 系统组成

太阳能热水系统主要由太阳能集热系统和热水供应系统构成，主要包括太阳能集热器、储热水箱、循环管道、支架、控制系统、热交换器和水泵等设备和附件。太阳能集热系统是太阳能热水系统特有的组成部分，是太阳能能否得到合理利用的关键。热水供应系统的设计与常规的生活热水供应系统类似，可以参照常规的建筑给排水手册进行设计。

1. 保温水箱

储存热水的容器。通过集热管采集的热水必须通过保温水箱储存，防止热量损失。太阳能热水器的容量是指热水器中可以使用的水容量，不包括真空管中不能使用的容量。对于承压式太阳能热水器，其容量指可发生热交换的介质容量。

太阳能热水器保温水箱由内胆、保温层、水箱外壳三部分组成。

水箱内胆是储存热水的重要部分，其所用材料的强度和耐腐蚀性至关重要，市场上有不锈钢、搪瓷等材质。保温层保温材料的好坏直接关系着保温效果，在寒冷季节尤为重要。目前较好的保温方式是聚氨脂整体发泡工艺保温。外壳一般为彩钢板、镀铝锌板或不锈钢板。

保温水箱要求保温效果好，耐腐蚀，水质清洁。

2. 支架

支撑集热器与保温水箱的架子。要求结构牢固、稳定性高，抗风雪、耐老化、不生锈。材质一般为不锈钢、铝合金或钢材喷塑。

3. 连接管道

太阳能热水器先使冷水进入蓄热水箱，然后通过集热器将热量输送到保温水箱。蓄热水箱与室内冷热水管路相连，使整套系统形成一个闭合的环路。设计合理、连接正确的太阳能管道对于太阳能系统达到最佳工作状态至关重要。太阳能管道必须做保温处理，北方寒冷地区需要在管道外壁铺设伴热带，以保证用户在寒冷的冬季也能用上太阳能热水。

4. 控制部件

一般家用太阳能热水器需要自动或半自动运行，控制系统是不可少的。常用的控制器具有自动上水、水满断水并显示水温和水位的功能，带电辅助加热的太阳能热水器还有漏电保护、防干烧等功能。市场上有通过手机短信控制的智能化太阳能热水器，具有水箱水位查询、故障报警、启动上水、关闭上水、启动电加热等功能，方便了用户的使用。

5. 集热器

分体式太阳能热水器（系统）就是集热器与热水箱分离，通过智能控制，优先采集主要能源、辅以常规能源的热水供应系统。

分体式太阳能热水器（系统）的集热器一般布置在屋顶和南向、南偏东的墙面、阳台上，与建筑完美接合。储热水箱理论上可以在任意位置上布置，一般布置在地下室设备间或者不影响结构强度和建筑立面景观的位置。

分体式太阳能热水器（系统）能够适应各种建筑风格，在经济效益和社会效益等方面具有突出优势。

分体式太阳能热水器（系统）按集热和储热方式分为分户集热储热辅热式、集中集热储热辅热式和集中集热分户储热辅热式。

分体式太阳能热水器（系统）的关键设备有承压水箱、集热器和辅助热源、控制系统及执行机构。

一般来说，集热器根据实际情况连接起来发挥整体作用的连接方式有三种：串联、并联和串并联。连接方式见图 4-6，照片见图 4-7。

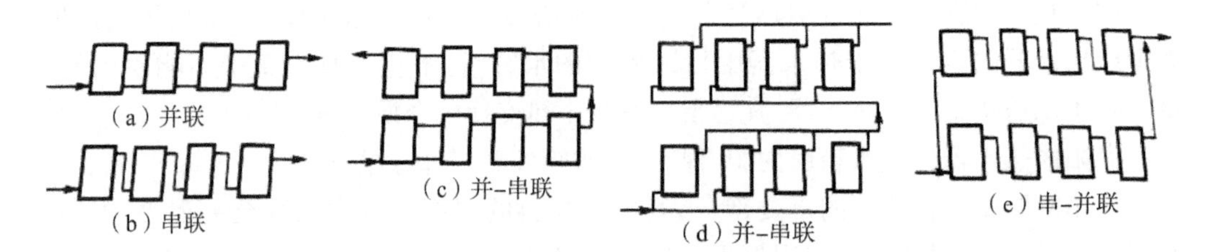

图 4-6　集热器的连接方式

图 4-7　集热器连接照片

对于强制循环系统，以上三种连接方式均可采用。集热器并联时，各组并联的集热器数应该相同，这样有利于各组集热器流量的均衡。

通过以上方式连接起来的集热器通常称之为集热器组或集热器矩阵。一个集热器矩阵可以组成一个热水系统，也可以把多个集热器矩阵连接起来形成更大的太阳能集热系统。为保证各集热器组的水力平衡，各集热器组之间的连接推荐采用同程连接。当不得不采用异程连接时，在每个集热器组的支路上应该增加平衡阀来调节流量平衡。

4.3 太阳能热水的有关设计

4.3.1 集热器面积和管道直径

1. 集热器面积的确定

太阳能—热泵中央热水系统中，太阳能集热器的面积应以热水系统的设计热负荷或根据实际情况确定的太阳能供热量作为基本依据，并分析计算项目所在地单位面积的太阳能集热器平均每日有效得热量，从而确定太阳能集热器的安装面积。

热水工程中，太阳能集热器一般以固定角度安装，其单位面积日有效得热量随季节的变化和每日太阳辐照强度的变化而变化，并不是一个固定值。其影响因素主要有集热器的安装角度、系统运行工况、所在地气象参数和太阳辐照量等。不同的集热器类型具有不同的集热效率，其有效得热量也不同，所以在实际应用中一般根据集热器生产厂家提供的集热器集热效率等性能参数和太阳辐照资料进行分析计算，取全年平均值。

2. 集热管路管道直径计算

根据集热面积和单位面积流量计算出集热系统的总流量，通过不同流速计算管道截面积和直径，根据计算出的管道直径和其对应的流速范围选取合理的管道直径。推荐的单位面积流量为 0.01～0.02 L/(m^2 · s)，不同直径管道内冷热水最大流速如表 4-2 所示。100 m^2 太阳能集热面积不同流速时的管道直径对比，如表 4-3 所示。

表 4-2 不同直径管道冷热水最大流速

公称直径/mm	15～20	25～40	50～70	≥80
冷水的流速/(m/s)	≤1.0	≤1.2	≤1.5	≤1.8
热水的流速/(m/s)	≤0.8	≤1.0	≤1.2	≤1.5

表 4-3 100 m^2 太阳能集热面积不同流速时的管道直径对比

集热面积/m^2	单位面积流量/[L/(m^2 · s)]	流量/(L/s)		流速/(m/s)	管道截面积/cm^2	管道直径/mm
100.0	0.01	10	3.6	0.8	12.5	39.9
100.0	0.014	1.4	5.0	0.8	17.5	47.2

续表

集热面积/m^2	单位面积流量/[L/(m^2·s)]	流量/(L/s)		流速/(m/s)	管道截面积/cm^2	管道直径/mm
100.0	0.018	1.8	6.5	0.8	22.5	53.5
100.0	0.02	2.0	7.2	0.8	25.0	56.4
100.0	0.01	1.0	3.6	1	10.0	35.7
100.0	0.014	1.4	5.0	1	14.0	42.2
100.0	0.018	1.8	6.5	1	18.0	47.9
100.0	0.02	2.0	7.2	1	20.0	50.5
100.0	0.01	1.0	3.6	1.2	8.3	32.6
100.0	0.014	1.4	5.0	1.2	11.7	38.5
100.0	0.018	1.8	6.5	1.2	15.0	43.7
100.0	0.02	2.0	7.2	1.2	16.7	46.1
100.0	0.01	1.0	3.6	1.5	6.7	29.1
100.0	0.014	1.4	5.0	1.5	9.3	34.5
100.0	0.016	1.6	5.8	1.5	10.7	36.9
100.0	0.02	2.0	7.2	1.5	13.3	41.2
100.0	0.02	2.0	7.2	2	10.0	35.7
100.0	0.01	1.0	3.6	2	5.0	25.7
100.0	0.02	2.0	7.2	2	10.0	35.7
100.0	0.01	1.0	3.6	2	5.0	25.2

根据表 4-3，流速>1.2 m/s 时的数据都不满足要求，流速<0.8 m/s 的数据也不满足要求，因此选择流速为 1 m/s 的数据，DN40 或 DN50 的管道都满足要求。

4.3.2 集热器效率

$$\eta=\frac{\text{由集热器收集到的可用能}}{\text{照射到集热器上的太阳能}}$$

重要的是应注意使用条件(太阳提供的能量是不断变化的)。在任意时间间隔 θ 内，需要一个效率的定义，即：

$$\eta=\frac{\int_{\theta_1}^{\theta_2} mC_{\mathrm{p}}(t_{\mathrm{s}}-t_{\mathrm{e}})\mathrm{d}\theta}{\int_{\theta_1}^{\theta_2} G\mathrm{d}\theta} \tag{4-1}$$

故我们可以立即测出以一天、一个月或全年为基础的效率。

我们可以用瞬时效率来比较不同集热器的性能。应用集热器方程，并假定吸热体效率 $F'=1$，则我们可得出：

$$\eta = \overline{\tau a} - \frac{K_1\left(\frac{t_e + t_s}{2} - t_a\right)}{G} \tag{4-2}$$

式中：η 为集热器的效率因数；m 为用水计算单位数；K 为热损失的传热系数；$\overline{\tau a}$ 为光学因数；t_s 为热水流出温度；t_e 为热水流进温度；t_a 为周围空气的平均温度；θ 为时间间隔；G 为总的入射照度（包括直射、散射、地面大气反射）；C_p 为传热体热容量。

4.3.3 太阳能热水系统的设计计算

1. 太阳能热水系统平均日用热水量的计算公式为

$$Qw = Kqrm \tag{4-3}$$

式中：Qw 为日平均用热水量，L/d；qr 为热水用量定额，L/(人・d)或 L/(床・d)，按《建筑给水排水设计规范》(GB 50015—2003)选取；m 为用水计算单位数，人数或床位数；K 为热水使用定额日平均修正系数，一般取 0.5～0.6。

2. 太阳能热水系统集热器总面积按《民用建筑太阳能热水系统应用技术规范》(GB/T 50364—2005)采用式(4-4)计算：

$$A_c = \frac{Q_W C_W \rho (t_e - t_i) f}{J_T \eta_{cd} (1 - \eta_L)} \tag{4-4}$$

式中：A_c 为直接系统集热器总面积，m^3；C_w 为水的定压比热容，4.187 kJ/(kg・℃)；ρ 为水的密度，kg/L；t_e 为热水温度，℃；t_i 为水的初始温度，℃；f 为太阳能保证率，宜为30%～80%，北京取 50%～60%；J_T 为当地集热器采光面上的年平均日太阳辐照量，kJ/m^3；η_{cd} 为集热器的年平均集热效率，宜取 40%～50%；η_L 为贮水箱和管路的热损失率，宜取 10%～20%。

3. 太阳能间接系统集热器总面积，可按式(4-5)简单计算：

$$Ai = 1.10Ac \tag{4-5}$$

式中：Ai 为间接系统集热器总面积，m^3；1.10 为换算系数。

4. 全日供应热水的太阳能热水系统的设计小时耗热量应按式(4-6)计算：

$$Q_h = \frac{mq_r C_w (t_e - t_i)\rho}{3\,600T} \tag{4-6}$$

式中：Q_h 为设计小时耗热量，W；m 为热水计算单位数，人数或床位数；q_r 为热水用水量定额，L/(人・d)或 L/(床・d)；C_w 为水的定压比热容，4 187 J/(kg・℃)，t_e 为热水温度，℃；t_i 为冷水温度，℃；ρ 为水的密度，kg/L；T 为定时供水时段，T 宜取 4 h。

5. 太阳能热水系统的设计小时热水量可按式(4-7)计算：

$$q_h = \frac{Q_h}{1.163 - (t_e - t_i)\rho} \tag{4-7}$$

式中:q_h 为设计小时热水量,L/h;Q_h 为设计小时耗热量,W;t_e 为热水温度,℃;t_i 为冷水温度,℃;ρ 为水的密度,kg/L。

6. 辅助加热量的计算,容积式加热或储热容积加热,按式(4-8)计算:

$$Q_g = Q_h - 1.163\frac{\eta V_r}{T}(t_e - t_i)\rho \tag{4-8}$$

式中:Q_g 为容积式水加热器设计小时供热量,W;η 为有效储热容积系数,宜取 0.75;V_r 为总储热容积,单水箱取水箱容积的 40%,双水箱取供热水箱容积;T 为辅助加热时间,一般取 2~4 h。

7. 储热水箱容积的计算:一般来说,每平方米集热器总面积需要储热水箱容积,就全国范围而言,可按 40~100 L 设计,华北地区推荐按 70 L 设计。

8. 集热器抗风荷载的计算,按式(4-9)计算:

$$W = k_1 k_2 W_0 F \tag{4-9}$$

式中:W 为集热器抗风荷载值,N;k_1 为风载体形系数,一般取 1.5;k_2 为风压高度变化系数,见表 4-4;W_0 为基本风压,N/m^3,参考全国基本风压分布图;F 为集热器阵列最高点的垂直面积,m^2。

表 4-4 风压高度变化系数 k_2

离地面或海面高度/m	k_2	
	陆地	海上
L2	0.52	0.61
L5	0.78	0.84
L10	1.00	1.00
L15	1.15	1.10
L20	1.25	1.18
L30	1.41	1.29
L40	1.54	1.37
L50	1.63	1.43
L60	1.71	1.49
L70	1.78	1.54
L80	1.84	1.58

4.4 太阳能锅炉—太阳能热水

4.4.1 太阳能锅炉

太阳能锅炉是相对于民用太阳能热水器而言的太阳能中高温(100℃~300℃)利用

装置。蒸、烤、烘干、加热、保温、发酵等是工业蒸汽的基本功能，工业蒸汽的温度大多在100℃～250℃之间，普通的脱水、烘干温度在80℃左右，这样的温度利用“太阳热能工业锅炉”完全可以顺利实现并且比较容易商业化推广。

太阳能锅炉是一种新兴的锅炉装置，由太阳能集热器和锅炉组成。目前，常规燃煤、燃油、燃气、电、沼气和其他能源锅炉运行成本高，且污染环境，已渐渐不能满足多数使用锅炉的企业的需求，因此太阳能锅炉改造技术以其节能环保的巨大社会效益和经济效益被人们所推崇。

所谓太阳能锅炉改造就是利用太阳能热力技术，结合对常规燃煤、燃油、燃气、电、沼气和其他能源锅炉进行节能减排改造，来达到节能降耗减排目的的复合技术工程。图4-8、图4-9是两种太阳能锅炉系统。

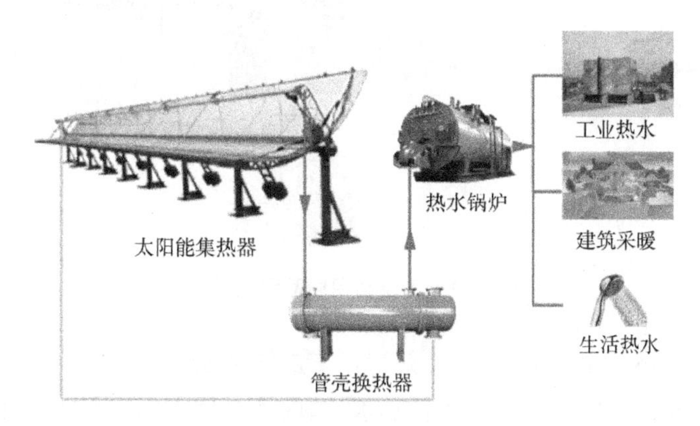

图4-8　一种可以提供较高温度的槽式太阳能集热器热水系统

太阳能锅炉工程切合用户实际需要进行整体设计及施工，并可以为用户提供多种个性化解决方案。此外，利用具有自主知识产权的太阳能中高温热利用技术并结合相关锅炉节能减排改造技术，在优先使用太阳能锅炉改造的前提下，对传统锅炉进行综合技术改造，采用余热回收、冷凝水回收、分级燃烧节煤、锅炉降温等设备，通过对锅炉的燃烧控制系统、传感系统、出渣系统、控制系统等进行优化完善，节能效果可达10%～30%。

太阳能中高温热利用锅炉可以产生100℃～300℃高温热水、蒸汽或热空气，可以广泛地应用于日常饮水、蒸汽、采暖、空调、发电、纺织、印染、造纸、橡胶、海水淡化、畜牧养殖、食品加工等各种需要热水和热蒸汽的生产和生活领域。

4.4.2　太阳能热泵技术

1. 热泵技术是一种新型的节能制冷供热技术，长期以来主要应用于建筑物的采暖空调领域。因热泵制热在节能降耗及环保方面的良好表现，卫生热水供应系统也越来越多地采用热泵设备作为热源。其中以室外空气为热源的空气源热泵，结构简单，不需要专用机房，安装使用方便，在卫生热水供应方面具有不可替代的优势。除了比较大型的空气源热泵热水系统外，现在已有多个品牌的小型家用空气源热泵热水器投放到市场中。但空气源热泵的一个主要缺点是供热能力和供热性能系数随着室外气温的降低而降低，

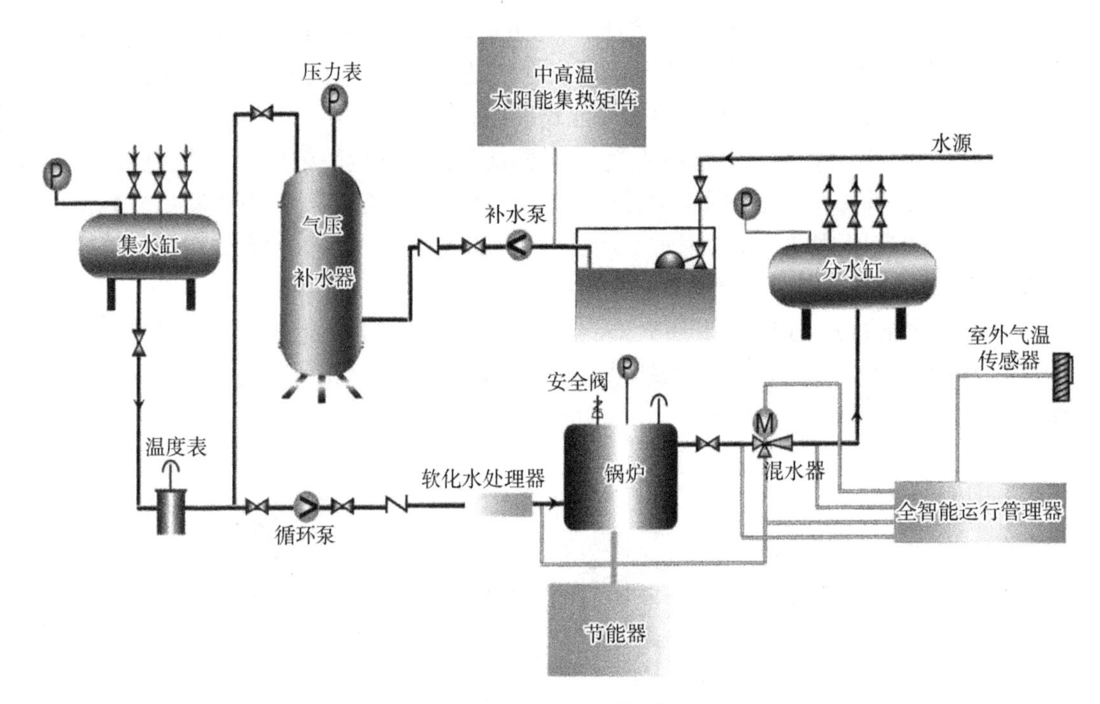

图 4-9　工业利用中高温太阳能

所以它的使用受到环境温度的限制，一般适用于最低温度－10℃以上的地区。

将热泵技术与太阳能结合供应生活热水，国内外对这方面进行了许多的研究。这种结合主要有两种方式，一种是直接以空气源热泵作为太阳能系统的辅助加热设备，另一种是利用太阳能热水为低温热源或将太阳能集热器作为热泵的蒸发器。前者以太阳能直接加热为主、以空气源热泵为辅，解决太阳能供热的连续性问题，但仍旧无法摆脱环境温度对热泵制热性能的影响；后者完全以太阳能作为热泵热源，大大提高了太阳能的利用效率，但太阳能资源不足时仍需要增加其他辅助热源，并且热泵供热能力受太阳能集热量的限制，规模一般比较小。

在大型的太阳能中央热水系统中，空气源热泵无疑是一种比较理想的辅助加热设备，为了改善空气源热泵在低温环境下制热运行的性能，扩大它的使用区域，我国研制了一种适合于低温环境中工作的太阳能—热泵中央热水系统。该系统把太阳能辅助加热空气源热泵机组和太阳能集热系统结合起来，太阳能和热泵互为辅助热源，最大限度地利用太阳能，解决阴雨天气及冬季环境温度较低导致太阳能资源不足时的热水供应保证率，做到全年、全天候供应热水。

2. 太阳能—热泵中央热水系统组成

(1) 太阳能—热泵中央热水系统基本组成

太阳能—热泵中央热水系统的主要组成部分为太阳能集热器和太阳能辅助加热空气源热泵机组，其他辅助设备与常规的中央热水系统相同，包括太阳能循环泵、水加热循环泵、换热器、热水箱及控制器等。

(2) 太阳能辅助加热空气源热泵机组

为使空气源热泵在低温环境中高效、稳定、可靠地运行，国内外众多科研单位和生产企业进行了研发和改进，归纳起来主要有三种方式。一是依靠外界辅助热源来提高热泵低温制热性能，比如通过电加热提高热泵制热出水温度，采用燃烧器辅助加热室外换热器，在压缩机周围敷设相变蓄热材料以增加低温条件下制热运行出力等；二是通过改善制冷剂循环系统来提高热泵的低温制热性能，比如采用双级压缩的空气源热泵，设中间补气回路的空气源热泵等；三是采用变频系统，低温工况下让压缩机高速工作增加工质循环量，同时向压缩机工作腔喷液以防止其过热，从而使热泵机组能够正常运行。

太阳能辅助加热空气源热泵机组是基于上述第一种方式而产生的，在机组的蒸发器上增加了辅助换热器。热泵在低温环境下制热运行时，高于环境温度的太阳能热水流经该辅助换热器，与进入蒸发器的室外空气进行热量交换并提高其温度，从而使制冷剂在温度相对较高的环境里蒸发吸热，提高了蒸发温度，改善了压缩机的工作状况。

3. 太阳能辅助加热空气源热泵机组

与普通的空气源热泵相比较，太阳能辅助加热空气源热泵机组在低温工况下运行具有以下几个明显的特点。

(1) COP(性能系数)显著提高

在同样的环境温度下，太阳能辅助加热使制冷剂系统的蒸发温度得以提高，机组的制热性能系数较普通空气源热泵机组有了明显的提高，热泵制热性能系数随蒸发温度变化而变化。

(2) 防止蒸发器结霜，减少除霜时间

辅助热源的加热作用提高了进入蒸发器的空气温度，使蒸发器结霜的可能性降低，使其保持较高的换热效率。同时，机组的化霜次数和时间也大大减少，可以节省大量的电能，并保证热泵机组连续不间断地运行。

(3) 改善空调压缩机工作环境，延长机组使用寿命

在环境温度较低时，空调压缩机的压缩比急剧升高，压缩机的排气温度常常会超过压缩机允许的工作范围，从而导致压缩机频繁地启停，无法正常工作，长此以往，将会损伤压缩机的整体性能，减少空调设备的使用寿命。以太阳能作为辅助热源提高系统蒸发温度，间接地改善了压缩机的工作环境，不但解决了压缩机在外界低温环境下不能正常工作的问题，而且可以使整个热泵机组的使用寿命有效延长。

4. 太阳能辅助换热器的设计

辅助换热器位于热泵蒸发器的外侧，作为热泵机组的一个部件与热泵机组同步设计生产，采用和蒸发器同样外型尺寸和材质的翅片管换热器。辅助换热器的换热面积、空气通过温升及其与热泵蒸发器的间距，应根据太阳能集热器可以提供的辅助热量、太阳能水温、环境温度及热泵机组蒸发温度、排风量等参数进行设计计算。

5. 太阳能—热泵中央热水系统的工作原理

太阳能与太阳能辅助加热空气源热泵结合作为中央热水系统的热源，其目的在于取长补短，使二者互为补充、互为备用。在日照充足时优先使用太阳能加热水，利用太阳能

集热器产生的低温热水作为太阳能辅助加热空气源热泵的辅助热源，从而改善热泵的运行工况，提高其制热性能。这种组合形式使二者均在相对比较稳定高效的条件下工作，保证系统全年、全天候的卫生热水供应。空气源热泵制热过程本质上是对空气中蕴藏的太阳热能的提升利用，根据热泵的工作特性，在整个热水系统的运行过程中，热泵机组作为辅助热源运行所供应的热量中，只有一小部分来自电能，所以太阳能—热泵中央热水系统大大提高了太阳能利用率，减少了对一次能源的消耗。

太阳能—热泵中央热水系统的运行主要有以下四种工况。

(1) 太阳能加热生活用水

在大部分日照良好的晴天，系统按此工况工作，此时太阳能循环泵的工作由系统控制器根据太阳能集热器和热水箱的温度进行控制，源源不断地将利用集热器采集的热量通过中间换热器输送到热水箱。

(2) 太阳能辅助热泵机组加热生活用水

在阴天或多云天气，当太阳能集热温度低于热水箱水温，不足以直接加热生活热水时，热泵机组启动，利用空气作为热源加热热水箱内生活用水。在秋冬季节，当环境温度低于热泵的经济运行温度时，热泵机组的制热效率下降，并且蒸发器表面结霜。此时，热泵辅助加热循环启动，高于环境温度的低温太阳能热水进入热泵机组辅助换热器内，预热通过的空气，使热泵效率提高，并且具有防止蒸发器结霜的作用，可以节约热泵机组的耗电量。

(3) 太阳能和热泵机组同时加热生活用水

在晴天日照良好时，如果热水系统的耗热量大于太阳能集热系统的有效供热量，或太阳能集热器的数量较少，不能满足热水系统的用热需求时，则太阳能和热泵机组同时工作向热水系统供热。

(4) 热泵机组直接加热生活用水

在连续的雨雪天气，热水系统所需热量完全由空气源热泵机组提供。此时，太阳能系统处于待机状态，热泵机组单独工质对热水箱加热。

6. 太阳能—热泵中央热水系统设计

太阳能—热泵中央热水系统中，太阳能辅助加热空气源热泵机组在晴好天气作为太阳能集热系统的辅助热源设备，在太阳能资源不足或阴雨天气时作为系统的主要热源保证热水的正常供应，所以其制热功率应按照整个热水系统的设计热负荷进行确定。对于全日制中央热水系统，热泵机组功率按照热水系统设计小时热负荷确定，对于非全日制中央热水系统，热泵机组的功率应根据最大用水量、热水箱容积、加热时间等参数进行确定。热泵机组的额定制热功率不小于中央热水系统的设计负荷，在冬季比较寒冷的地区，可适当加大机组的型号，使其尽量在一天中气温比较高的时段内运行，在较短的时间内满足系统的用热需求。

对于太阳能—热泵中央热水系统，太阳能集热系统既作为水加热的主要热源又作为热泵机组的辅助热源，并且应能承受较低的环境温度，所以应采用闭式系统，系统循环工质采用防冻工质。

(1) 运行可靠性分析

作为太阳能—热泵中央热水系统的主要组成部分,太阳能和空气源热泵都是技术成熟的节能环保产品。太阳能在生活热水系统中的规模化利用已有20余年的历史,空气源热泵的大量应用也有数十年的历史,太阳能热泵中央热水系统将太阳能与空气源热泵技术有机结合,在不影响二者原有运行功能的条件下,使其运行效率显著提高,从而能够保证系统稳定可靠运行,节约热水系统常规能源消耗。

(2) 节能效益分析

根据我国北方大部分地区的太阳辐照资料,按照卫生热水系统平均耗热量和太阳能集热器日平均得热量确定太阳能热水系统的集热器面积,太阳能—热泵中央热水系统中,太阳能直接加热可满足热水系统全年60%~80%的热量需求,其余20%~40%热量由太阳能辅助加热空气源热泵机组供应,热泵平均COP可达3.0,即其所供应热量有65%以上来自集热器不能直接利用的太阳能和空气热能。在整个系统运行中,集热器吸收的太阳能的利用率接近100%,辅助加热的电力消耗只占系统总能耗的7%~14%,较常规能源的热水系统可至少节能85%以上。

通过上述分析可见,太阳能—热泵中央热水系统是一种性能可靠、环保节能的热水系统形式,该系统只使用太阳能及少量的电能,对环境没有任何污染。在白天最低温度—15℃以上、太阳辐照良好的我国大部分地区都可推广应用。

4.5 建筑太阳能热水

4.5.1 建筑热水/取暖系统

1. 建筑太阳能热水器的标准应用

现在太阳能热水系统在建筑上的应用日益普及,很多地区将此技术作为降低碳排放量的主要措施,进行强制推广。住房和城乡建设部也颁布关于发布国家标准《民用建筑太阳能热水系统应用技术标准》的公告。

根据住房和城乡建设部2018年第138号文件,《民用建筑太阳能热水系统应用技术标准》(GB 50364—2018)正式发布,自2018年12月1日起实施。其中,第3.0.4、3.0.5、3.0.7、3.0.8、4.2.3、4.2.7、5.3.2、5.4.12、5.7.2条为强制性条文,必须严格执行。

2. 发展目标:提高太阳能供热采暖的市场份额

我国已陆续颁布实施了针对不同建筑气候区的建筑节能设计国家标准,这些标准的强制实施将极大降低建筑物的耗热量指标,从而减轻太阳能采暖系统所承担的负荷。以北京为例,50%节能建筑的耗热量指标是20.6 W/m^2。我国建筑节能设计国家标准规定的围护结构热工性能指标,已接近发达国家的建筑标准,形成了太阳能供热采暖工程应用的有利条件。

4.5.2 热水系统与建筑一体化的相关问题

1. 与建筑的结合

要实现太阳能与建筑一体化，必须解决好几个关键问题。系统必须全天候运行，太阳能集热器与水箱可分开放置，系统可以承压运行，要有可靠的防排水系统。企业要全方位地考虑太阳能集热器的安全性、经济性、使用寿命。各相关方面要看到平板太阳能集热器的优势，改进它的不足，以推动产业更快发展。

太阳能建材板是一种通俗叫法，标准说法应是建材型太阳能集热器，可以直接用做建筑物屋顶材料。一般民用住宅在屋顶现浇水泥层后，把该板铺装上即可完成，不用再进行保温、防水及砖瓦等建筑施工处理。如果用太阳能建材板盖生产厂房，可在梁柱做好后，直接安装建材板即可完成建造。建材板几乎与建筑同寿命，安全可靠。

太阳能源采集与建筑材料合二为一，增加了建筑供热功能，这样确实为建筑赋予了节能环保的时代气息。

与建筑结合的构件型的太阳能热水系统被列入《国家鼓励发展的资源节约综合利用和环境保护技术》。该太阳能供热系统将太阳能集热器与建筑的屋面材料进行“复合”，创造了一种具有屋面建材围护、保温、防水、隔热功能，具有一定强度、刚度，便于运输、搬运、起吊、安装，又具有太阳能收集、转换功能的太阳能建材。该太阳能供热系统由建筑构件型太阳能集热器、可构成建筑屋面的太阳能集热器阵列、与建筑一体化的太阳能集热系统三个部分集成，为建筑提供采暖和生活热水供应。主要技术指标：物耗，20 kg/m^2(含集热板芯、透明盖板、保温材料、密封胶条等)；能耗，0.5℃/m^2；水耗，5 kg/m^2。产品性能达到和超过国家标准，使用寿命为 15 年，主要材料利用率为 97%，适用于各种建筑。

发展重点领域：太阳能低温热水在建筑上应用的集成技术及热水工程化应用和发展(集热、储热技术，太阳能热水工程与建筑结合的技术，控制技术和管理)；高效平板集热器的连续化选择性吸收涂层技术产业化开发；太阳能采暖热水技术的工程化示范与推广及主动式太阳能技术开发；长寿命、高效率真空管涂层技术研究、生产装备开发及检测技术开发；太阳能热泵热水器技术开发；太阳能中高温集热技术应用与示范；太阳能热发电关键技术开发；建立兆瓦级太阳能热发电装置。

与建筑一体化的太阳能热利用系统由承压储热水箱、换热水箱、擦身器、循环水泵、光伏电池、低温辐射供热地板、循环工质的辅助能源水加热设备等部件选择构成，系统因构成部件不同具有不同的特征。系统根据设计和集热器安装使用部位不同，可构成建筑屋面一体化太阳能热水系统、建筑墙面一体化太阳能热水系统、建筑阳台一体化太阳能热水系统、建筑遮阳一体化太阳能热水系统、太阳能节能供暖系统、太阳能热风供热或干燥系统、太阳能节能水与光伏发电系统。太阳能无法提供足够的热量供水供热时，可以考虑用电加热锅炉，图 4-12 是太阳能供暖/生活热水系统的工作原理；图 4-13 是有热泵循环泵时热水系统的工作原理。

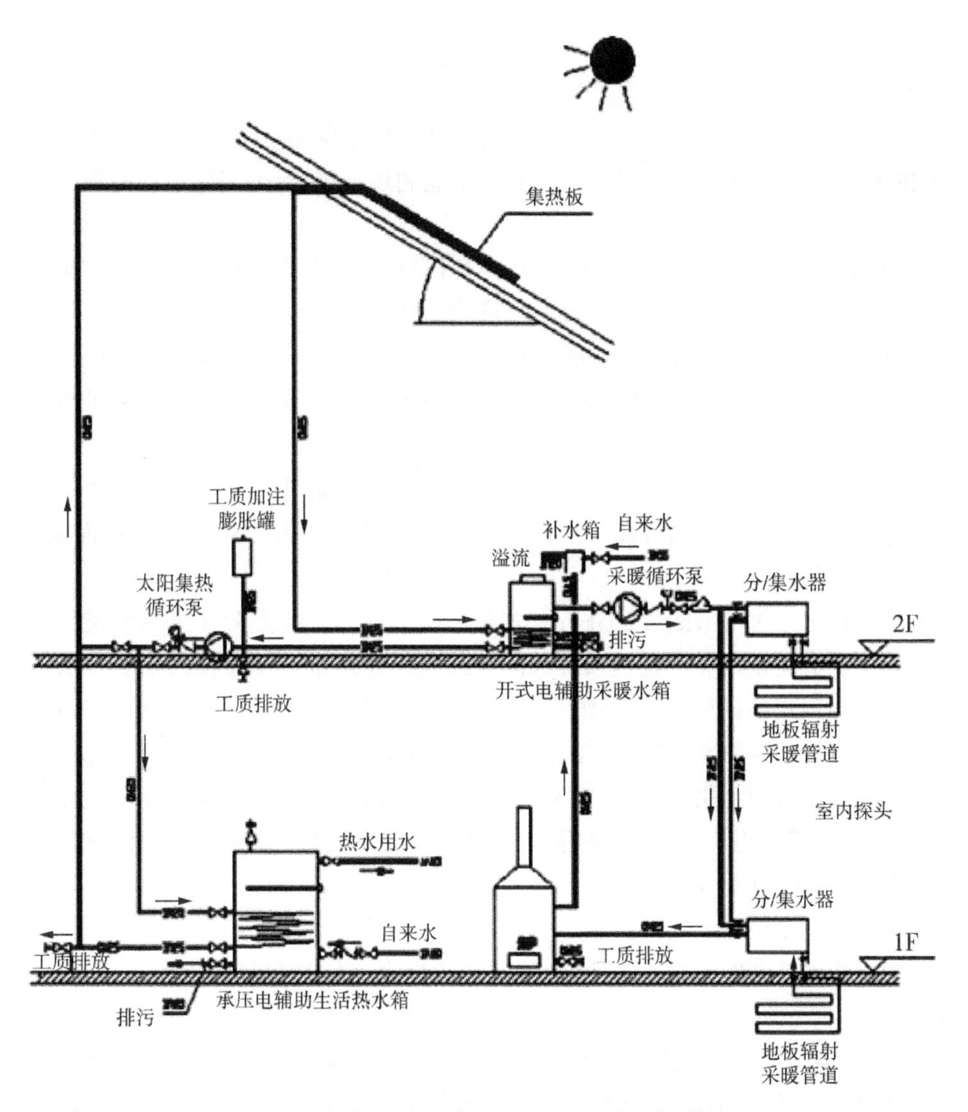

图 4-12　太阳能供暖/生活热水系统的工作原理

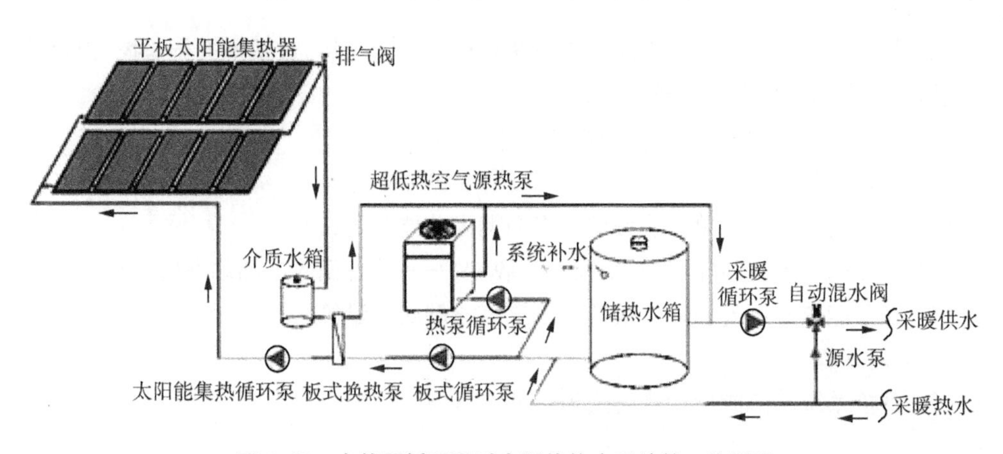

图 4-13　有热泵循环泵时太阳能热水系统的工作原理

2. 经济分析

无论是建筑节能，还是可再生能源在建筑中的应用，都需要一定的资金投入，或者说节能和可再生能源利用必须付出一定的代价。从经济学的角度分析，这种投入的代价越小，则技术应用的经济性越好。因此，针对太阳能利用系统，目前国际通用的经济性能指标是太阳能热价。

太阳能热价的定义：太阳能系统每节省（替代）1 kW·h终端用能所需要的总系统投资成本。显然，太阳能热价越低，系统的经济性越好。

通过对欧洲现有太阳能供热采暖工程的技术经济分析可知：短期蓄热太阳能供热采暖系统的太阳能热价最低，经济性最好；而小型热水系统与季节蓄热太阳能供热采暖系统的太阳能热价基本相当。

在欧洲，与建筑结合的太阳能供热采暖工程绝大部分是把工厂化生产的太阳能集热器预制模块（8～12 m^2）设置在屋顶上；由于有可靠的密封防水技术，可替代屋面瓦。

3. 节能效益

太阳能热水系统的节能效益分析有多种分类方式，如：按太阳能集热系统与太阳能热水供应系统的关系划分为直接系统和间接系统。直接系统是指在太阳能热水器中直接加热水供给用户的系统；间接系统是指在太阳能集热器中加入传热工质，利用该传热工质通过热交换器加热水供给用户的系统。由于热交换器阻力较大，间接系统一般采用强制循环系统。考虑到用水卫生、减缓集热器结合以及防冻等因素，在投资允许的条件下，一般优先推荐采用间接系统；采用直接系统时，最好根据当地水质要求研究是否需要对自来水上水进行软化处理。

1）节能效益评估分类

太阳能热水系统的节能效益评估，按评估依据和评估时期分为两类：预评估和长期监测评估。

（1）预评估——在系统设计完成后，根据太阳能热水系统的形式、太阳能集热器面积、太阳能集热器性能参数、集热器设计倾角及当地气象条件，在系统寿命期内进行的节能效益分析；

（2）长期监测评估——太阳能热水系统建成投入运行后，对系统进行监控，通过监控数据进行分析，得到实际的节能效益。

2）太阳能热水系统节能效益分析评定指标

（1）年节能量；

（2）节能费用——简单节能费用和寿命期内节能费用；

（3）增加的初投资回收年限（增投资回收期）——静态回收期和动态回收期；

（4）太阳能热水系统的环保效益——二氧化碳减排量等。

3）节能计算

（1）直接系统年节能量计算公式为：

$$\Delta Q_{save}=A_c J_T(I-\eta_c)\eta_{cd} \tag{4-10}$$

式中：ΔQ_{save} 为太阳能热水系统的节能量，MJ；A_c 为直接系统的太阳集热器面积，m^2；J_T 为太阳集热器采光面上的年总太阳辐照量，kJ/m^3；η_c 为管路和水箱的热损失率，%；η_{cd} 为太阳集热器的年平均集热效率，%。

(2) 简单年节能费用：

$$W_j = C_C \Delta Q_{save} \tag{4-11}$$

式中：W_j 为太阳能热水系统的简单年节能费用，元；

$$C_C = C_C / Q_{save} E_{ff}$$

其中，C_C 为系统评估当年的常规能源价格，元/kg；E_{ff} 为常规能源水加热装置的效率。

(3) 太阳能系统寿命期内的总节省费用计算系统：

在工作寿命期内能够节省的资金总额，考虑系统维修费用、年燃料价格上涨等影响因素，可用系统动态回收期的计算，从而让系统的投资者能更为准确地了解系统的增投资可以在多少年后被补偿收回。

寿命期总节省费用的计算式：

$$SAV = PI(\Delta Q_{save} C_C - A_d DJ) - A_d \tag{4-12}$$

式中：SAV 为系统寿命期内总节省费用；PI 为折现系数；A_d 为太阳能热水系统总增投资；DJ 为每年用于与太阳能热水系统有关的维修费用占增投资的百分率，一般取1%。

$$PI = \left[\frac{1}{de}[1 - \left(\frac{1+e}{1+d}\right)\right]^n (d \neq e)$$

$$PI = \frac{n}{1+d} (d \neq e) \tag{4-13}$$

式中：d 为年市场折现率，可取银行贷款利率；e 为年燃料价格上涨率；n 为经济分析年限，此处系统寿命期从系统开始运行算起，集热系统寿命一般为10～15年。在此工程中，太阳能热水工程的增投资也就是比常规的热水系统多投资的那部分。

(4) 静态回收期为：

$$Y_1 = W_z / W_j \tag{4-14}$$

式中：Y_1 为太阳能热水系统的简单投资回收期；W_z 为太阳能热水系统与常规热水系统相比增加的初投资；W_j 为太阳能热水系统的简单年节能费用。

(5) 动态回收期：当太阳能热水系统运行 n 年后节省的总资金与系统的增加投资相等时，

$$SAV = PI(\Delta Q_{save} C_C - A_d DJ) - A_d = 0, \quad PI(\Delta Q_{save} C_C - A_d DJ) = A_d \tag{4-15}$$

则此时的总累积年份 n 定为系统的动态回收期 Ne：

$$N_e = \frac{\ln[1 - PI(d-e)]}{\ln\left(\frac{1+e}{1+d}\right)} (d \neq e)$$

$$N_e = PI(1+d)(d=e)$$

$$PI = A_d / (\Delta Q_{save} C_c - A_d DJ)$$

$$Q_{CO_2} = \frac{Q_{CO_2}}{w \times E_{ff}} \times F_{CO_2} \times \frac{44}{12} \tag{4-16}$$

式中：Q_{CO_2} 为系统寿命期内二氧化碳减排量，kg/W 为标准煤热值，29.308 MJ/kg；N_e 为寿命，年；F_{CO_2} 为碳排放因子，取 0.866。

5. 大型太阳能热水工程的运行

1）随着太阳能热水器（系统）的不断发展，超大采光面积、大吨位储水箱的大型太阳能热水工程有着越来越多的使用，其发展主要呈现如下两大趋势。

一是太阳能热水工程在住宅建筑中的应用。推动这种应用的关键是实现太阳能与建筑结合。目前通常的做法就是在建筑上给热水器和上下水管留出安装的位置。二是，不论是集热器还是储水箱，在其性能和外观方面都必须不断进行技术创新和改进，来满足不同建筑形式的需要，不仅要求使用功能和建筑本身的功能相融合，而且要特别强调其外观与建筑外观相匹配，使其真正成为建筑的一个设备、部件。

2）太阳能热水工程在大型生活设施和工业生产中的应用。在有些大型生活设施和工业生产中，需要大量热（水）。而我们目前使用的太阳能集热器可以在较高的温度下运行，且有优良的集热性能，可以全年使用。基于这样一些特点，利用太阳能集热器可以组构采光面积达数千平方米、运行温度在 45℃～100℃的大型热水系统，以满足大型生活设施和工业生产用热（水）需要。这类系统的特点是强调其功能性、安全性和可靠性。它可以和电加热系统、燃气加热系统配合使用，形成多功能互补的高效供热（水）系统。

3）太阳能热水器与建筑结合就形式上讲有分户太阳能热水系统和集中太阳能热水系统两种运行模式。分户式太阳能热水工程由地产商在建造房屋时统一安装，这种系统其实是由多台单个独立的太阳能热水器组成，热水器与热水器之间互不相干，相互独立使用，有各自的集热器和储水箱，热水器的管路连接由开发商统一铺设（一般采用暗埋）、统一连接。使用时，由住户自己进行个体管理。为保证建筑物的相对美观，基本上由同一厂家提供统一型号的热水器，在安装上整齐排列。

这种模式的优点在于设计安装整齐划一，所需管道的铺设在建造房屋时已经考虑进去，从而避免了屋顶上形状大小各异的热水器林立，管道铺设杂乱，影响美观又不安全；在使用过程中，故障率也相对较少；在管理上由于各家自行负责，减少扯皮观象。其缺点在于受屋面结构和面积的局限，不可能在所有的屋面都进行安装，而且这一形式多数采用紧凑结合式，水箱裸露，即使整齐排列也很难达到美观的要求。

4）集中太阳能热水系统又称中央供水系统，它是将太阳能集热器串（并）联起来，利用强制循环对集热器和储水箱进行热交换，用一个或多个大型储水箱储存热水，然后分别供给用户。这种系统一般采用承压式集热器，而且集热器与储水箱分离，集热模块和建筑物基本能融为一体,成为建筑物一个构成。

这种形式的优点是较好地与建筑物相结合,外形美观。其次,系统自动化程度较高,用户所要做的就是打开水龙头。而且它还可以提供平稳的水压和水温。缺点是由于是集中热水系统,所以必须有专人进行管理和维修。

在有些工业生产活动中,需要储蓄大量的热量或热水用于工业生产。这些系统有一个共同的特点,就是自动化程度要求高,对与建筑的结合要求并不高。从目前的情况看,这类大型太阳能工程一般采用联集管式太阳能热水系统,采用温差循环运行模式或定温放水模式,或两者兼有。温差循环模式主要通过设定集热器的储水温度和储水箱内的温度值,实现循环泵的自动开闭,使水箱内的冷水不断进入集热器,集热器中的热水被不断顶入储水箱中,使水箱水温升高;定温循环模式是当集热器内温度达到设定值时,放水阀打开,热水进入储水箱进行保存。目前很多系统通常采用定温放水和温差循环相结合的模式,这样既可以不断地有热水补充,也可以实观对水箱水量的控制。

这种系统的优点是:可以实现高度自动化,几乎不需要专门管理人员;由于系统是承压供水,可以满足不同的压力要求;正因为该系统多数用于生产,这就更加便于设计、安装和维修。

太阳能产品建筑构件化实际上是太阳能集热构件建筑化。如何使太阳能集热装置建筑构件化?解决问题的根本途径是太阳能企业与建筑师通力合作,太阳能企业与建筑界在探求结果的过程中进行沟通与互动合作。建筑为太阳能而设计,太阳能为建筑所构成,这样就能给太阳能集热装置构件化与建筑一体化设计提供一个全优的答案。

5)从使用范围上讲,真空管太阳能集热器适合于非城市化或家用;平板太阳能集热器则适合于大城市、大工程,在与建筑的结合方面更有优势。因此平板太阳能集热器的生产要提高集约化、规模化程度,并扩大高端产品的产量。真空管集热器产生的热水温度可达 80℃～180℃,最高可达 200℃以上,可用于家庭或工业热水制备、建筑供暖等。除全玻璃真空管集热器外,均可承压运行,在低温环境中高效运行,尤其是热管式太阳能集热器有很强的抗冻能力。真空管的长度尺寸、数量能根据实际需要灵活配置。国内真空管集热器的使用量已超过 90%。随着建筑一体化的不断发展,平板型太阳能集热器的大小尺寸可根据建筑的实际需要进行灵活裁切,可以和建筑屋面、墙面、阳台栏板等构件有机结合,而且可承压运行。诸多业内专家都大力鼓励推广应用平板型太阳能集热器,而普通的真空管集热器会逐渐被取代,一些性能更佳的真空管集热器如 U 形管型、热管型真空管也将在未来有进一步的发展。

5 太阳能海水淡化技术

5.1 海水淡化意义和技术

5.1.1 海水淡化的意义

世界范围的淡水资源不足,已成为人们日益关切的问题。有人预言:19 世纪争煤,20 世纪争油,21 世纪争水。

为了增加淡水的供应,除了采用常规的措施,比如就近引水或跨流域引水之外,一条有利的途径就是就近进行海水或苦咸水的淡化,特别是那些用水量分散而且偏远的地区更适宜用此方法。对海水或苦咸水进行淡化的方法很多,但常规的方法,如蒸馏法、离子交换法、渗析法、反渗透膜法以及冷冻法等,都要消耗大量的燃料或电力。全世界已安装的海水淡化装置的产水能力正在按指数快速增加,但能源消耗问题也日益严重。地球的温室效应、空气污染等也告示人们必须谨慎从事。因此,改变传统的"以油换水""以电换水"的模式,寻求用太阳能来进行海水淡化,是海水淡化的必由之路。

在中国能源较紧张的条件下,利用太阳能从海水(苦咸水)中制取淡水,乃是解决淡水缺乏或供应不足的重要途径之一。所以,利用太阳能进行海水淡化,绿色环保,有广泛的应用前景。未来 20 年内,国际海水淡化市场将有巨大商机,中国应占有充分份额。尤其是国家积极支持海水淡化产业,自 2008 年 1 月 1 日起,对企业的海水淡化工程所得免征所得税。中国海水淡化产业发展前景广。本书重点介绍以太阳能热为能源的海水淡化技术。

5.1.2 海水淡化的技术

1. 海水淡化技术类型

从 20 世纪 50 年代以后,海水淡化技术随着水资源危机的加剧得到了加速发展,全球海水淡化技术超过 20 余种,包括反渗透法、低温多效法、多级闪蒸法、电渗析法、压汽蒸馏法、露点蒸发法、水电联产、热膜联产，以及利用核能、太阳能、风能、潮汐能海水淡化技术等。其中有机械蒸汽压缩(MVC)、低温多效蒸馏(LT-MED)、热蒸汽压缩(TVC)、蒸汽压缩浓缩器(VCC)、真空制冰机(ECO-VIM)、真空冷水机(ECO-Chiller)、反渗透(RO)技术及水处理和废热利用，以及微滤、超滤、纳滤等多项预处理和后处理工艺。在已经开发的淡化技术中，蒸馏法、电渗析法、反渗透法都达到了工业规模化生产的水平，并在世界各地广泛应用。

从大的分类来看，主要分为蒸馏法(热法)和膜法两大类，其中低温多效蒸馏法、多级闪蒸法和反渗透膜法是全球主流技术。一般而言，低温多效具有节能、海水预处理要求低、淡化水品质高等优点；反渗透膜法具有投资低、能耗低等优点，但海水预处理要求高；多级闪蒸法具有技术成熟、运行可靠、装置产量大等优点，但能耗偏高。一般认为，低温多效蒸馏法和反渗透膜法是未来方向。冷冻法原理：海水三相点是使海水汽、液、固三相共存并达到平衡的一个特殊点。若压力或温度偏离该三相点，平衡被破坏，三相会自动趋于一相或两相。真空冷冻法海水淡化正是利用海水的三相点原理，以水自身为制冷剂，使海水同时蒸发与结冰，冰晶再经分离、洗涤而得到淡化水的一种低成本的淡化方法。与蒸馏法、膜法相比，冷冻海水淡化法能耗低，腐蚀、结垢轻，预处理简单，设备投资小，并可处理高含盐量的海水，是一种较理想的海水淡化法。

2. 海水淡化过程所需的最小功

海水淡化的一个理想过程如图 5-1 所示。这样一个理想的蒸馏法海水淡化系统包含许多部件：蒸发器、冷凝器、热交换器以及卡诺热机和卡诺热泵等。作为理想过程，可以假定进入的海水是等压流经多个部件的。假定输入海水及环境温度相同，都等于 T_0，输入海水的摩尔质量流率为 $\dot{N}_s$ 。输出浓盐水和纯水的摩尔质量流率分别为 $\dot{N}_b$ 和 $\dot{N}_p$ 。

如图 5-1 所示，系统与环境的交界面存在几个卡诺热机(包括热泵)。这些热机的功需求就决定了淡化过程所需要的最小功。特别是当淡水刚刚被提取出来时，造水比等于 0，此时所需要的功最小，Yunus 给出的数据为 1.5 kJ/kg。

5.1.3 蒸馏淡化法

蒸馏法的原理很简单，就是通过加热海水使之沸腾汽化，再把蒸汽冷凝成淡水。蒸馏法海水淡化技术是最早投入工业化应用的淡化技术，特点是即使在污染严重、高生物活性的海水环境中也适用，产水纯度高。与膜法海水淡化技术相比，蒸馏法具有可利用电厂和其他工厂的低品位热能、对原料海水水质要求低、装置的生产能力大等优点，是当前海水淡化的主流技术之一。

蒸馏法依据所用能源、设备及流程不同，又分为好多种，其中主要有以下四种：多级闪急蒸馏(Multi-Stage Flash Distillation, MSF)、多效蒸馏(Multiple Effect Distillation, ME)、蒸汽压缩蒸馏(Vapor Compression Distillation, VC)和太阳能蒸馏(Solar Distillation, SD) 等。此外，还有以上几种方法的组合，特别是多级闪急蒸馏与其他方法的组合，目前正日益受到重视。

蒸馏法淡化是使海水受热汽化，复使蒸汽冷凝，从而得到淡水，按其过程实质，应称

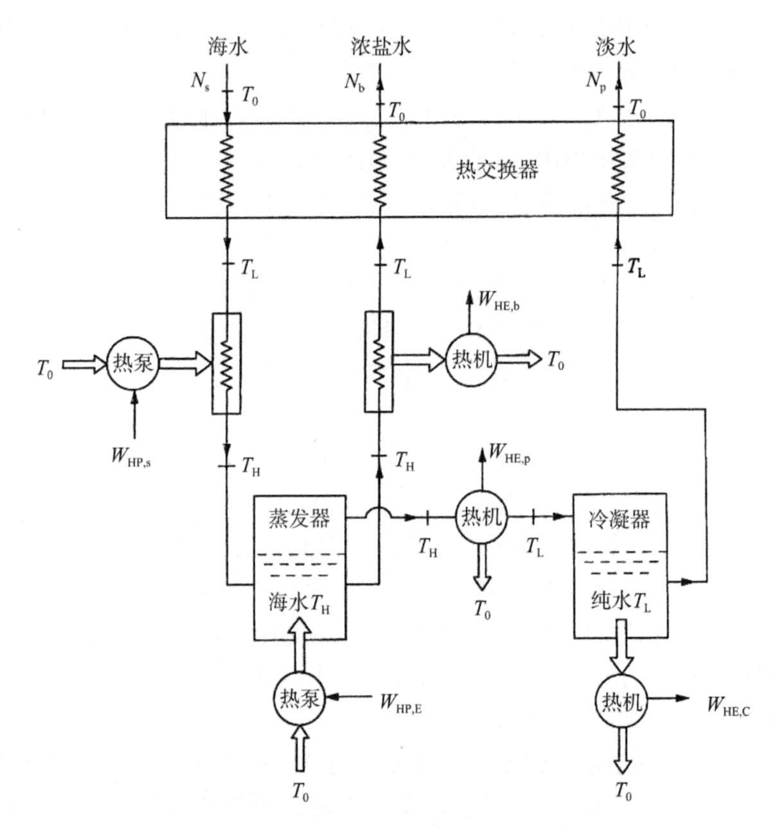

图 5-1　一个理想的海水淡化过程

之为“蒸发”(Evaporation)。但一般所说蒸发,其产品为蒸发罐中的溶液,而海水淡化,其产品为罐顶排出的蒸汽,从蒸馏塔顶获取有价值的低沸点馏分,浓海水则如热电厂蒸馏塔底排出的高沸点残液。因此,这一淡化方法称为“蒸馏法”,但其过程实质上与蒸发无异,因此有时也称为蒸发法。

海水受热汽化(膨胀)和蒸汽放热冷凝(收缩)的蒸馏过程,乃是一个热功转换过程。以此为据,对蒸馏过程的最小功计算如下。

设加热蒸汽温度为 $T_{最大}$,最低冷凝温度为 $T_{最小}$,根据理想卡诺循环原理,热机在两个热源之间工作,其最大热功效率为

$$\eta_{最大}=\frac{T_{最大}-T_{最小}}{T_{最大}}$$

根据化学位计算,设自含盐量为 34 000 mg/L 海水中,取出含盐量为 500 mg/L 的淡水,而剩余海水的浓度提高 3 倍(极限情况),过程所需的理论功为 $W_{理论}=1.41\ (\mathrm{kW\cdot h})/\mathrm{m}^3$,则蒸馏过程所需之最小功为

$$W_{最小}=\frac{W_{理论}}{\eta_{最大}}=W_{理论}\frac{T_{最大}}{T_{最大}-T_{最小}}$$

$T_{最小}\approx 25℃$，为定值，$W_{理论}$亦为定值，从$W_{最小}$与T的关系曲线可知，$W_{最小}$随$T_{最大}$的升高而减小，但超过140℃以后，趋于缓和，故从热功效率考虑，蒸馏过程的操作温度无需超过140℃～150℃。

蒸馏法最经济的热源是低压蒸汽，且受防垢方法的限制，$T_{最大}\leqslant 130℃$，故蒸馏过程的最小功为

$$W_{最小}=1.41\times\frac{(273+130)}{(273+130)-(273+25)}\approx 5.41\ (\mathrm{kW\cdot h})/\mathrm{m}^3$$

露点蒸发淡化技术是一种新的苦咸水和海水淡化方法。它基于载气增湿和去湿的原理，同时回收冷凝去湿的热量，传热效率受混合气侧的传热控制。露点蒸发淡化技术是以空气为载体，用海水或苦咸水对其进行增湿和去湿来制得淡水，并通过热传递将去湿过程与增湿过程耦合，使冷凝潜热直接传递到蒸发室，为蒸发盐水提供汽化潜热，以提高过程的热效率。

5.1.4 多级闪急蒸馏

多级闪急蒸馏(MSF，又称多级闪蒸)是经过加热的海水依次通过多个温度、压力逐级降低的闪蒸室，进行蒸发冷凝的蒸馏淡化方法。如图5-2所示。

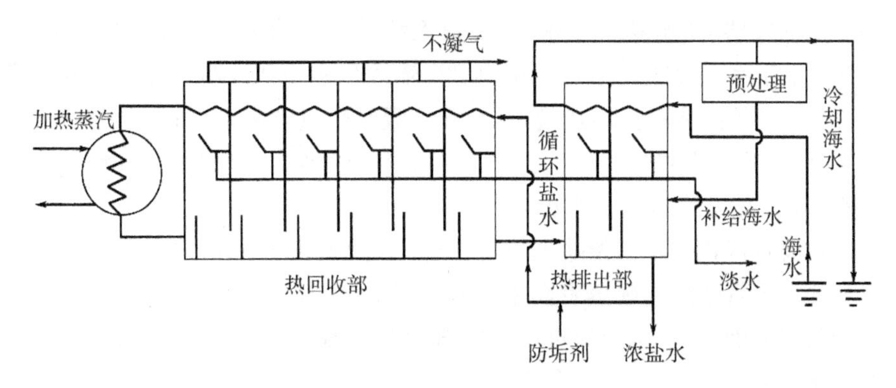

图5-2 多级闪蒸过程

所谓闪蒸，是指一定温度的海水在压力突然降低的条件下，部分海水急骤蒸发的现象。多级闪蒸海水淡化是将经过加热的海水，依次在多个压力逐渐降低的闪蒸室中进行蒸发，将蒸汽冷凝而得到淡水。目前全球海水淡化装置仍以多级闪蒸方法产量最大，技术最成熟，运行安全性高、弹性大，主要与火电站联合建设，适合于大型和超大型淡化装置，主要在海湾国家采用。多级闪蒸技术成熟、运行可靠，主要发展趋势为提高装置单机造水能力，降低单位电力消耗，提高传热效率等。

5.1.5 多效蒸馏和低温多效蒸馏

多效蒸馏(ME)是将几个蒸发器串联进行蒸发操作，以节省热量的蒸馏淡化方法，化工中又称多效蒸发。低温多效蒸馏(Low Temperature Multi-Effect Distillation，LTMED)：第1

效的蒸发温度低于70℃的特定多效蒸发过程。多效蒸馏过程如图5-3所示。

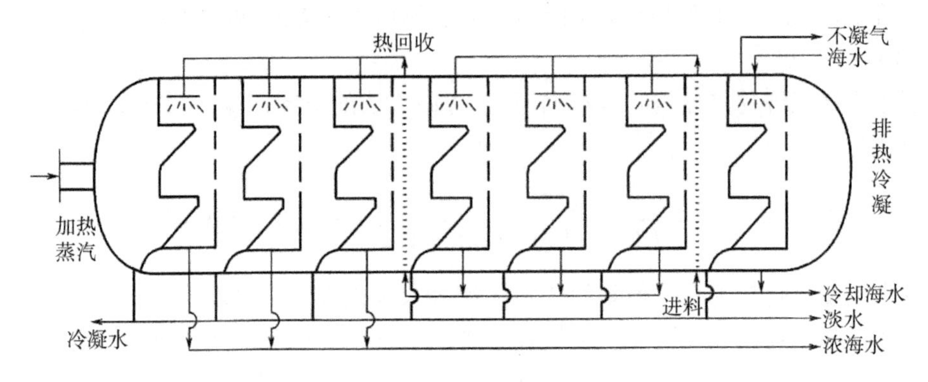

图5-3　多效蒸馏过程

多效蒸发是让加热后的海水在多个串联的蒸发器中蒸发,前一个蒸发器蒸发出来的蒸汽作为下一蒸发器的热源,并冷凝成为淡水。其中低温多效蒸馏是蒸馏法中最节能的方法之一。低温多效蒸馏技术由于节能的因素,发展迅速,装置的规模日益扩大,成本日益降低,主要发展趋势为提高首效温度,提高装置单机造水能力;采用廉价材料降低工程造价,提高操作温度,提高传热效率等。一种低温多效蒸馏法海水淡化设备,包括供汽系统、布水系统、蒸发器、淡水箱及浓水箱,供汽系统的生蒸汽入口置于中间效蒸发器上。工作方法为:① 布水系统对海水进行喷淋;② 输入生蒸汽到中间效蒸发器的蒸发管内部;③ 蒸汽在蒸发管内冷凝传出热量,蒸发管外吸收热量产生蒸发;④ 新蒸汽输送至其两侧的蒸发管内,管外吸收热量、产生蒸发;⑤ 各效蒸发器重复蒸发和冷凝过程;⑥ 蒸馏水进入淡水箱;⑦ 浓盐水进入浓水箱。

低温多效海水淡化技术是指盐水的最高蒸发温度低于70℃的蒸馏淡化技术,其特征是将一系列的水平管喷淋降膜蒸发器串联起来,用一定量的蒸汽输入首效,后面一效的蒸发温度均低于前面一效,然后通过多次的蒸发和冷凝,从而得到多倍于一效蒸汽量的蒸馏水的淡化过程。

5.1.6　蒸汽压缩蒸馏(VC)

蒸汽压缩蒸馏是将蒸发产生的二次蒸汽绝热压缩,再返回蒸发器作为加热蒸汽,同时冷凝成淡水,以提高热能利用率的蒸馏淡化方法,化工中称热泵蒸发,如图5-4所示。

5.1.7　反渗透法(RO)

1. 反渗透(Reverse Osmosis,RO):在压力驱动下,溶剂(水)通过半透膜进入膜的低压侧,而溶液中的其他组分(如盐)被阻挡在膜的高压侧并随浓缩水排出,从而达到有效分离的过程。海水淡化时,于海水一侧施加一大于海水渗透压的外压,则海水中的纯水将反向渗透至淡水中,此即反渗透海水淡化原理。如图5-5所示。为了取得必要的淡化速率,实际操作压力大于5.5 MPa,操作压力与海水渗透压之差,即为过程的推动力。

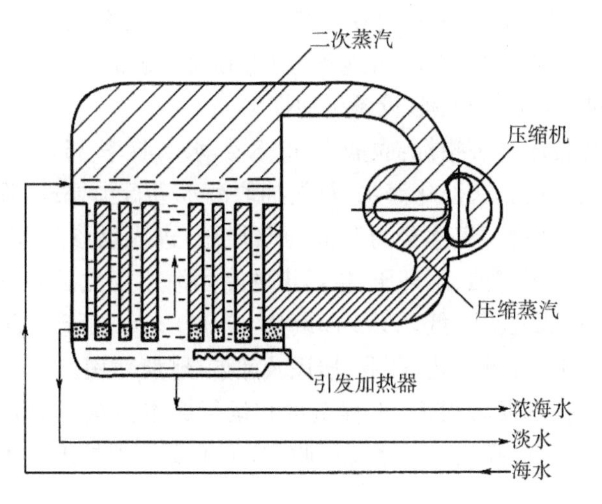

图 5-4 蒸汽压缩蒸馏过程

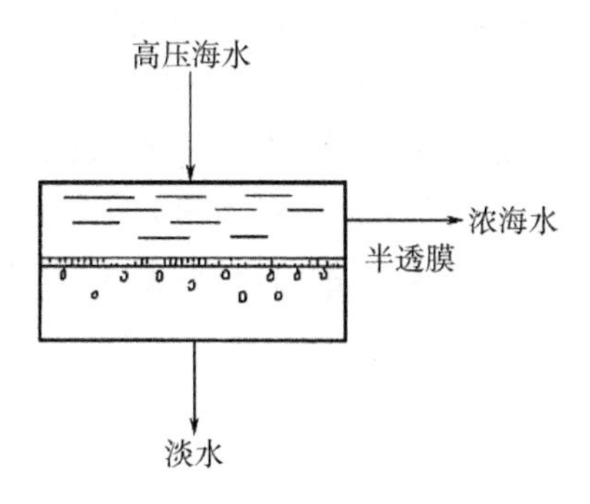

图 5-5 反渗透脱盐过程

反渗透淡化法使用的薄膜叫“半透膜”。半透膜的性能是只让淡水通过，不让盐分通过。如果不施加压力，用这种膜隔开咸水和淡水，淡水就自动地住咸水那边渗透。通过高压泵，对海水施加压力，海水中的淡水就透过膜到淡水那边去了，因此叫作反渗透，或逆渗透(图 5-6)。

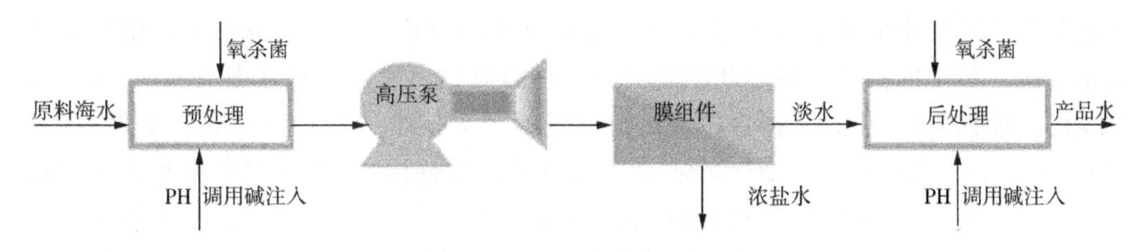

图 5-6 反渗透法工艺流程

反渗透海水淡化系统的技术关键在于合理地设计预处理系统，选用合适的高压泵和能量回收装置，设计完善的控制系统进行监测和控制，选用科学的材料和防腐措施以防止管路和系统的腐蚀。另外，对于开放式取水，除了保证系统的污染指数外，还必须采取科学的杀菌灭藻措施以防止微生物对系统的侵害。反渗透法海水淡化技术特点:投资少,投资额为其他工艺的 1/2～2/3;占地省,约为其他工艺的 1/2～2/3;能耗低,比其他工艺低 20%以上;对海水适应性强,设备机动性强。

反渗透海水淡化技术经济指标:脱盐率 99.5%,水回收率 35%～40%。大型反渗透海水淡化系统采用反渗透膜法淡化海水,首先抽取海水进行预处理,降低海水浊度,滤除细菌、藻类等大颗粒污染物。海水经特种高压泵增压,进入反渗透膜。由于海水含盐量高,因此采用高脱盐率、耐腐蚀、耐高压、抗污染的专用海水淡化反渗透膜,经过反渗透膜处理后的海水,其含盐量大幅降低,TDS 含量从 36 000 mg/L 降至 200 mg/L 左右。淡化后的水质优于自来水,可供工业、商业、居民及船舶、舰艇使用。

反渗透海水淡化技术发展很快,工程造价和运行成本持续降低,主要发展趋势为降低反渗透膜的操作压力,提高反渗透系统回收率,廉价高效预处理技术,增强系统抗污染能力等。

2. 非加压渗透吸附法

非加压吸附渗透海水淡化法,或称为"正向渗透法",让水通过多孔膜进入一种具有超强吸水性、其吸附剂的盐浓度甚至超过海水的溶液或固态物,但溶液里的特殊盐分很容易蒸发。特殊盐分有固态盐、液态盐两种。固态盐解吸附耗能更小。

另外两种方法都在薄膜结构上有了创新和改进,如碳纳米管薄膜,是一种用碳纳米管来做薄膜的小孔,另一种渗透用的薄膜蛋白质膜,是引导水分子通过活细胞的细胞膜的蛋白质来构成的薄膜。

5.1.8 电渗析法

电渗析(Electrodialysis Distillation,ED):以直流电为推动力,利用阴离子交换膜、阳离子交换膜对水溶液中阴离子、阳离子的选择透过性,使一个水体中的离子通过膜转移到另一个水体中的分离过程。如图 5-7 所示。

电渗析淡化法利用一种特别制造的薄膜来实现海水淡化。

在电力作用下,海水中盐类的正离子穿过阳膜跑向阴极方向,不能穿过阴膜而留下来;负离子穿过阴膜跑向阳极方向,不能穿过阳膜而留下来。这样,盐类离子被交换走的管道中的海水就成了淡水,而盐类离子留下来的管道里的海水就成了被浓缩了的卤水。电渗析法的技术关键是新型离子交换膜的研制。离子交换膜是 0.5～1.0 mm 厚度的功能性膜片,按其选择透过性区分为正离子交换膜(阳膜)与负离子交换膜(阴膜)。电渗析法是将具有选择透过性的阳膜与阴膜交替排列,组成多个相互独立的隔室进行海水淡化,而相邻隔室进行海水浓缩,淡水与浓缩水得以分离。电渗析法不仅可以淡化海水,也可以作为水质处理的手段,为污水再利用作出贡献。此外,这种方法也越来越多地应用于化工、医药、食品等行业的浓缩、分离与提纯。图 5-8 是电渗析脱盐过程示意图。

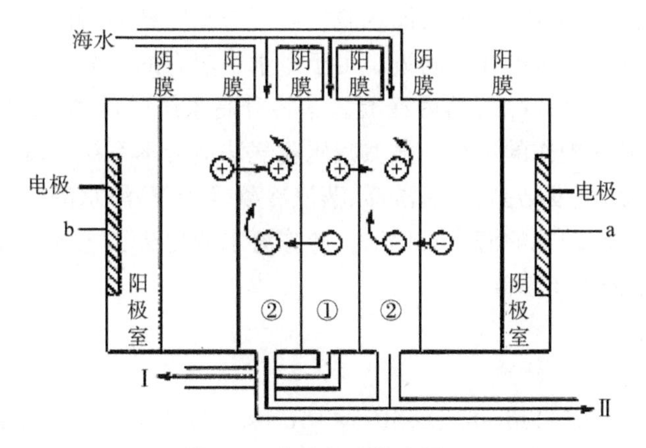

图 5-7　电渗析淡化法原理

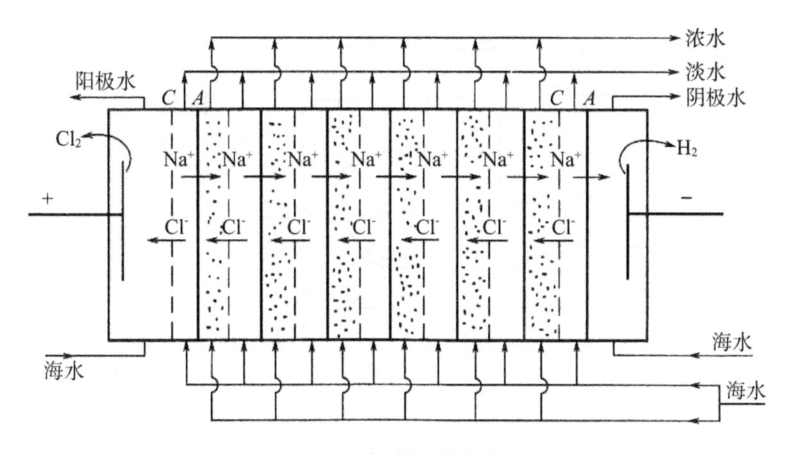

图 5-8　电渗析脱盐过程

5.1.9　冷冻法

冷冻法脱盐(Freezing Desalination):因海水结冰后,冰中含盐量很低,而将冰分离融化得到淡水的过程。如图 5-9 所示。

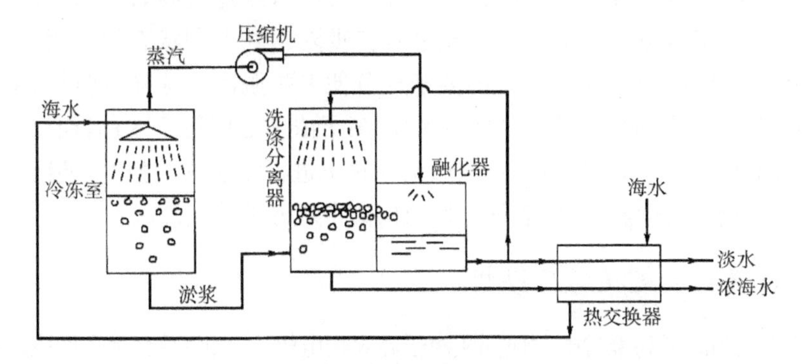

图 5-9　冷冻法脱盐过程

冷冻海水淡化法工艺中的预冷:海水脱气后可与蒸发结晶器内排出的浓盐水和淡化水产生热交换,预冷至海水的冰点附近。由于海水中溶有的不凝性气体在低压条件下将几乎全部释放,且又不会在冷凝器内冷凝。这将升高系统的压力,使蒸发结晶器内压力高于二相点压力,破坏操作的进行。显然减压脱气法适合本系统。真空冷冻海水淡化法工艺包括脱气、预冷、蒸发结晶、冰晶洗涤、蒸汽冷凝等步骤,海水淡化水产品可达到国家饮用水标准,是一种较理想的海水淡化法。冷冻海水淡化法工艺的温度和压力是影响海水蒸发与结冰速率的主要因素。

5.1.10 水合物法

水合物法脱盐过程(Hydrate Desalting Process, HDP):使低碳烃在一定条件下与海水中的水合成水合物,再从这种水合物中获取淡水的过程。如图 5-10 所示。

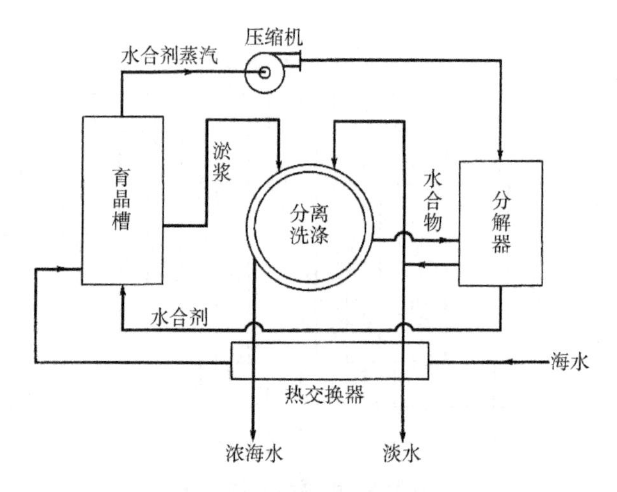

图 5-10 水合物法脱盐过程

5.1.11 电容吸附法

利用所谓的静电力进行脱盐的原理,如图 5-11 所示。连接在金属、石墨等集电极上的一对活性炭电极,在外加直流电压让含有离子的原水流过其间时,通过静电力分别把液体中的正、负离子成分吸向负、正极(充电),在吸附达到饱和状态的适当时刻,让两极短路或者反过程接触(放电)时,吸附的离子成分便发生脱附。这样,通过反复地进行充电、放电的周期性操作,脱盐装置入口(原水)的离子浓度是固定不变的,而出口浓度却呈周期性变化的状态。把出口的流路按照通电的状态进行相应的切换时,便能交替地得到除去了离子的淡化液体与从电极表面上回收的离子成分的浓缩液。

5.1.12 嵌镶离子交换膜压渗析

嵌镶膜是用阳离子高聚物电解质同阴离子高聚物电解质互相交错、组合而成的膜,因其构型如同嵌镶的图案,故称为嵌镶膜。嵌镶膜是压渗析设备的主要部件。倘若用盐水通过嵌镶

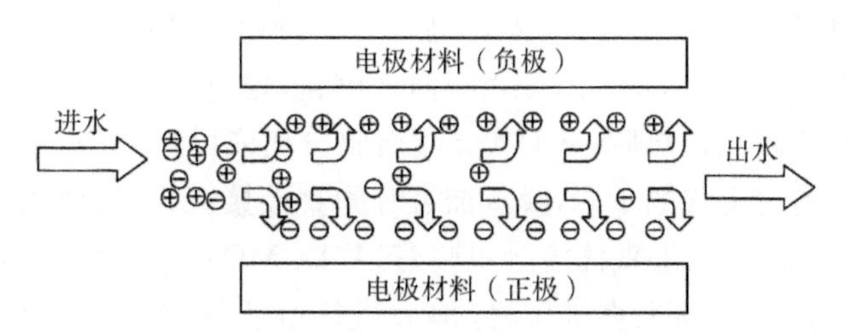

图 5-11　电容吸附法脱盐原理

膜，如图 5-12 所示，盐水中的 Na^+ 与 Cl^- 就如同下阶梯一样，分别通过各自的通道迁到膜的下界面层，并立即电中和，再经扩散离开膜面，结果在膜的下游流出浓水，膜上侧变成淡水。

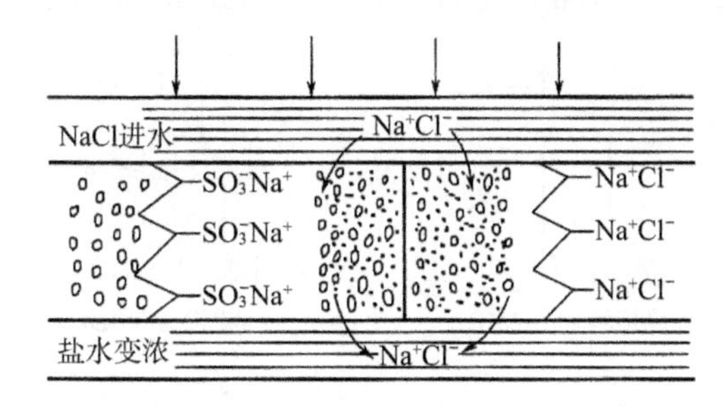

图 5-12　嵌镶离子交换膜压渗析原理

5.1.13　溶剂萃取法

溶剂萃取法用于海水淡化有两条途径：一是利用萃取剂除去海水中的盐而得到淡水，鉴于海水组成的复杂性，至今还不能应用少数几种溶剂就能很简便地达到这一目的；二是用萃取剂萃取出海水中的水，再使溶剂与水分离而得到淡水，这是目前实际采用的方法。溶剂萃取法海水淡化原理见图 5-13。

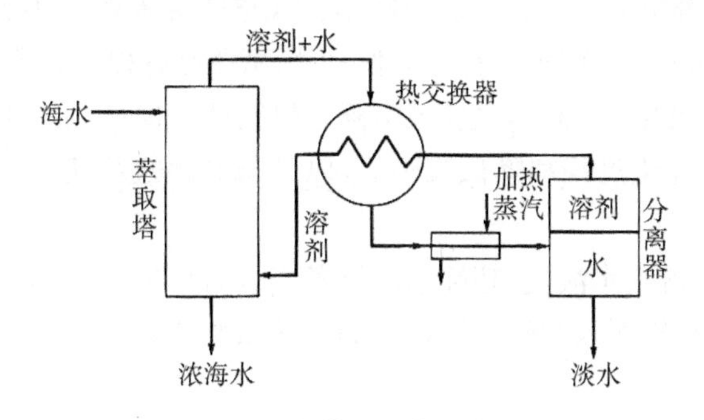

图 5-13　溶剂萃取法海水淡化原理

5.1.14　膜蒸馏

膜蒸馏（Membrane Distillation，MD）是膜技术与蒸馏过程相结合的分离过程。膜的一侧与热的待处理溶液直接接触(称为热侧),另一侧直接或间接地与冷的水溶液接触(称为冷侧),热侧溶液中易挥发的组分在膜面处汽化,通过膜进入冷侧并被冷凝成液相,其他组分则被疏水膜阻挡在热侧,从而实现混合物分离或提纯的目的。

根据膜下游侧冷凝方式的不同,膜蒸馏可分为直接接触式、气隙式、真空式和气扫式膜蒸馏4种形式(图5-14):①直接接触式膜蒸馏(DCMD),结构简单,通量较大,膜的两侧分别与热的水溶液及冷却水直接接触,但大量热量从热侧直接进入冷侧,热效率低;②气隙式膜蒸馏(AGMD),透过侧不直接与冷溶液相接触,而保持一定的间隙,透过蒸汽在冷却的固体表面上进行冷凝,其热效率高,但通量小,结构复杂;③真空式膜蒸馏(VMD),透过侧用真空泵抽真空,以造成膜两侧更大的蒸汽压差,热传导损失小;④气扫式膜蒸馏(SGMD),用载气吹扫膜的透过侧,以带走透过的蒸汽,其传质推动力大。

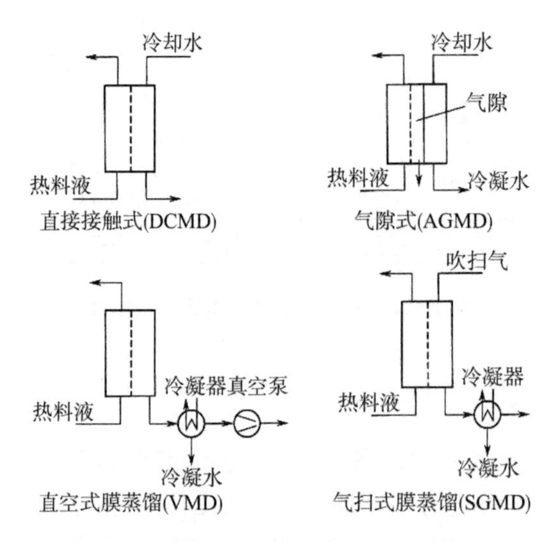

图5-14　四种不同操作方式的膜蒸馏

膜蒸馏与常规蒸馏相比,具有较高的蒸馏效率,并且蒸馏液更为纯净;与其他膜过程相比,膜蒸馏在常压下进行,设备简单、操作方便;但膜蒸馏是有相变的膜过程,传热效率低,既有温度极化又有浓度极化,通量小,且膜成本高。研制性能优良、价格低廉的疏水膜和膜组件,提高热能利用率,优化过程和降低膜污染,以及与其他过程集成等是今后改进的主要方面。

膜蒸馏在海水和苦咸水淡化、超纯水的制备、水溶液的浓缩与提纯、共沸混合物的分离、废水处理等方面有较深入的研究和初步的一些试验应用。

5.1.15　正渗透

正渗透(Forward Osmosis,FO)是指水通过选择性渗透膜从高水化学势区域向低水化学势区域的传递过程(图5-15)。可见,正渗透过程的实现需有两个必要因素:其一为可允许水通过而截留其他溶质分子或离子的选择性渗透膜;其二为膜两侧所存在的水化学势差,即传递过程所需要的推动力。例如,欲利用正渗透实现海水淡化,则首先需要具备正渗透膜，原则上它只允许水透过，而阻挡了海水中的离子和有机物等溶质分子。在膜的另一侧，需要引入具有低水化学势的汲取液(Draw Solution)以实现水化学势差，推动纯水从海水侧渗透到汲取液侧；而后，借助化学沉降、冷却沉降、热挥发、反渗透、纳滤和电磁场等方法从汲取液中获取淡水，并使汲取液得到浓缩而可回用。

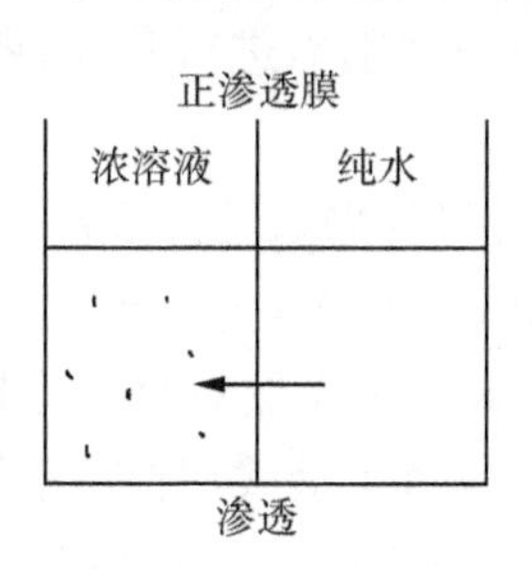

图 5-15 正渗透原理

正渗透过程在常压下进行，设备简单、操作方便；但目前正渗透膜和膜组件的性能提高、汲取液的合理选择、内外浓差极化的降低、过程优化和降低膜污染等方面有待改进。

正渗透在海水和苦咸水淡化、水溶液的浓缩与提纯、废水处理、压力阻尼渗透发电等方面有较深入的研究和初步的一些试验应用。

5.1.16 海水淡化方法的集成

海水淡化方法的集成可有三种形式：一是方法本身的集成及方法之间的集成，二是发电与淡化集成，三是发电-淡化-综合利用的集成。集成的目的是为了充分发挥各方法的特长及充分合理利用能量，从而提高产量、降低成本，获取综合效益。

(1) 方法本身的集成及方法间的集成。方法本身的集成，如多段多级的反渗透或电渗析，达到提高回收率或提高产水质量的目的。

方法间的集成，如多级闪蒸与多效蒸发的集成，多级闪蒸与蒸汽压缩的集成，纳滤、反渗透与多级闪蒸的集成，反渗透与电渗析的集成等，提高热、电的利用率，降低成本。

(2) 发电与淡化集成。这包括发电与多级闪蒸、多效蒸发、反渗透或电渗析的集成，以合理利用余热和剩余电力，实现能量合理利用。

(3) 发电-淡化-综合利用相结合。上述的发电与淡化的集成，所排浓盐水浓度是海水的 1.7～2 倍，用于制盐和综合利用可进一步降低制盐和淡水的成本。

5.2 太阳能海水淡化技术

5.2.1 太阳能海水淡化的特点

与传统动力源和热源相比，太阳能具有安全、环保等优点，将太阳能采集与脱盐工艺两个系统结合的太阳能海水淡化技术是一种可持续发展的海水淡化技术。太阳能海水淡化技术由于不消耗常规能源、无污染、所得淡水纯度高等优点而逐渐受到人们重视。

太阳能海水淡化系统与现有海水淡化利用项目相比有许多新特点：首先是可独立运行，不受蒸汽、电力等条件限制，无污染、低能耗，运行安全稳定可靠，不消耗石油、天然气、煤炭等常规能源，对能源紧缺、环保要求高的地区有很大应用价值；其次是生产规模可有机组合，适应性好，投资相对较少，产水成本低，具备淡水供应市场的竞争力。人类早期利用太阳能进行海水淡化，主要是利用太阳能进行蒸馏，所以早期的太阳能海水淡化装置一般都被称为太阳能蒸馏器。

20 世纪 90 年代末，人们发现：尽管采取了许多被动强化传热传质措施，如减小装置中海水的容量、多次回收蒸汽的凝结潜热等，仍不能满足用户的要求，即太阳能蒸馏器的经济性仍然不够理想。分析发现，装置内自然对流的传热传质模式是限制装置产水率提高的主要因素，于是研究者纷纷选择对主动式（加有动力，如水泵或风机等）太阳能蒸馏器进行研究。在此期间，出现了气流吸附式、多级降膜多效回热式、多级闪蒸式等许多新颖的太阳能海水淡化装置，装置的总效率也有了较大提高，达到 80%左右（包括电能的消耗）。

未来的太阳能海水淡化技术，在短期内将仍以蒸馏方法为主。利用太阳能发电进行海水淡化，虽在技术上没有太大障碍，但在经济上仍不能跟传统海水淡化技术相比拟。比较实际的方法是，在电力缺乏的地区，利用太阳能发电提供一部分电力，为改善太阳能蒸馏系统性能服务。

人们进一步认识到，太阳能海水淡化装置的根本出路应是与常规的现代海水淡化技术紧密结合起来，取之先进的制造工艺和强化传热传质新技术，使之与太阳能的具体特点结合起来，实现优势互补，才能极大地提高太阳能海水淡化装置的经济性，才能为广大用户所接受，也才能进一步推动我国的太阳能海水淡化技术向前发展。

5.2.2 太阳能蒸馏

1. 太阳能蒸馏器的运行原理是利用太阳能产生热能驱动海水发生相变过程，即产生蒸发与冷凝（图 5-16）。直接法太阳能海水淡化是受云雨变换这一自然现象启示，是最早为人类所了解的海水淡化方法。

直接法太阳能蒸馏淡化技术主要是指直接从太阳能采集热量，使海水（或介质淡水）加热蒸发的方法。最原始的是顶棚式（槽式或称盘式）太阳能蒸馏装置，其结构简单，但占地面积大，产水率一般为 2～4 kg/(m^2 · d)，称为双斜面温室型。顶棚的倾角为 15°～18°，材料多用玻璃，因其透光性好（有 85%透过，仅有约 10%反射，5%吸收），有足够的机械强度，造价也较低；而透明塑料薄膜透光性差，且经日光曝晒，容易老化脆裂，成本也高，故少采用。池底吸热材料，国外多用聚丁烯橡胶，密封材料用硅橡胶，集水槽用不锈钢、铝或聚烯烃等材料。太阳光透过玻璃顶棚，照射到涂有黑色吸热体（丁基橡胶）的盛水池底面上，太阳的辐射热量被池底吸收，再传给盛于池中的海水（2～3 cm 厚），使水温升高（可达 60℃～70℃）。透明顶棚吸收太阳能很少，加之外界空气流动，因而温度较低，池内海水产生的蒸汽，遇到较冷的顶棚，就在内壁凝结成水滴，借助重力作用，沿顶棚斜面流入淡水集水槽中。

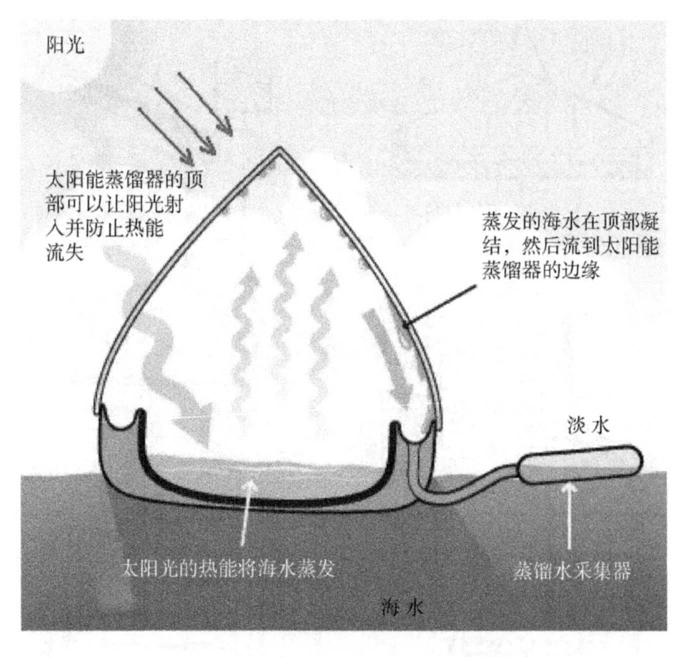

图 5-16　太阳能蒸馏器的工作原理

直接法太阳能海水淡化不但方法很古老、简单，而且由于利用的是自然能源，操作费用最省，很适宜气温高、日照时间长的地区进行海水淡化或咸水淡化，故此法目前仍然相当受到人们重视。太阳能淡化的缺点是装置占地面积大，单位面积产水量低，受地区及气象条件影响大，存在因长期运行导致槽内盐水黏稠、底部有黏泥，表面生长藻类和结垢，盖板有破损，槽底有均匀下沉发生渗漏等问题。所以应进一步考虑海水过滤、杀菌消毒、防垢、结构材料和淡化器结构问题。

近年来，对太阳能蒸馏的研究已经有了长足的发展，各种新颖的太阳能蒸馏系统层出不穷，其中许多在经济上已能与传统的海水淡化装置相媲美。预计在不远的将来，太阳能蒸馏系统将为人类提供更多、更好、更经济的优质淡水。

图 5-17 是几种太阳能蒸馏法海水淡化系统的示意图。

2. 盘式太阳能蒸馏器

(1) 单级盘式太阳能蒸馏器

盘式太阳能蒸馏器的应用历史可以追溯至 19 世纪。由于它结构简单、取材方便，至今仍被广泛采用。目前对盘式太阳能蒸馏器的研究主要集中于新材料的选取、各种热性能的改善以及将它与各类太阳能集热器配合使用上。目前，比较理想的盘式太阳能蒸馏器的效率约在 35%，每天的产水量依赖于太阳辐射量，一般在 3～4 kg/m^2 左右；每平方米采光面积年总产水量约 1 000 $kg/(m^2 \cdot a)$。如果在海水中添加浓度为 0.017 25%的黑色萘胺，蒸馏水产量可以提高约 30%。为了减少盘中海水的热容量并增加海水的蒸发面积，有学者进行了在海水中添加木炭、海绵，进行蒸发的实验，结果证明能较大地提高产水量。

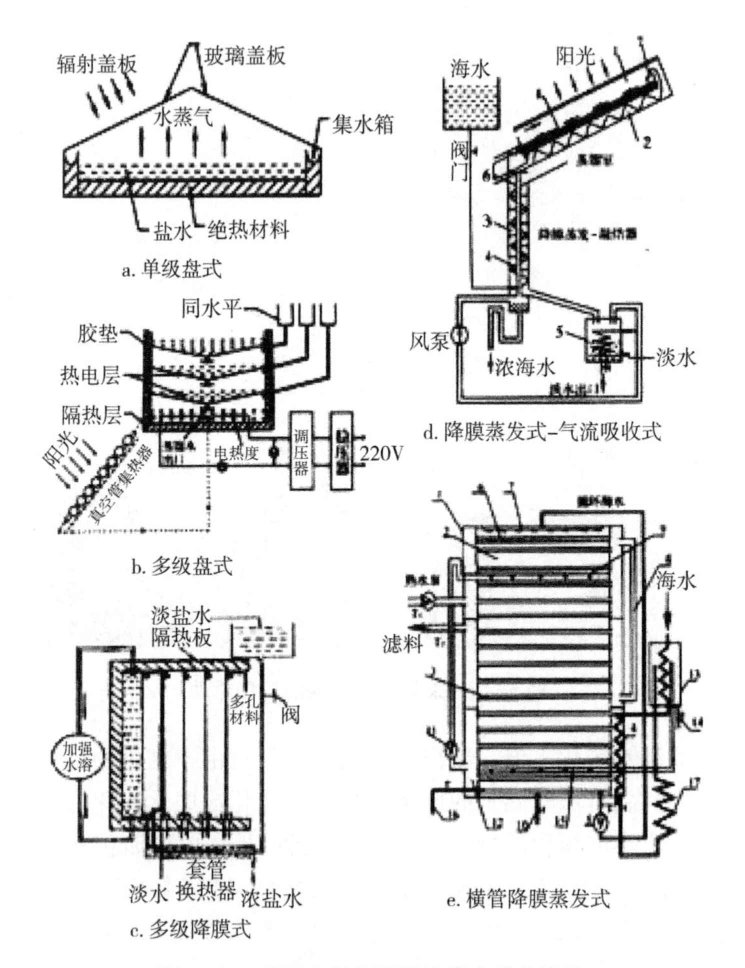

图 5-17　几种太阳能蒸馏法海水淡化系统

目前大型的太阳能海水淡化装置，占地面积有 2 万 m^2，上千平方米的太阳能海水淡化装置全世界有几十个。

随着科技的发展，可选用的材料增多，现已发展出多种形式的盘式太阳能蒸馏器，并都在一些海水淡化工厂中得到了应用。

(2) 多级盘式太阳能蒸馏器

多级盘式太阳能蒸馏器，几种基本形式分别如图 5-17 所示。分析研究发现，由于重复利用了水蒸气的凝结潜热，多级盘式太阳能蒸馏器均比单级盘式太阳能蒸馏器取得更高的单位面积产水率。理论与分析的结果也指出，当盘的级数增加到 3 级以上时，已没有什么实际意义。因为当级数增加到 3 级以上时，日总产水量随级数的增加而减少，这是由于装置内的温差减少，减弱了在装置内传热传质的动力。一般来说，这类装置只取 2 级，最多不超过 3 级。双斜面两级盘式蒸馏器，有望比单级盘式蒸馏器的产水效率提高一倍左右。

为改进传统盘式太阳能蒸馏器的蒸发过程，人们又给蒸馏器增加外凝结器。理论与实验研究表明，当外凝结器的冷凝面积足够大(与玻璃盖板采光面积相近)时，增加外凝结器，相较无冷凝器的情况，可以增加 30%产水量；图 5-21 中的结构甚至可增加近 50%产水量。因此，在实际工程因增加外冷凝器是有意义的。多级芯型太阳能蒸馏器克服了传统盘式太阳能蒸馏器因海水的热容量大，受热升温缓慢，延迟出淡水的时间的缺陷。

这类装置的底盘中的海水不是均摊于整个装置的底盘中，而是集中盛入一个水槽中。选择一些对水有强亲和作用或毛细作用的多纤维材料，如黄麻布、棉纱布等，一端浸在海水里，另一端置于一个倾斜平面的顶部，而一部分纤维还从倾斜面顶部一直延伸至底部，形成一个平整的纤维薄层。水在纤维的毛细作用下，被汲至斜面的高端，然后在重力的作用下，顺着斜面的纤维流向低端，形成一个均匀的海水薄层。由于薄层中海水的热容量非常小，在太阳光照射下很快蒸发，从而加快了装置的出水时间，也使通过装置其他部件的热损失减少。为了增加对太阳光的吸收，这些多纤维材料可以染成黑色。这些装置的整个操作要点都集中在使整个汲水芯保持湿润状态，在斜面上形成均匀水膜。采取这些措施后，太阳能蒸馏器的单位面积产水量比传统盘式蒸馏器提高 16%～50%，效率提高 6.5%～18.9%。

3. 被动式太阳能蒸馏系统

太阳能蒸馏器的运行原理是利用太阳能产生热能驱动海水发生相变过程，即产生蒸发与冷凝。运行方式一般可分为直接法和间接法两大类。顾名思义，直接法系统直接利用太阳能在集热器中进行蒸馏，而间接法系统的太阳能集热器与海水蒸馏部分是分离的。但是，近 20 多年来，已有不少学者对直接法和间接法的混合系统进行了深入研究，并根据是否使用其他的太阳能集热器，又将太阳能蒸馏系统分为主动式和被动式两大类。

被动式太阳能蒸馏系统的典型例子就是盘式太阳能蒸馏器，人们对它的应用有近 150 年的历史。由于它结构简单、取材方便，至今仍被广泛采用。对盘式太阳能蒸馏器的研究主要集中于材料的选取、各种热性能的改善以及将它与各类太阳能集热器配合使用上。比较理想的盘式太阳能蒸馏器的效率约在 35%，晴好天时，产水量一般在 3～4 kg/m^2左右。如果在海水中添加浓度为 172.5 ppm 的黑色萘胺，蒸馏水产量可以提高约 30%。图 5-18 为被动式太阳能蒸馏系统。

被动式太阳能蒸馏系统的一个严重缺点是工作温度低，产水量不高，也不利于在夜间工作和利用其他余热。为此，人们提出了数十种主动式太阳能蒸馏器的设计方案，并对此进行了大量研究。

4. 主动式太阳能蒸馏系统

在主动式太阳能蒸馏系统中，由于配备有其他的附属设备，其运行温度得以大幅提高，或其内部的传热传质过程得以改善。而且，在大部分的主动式太阳能蒸馏系统中，都能主动回收蒸汽在凝结过程中释放的潜热，因而这类系统能够得到比传统的太阳能蒸馏器高一倍至数倍的产水量。

主动式太阳能蒸馏器可通过如下方案实现：提高太阳能蒸馏器的运行温度，如辅

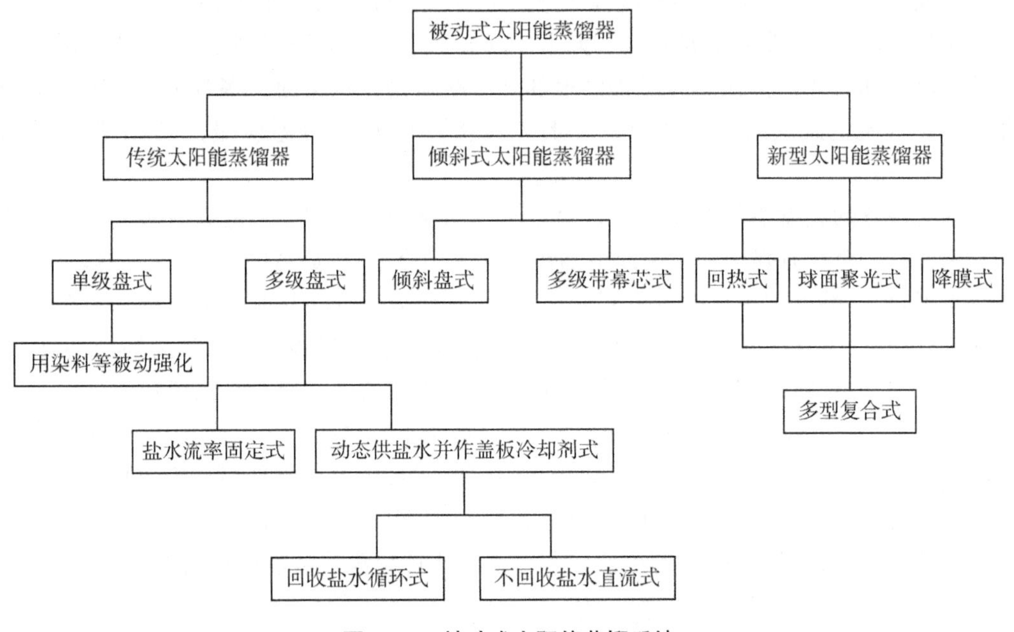

图 5-18　被动式太阳能蒸馏系统

以太阳能集热器等装置;增大海水与冷凝盖板之间的温差,如采用水或空气快速移除盖板处水蒸气的冷凝潜热、利用夜间的低温环境和太空辐射制冷技术;回收蒸汽的冷凝潜热,如增加外凝结器。根据所采用的技术方案不同,主动式太阳能蒸馏器可以分为以下三种形式。

(1) 辅以太阳能集热器加热的太阳能蒸馏器。为提高太阳能蒸馏器的运行温度,Rai等人首次提出采用平板式太阳能集热器为盘式太阳能蒸馏器提供热量的设计方案,装置结构如图 5-19 所示。蒸馏器部分与传统盘式太阳能蒸馏器相同,太阳能集热器由于具有较高的集热效率,可将蒸馏器中的海水加热至较高的温度。

Tiwari 等人对辅以平板太阳能集热器加热的太阳能蒸馏器进行了实验研究,结果表明装置的产水量可提高 2～3 倍。但需要指出的是,太阳能集热器的辅助加热并不一定会提高装置的总效率,Tiwari 实验装置的总效率仅有 20%左右,只有合理配备集热面积,才能提高系统的总效率。

(2) 有盖板冷却的主动式太阳能蒸馏器。太阳能蒸馏器运行温度随环境温度变化而变化,运行温度最高时也恰恰是环境温度最高时,从而降低了海水与盖板之间的温差。Singh 等人在太阳能蒸馏器的透明盖板上增加了一层透明盖板,并在两透明盖板间通以冷却水,以对下透明盖板进行冷却,如图 5-20 所示。研究结果表明,在有盖板冷却的情况下太阳能蒸馏器的总效率可达 45%～52%。Varol 等人为利用夜间的低温环境冷却透明盖板,在辅以太阳能集热器的太阳能蒸馏器系统中增设了储热水箱,实验结果表明白天和夜间的产水量基本相同,即产水量能够提高一倍左右。

此外,还可以通过改变盖板和水槽中的黑色衬里的材料物性,充分利用太空辐射能,

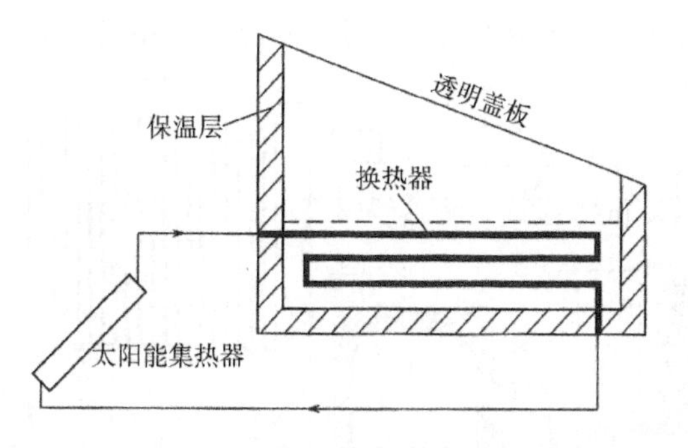

图 5-19 辅以太阳能集热器加热的太阳能蒸馏器结构

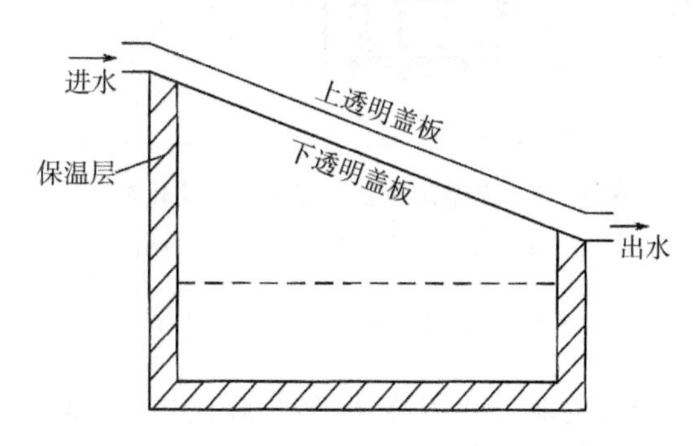

图 5-20 有盖板冷却的主动式太阳能蒸馏器结构

增大海水与透明盖板之间的温差，增大传热传质驱动力、提高系统产水量，国内已有单位开展相关研究。

(3) 有外凝结器的主动式太阳能蒸馏器。在被动式太阳能蒸馏器中，水蒸气在盖板的冷凝过程为自然对流的传热传质过程，限制了装置性能的改进。为了强化水蒸气的蒸发和凝结过程，Mohamad 等人设计了外带凝结器的主动式太阳能蒸馏器，装置结构如图 5-21 所示。

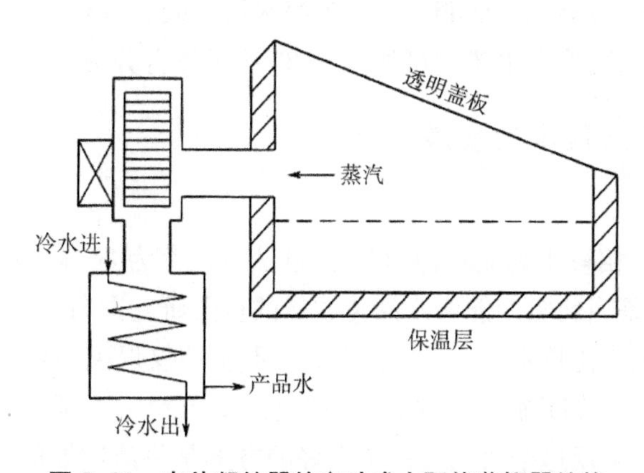

图 5-21 有外凝结器的主动式太阳能蒸馏器结构

真空沸腾式海水淡化装置是通过强制循环系统集热、供热的单级负压蒸馏系统(图 5-22)。与自然蒸发式相比，该装置能一次重复利用水的汽化潜热，单位面积产水量大、传热速率大、操作温度低、不易结垢,易与太阳能集热系统结合。

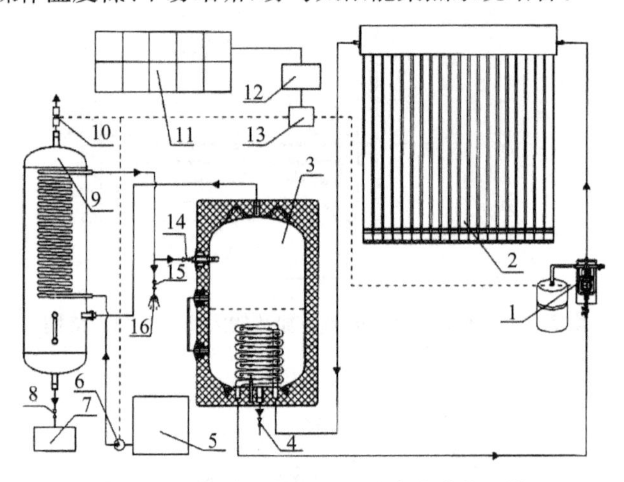

图 5-22 真空沸腾式太阳能海水淡化系统

1. 太阳能泵站 2. 集热器 3. 蒸发器 4. 浓盐水排出阀 5. 海水储槽 6. 海水泵 7. 淡水罐 8. 淡水排出阀 9. 冷凝器 10. 真空泵 11. 光电组件 12. 蓄电池 13. 控制器 14. 海水补充阀 15. 海水喷淋阀 16. 海水喷淋器

上述几种为比较典型的主动式太阳能蒸馏器,除此之外,基本都是这几种形式的变形或耦合,此处不再详细介绍。

5. 间接法太阳能海水淡化

间接法太阳能海水淡化系统可以分为两个独立的子系统,太阳能子系统用于收集太阳能并将其转换为热能或电能,如光伏发电、太阳能集热器和太阳池等;海水淡化子系统应用太阳能子系统产生的热能或电能生产淡水,如多级闪蒸(MSF)、低温多效(LTMED)、反渗透(RO)、膜蒸馏(MD)、电渗析(ED)、机械压缩蒸馏(MVC)和增湿-去湿(HDH)等,也可应用太阳能子系统驱动热泵系统,如蒸汽压缩式热泵(TVC)、吸收式热泵(ABHP)、吸附式热泵(ADHP)等,为海水淡化装置提供热能。按照太阳能利用技术的不同,间接法太阳能海水淡化可如图 5-23 所示进行分类。

5.2.3 太阳能蒸馏技术的发展

1. 界面加热

如图 5-24 所示,相较于其他两种加热方式(蒸发效率为 30%～45%),界面加热由于有较高的蒸发效率,是当前太阳能海水淡化领域的重要研究方向。

对于太阳能海水淡化技术而言,未来的研究不应该仅仅关注蒸发过程本身,而应该更多地关注蒸汽生成和冷凝循环,提高淡水产量。要布置一个倾斜的水面是困难的,但可以用不同的方法来实现这个目的。一个较好的方案是将蒸馏器的水盘做成阶梯状,将海水均匀分配在不同的阶梯中,盘内的水深仅 1.27 cm,因此在日出后,其温度便迅速升高。就在最近,中国科学家研发出一项海水淡化新技术,该技术使用太阳能,不仅清洁环保,而且在淡化效率很高的同时,还可让淡化装置保持较低成本,这项高效率低成本的太

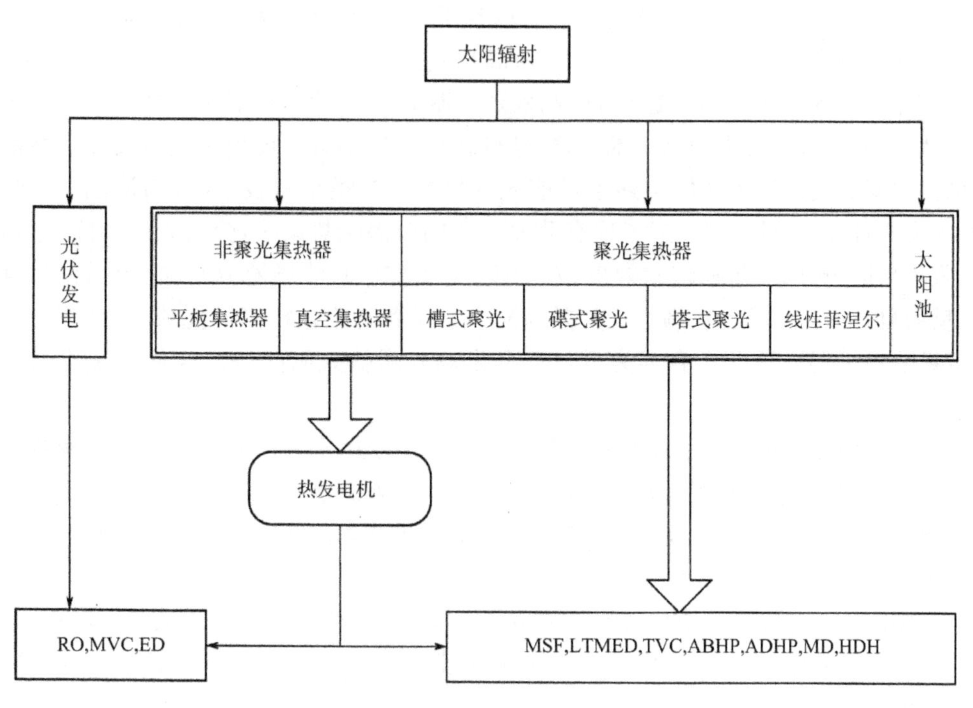

图 5-23 间接法太阳能海水淡化技术

图 5-24 光热蒸发领域不同类型的加热方式

阳能海水淡化装置的最主要部分是太阳能吸收器，太阳能吸收器主要由三层构成：最上层为氮氧化钛层，中间是热绝缘层，最底层则是气垫纸层。

太阳能海水淡化系统集成在太阳能蒸馏器内，在 1 次阳光照射下可产生 46% 的可饮用淡水，并能避免盐分浓缩。基于界面蒸发的太阳能海水淡化技术具有低成本、节能、环境友好等优势，是一种可持续的淡水获取技术，可一步直接从海水中制取饮用水。该技术适用于中大规模淡化厂（沿海地区、海岛）和便携式净水装置（农村、野外、海上船只、海上作业平台等）。近年来，随着各类高效蒸发器的研发，太阳能转换效率得到了显著提高。然而，同传统的海水淡化技术一样，盐分污染问题不可避免地影响蒸发器的性能和寿命。西安交通大学阙文修综述了目前光热材料的各类阻盐技术，分为清洗、扩散、排斥、收集四种技术，进一步综述了现有蒸发系统的全部阻盐策略，分为人工移除（包括清洗、收集）、屏蔽效应（包括疏水效应、双面膜、离子排斥）、势场液流驱动（包括夜间自溶解、反向自扩散、单向液流、马兰戈尼效应），分析了各种阻盐机制的优缺点，展望了该领域的挑战和机遇。该工作有望为设计和开发高效耐盐太阳能海水淡化系统提供借鉴意义。

这种太阳能海水淡化装置可用于海上或孤岛上的生存，用于从充足的海水源收集淡水。其独特的特点，如成本低、脱盐效率高、防污，为解决淡水短缺问题提供了潜力。期待这项技术在不久的将来，在解决水资源短缺地区的用水问题中发挥巨大作用。

2. 压气蒸馏

太阳能压气蒸馏海水淡化装置是利用低压压气蒸馏方法实现海水淡化，其特点是无需冷却水和额外冷却过程，特别适用于中小规模沿海、孤岛需要海水淡化或内陆需要咸水淡化的场合。

太阳能压气蒸馏海水淡化装置系统采用海水蒸发侧与淡化水冷凝侧直接换热以回收冷凝热量，蒸发腔室内温度为53℃～55℃，冷凝腔室内温度为58℃～60℃，都维持在真空状态，在现阶段太阳能集热装置温度较低（≤80℃）的条件下实现了高效利用太阳能与冷凝热量的高效回收。通过计算发现，系统产水比可达10以上，热回收率达到90％以上。

真空沸腾式海水淡化装置是通过强制循环系统集热、供热的单级负压蒸馏系统。与自然蒸发式相比，该装置能一次重复利用水的汽化潜热，单位面积产水量大、传热速率大、操作温度低、不易结垢，易与太阳能集热系统结合。

3. 多效蒸馏

太阳能供热的多效蒸发海水淡化系统和多效太阳能蒸汽压缩蒸馏海水淡化系统也是比较常见的太阳能海水淡化方法。

传统的多效蒸发海水淡化系统所消耗的能源也主要是热能，因此利用太阳能供热系统为多效蒸发装置供热亦是完全可行的。近年来，由于科技的进步，各种降膜蒸发过程及各种强化传热过程逐渐被人类认识，使得多效蒸发海水淡化装置得到了极大的发展，与太阳能的结合也越来越紧密。各类多效蒸发太阳能海水淡化装置相继涌现，成为太阳能海水淡化领域的一个亮点。

常见的多效太阳能海水淡化原理如图5-25所示。太阳能为蒸汽压缩蒸馏提供初级能源，使装置在较高温度段运行，可减少通过压缩机的蒸汽的体积，提高压缩机的效率，从而减少换热器内外压差。当换热器内外压差较小时，甚至可以用普通的风机类设备代替压缩机，降低整体装置的成本。

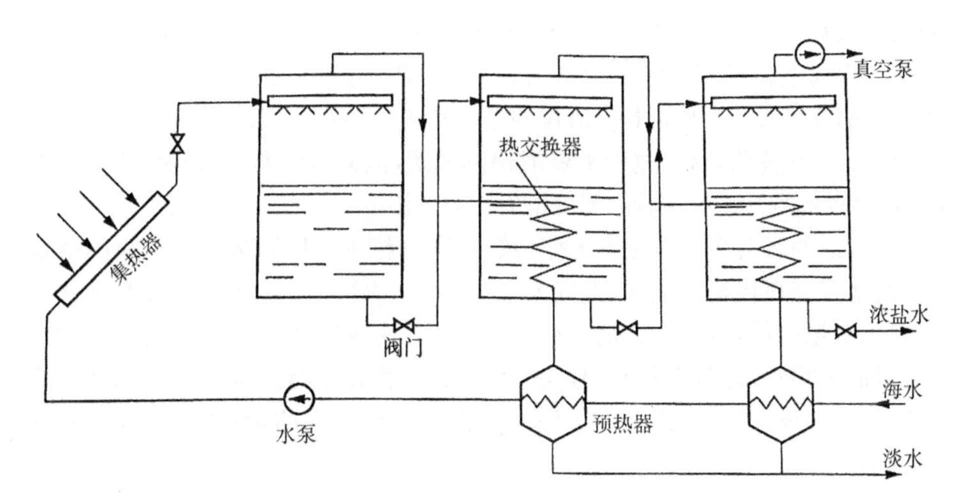

图 5-25　太阳能供热多效蒸发海水淡化原理

与多级闪蒸系统类似，多效系统亦是由多个单元组成，这些蒸发单元习惯上称为“效”(Effect)。

多效蒸发系统是由单效蒸发器组成的综合系统，即将前一个蒸发器蒸发出来的二次蒸汽引入下一蒸发器作为加热蒸汽，并在下一蒸发器中凝为蒸馏水。如此依次进行，各效的压力和温度从左到右依次降低，每一个蒸发器及其过程称为一效，这样就可形成双效、三效、多效等。至于原料水则可以多种方式进入系统：有逆流、平流(分别进入各效)、并流(从第一效进入)和逆流预热并流进料等。在大型脱盐装置中多用后一种进料方式，其他进料方式多在化工蒸发中采用，多效蒸发过程在海水淡化和大中型热电厂锅炉供水方面都有采用。

由能量平衡关系可以知道，在不考虑热量损失的情况下，在一个蒸发器中，每凝结 1 kg 加热蒸汽，可汽化产生出约 1 kg 的次级蒸汽。若将这 1 kg 次级蒸汽(俗称一次蒸汽)再导入另一蒸发器中，作为加热蒸汽利用，则凝结时又可汽化出约 1 kg 的二次蒸汽。像这样将两个蒸发器串联，则每消耗 1 kg 的加热蒸汽，可生产出约 2 kg 的淡水。同理，若将 N 个蒸发器串联，每消耗 1 kg 加热蒸汽，可汽化出 N kg 淡水。可以说，这是多效蒸发具有较高产水率的根本原因，也是此类装置受到较多关注的根本原因。

4. 蒸馏技术的优化

多级闪蒸和多效蒸发都强调对热能的回收，因为这是提高整个系统能量利用效率的关键。但无论是多级闪蒸系统还是多效蒸发系统，每级之间都不免存在温差与压差，而且从第一级至最末一级，温度和压力都是递减的，这对能量的有效利用十分不利。

即使是采取了重复利用热能的多效蒸发过程，热功效率依然很低，多级闪蒸过程也是如此。究其原因，在于蒸发过程中所消耗的绝大部分热量(60%～90%)都是用于提高海水的显热焓，使海水汽化，而高热焓二次蒸汽未能充分利用。即使是在多效蒸发中，最后也废弃了高热焓的二次蒸汽。

提高蒸汽热焓的最简单方法是绝热压缩，压缩将机械功转变为热能，使二次蒸汽的温度提高。提高了温度、压力和热焓之后的二次蒸汽，可作为加热蒸汽循环使用。

单一压缩蒸汽过程主要消耗高品位的电能和机械能，二次蒸汽经压缩提高压力和温度后再次成为加热蒸汽，这一过程主要消耗机械能，因此压缩蒸汽过程所需的热能并不多，主要起辅助和维持系统在较高温度下运行的作用。

事实上，最理想的太阳能蒸汽压缩蒸馏方案是将蒸汽压缩蒸馏与多级闪蒸系统相结合，利用太阳能提供初级能源，形成太阳能蒸汽压缩蒸馏-多级闪蒸混合系统。太阳能为多级闪蒸系统供热，在一定的级数上，利用蒸汽压缩蒸馏恢复二次蒸汽的加热能力，使之再成为加热蒸汽，重复利用，这样就可以最大限度地提高装置的热功效率。在太阳辐射不足或夜间工作时，利用压缩蒸汽提供系统所需的全部能源，可以使系统全天候运行。

5.2.4 太阳能蒸馏案例

1. 多级蒸馏案例

一座建在科威特的太阳能多级闪蒸(Solar MSF)海水淡化设备系统每天的产水量为10 t，太阳能供热系统为220 m^2 的槽行抛物面集热器，储存水箱为7 L，装置总级数为12级。储存热水箱可以使装置在太阳辐射不理想时和在夜间仍旧能够工作。据报道，该系统的产水量是相同的太阳能集热面积的太阳能蒸馏器的十倍以上。可见，太阳能系统与常规海水淡化装置相结合的潜力是巨大的。理论计算表明，多级沸腾蒸馏比多级闪蒸系统具有更多的优点，在拥有相同性能参数的条件下，它所需要的级数很少、耗能更低，所需的外界功量也更少。太阳能蒸汽压缩系统也具有广阔的前景，特别在电能相对便宜的地区。

有报道指出，在各类多级沸腾蒸馏系统中，多级堆积管式蒸发系统最适合以太阳能作为热源。这种装置有许多优点，其中最主要的一点是它能在输入蒸汽量为0～100%之间的任何一点稳定运行，并能根据蒸汽量自动调整工作状态。而且它所需的供热温度在70℃～100℃之间，很容易用槽形抛物面型或真空管型太阳能集热器达到。因此，很有必要对它做进一步的研究。

随着太阳能集热技术的成熟，在世界各地又建立了多座真正投入商业应用的太阳能多级闪蒸系统，这些装置主要建在中东地区，如科威特、沙特阿拉伯等同家。设计级数一般在10～30级(每级2℃温差)，每天的产量在60～100 kg/m^2。

位于利比亚的一个太阳能多级闪蒸海水淡化项目投产，额定产水量为30t/d，作为生产饮用水，系统可保证运行在设计值的98%以上。

2. 多效蒸馏(案例一)

位于西班牙阿尔梅里亚的太阳能多效蒸馏海水淡化系统为14效，集热器为槽式聚光集热器，蓄热罐为温跃层热能存储罐。系统的技术参数见表5-1。

表 5-1　系统的技术参数

<table>
<tr><td colspan="2">额定产水量</td><td>3 m³/h</td></tr>
<tr><td colspan="2">热源能耗</td><td>190 kW</td></tr>
<tr><td colspan="2">能效比(kg 淡水/2 300 kJ 热量输入)</td><td>>9</td></tr>
<tr><td colspan="2">输出盐度</td><td>50 ppm</td></tr>
<tr><td rowspan="2">海水流量</td><td>10℃</td><td>8 m³/h</td></tr>
<tr><td>25℃</td><td>20 m³/h</td></tr>
<tr><td colspan="2">给水流量</td><td>8 m³/h</td></tr>
<tr><td colspan="2">排出盐水流量</td><td>5 m³/h</td></tr>
<tr><td colspan="2">级数</td><td>14</td></tr>
<tr><td colspan="2">真空系统</td><td>海德鲁喷射器(海水在 3×10^5 Pa)</td></tr>
</table>

3. 多效蒸馏(案例二)

位于阿布扎比的太阳能多效蒸馏海水淡化系统单根集热管参数见表 5-2,系统参数见表 5-3。

表 5-2　单根集热管参数

<table>
<tr><td colspan="2">项目</td><td>数值</td></tr>
<tr><td rowspan="2">选择性吸收涂层</td><td>吸收率</td><td>≥0.91</td></tr>
<tr><td>发射率</td><td>≤0.12</td></tr>
<tr><td colspan="2">吸收面积</td><td>1.75 m²</td></tr>
<tr><td colspan="2">尺寸</td><td>2 860 mm×985 mm×115 mm</td></tr>
<tr><td colspan="2">净重</td><td>64 kg</td></tr>
<tr><td colspan="2">流量</td><td>700～1 800 L/h</td></tr>
<tr><td colspan="2">最高工作压力</td><td>6×10^5 Pa</td></tr>
</table>

表 5-3　系统参数

项目	值
额定产水量	80 m³/d
最高水温	99℃
集热面积	1 862 m²
水箱容积	300 m³
热水泵	80 m³/h;26 m 水头
级数	18

中温太阳能集热器,如真空管型、槽形抛物面型集热器以及中温大型太阳池等的应用日益普及,使得建立在较高温度段(75℃)运行的太阳能蒸馏器成为可能,也使以太阳能作为能源,与常规海水淡化系统相结合变成现实,而且正在成为太阳能海水淡化研究

中的一个很活跃的课题。由于太阳能集热器供热温度的提高，太阳能几乎可以与所有传统的海水淡化系统相结合（以电能为主的传统的海水淡化系统在此暂不考虑）。已经取得阶段性成果并有推广前景的主要有：太阳能多级闪蒸系统、太阳能多级沸腾蒸馏系统和太阳能压缩蒸馏系统等。

5.2.5 余热回收和喷雾式淡化

1. 图 5-26 是一种与蒸馏技术类似的余热回收式太阳能海水淡化技术。

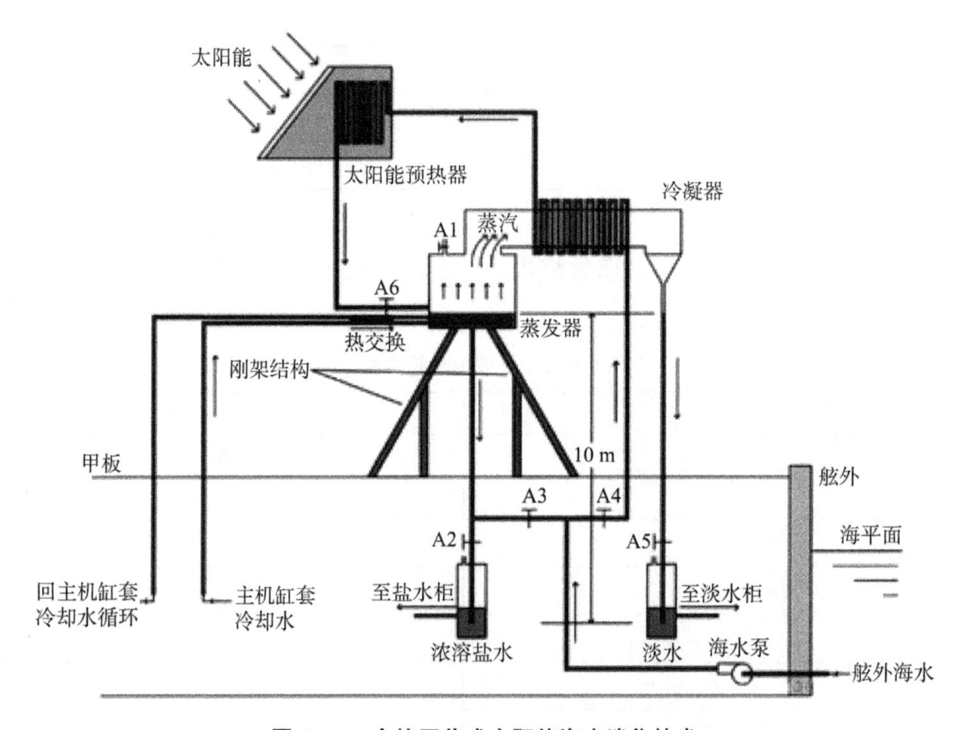

图 5-26 余热回收式太阳能海水淡化技术

2. 美国佐治亚州的一家公司研制出一种新型海水淡化设备，据称该淡化过程的费用只有现有技术的三分之一。这种便携式的新设备使用了一种称为“迅速喷雾蒸发”（RSE）的技术：含盐的水通过管道喷雾进入分离室，形成非常细小的水滴；在分离室的热空气中，水滴迅速蒸发，水和盐分等杂质分离；水蒸气输入凝结室成为纯水，而盐分则落在分离室的底部，而在传统技术下，盐分回收后集结在管道上面，很难取下。

该公司称，新技术效率比现有的反向渗透等技术效率要高得多。试验表明，它能处理含盐量高达 16％的水，大大超出了一般海水的浓度。平均算来，它生产 1 000 L 淡水的成本是 16 至 27 美分。科学家说，这种装置还可以处理废水。RSE 技术回收的效率可达 95％，传统技术只能达到 35％，投资只有蒸馏法和反渗透法的四分之一且运行维护成本大为降低。

3. 图 5-27 是一种通过喷雾加热方式淡化海水的技术。

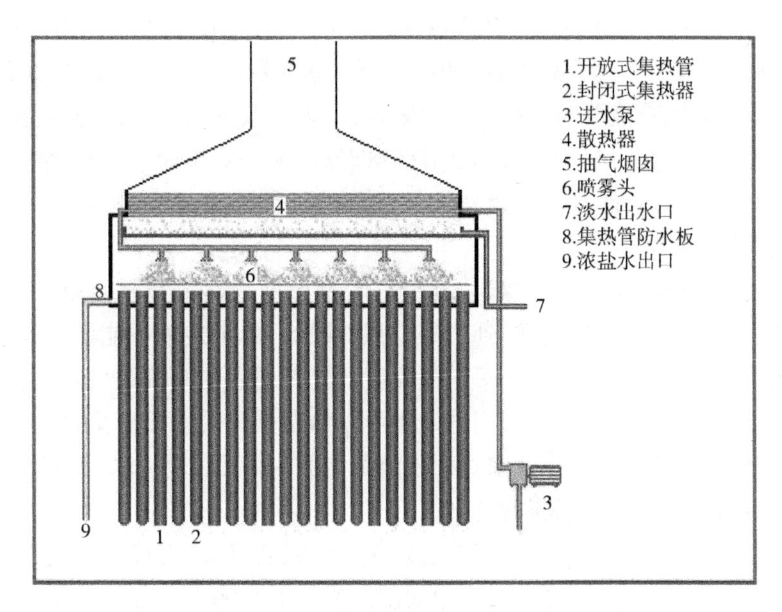

图 5-27　海水喷雾加热淡化装置

5.2.6　聚光型太阳能蒸馏器

为了克服传统太阳能蒸馏器运行温度过低的问题，近 20 年来，科学家们设计了多种为传统太阳能蒸馏器配备其他太阳能集热器的方案，比如有带平板集热器的太阳能蒸馏器、带 CPC 或槽形抛物面的太阳能蒸馏器等等。这些设计方案确实大大提高了单位采光面积的产水量，但使得单位产量的设备投资随之提高。

综合分析传统太阳能蒸馏器单位面积产量过低的原因，不难发现，它有三个严重缺陷。

其一是蒸汽的凝结潜热未被重新利用，而是通过盖板散失到大气中去了。其二是传统太阳能蒸馏器中自然对流的换热模式，大大限制了蒸馏器热性能的提高。为了进一步提高它的热性能，有必要采用现代工业中先进的强化传热传质新技术，从根本改变其内部的传热传质机制。其三是传统太阳能蒸馏器中待蒸发的海水热容量太大，限制了运行温度的提高，从而减弱了蒸发的驱动力。

为了充分地利用蒸馏过程中蒸汽的凝结潜热，不少学者设计了多种新颖的太阳能蒸馏器，其最显著的特点有：一是将蒸馏器设计成具有多个蒸发面和凝结面的系统，前一级的凝结潜热转给后一级的蒸发面，以此类推，直至最后一级凝结面；二是利用蒸汽的凝结潜热预热进入蒸发室的海水，从而使蒸汽的凝结潜热得以重复利用。为了改善蒸馏器内部的传热传质过程，不少学者设计了多种强制循环的太阳能蒸馏器。系统中，不但对凝结面和蒸发面的结构进行被动强化处理，而且采用外能强制改变原有的自然对流传热传质过程，使系统内的传热传质系数得以大幅提高，从而达到改善蒸馏系统热性能的目的。为了降低系统中待蒸发海水的热容量，迅速提高蒸发面的温度，目前最新颖的设计是采用现代海水淡化工业中常用的降膜蒸发和降膜凝结新技术，使太阳能直接作用在降膜海水上，使海水迅速升温并蒸发。这样就克服了传统太阳能蒸馏器中运行温度不高的问题。

克服传统太阳能蒸馏器的上述三个缺陷，必将大大改善蒸馏器的热性能。如能将上述三个解决方案结合在一起，无疑是太阳能蒸馏器的又一场革命。这种蒸馏器不仅多次利用了蒸汽的凝结潜热，而且由于强化了其内部的传热传质过程，相对提高了其运行温度，因而必然具有较高的产水率。

聚光型太阳能集热器一般有盘形抛物面式、槽形抛物面式和平面镜反射式等几种。由于碟形抛物面聚焦式集热器要受到单碟面积的限制，单个装置不能做得太大，因此，在盘式太阳能蒸馏器中应用得较少。平面镜反射式集热器需要有接收塔，因此也不适宜在被动式太阳能蒸馏中使用。惟一可用的是槽形抛物面聚焦式太阳能集热器，它可在主动式太阳能蒸馏器中采用，也可在被动式太阳能蒸馏器中采用。将CPC太阳能聚光器应用于盘式太阳能蒸馏器是一种大胆的尝试。

运行方式一般可分为直接法和间接法两大类。顾名思义，直接法系统直接利用太阳能在集热器中进行蒸馏，而间接法系统的太阳能集热器与海水蒸馏部分是分离的。盘式太阳能蒸馏器结构简单，制作、运行和维护都比较容易，以生产同等数量淡水的成本计，这种蒸馏器优于其他类型，因而至今仍被大量使用。美国莱斯大学利用廉价塑料透镜将太阳光聚焦到“热点”，将太阳能海水淡化系统的效率提高了50%以上。莱斯大学纳米光子学实验室（LANP）研究人员表示，提高太阳能海水淡化系统性能的典型方法是增加太阳能聚光器并增加光线。而新方法的最大区别在于使用相同数量的光，也可低成本地重新分配电力，并大幅提高纯净水的生产率。

通过聚光集热提高海水进水温度和利用效率，是当前海水淡化技术的发展方向之一。以上介绍的各种聚光集热方式，都可以经过改造后用于海水淡化系统。

1. 槽式集热器系统

槽式聚光集热太阳能海水淡化系统由槽式聚光器、管式玻璃蒸发器、冷凝水箱蒸汽管路以及数据采集系统等组成，如图5-28所示。

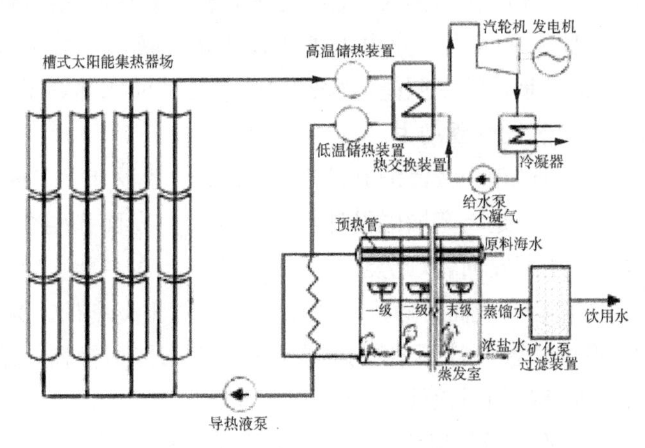

图5-28 槽式聚光海水淡化系统

2. 塔式聚光集热系统

塔式、碟式等聚光集热太阳能海水淡化系统除聚光部分外，与槽式相同。

塔式集热器系统被认为是最具有规模化低成本应用前景的聚光集热太阳能海水淡化系统，该系统不需要换热，且可使其内部功能化海水快速吸光受热蒸发，减少送热换热管干路和设备成本，达到将太阳能集热技术与传统淡化海水技术相结合的目的。

3. 线性菲涅尔式太阳能集热器系统

采用线性菲涅尔式太阳能集热技术与低温多效蒸馏技术结合，进行海水淡化。

5.3 太阳能与各类能源的联合生产

5.3.1 风电联产 水电联产

图 5-29 是一种太阳能和风能全天然能源驱动海水淡化装置。

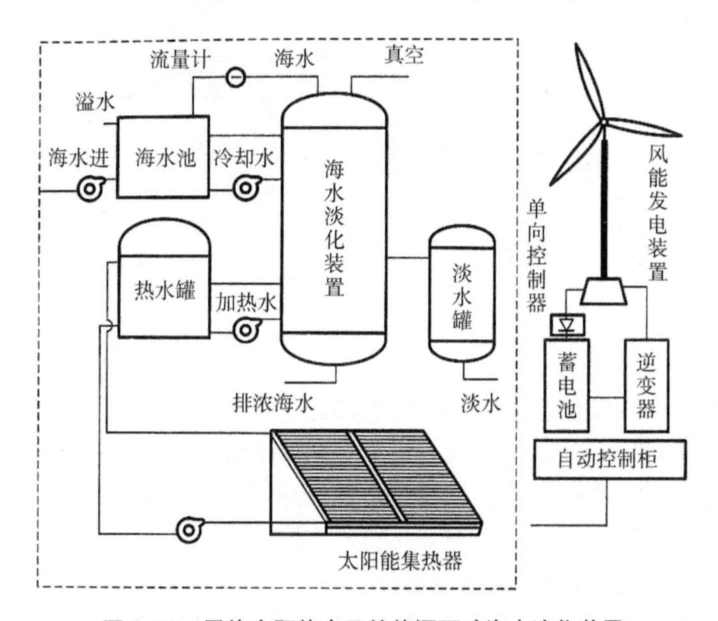

图 5-29 风能太阳能全天然能源驱动海水淡化装置

该系统的特点是：

①采用全天然能源驱动（风能和太阳能）；

②系统实现了全自动化运行；

③对原水要求低，海水、苦咸水一样能被淡化；

④系统封闭运行，淡水纯度高。

水电联产主要是指海水淡化水和电力联产联供。

由于海水淡化成本在很大程度上取决于消耗电力和蒸汽的成本，水电联产可以利用电厂的蒸汽和电力为海水淡化装置提供动力，从而实现能源高效利用和降低海水淡化成本。国外大部分海水淡化厂都是和发电厂建在一起的。

5.3.2 热膜联产

两级多效太阳能增湿除湿海水淡化装置具有如下特点:①装置为多效设计,能够多次重复利用水蒸气凝结时释放的汽化潜热,装置热能利用效率高;②系统将高温增湿塔内未被蒸发的海水与太阳能集热器换热升温后再次喷淋,回收了排浓海水中所含的显热,减小了热损失;③装置在常压下运行,对除湿塔和增湿塔材料没有承压要求,建造难度低,成本不高;④装置对温度不敏感,即使进入系统中海水温度较低,也会有淡水产生,总体产水量会有所保证。

热膜联产主要是采用热法和膜法海水淡化相联合的方式(即 MED-RO 或 MSF-RO 方式),满足不同用水需求,降低海水淡化成本。其优点是:投资成本低,可共用海水取水口。RO 和 MED/MSF 装置淡化的产品水可以按一定比例混合满足各种各样的需求(图 5-30)。

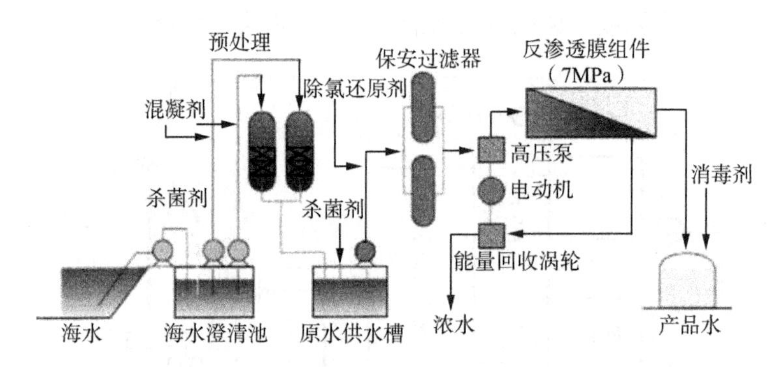

图 5-30 热膜联产及利用核能、风能、潮汐能、太阳能海水淡化

此外,以上方法的其他组合也日益受到重视。图 5-31、图 5-32 分别是光伏太阳能海水淡化工艺示意图和太阳能海水淡化与组合式空调系统示意图。在实际选用中,究竟哪种方法最好,也不是绝对的,要根据规模大小、能源费用、海水水质、气候条件以及技术与安全性等实际条件而定。

实际上,一个大型的海水淡化项目往往是一个非常复杂的系统工程。就主要工艺过程来说,包括海水预处理、淡化(脱盐)、淡化水后处理等。其中预处理是指在海水进入起淡化功能的装置之前对其所作的必要处理,如杀除海生物、降低浊度、除掉悬浮物(反渗透法)、脱气(蒸馏法)、添加必要的药剂等;脱盐则是通过上列的某一种方法除掉海水中的盐分,是整个淡化系统的核心部分,这一过程除要求高效脱盐外,往往需要解决设备的防腐与防垢问题,有些工艺中还要求有相应的能量回收措施;后处理则是针对不同的用户要求对不同淡化方法的产品水所进行的水质调控和贮运等处理。海水淡化过程无论采用哪种淡化方法,都存在着能量的优化利用与回收、设备防垢和防腐、以及浓盐水的正确排放等问题。

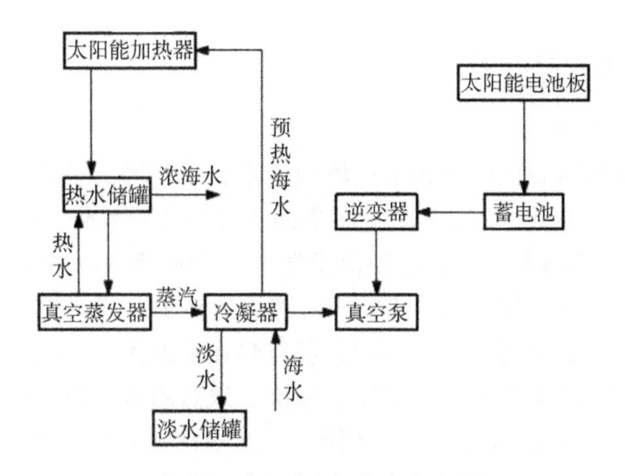

图 5-31 一种光伏太阳能海水淡化工艺

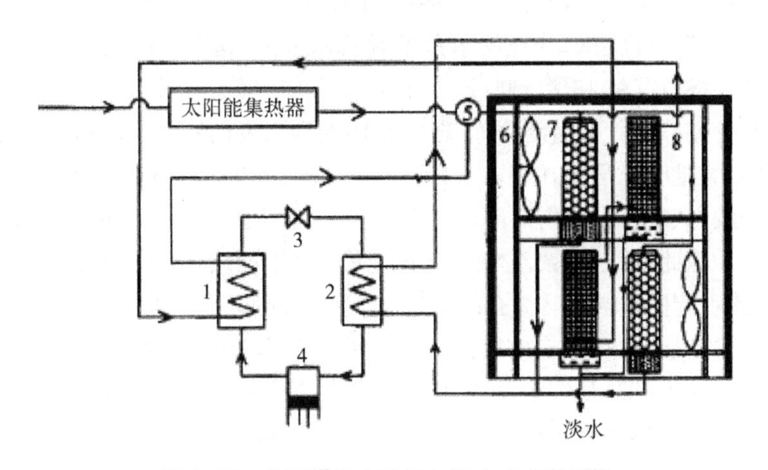

图 5-32 太阳能海水淡化与组合式空调系统

1. 2. 热交换器 3. 阀门 4. 咸水 5. 接头 6. 空调外套 7. 风扇 8. 空调装置

5.4 新海水淡化技术

5.4.1 太阳能相变材料蒸发淡化

人们展示了一种新的太阳能驱动相变材料集成界面蒸发概念系统。该系统在非聚焦光照射下实现光热转换和废热存储的整个循环，当光通量暂时减弱或阻挡时释放潜热。虽然太阳能通量可变，但总能量损失仅为入射太阳能的 5.2%，实现了持续和高能效的海水淡化。在黑暗条件下，蒸发速率为 0.70 kg/(m^2 · h)，能效为 46.5%，是常规界面蒸发的 2.5 倍。该系统在连续的加热-冷却循环中表现出良好的长期稳定性，而不会降低能源效率。该工作为持久和高效地利用间歇性太阳能进行蒸发和脱盐提供了一个非常有前途的途径。

5.4.2 纳米和气凝胶材料

1. 纳米颗粒的添加

现在，中国的研究人员已经将在水中添加纳米颗粒与等离子体结合在一起，创造出了一种光热转换过程，其效率超过了之前报道的所有等离子体或全介质纳米颗粒。

实现这种组合的关键是使用具有独特光学对偶性的碲(Te)纳米颗粒。通过将这些纳米颗粒分散到水中，在太阳辐射下水的蒸发速率提高了三倍。这使得在100 s内将水温从29℃提高到85℃成为可能。“纳米黑金”材料强大的光热转换能力，能将表层的水迅速蒸发，获得干净的蒸馏水并达到饮用水标准。朱嘉团队不断优化材料，将太阳能的转化率翻倍提高到80%以上，给传统的太阳能海水淡化带来产业化突破。学术期刊《科学》专门报道称，这项“新的水纯化技术，可以为世界解渴”。

由美国和中国共同合作，利用具有多级纳米结构的水凝胶材料在1个标准太阳光($1\ kW\cdot m^{-2}$)下实现了高效、快速的水蒸发及盐水分离，这种多级纳米结构水凝胶由相互贯穿的聚乙烯醇(PVA)和聚吡咯(PPy)构成。其中，聚乙烯醇分子链交联成三维网络结构形成凝胶骨架。该骨架借助冷冻-融化循环处理引发的物理交联效应进一步形成微孔结构。同时，聚吡咯分子团在聚乙烯醇物理交联过程中起到模板作用。因此，不同于纯聚乙烯醇凝胶，该复合凝胶内部形成了更大尺寸的通道。这种三级多孔结构有利于加快水分的蒸发。除此以外，由聚乙烯醇分子链形成分子网络可将水分子限制在分子网络内，避免水对流引起的热损失。微孔结构遍布于胶体内部，确保了水分均匀分布。而内部的大尺寸通道可借助毛细效应有效地将水分从水体底部输运到蒸发表面，以实现持续的水蒸发。尤其值得注意的是，研究者发现，具有特定高分子/水比例的水凝胶可以加速水的挥发。进一步研究表明，这种促进作用来源于亲水高分子链和水分子的相互作用。这种相互作用可以有效降低水的相变焓(即水由液态变为气态所需要的能量)，提高蒸发速率。

通过调节交联程度，这种复合水凝胶在标准阳光($1\ kW\cdot m^{-2}$)照射下可以实现约$3.2\ kg\cdot m^{-2}\cdot h^{-1}$的水分蒸发。相应的太阳能利用效率可达94%。另一方面，这种凝胶可以直接用于太阳能海水淡化。在保持水分蒸发速率基本不变的条件下，可将水分含盐度显著降低。以目前世界上最具代表性的海水盐度为例(包括含盐度最低的波罗的海，占据最大面积的太平洋以及盐度最高的死海)，基于这种凝胶的海水挥发过程可将水的盐度降低三至四个数量级，使其淡化水平远超世界卫生组织和美国国家环保局规定的饮用水淡化水平。进一步的耐久性评测也去除了人们对这种水凝胶太阳能海水淡化性能稳定性的担忧。这一快速有效的海水淡化过程可以在较长的时间内保持稳定。

研究团队模仿现行的家用太阳能海水淡化设备制作了凝胶海水淡化器模型。利用最廉价的塑料容器和管路，搭建了可直接利用自然光淡化海水的装置。实验结果证明，在没有任何聚光设备和真空装置辅助的情况下，该系统中每平方米的复合水凝胶一天可生产18～25 L高质量淡水，基本能满足一个家庭的饮用水需要。

总体来说，这种凝胶材料具有以下显著的优点：(1) 高效地利用相对较弱的自然光，不必依赖昂贵的聚光设备即可以较快的速度蒸发水分；(2) 原料是常用的高分子材料，易于控制成本,且原材料具有较强的抗腐蚀、抗老化能力,为性能稳定性提供了保障;(3) 基于水凝胶材料特点,脱水状态重量较轻易于运输,饱水状态可弯折以裁剪,可作为太阳能水蒸发核心部件用于不同种类的海水淡化系统,具有可观的应用前景。

2. 添加金属框架材料

澳大利亚研发了一种金属有机框架材料(MOF),能够在太阳的帮助下过滤海水中的污染物,每天产生大量的淡水,而且比其他方法使用更少的能源。

MOF 是一种多孔材料,其组成的结晶材料拥有超过任何已知材料的最大表面积,是捕获分子和粒子的理想材料。在这种背景下,该研究小组开发了一种名为 PSP-MIL-53 的新型 MOF,并将其用于捕获咸水和海水中的盐和杂质。当这种材料被放入水中时,它会选择性地将离子从液体中抽出,并将它们保留在其表面。在 30 min 内,MOF 能够将水中的溶解性总固体(TDS)从 2 233 mg/L 降低到 500 mg/L 以下,这远远低于世界卫生组织建议的 600 mg/L 的安全饮用水标准。

研究表明,每天每千克新型 MOF 能够生产多达 139.5 L 的淡水,而且消耗的能量极少。而一旦 MOF 中的颗粒被"完全装载",它们就可以被迅速清洗,很容易重复使用。只需将其放置在阳光下,在短短 4 min 内它就可以释放出捕获的盐分。

3. 气凝胶吸收空气中水分

中国和沙特阿拉伯科学家利用一种独特的水凝胶,发明了一个太阳能驱动的系统。该系统展示了在发电的同时,如何利用空气中的水成功种植菠菜,设计提供了一种可持续、低成本的策略,以改善生活在干旱气候地区人们的食物和水安全。

太阳能电池板连接到一个植物生长箱,设计系统在产生清洁能源的同时从空气中提取水,适用于沙漠和海洋岛屿等偏远地区的分散、小规模农场。

该系统是"一种自给自足、太阳能驱动的集成水、电、作物联合生产系统",被称为 WEC2P。其由涂有水凝胶的太阳能电池板组成,这种水凝胶可以有效吸收周围空气中的水蒸气,并在加热时释放出水分。

涂有水凝胶的太阳能电池板安装在一个巨大的金属盒子的顶部,金属盒子收集空气中的水蒸气,并将其凝结成水,用于种植农作物。另外,水凝胶通过吸收热量和降低电池板的温度,将太阳能电池板的效率提高了 9%。

该研究团队指出,系统性的能量传递优化,而非高性能材料是达到超高效太阳能海水淡化的关键。他们提出的"界面局部加热型多级太阳能蒸馏架构",结合了太阳能界面局部加热和蒸汽焓回收利用,显著提升了被动式太阳能海水淡化的效率,比此前的有关研究所得的效率高出了 2 倍多。

据介绍,该被动式太阳能海水淡化装置还可以通过毛细作用进行被动补水,同时通过盐分在夜间的反向扩散实现被动排盐,可保证长效稳定。

5.4.3 系统评价指标

1. 产水比

产水比是太阳能海水淡化系统的一个重要性能指标,衡量单位蒸汽量制取淡水的能力，具体定义如下：

$$\varepsilon = \frac{M_d}{D_h} \tag{5-1}$$

式中：ε 为产水比；M_d 为单位时间系统淡水产量，t/h；D_h 为加热蒸汽量，t/h。

2. 产水率

系统产水率是消耗单位能量获得的淡水产量，即

$$\theta = M_d / Q \tag{5-2}$$

式中 M_d 为单位时间系统的淡水产量，kg；Q 为单位时间系统所消耗的能量，kJ。

该参数有量纲，直接反映了淡水产量与消耗能量的关系。得水率高表明获得单位质量淡水能耗少，反之则能耗高。

3. 太阳能产水率

系统太阳能产水率是消耗单位太阳能热量获得的淡水产量，与产水率有区别，定义如下：

$$\theta_T = M_d / Q_T \tag{5-3}$$

式中：M_d 为单位时间系统的产水量，kg；Q_T 为单位时间系统消耗的热量，kJ。

4. 水价

如果一个太阳能设备在投入使用后的 n 年内，每年节省的运行费（如燃料费）都是 Y 元，n 年累计节省费用的折算现值为

$$\frac{Y}{1+i} + \frac{Y}{(1+i)^2} + \cdots + \frac{Y}{(1+i)^{n-1}} + \frac{Y}{(1+i)^n} \tag{5-4}$$

$$P = Y\left[\frac{(1+i)^n - 1}{i(1+i)^n}\right] = Y\left[\frac{1-(1+i)^{-n}}{i}\right] \tag{5-5}$$

如果燃料价格是逐年上升的，那么每年节省的运行费就不再是常数，假定按当前燃料价格计算，每年节省的运行费为 Y 元，预计燃料价格以 i_i 的年利率增加（i_i 仍以小数表示），则逐年节省的燃料费为

$$Y(1+i_i), Y(1+i_i)^2, \cdots, Y(1+i_i)^{n-1}, Y(1+i_i)^n \tag{5-6}$$

n 年内累计节省的燃料费用的折算现值为

$$P = \frac{Y(1+i_i)}{1+i} + \frac{Y(1+i_i)^2}{(1+i)^2} + \cdots + \frac{Y(1+i_i)^{n-1}}{(1+i)^{n-1}} + \frac{Y(1+i_i)^n}{(1+i)^n} \tag{5-7}$$

有效利率 i_e 为

$$i_e = \frac{1+i}{1+i_i} - 1 = i - i_i \tag{5-8}$$

于是有

$$P = Y\left[\frac{(1+i_e)^n - 1}{i_e(1+i_e)^n}\right] = Y\left[\frac{1-(1+i_e)^{-n}}{i_e}\right] \tag{5-9}$$

5. 投资

海水淡化系统建设期当年的总投资一般包括如下几部分：(1) 太阳能集热系统投资 f_1；(2) 海水淡化系统主机(包括控制系统)投资 f_2；(3) 所需要的电辅助系统投资 f_3；(4) 基建投资 f_4；(5) 系统使用期内总维护费用 f_5。

事实上，上面几部分的投资是有关联的。如果太阳能集热系统的投资 f_1 增加，则海水淡化系统主机的投资就相应减少，因此，f_1 和 f_2 是相互关联的。再则，f_3 与 f_1 和 f_2 也是相互关联的。比如，电辅助系统采用风能发电系统，在冬季与晚上，海水淡化系统用电量不多，但风能发电系统照常发电，此时，风能发电系统除了供海水淡化系统使用外，还可向用户提供多余的电力，从而回收部分投资；太阳能集热系统也可能在冬季集热温度达不到 70℃，从而不能驱动海水淡化系统，但可改为为用户提供生活热水，也可回收部分投资(冬季温度太低关闭淡化系统)。因此，一个设计合理、考虑周全的太阳能海水淡化系统，应该是一个综合利用系统，它的回收收益还应包括环境友好收益。

为分析海水淡化系统的经济性，令系统总投资为 F，系统总回报为 C，则系统总投资费用 F 为

$$F = f_1 + f_2 + f_3 + f_4 + f_5 \tag{5-10}$$

如果 $C-F>0$，则系统是有投资价值的；反之则没有。

6. 只要计算得到了系统消耗的总能量 Q，就可以得到蒸馏器的产水量。产水量由下式计算：

$$m_e = \frac{Q}{h_{\mathrm{fg},T_\mathrm{H}}} \tag{5-11}$$

式中：h_{fg} 是纯水在温度 T_H 时的气化潜热。

显然，供给蒸发器的总热量是与接收表面温度、蒸发温度和传热温差有关的。当蒸发温度、传热温差、环境温度以及集热器参数等参数给定时，可以得到系统的产水量与太阳能集热器接收表面的温度关系。集热器表面温度对产水量有显著的影响，但也不是接收表面温度越高越好，它有一个最佳值。所以实际工作中，要尽量使接收器表面温度处在最佳值附近工作为好。

在给定的太阳能接收器温度的前提下，系统的产水量随着运行温度的增加而增加，但有一个运行温度的最佳值，当超过这个最佳值后产水量会下降。由于蒸发器的温度不可能大于太阳能接收器的温度，所以曲线会产生一个不合理区，在这个区域内，产水量会连续下降直到为零。接收器的温度主要影响太阳能集热器的得热量，因此在任何接收器的温度下，都有机会优化选择蒸发器的温度。

7. 海水淡化过程所需的最小功

一个理想的蒸馏法海水淡化系统包含许多部件：蒸发器、冷凝器、热交换器、卡诺热机和卡诺热泵等。作为理想过程，可以假定进入的海水是等压流经多个部件的，系统与环境的交界面存在几个卡诺热机（包括热泵）。这些热机的功需求就决定了淡化过程所需要的最小功。通过推理可以发现，蒸馏过程所需要的最小功只与输入海水和排出浓盐水的含盐量有关。

6 太阳能空调

太阳能空调系统兼顾供热和制冷两个方面的应用,综合办公搂、招待所、学校、医院、游泳池、水产养殖、家庭等,都是理想的应用对象。当前,世界各国都在加紧进行太阳能空调技术的研究。由于发达国家的空调能耗在全年民用能耗中占有相当大的比重,利用太阳能驱动空调系统对节约常规能源、保护自然环境都具有十分重要的意义。

6.1 太阳能制冷系统的分类与原理

6.1.1 系统分类

利用太阳能实现供热与制冷的可能技术途径见图 6-1,太阳能制冷类型见图 6-2。

太阳能制冷可以通过太阳能光电转换制冷和光热转换制冷两种途径来实现。

一是首先将太阳能转换成热能(或机械能),再利用热能(或机械能)作为外界的补偿,使系统达到并维持所需低温。

二是利用光电转换器等实现光电转换,以电制冷。首先把太阳能转化为电能,再利用电来驱动常规的制冷压缩机,如光电式、热电式制冷等。但是由于其成本太高,目前研究应用较少。而吸收式、吸附式、喷射式等光热制冷方式研究和应用较多,其中,吸收式和喷射式制冷都已进入应用阶段,吸附式还处于推广阶段。

对于相同制冷功率,太阳能光电转换制冷系统的成本要比太阳能光热转换制冷系统的成本高出许多倍。

所谓太阳能制冷,就是利用太阳能集热器为吸收式制冷机提供其发生器所需要的热媒水。热媒水的温度越高,则制冷机的性能系数(亦称 COP)越高,这样空调系统的制冷效率也越高。例如,若热媒水温度在 60℃左右,则制冷机 COP 为 0～40(W/W);若热媒水温度在 90℃左右,则制冷机 COP 为 0～70(W/W);若热媒水温度在 120℃左右,则制冷机 COP 可达 110(W/W)以上。

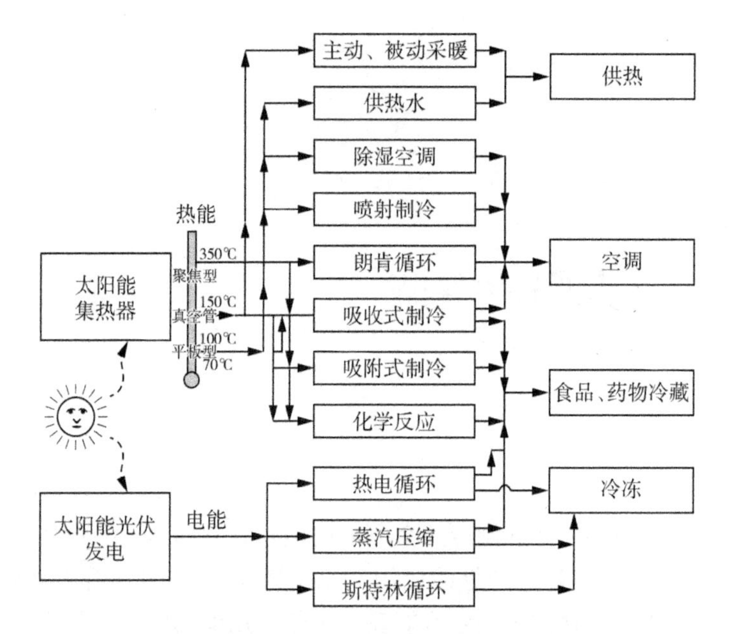

图 6-1　利用太阳能实现供热与制冷的可能技术途径

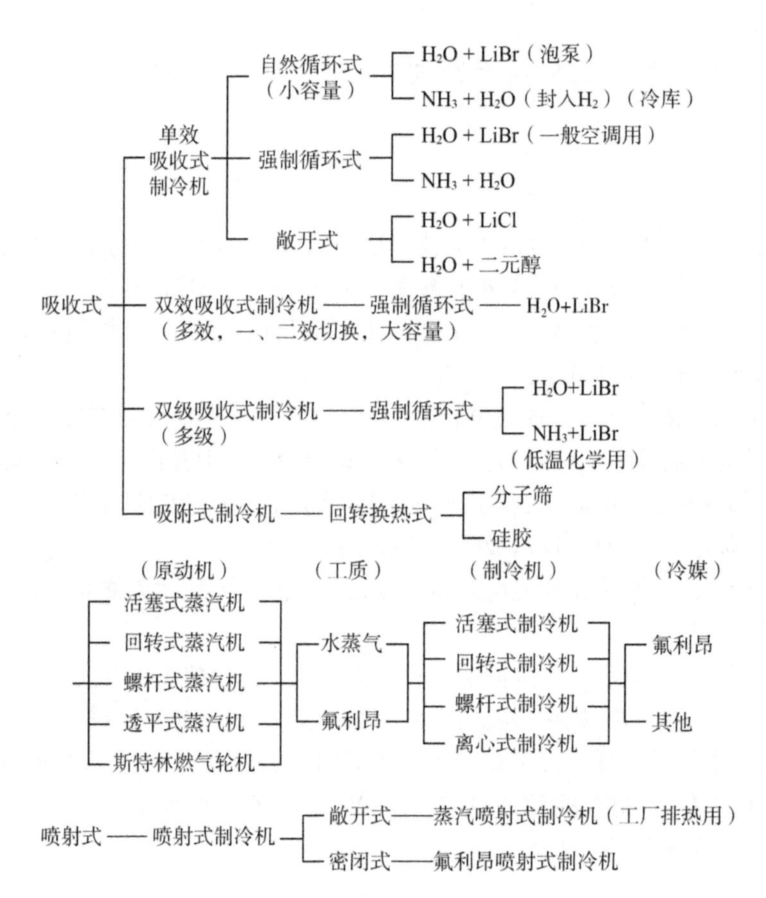

图 6-2　太阳能制冷类型

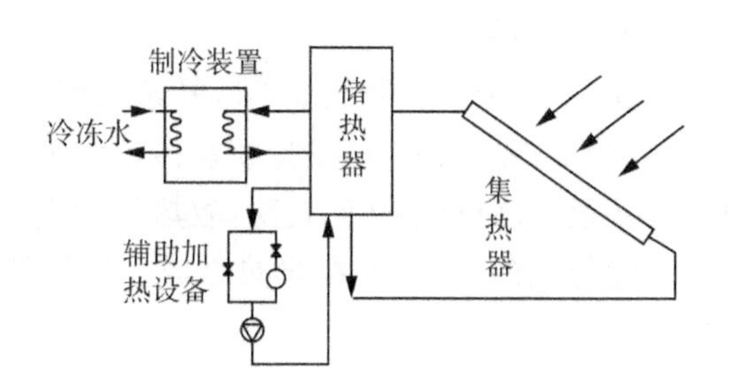

图 6-3　太阳能制冷系统的组成

太阳能冷却制冷系统主要由太阳能集热装置、热驱动制冷装置和辅助热源组成(图6-3)。太阳能集热装置的主要构件就是太阳能集热器,还包括储热器和调节装置。太阳能集热器是用特殊的吸收装置将太阳的辐射能转换为热能,常用集热器为平板式和真空管式,采用水作为介质。真空管式效率相对较高,介质温度可以达到 150℃。

热驱动制冷装置为吸收式制冷机、吸附式制冷机、喷射式制冷机。辅助热源是在太阳能不足时为热驱动制冷装置提供热能的常规供热装置。太阳能集热器吸收太阳能,并转换成为热能,由储热器将热能储存起来,这部分热能同辅助热源提供的热能一起被用来驱动制冷机,为建筑提供冷量。

6.1.2　制冷装置

太阳能空调制冷系统由于节能、清洁无污染等特点,促使人们不断深入地对它进行研究。随着太阳能集热器和制冷系统的材料、工质、工艺制造、设计等应用技术的不断改进,太阳能空调制冷装置将得到广泛的运用。利用太阳能作为能源的空调装置,一般可以分成三部分。

其一是太阳能集热器。集热器形式多样,性能各异。集热器采用真空管型最多,真空管型最基本的种类有三种:热管式真空集热管(简称热管)、全玻璃真空集热管和直通式真空集热管。热管式真空集热管是继传统平板式真空集热管之后开发出的高科技节能产品,它将热管技术和真空技术融为一体,将太阳能集热器的工作温度从 70℃提高到120℃以上,大大提高了集热器的热性能,是一种温热利用的理想产品。

其二是制冷系统。利用低温热源作为动力的制冷系统不同于压缩式制冷系统,它必须能满足充分利用低温热源作为动力这一要求,这一点以吸收式制冷技术较为成熟。吸收式制冷采用溴化锂-水、氨-水等作为工质对,有较好的经济性,特别是随着采用溴化锂-水作为工质对,能满足对安全性要求很高的空调装置,是一种较为理想的工质对。

其三是自动化控制系统,即对装置的各种工作参数进行控制和安全保护的控制系统。以热管为太阳能集热管,溴化锂-水为工质对的吸收式制冷空调系统,不管是作为制冷量大的大型空调,还是作为家用空调都有着现实意义和发展前途,特别是随着人们环境保护意识的提高,对环境的要求越来越高,无污染、低能耗、利用太阳能作为动力的空调将会受到人们的青睐。

实践证明,热管式真空管集热器与溴化锂吸收式制冷机相结合的太阳能空调为太阳能热利用技术开辟了一个新的应用领域。

由于热管主要依靠工质相变时吸收和释放潜热以及蒸汽流动传输热量，而大多数工质的汽化潜热是很大的，因此不需要很大的蒸发量就能传递大量的热。当蒸汽处于饱和状态，其流动和相变时的温差很小，而管壁又比较薄，故热管的表面温度梯度很小。当热流密度很低时，可以得到高度等温的表面，提高导热系数。热管的安装倾角对传热性能也有一定的影响。

6.1.3 太阳能冷却制冷优点。

1. 节能

据统计，国际上用于民用空调所耗电能约占民用总电耗的50%，而太阳能是取之不尽、用之不竭的。太阳能制冷用于空调，将大大地减少电力消耗，节约能源。

2. 环保

根据《蒙特利尔议定书》，目前压缩式制冷机主要使用的CFC类工质，对大气臭氧层有破坏作用，应停止使用(欧美等已停止生产和使用)。各国都在研究CFC类工质的替代物质及替代制冷技术。而太阳能制冷一般采用非氟氯烃类物质作为制冷剂，臭氧层破坏系数(ODP)和全球变暖潜能值(GWP)均为零，适合当前环保要求，同时使用太阳能制冷技术还可以减少燃烧化石能源发电所带来的环境污染。

3. 热量的供给和冷量的需求在季节和数量上高度匹配

太阳辐射越强、气温越高，冷量需求也越大。但太阳能制冷系统的应用比加热系统要少，一些利用太阳能加热的建筑物已设计、建成和工作了相当长的时间，有比较成熟的使用经验。而太阳能制冷问题，例如如何合理地选择制冷机的热源温度、冷水温度和冷却水温度，不像常规制冷系统那样可以根据比较成熟的经验和理论去选择某个较为经济合理的数值，而必须考虑集热器效率。由于大功率太阳能发电技术价格昂贵，因此，太阳能空调技术一般指热能驱动的空调技术。当然，广义上的太阳能空调技术也包括地热驱动和地下冷源空调技术。

太阳能制冷技术发展比较快的方面是太阳能供冷供暖的综合系统，将溴化锂吸收式制冷技术和较成熟的真空管集热器产品结合，比较成功地供冷供暖，建立了不少示范工程项目。太阳能固体吸附式制冷技术的研究近一二十年来已有新的突破，创造出较理想的实用产品——太阳能间隙式吸附冰箱，白天太阳能加热的热水供晚间使用，夜间制冰供白天使用。太阳能连续回热式吸附制冰机和空调机很快可以投入实际应用阶段。

6.2 吸收式制冷

6.2.1 吸收式制冷原理

1. 吸收式制冷机的组成

吸收式制冷是液体汽化制冷的一种，它和蒸汽压缩式制冷一样，是利用液态制冷剂在低压低温下汽化以达到制冷的目的。二者不同之处是，蒸汽压缩式制冷是靠消耗机械能(或电能)使热量从低温物体向高温物体转移；而吸收式制冷则靠消耗热能来完成这个非自发的热量转移过程。吸收式制冷使用的工质是由两种沸点相差较大的物质组成的二元溶液，其中沸点低的物质为制冷剂，沸点高的物质为吸收剂，故又称制冷剂-吸收剂工质对。目前常用的两种吸收式制冷机：一种是氨吸收式制冷机，其工质对为氨-水溶液，氨为制冷剂，水为吸收剂，它的制冷温度在1℃～45℃范围内，多用作工艺生产过程的冷源；另一种是溴化锂吸收式制冷机，以溴化锂为吸收剂，其制冷温度只能在0℃以上，可用于制取空气调节用冷水或工艺用冷却水。

吸收式制冷机主要由四个热交换设备组成，即发生器、冷凝器、蒸发器和吸收器。它们组成两个循环环路：制冷剂循环与吸收剂循环。制冷剂循环，属逆循环，由蒸发器、冷凝器和节流装置组成。高压气态制冷剂在冷凝器中向冷却水放热被凝结为液态后，经节流装置减压降温进入蒸发器。在蒸发器，该液体被汽化为低压冷剂蒸汽，同时吸取被冷却介质的热量，产生制冷效应。这些过程与蒸汽压缩式制冷是一样的。

吸收剂循环，属正循环，主要由吸收器、发生器和溶液泵组成。在吸收器中，用液态吸收剂吸收蒸发器产生的低压气态制冷剂，以达到维持蒸发器内低压的目的。吸收剂吸收制冷剂蒸汽而形成的制冷剂-吸收剂溶液，经溶液泵升压后进入发生器，在发生器中该溶液被加热、沸腾，其中沸点低的制冷剂汽化形成高压气态制冷剂，又与吸收剂分离。然后前者去冷凝器液化，后者则返回吸收器再次吸收低压气态制冷剂。

吸收式制冷循环中，制冷剂-吸收剂工质对(即二元混合物)的特性是一个关键问题，只有了解它们的变化规律才能了解循环的特性，才能掌握如何达到整个系统的最佳组合。

两种互相不起化学作用的物质组成的均匀混合物称为二元溶液。所谓均匀混合物是指其内部各种物理性质，如压力、温度、浓度、密度等在整个混合物中各处都完全一致，不能用纯机械的沉淀法或离心法将它们分离为原组成物质。所有气态混合物都是均匀混合物。液态混合物中有些是不均匀的，如油-氨混合物、油-水混合物等；但用作吸收式制冷机工质对的混合物，在使用的温度和分数范围内部应当是均匀混合物。

2. 太阳能吸收式制冷机组成

太阳能驱动的吸收式制冷机是目前应用太阳能制冷最成功的方式之一，也是较容易实现的方法。由于吸收式制冷机可在较低的热源温度下运行，制冷效率较高，而且有希望小型化。目前用作太阳能空调机的绝大部分都是溴化锂($H_2O+LiBr$)吸收式制冷机，有较小型的采用无溶液泵的自然循环式制冷机。也有大容量的强制循环式制冷机，它的优点是即使热源温度有某种程度的变化，也能稳定地运行。另一类吸收式制冷机是氨吸收式(NH_3+H_2O)制冷机，它的优点是能够制取低温(0℃以下)、溶液不会发生结晶等优点。因此有可能用氨水吸收式制冷机做成冰箱、冷库的制冷机。另外，由于系统不需要真空操作运行，能将集热器直接当作发生器用，可以简化系统结构和运行，其缺点是氨的泄漏会产生危害，整个系统设置在室内有一定的困难。

太阳能吸收式制冷机实际就是从太阳集热器部件获得热能进行制冷。因此从集热器、制冷机、冷风机等相应的成本分配来看集热温度、冷水温度以及冷却水温度应各为多少，才能建立起一个最为经济合理的太阳能制冷系统，进一步确定各部件的热负荷可以设计出最佳的太阳能集热器及各种换热器、发生器、冷凝器、吸收器、蒸发器等。

人们很早就掌握了吸收式制冷机的原理，并在化学工业等特殊领域和冷藏库方面实际应用了。但是，自从美国的开利(Carrier)公司开发了太阳能溴化锂吸收式制冷机以后，该技术才迅速地在空调方面广泛普及。它几乎不需电力，这一点最适用于当前电力紧张的时代。此外，安全、容易操作且非满负荷的操作特性好，这几点对空调来说都是非常理想的。

太阳能驱动的吸收式制冷机目前主要是采用溴化锂($H_2O+LiBr$)的吸收式制冷机。由太阳集热器提供热源，广泛应用于空调。但是，它需要满足以下几点不同于以蒸汽为热源的常规系统的条件。

(1) 热源温度要低，并且热源温度即使有某种程度上的波动也可以适应。热源温度相当于太阳集热器的出口温度，由于天气的变化，出口温度有所变化。

(2) 制冷系数要大。前述的热力系数(ζ)相应于溴化锂吸收式制冷循环的制冷量和热源对系统的加热量之比，有时称制冷系数或热力性能系数，以 COP 表示。太阳能溴化锂吸收式制冷机总的制冷系数应是太阳集热效率和 ζ(或 COP)的乘积。

(3) 包括冷水、冷却水侧所需要的辅助设备动力要少。与系统直接有关的是吸收溶液泵和冷媒泵等，间接有关的是冷却水泵、冷却塔风扇以及冷水泵。当然，这些辅助设备动力对电动制冷机也是需要的。不过，对吸收式制冷机来说，由于冷却水侧排热量较大，冷却水侧的温差不可能取大，所以本来辅助设备需要的动力就大；加之在利用太阳能的情况下，为了尽可能降低冷却水温度，需要把冷却塔搞得很大；此外，流经吸收器和冷凝器的冷却水不是串联，而是并联，又使得循环量增大，这样就更加大了辅助设备所需要的动力。

6.2.2 吸收式制冷系统结构

1. 吸收式制冷工艺流程

吸收式制冷机由发生器、冷凝器、蒸发器、冷剂泵、溶液泵、吸收器及溶液热交换器等部件组成。工作介质除制取冷量的制冷剂外，还有吸收、解吸制冷剂的吸收剂，二者组成工质对。在发生器中工质对被加热介质加热，解吸出制冷剂蒸汽。制冷剂蒸汽在冷凝器中被冷却凝结成液体，然后降压进入蒸发器吸热蒸发，产生制冷效应。蒸发产生的制冷剂蒸汽进入吸收器，被来自发生器的工质对吸收，再由溶液泵加压送入发生器。如此循环不止地制取冷量。为提高机组的热交换率，设有溶液热交换器；为增强蒸发器的传热效果，设有冷剂泵。由于它是利用工质对的质量分数变化完成制冷剂的循环，因而被称为吸收式制冷。目前常用的吸收式制冷有氨水吸收式与溴化锂水溶液吸收式两种。氨水吸收式以氨为制冷剂，水为吸收剂，可用来制取 0℃以下的低温。

2. 工质选择

吸收式制冷系统的工质，对制冷系统性能的影响很大。进行选择时，通常依照下列原则。

(1) 制冷工质的挥发性要比吸收溶液的挥发性好，而且吸收溶液的挥发性要尽可能小，以免吸收溶液随制冷工质在发生器中一起蒸发，然后进入冷凝器，从而造成阻塞或降低性能系数。

(2) 制冷工质和吸收溶液之间的亲和力小，加热时制冷工质可以从其中分离出去。

(3) 制冷工质和吸收溶液无毒、无腐蚀作用，且稳定性好。

(4) 制冷工质的蒸发潜热大，传热性能好，从而减少制冷工质的循环流量。

(5) 制冷工质和吸收溶液的黏性低，流动压阻小。

根据以上原则，目前使用最多的制冷工质组合是 NH_3-H_2O 和 H_2O-LiBr 两种。

3. 效率

太阳能制冷系统的总效率是由太阳能集热器效率和配套的制冷机效率决定的。当系统的能量全部由太阳能集热器提供，且仅仅考虑系统的热能效率时，系统的总效率应为

$$\eta = \text{制冷机效率} \times \text{太阳能集热器的效率} = \text{COP} \times \eta c \tag{6-1}$$

式中：COP 为制冷机的性能系数；ηc 为太阳能集热器的效率。

吸收式制冷机的性能系数随太阳能驱动热源温度的升高而增大。

集热器效率随着太阳辐射强度的上升而增大；而随着介质（水）温度的上升，集热器的热损失增大，即集热器的效率降低。

6.2.3 吸收式制冷的工作原理

所谓太阳能吸收式制冷，就是利用太阳能集热器将水加热，为吸收式制冷机的发生器提供其所需要的热媒水，从而使吸收式制冷机正常运行，达到制冷的目的。

1. 太阳能吸收式空调系统的组成

太阳能吸收式空调系统主要由太阳能集热器、吸收式制冷机、空调箱（或风机盘管）、锅炉、储水箱和自动控制系统等组成。

太阳能集热器可采用真空管太阳能集热器和平板型太阳能集热器。前者可提供较高热媒水温度，而后者只能提供较低热媒水温度。热媒水的温度越高，制冷机的性能系数（COP）就越高，空调系统制冷效率就越高。

2. 太阳能吸收式空调系统的工作原理

吸收式制冷机产生的冷媒水通过储冷水箱送往空调箱（或风机盘管）内蒸发、吸热，以达到制冷空调的目的，之后冷媒水经储冷水箱返回吸收式制冷机。

3. 吸收式制冷循环

吸收式制冷循环可以分为多级循环和多效循环。多级循环采用的是简单复叠方式，具有各自的发生器、吸收器、冷凝器和蒸发器的一个吸收式系统，叠置于处于不同压力或浓度下另一个或多个吸收式系统上，这种布置方式可以使得系统所需的高温热源温度降低（如 70℃～100℃热源）。与单效吸收式系统比，其热力系统较低，冷却水耗量是单效机

的两倍，而且设备成本在大大增加；多效循环则是对高温热源的热量予以多次利用，使得系统 COP 有明显的提高。

图 6-4 为一双效吸收式制冷循环，高温热源驱动高压发生器后所解吸出的高压制冷剂气体，在冷凝器中释放出的冷凝热用于驱动低压发生器，因而热能被有效地利用了 2 次。在实际系统中，高压冷凝器可以布置在低压发生器内，系统实际上只有 1 个冷凝器、1 个蒸发器和 2 个发生器(温度和压力不同)。市场上双效溴化锂-水吸收式制冷机大多数采用该种形式。

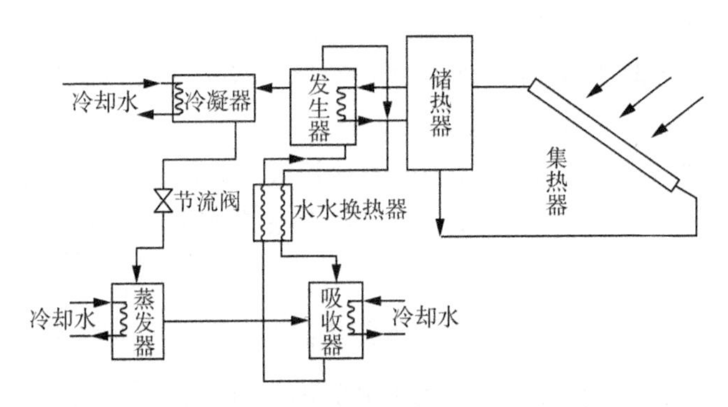

图 6-4　吸收式太阳能制冷系统

通过热能的多效利用，吸收式制冷循环 COP 可以较显著地提高。通过压力复叠和(或)浓度复叠可以构成多种多效循环。太阳能吸附式制冷作为太阳能热利用领域一个重要分支，逐渐成为各国竞相研究的热点课题。

4. 太阳能吸附式制冷空调系统特点。

(1) 系统结构及运行控制简单，不需要溶液泵或精馏装置。因此，系统运行费用低，也不存在制冷剂的污染、结晶或腐蚀等问题。如采用基本吸附式制冷循环的太阳能吸附式制冰机，可以仅由太阳能驱动，无运动部件及电力消耗。

(2) 可采用不同的吸附工质对以适应不同的热源及蒸发温度。如采用硅胶-水吸附工质对的太阳能吸附式空调系统可由 65℃～85℃的热水驱动，用于制取 7℃～20℃的冷冻水；采用活性炭-甲醇工质对的太阳能吸附制冰机，可直接由平板或其他形式的吸附集热器吸收的太阳辐射能驱动。

(3) 系统的制冷功率、太阳辐射及空调制冷用能在季节上的分布规律高度匹配，即太阳辐射越强，天气越热，需要的制冷负荷越大时，系统的制冷功率也相应越大。

在冬季，同样先将太阳能集热器加热的热水放入储水箱，当热水温度达到一定值时，由储水箱直接向空调箱(或风机盘管)提供热水，以达到供热采暖的目的。

太阳能溴化锂吸收式制冷系统具有夏季制冷、冬季采暖、全年提供生活热水等多项功能，在世界各国应用较为广泛。

5. 溴化锂吸收式制冷

(1) 鉴于吸收式制冷的能源是热能，因此在同一机组中更容易实现制冷与制热(采暖)的双重目的。目前广泛应用的溴化锂吸收式制热技术有两种：一是以直接利用燃料的燃烧为目的的溴化锂吸收式冷热水机组；二是溴化锂吸收式热泵机组(图 6-5)。

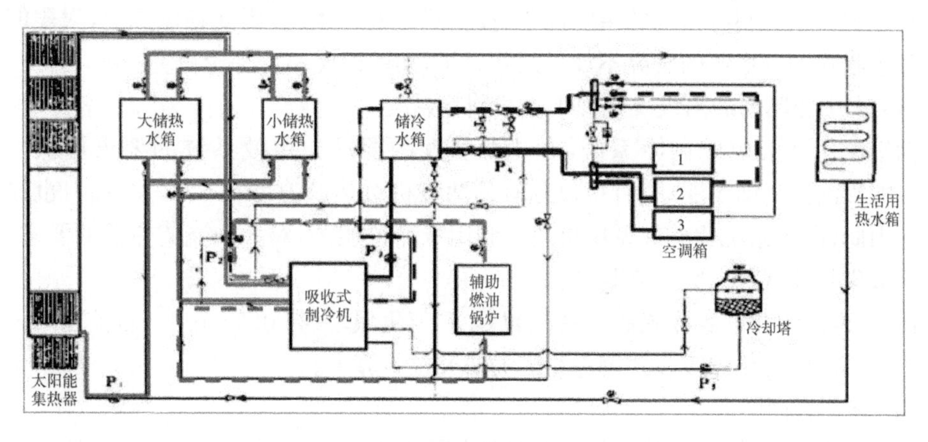

图 6-5 太阳能溴化锂吸收式制冷系统

溴化锂吸收式冷热水机组通常以燃油、燃气为能源。此时机组中的发生器相当于一台溴化锂溶液锅炉。通过发生器产生的高温制冷剂加热，制得 60℃左右的采暖用热水。这种机组夏天可用于制冷，冬天可用于采暖。

(2) 溴化锂吸收式热泵分为第一类和第二类两种型式

①第一类吸收式热泵工作循环与吸收式制冷循环相反，发生器、冷凝器处于高压区，而吸收器、蒸发器处于低压区。在蒸发器中输入低温热源，发生器中输入驱动热源，从吸收器和冷凝器中输出中温热水。由于以增加热量为目的，故又称增热型吸收式热泵。

②第二类吸收式热泵工作循环与吸收式制冷循环相缀，发生器、冷凝器处于低压区，而吸收器、蒸发器处于高压区。热源介质并联进入发生器和蒸发器。在吸收器中利用溶液的吸收作用，使流经的水升温。单级吸收式热泵能使热水温度提高 30℃左右。若要获得更高的温升，则可采用二级、多级吸收式热泵吸收压缩热泵，这种热泵以升温为目的。

由于双效溴化锂吸收式制冷机组所要求的驱动热源温度在 150℃以上，平板集热器只能提供 100℃以下的太阳能热水，而且温度越高效率恶化越严重。因此平板集热器不适合于用来直接驱动双效溴化锂吸收式制冷机组，但也有部分系统可以用它做双效机低压发生器的部分驱动源。真空管集热器集热温度可达 200℃，效率也优于平板集热器，因此可以采用。

(3) 在太阳能驱动的双效溴化锂制冷机系统中，使用较多的还有聚焦型热器，因为它们能对太阳光线进行聚焦，可以比非聚光集热器更容易达到高温，满足双效机对驱动热源的要求。聚焦型集热器中，CPC 聚光集热器由于聚光比适中，并且不需要进行太阳光线跟踪，或者一年之内只需随季节变化手动调整几次集热器开口倾角，即可较有效地吸收太阳辐射能，故在这类系统中运用较广泛。此外，线形聚集的抛物面槽式聚焦集热器、菲涅尔线形聚焦集热器也有所应用。

由于真空管集热器与聚光集热器成本高昂，而且太阳能集热系统的费用占据太阳能驱动溴化锂吸收式制冷系统的主要部分，投资费用实在太高，因此在国际上，太阳能驱动的双效吸收式制冷系统的研究不如单效式系统，实验研究不如理论研究。

(4) 太阳能驱动的两级溴化锂吸收式制冷系统

两级溴化锂吸收式制冷系统，对热源温度的要求比单效系统的要求更低。使用70℃～80℃的热水即可驱动，有报道称有的两级机级热源温度在65℃左右时，也能有效工作。因此，两级系统比单效系统更适于利用低品位能源，对太阳能集热器的要求更低，采用平板集热器就可以完全满足其要求。

但是，两级溴化锂吸收式制冷系统的COP值更低，只有0.3～0.4。目前国际上对太阳能驱动的两级溴化锂吸收式制冷系统的研究也不算多。

(5) 其他方面的研究

关于太阳能驱动的溴化锂吸收式制冷的研究，除了前面介绍的单效、双效以及两级系统以外，单效/两级复合循环和三效循环等更复杂一点的循环形式也有所研究。另外，还有一些吸收式与压缩式的联合循环，也将在后面简单做一些介绍。

关于太阳能-燃气联合驱动的双效溴化锂吸收式制冷系统，上海交通大学的王如竹、刘艳玲提出了一种小型双效太阳能吸收式制冷系统，适合家用。

该系统将燃气直燃型双效溴化锂机组与热管式真空管集热器相结合，在普通燃气双效循环运行的基础上，引入了太阳能热水作为低压发生器的辅助驱动能源，可以实现夏季制冷、冬季供暖以及全年提供生活热水的功能。

太阳能吸收式制冷已经进入了应用阶段，图6-6为太阳能驱动的溴化锂-水吸收式制冷机原理图，其原理为：集热器吸收太阳能，用来驱动单效、双效吸收式制冷机，工质对采用溴化锂-水或氨-水，相当于用太阳能代替普通吸收制冷机的热源。市场上应用最广泛的仍是单效溴化锂吸收式制冷机组，COP值约为0.6。

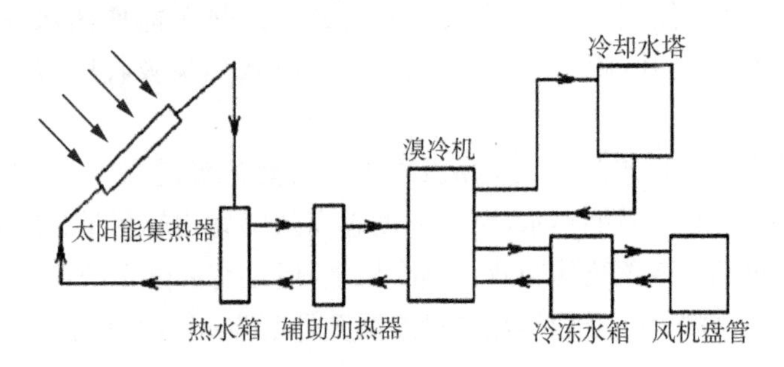

图6-6 太阳能驱动的溴化锂-水吸收式制冷机原理

典型的氨-水吸收式制冷系统的COP在0.4～0.6之间，与太阳能溴化锂-水吸收式制冷相比，COP值较低，热源温度要求较高，但可以使蒸发温度低于0℃，因此可以被用于制冰和冷藏。

6.3 吸附式制冷

6.3.1 吸附式特点

1. 特点

虽然太阳能吸附制冷系统的COP值(W/W)很少超过0.15,但是与吸收式制冷相比,吸附式制冷可采用低品位热能作为驱动能源,特别是适合采用能量密度低的太阳能。它所使用的是无污染或少污染的工质对;设备结构简单、可靠;操作简便;无运动部件,使用寿命长,运转费用低,无噪声。吸收式制冷机绝大部分适用于大中型系统,不适用于小型空调,而固体吸附式制冷工艺却适用于小型装置,能够单独由太阳能驱动运行,冷凝器用空气自然冷却,在家庭小型应用、改善生活条件及边远地区医疗、冷藏等方面具有良好的应用前景。

2. 原理

太阳能吸附式制冷系统主要由吸附床(即集热器)、冷凝器、蒸发器和阀门等构成。其基本的工作过程包括吸热解吸和冷却吸附。具体工作流程为:白天,吸附床被太阳能加热,吸附质便从吸附剂中解吸脱附,当吸附质蒸汽压力达到冷凝压力后,进入冷凝器冷凝,然后凝结液经节流阀进入蒸发器并储存起来;到晚上,吸附床被环境空气冷却,吸附剂开始吸附制冷剂蒸汽,当系统压力下降到蒸发温度下的饱和压力时,蒸发器中的液体开始蒸发制冷,而产生的蒸汽继续被吸附剂吸附,直到吸附结束,至此完成一个吸附制冷循环。

由此可见,太阳能吸附式制冷系统的循环过程是间歇式的。系统运行时,白天为加热解吸过程,晚上为吸附制冷过程,晚上制成的冰块在白天供用户使用。

3. 工质

工质的性能是影响吸附式制冷系统性能、效率和成本的重要因素之一。通过优化选择吸附-制冷工质可以增大单位质量工质的制冷量,提高系统的制冷系数,减小设备尺寸,缩短循环时间,使整机的性能有较大的提高,还可以配合不同的热源、制冷工况、设备结构的特殊要求。所以太阳能驱动的吸附式制冷系统能否得到应用,很大程度上取决于所选用的工质。

已研究的吸附工质体系主要有沸石体系、活性炭体系、硅胶体系、氯化钙体系等。在上述的工质中,沸石分子筛-水、活性炭-氨或甲醇、硅胶-水、氯化钙-氨等已在实际的太阳能吸附式制冷系统中得到应用,目前应用较多的是前两者。

6.3.2 太阳能吸附式制冷系统的分类

1. 系统分类的优点

目前已研制出的太阳能吸附式制冷空调系统种类繁多,结构也不尽相同,可以按系统的用途、吸附工质对及吸附制冷循环方式等对其进行分类。

吸附剂-吸附质(在制冷系统中称为冷剂)工质对的选择是吸附式制冷中最重要的因素之一,一个性能优良的吸附式制冷系统不但要有合理的循环方式,而且要有在工作温度范围内吸附性能优良、吸附速度快、传热效果好的吸附剂和汽化潜热大、沸点满足要求的吸附质(制冷剂)。吸附制冷系统能否适应环境要求,能否满足工作条件,在很大程度上都取决于吸附工质对的选择。目前,在吸附式制冷/热泵系统中的常用工质对有活性炭-甲醇、活性炭-氨、分子筛-水、硅胶-水、氯化钙-氨、氯化锶-氨等,将氯化钙化学吸附剂与活性炭物理吸附剂相结合构成的复合吸附剂可以与氨组成很好的吸附制冷工质对,而将氯化钙与硅胶相结合构成的复合吸附剂则可以与水构成很好的吸附制冷工质对。对于开式吸附制冷系统,则不涉及吸附制冷工质对的问题,因为它直接利用除湿剂(如硅胶、氯化锂、分子筛等固体吸附剂或氯化锂溶液体吸收剂)对空气中的水分进行吸附/吸收。

与蒸汽压缩式制冷系统比,吸附式制冷具有结构简单、一次投资少、运行费用低、使用寿命长、无噪声、无环境污染、能有效利用低品位热源等一系列优点;与吸收式制冷系统比,吸附式制冷不存在结晶问题和分馏问题,且能用于振动、倾颠或旋转的场所。

吸附式制冷的循环类型有基本型、连续型、连续回热型、热波型及对流热波型等。目前真正成功的样机只有基本型、连续型和连续回热型三种,对热波型和对流热波型正在进行理论探索和模拟试验,太阳能驱动的活性炭-甲醇吸附式制冰机已成为商品,而且被国际卫生组织推荐在第三世界无电力设施或缺电的地方用作疫苗保存。(图 6-7、图 6-8)

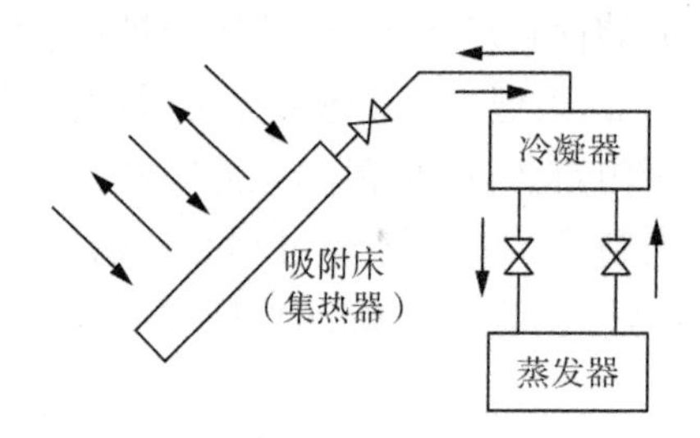

图 6-7 太阳能吸附式制冷系统

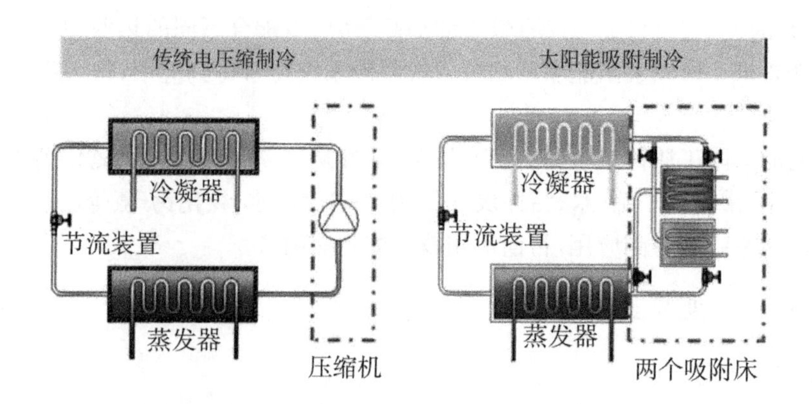

图 6-8 太阳能吸附式制冷和电压缩制冷

2. 典型的活性炭-甲醇太阳能吸附制冷机

基于以往的研究结果,Pons 与 Guilleminot 等人认为吸附式制冷系统应用于太阳能制冷系统是行之有效的。他们研制出一种采用活性炭-甲醇工质对的平板型太阳能吸附式制冰机，该太阳能吸附式制冰机在 20 MJ/(m^2 · d)的太阳辐射条件下，每平方米集热器制冰量接近 6 kg，太阳能制冷系数约为 0.12，其性能在当时处于领先水平。

一种背部设有风门的、以活性炭-甲醇为工质对的太阳能吸附式制冰机，吸附集热器为单层玻璃盖板式集热器，冷凝器采用空气自然对流冷却。与以往的太阳能吸附式制冰机不同，该制冰机在吸附集热器的背部增设了风门，夜间风门打开以增强吸附器夜间的散热性能。测试结果表明，在 20～25 MJ/(m^2 · d)的太阳辐射条件下，该太阳能吸附式制冰机的太阳能制冷系数为 0.09～0.1，夜间所制的冰保留在冰箱里，白天可使冰箱里的温度维持在 5℃。与 Boubakri 等人研制的太阳能吸附式制冰机相比，其制冷性能约提高 35%。

活性炭-氨吸附工质对。采用这一工质对的吸附式制冷系统压力较高，如在 40℃的冷凝温度时，氨的对应饱和压力约为 16×10^5 Pa。氨有毒及刺激性气味，与铜材不相容，吸附热大约为 1 800～2 000 kJ/kg。20 世纪 90 年代以来，对新工质的开发促进了人们对活性炭-氨工质对的重新评价，越来越多的研究人员对该系统进行研究。首先，压力系统中的轻微泄漏不会导致系统失效，与真空系统相比，压力系统相对不振动；其次，压力有助于传热传质，可以有效缩短循环周期，而这是此前吸附系统的主要缺点之一；再次，氨的蒸发制冷量大；最后，可以适用较高的热源温度。目前对活性炭-氨工质对的研究集中在吸附特性的研究和循环特性的理论分析上。

氯化锶-氨吸附式制冷系统。在化学吸附式制冷系统中，以氨的络合物为工质得到了广泛重视，并进行较深入研究。这是因为氨的络合物对所需的驱动热源温度要求不高，而且系统在正压下运行，工程特性易得到保证。此外这种制冷机性能较优与物理吸附式制冷/热泵系统一样，工质对的选用同样关系到化学制冷/热泵系统的运行性能，以及成本和使用寿命各方面，是化学吸附制冷系统的关键。

氯化锂-氨是性能较优的工质对，可在 $t\leqslant72$℃时进行吸附，在 $t>70$℃后不再进行吸附。当吸附床温度低于 49℃时，系统开始吸附并制冷；当床层温度低于 25℃时，即可获得较好的吸附效果。

硅胶-水吸附式制冷系统。硅胶-水工质对适用于在 120℃以下的温度工作，适合较低温度的热源驱动，其吸附热大的为 2 500 kJ/kg，要求的冷凝和冷却温度较低。此外，硅胶的比表面积较活性炭和分子筛均小，体积较大，所以在其闭式吸附制冷中应用相对较少，而在开式降温冷却系统中使用较广，在低温余热(70℃～80℃)回收利用中具有优势。

3. 太阳能间隙式吸附制冷

太阳能间隙式吸附冰箱采用了目前较为成熟的太阳能真空管集热器(包括热管型真空管集热器)。采用同一集热器实现了白天产的热水可供夜间使用，夜间制的冰可供白天使用的连续循环，把太阳能的热利用和冷利用有机地结合起来，实现了绿色制冷与供热可持续发展的目的，使一种产品有多种用途，达到提高能量利用率、节约能耗的目的。由于没有使用破坏臭氧层的氟里昂，因此符合环境保护的要求，对无电、缺电的地区而言还是一件非常理想的产品。

目前所具有的产品规格和用途有以下一些。

(1) 1 m^2 的集热器。该产品在夏季可产生 80℃～90℃的热水 60 kg，日制冰量为 4 kg；在冬季可产生 70℃～80℃的热水 50 kg，日制冰量 3 kg。该产品大约需要活性炭 20 kg，甲醇 6 kg。吸附式冰箱的容积为 120 L。该产品适合三口之家使用。

(2) 2 m^2 的集热器。该产品在夏季可产生 80℃～90℃的热水 100 kg，日制冰量为 7 kg；在冬季可产生 70℃～80℃的热水 90 kg，日制冰量为 6 kg。该产品大约需要活性炭 40 kg，甲醇 12 kg。吸附式冰箱的容积为 180 L。该产品适合于人口较多的家庭使用。

(3) 3 m^2 的集热器。该产品在夏季可产生 80℃～90℃的热水 150 kg，日制冰量为 12 kg；在冬季可产生 70℃～80℃的热水 120 kg，日制冰量为 10 kg。该产品大约要活性炭 60 kg，甲醇 18 kg。吸附式冰箱的容积为 240 L，吸附筒的体积大约为 120 L。该产品适合小集体使用。

(4) 特种产品。根据用户的特殊需要设计大系统及不同用途的太阳能热水器冰箱复合机。

同时由于吸附式制冷具有结构简单、使用寿命长、无噪声、无污染且可利用低品位的太阳热、废热、余热等优点，已越来越受到人们的重视。但吸附式制冷的能量利用效率不高，即 COP 值较低，限制了它的发展。如何提高一定热源温度下的 COP 值，人们提出多种解决方法，如热波循环、对流热波循环、利用回热的连续循环等。热波循环设想在吸附解附器中沿长度方向有较大的温度梯度，使热媒进出口有较大的温差，有充分回热，从理论上讲，这是能量利用程度较高的循环方式，但实现起来很困难。利用回热的连续循环虽使热力系数有较大提高，当热源温度较高时，还有一部分能量(即使回热后，吸附床的温度也较高，还有较大的吸附热、显热以及解附出的高温蒸汽显热)尚可利用。因此，采用可利用以上能量的双效复叠的循环方式，是提高 COP 值的有效方法。采用活性炭-甲醇、分子筛-水，三个吸附器、两个蒸发器、两个冷凝器实现复叠式循环，其 COP 值在蒸发温度为 2℃时可达 0.95。其系统采用了两组不同工质，两组蒸发器、冷凝器，系统复杂。若用于空调系统，制冷工质均可采用水这一理想工质，吸附剂可采用硅胶、分子筛，由于分子筛-水在较大的温度范围有较好的吸附、解附性能，也可用该工质对构造双效复叠吸附式制冷循环。两级制冷工质都是水，可共用一个冷凝器和吸附器，结构较为简单。

4. 分子筛-水吸附式空调系统

分子筛-水是使用比较广泛的吸附工质对。大量应用于开式除湿冷却系统和闭式吸附制冷系统。分子筛-水工质对的分子间作用力较强，所需的解吸温度较高，吸附热也较高，大约为 3 300～4 200 kJ/kg。

分子筛-水的性质很稳定，高温下也不会发生反应，适用于解吸温度较高的场合。目前在余热回收中常用于 200℃左右或者更高的热源能量回收。此外由于分子筛-水系统是负压系统，传质速度慢，再加上所需解吸热及解吸温度较高，造成系统循环时间比较长；对于利用太阳能制冷，24 小时的循环周期足以使系统充分吸附/解吸，同时，分子筛-水的吸附等温线随压力变化不大，能使制冷系统在较大的冷凝温度范围内冷凝而保持稳定的性能，对环境的适应能力很强，特别是太阳能制冷中夜间环境温度与蒸发温度差值较大时，分子筛-水系统的性能要好于活性炭-甲醇系统。

由于解吸温度及吸附热的关系，分子筛-水系统的性能在中低温热源区（150℃以下）低于活性炭-甲醇系统，但由于其安全、无毒、可适应高温范围及前述水的特点，分子筛-水系统在高温时有较高的COP（制冷系数）和SCP（单位质量吸附剂所输出的制冷功率），具有一定的优势。但分子筛-水工质对的蒸发温度不能低于0℃，因而不能用于制冰。如何提高吸附床的导热性能是目前的研究重点，一般是在分子筛中添加其他材料以及固化压缩。Guilleminot等人用分子筛复合泡沫金属和石墨并进行压缩，使得吸附剂的导热率提高近100倍。在太阳辐射资源较丰富的地区，微型太阳能吸附空调冷藏库可应用于农产品保鲜。

6.3.3 吸收和吸附式制冷的比较

液体蒸发时要从周围环境吸收热量。吸收和吸附式制冷就是利用液体的这种特性制冷的。这也是一种最为广泛应用的制冷方法。为了连续制冷，已经蒸发成气体的制冷剂必须回复到液体状态，从而实现制冷循环。在压缩式制冷循环中，压缩机将制冷剂蒸汽压缩，使它在较高的压力和温度下向环境放热，从而冷凝成液体。在吸收和吸附式制冷循环中，则是利用液体吸收剂或固体吸附剂对制冷剂蒸汽进行吸收或吸附，再用驱动热源加热吸收或吸附工质对，所产生的制冷剂蒸汽在较高的压力和温度下向环境放热，从而冷凝成液体。

吸收或吸附式制冷以热能驱动，利用二元或多元工质对实现制冷循环，与压缩式制冷相比有以下特点。

（1）可以利用各种热能驱动。除利用锅炉蒸汽的热能，燃气和燃油燃烧产生的热能外，还可利用废热、废气、废水和太阳能等低品位热能，热电站和气电共生系统等集中供应的热能，从而节省初级能源的消耗。

（2）可以大量节约用电，平衡热电站的热电负荷，在空调季节削减电网的峰阻负荷。

（3）结构简单，运动部件少，安全可靠。除了泵和阀件外，绝大部分是换热器，运行时没有振动和噪声，安装时无特殊要求，维护管理方便。

（4）以水或氨等为制冷剂，其ODP、GWP都等于零，对环境和大气臭氧层破害。

（5）热力系数COP低于压缩式制冷循环。例如，单效溴化锂吸收式制冷循环COP≈0.6，双效溴化锂吸收式制冷循环COP≈1.2，单级氨水吸收式制冷循环COP≈0.4，吸附式制冷循环COP在0.4～0.6。

由于吸附式制冷通过加热解吸冷凝、冷却吸附-蒸发两个过程来实现，因而表现出间歇制冷的特性，若需实现连续制冷，则需要两台或两台以上吸附器换相运行才能实现。与吸收式及压缩式制冷系统相比，吸附式系统的制冷功率相对较小。受机器本身传热特性以及工质对制冷性能的影响，增加制冷量时，就势必增加吸附剂并使换热设备的质量大幅度增加，因而增加了初投资，机器也会显得庞大而笨重。此外，由于地面上太阳辐射的能流密度较低，收集一定量的加热功率通常需较大的集热面积。受以上两方面因素的限制，目前研制成功的太阳能吸附式制冰机或空调系统的制冷功率一般平均较小。

由于太阳辐射在时间分布上的周期性、不连续性及易受气候影响等特点，太阳能吸附式制冷系统用于空调或冷藏等应用场合通常需配置辅助热源。

6.4 蒸汽喷射式制冷

6.4.1 喷射制冷原理

1. 喷射制冷器结构

太阳能、废热等低品位热源因在某些喷射式制冷系统，如太阳能喷射式、低品位废热喷射式制冷系统及其热泵系统中的利用而受到人们广泛关注。其中，喷射式制冷系统凭借其结构简单、使用寿命长、系统稳定性高等优点在近 10 年受到制冷界青睐，喷射器由主喷嘴、吸收室、混合室和扩散室等部分组成，结构图如图 6-9 所示。

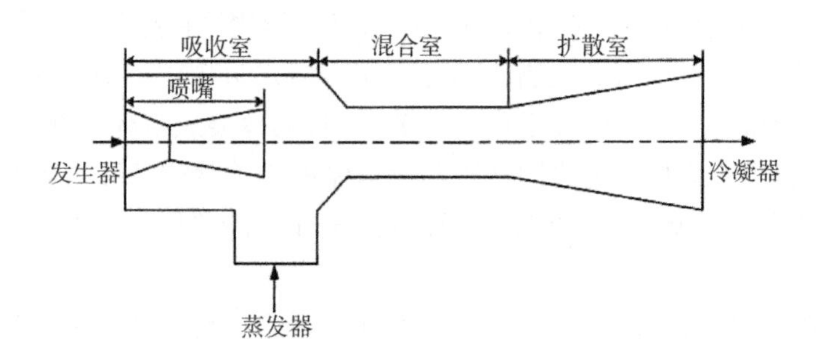

图 6-9 喷射器结构示意图

喷射式制冷是使蒸汽从蒸汽喷射器内的喷嘴喷射出来，由于在其周围造成了低压状态使冷媒蒸发，从而产生制冷效果。其构造简单，当冷水温度在 12℃～15℃以上时，制冷系数并不低。蒸汽喷射式制冷与吸收式制冷一样，是属于液体汽化制冷、靠热能驱动的制冷机。从前，像某些工厂有大量 2 kgf/cm^2（1 kgf/cm^2＝98.066 5 kPa，下同）以上的废蒸汽时常采用喷射式制冷机加以利用，但当吸收式制冷机出现后，就逐渐被吸收式制冷替代了。

喷射式制冷机有直接蒸发式和间接蒸发式。以水作冷媒的，通常是直接利用蒸发器中的冷水，所以称为直接式。直接式的构造简单，设备费便宜，但要求工作蒸汽压力在 2 kgf/cm^2（133℃）以上，不利于采用太阳能，因对太阳集热器要求较高。为了利用太阳能，采用在低温下蒸发压力也高的氟里昂间接蒸发式喷射制冷。

2. 喷射式制冷的优缺点

喷射式制冷系统的主要优点有：(1) 喷射器没有运动部件、结构简单、运行可靠；(2) 相当于蒸汽压缩机的喷射器利用低品位热源驱动，从而系统电能消耗少，又充分利用了废热/余热和太阳能；(3) 可以利用水等环境友好介质作为系统制冷剂；(4) 喷射器结构简单，可与其他系统构成混合系统，从而提高效率而不增加系统复杂程度。

蒸汽喷射式制冷的工质可以是水、氨、R11、R12、R112、R113、R114、R141b等，但目前采用的基本上多以水为工质的蒸汽喷射式制冷机。蒸汽喷射式制冷机的蒸发温度应在0℃以上，蒸发器和冷凝器都在高真空压力下工作，它具有无毒、安全可靠等优点。随着人们对于环境问题的进一步认识，发现上述氟里昂类制冷剂对大气臭氧层具有破坏作用，已经禁止使用。在新型制冷剂中，比如R123和R134a，也适合作为喷射式制冷机的工作介质，人们已进行了许多研究。而且已经开始将这一系统发展到利用太阳能实际运行，而发生器温度最低只要求60℃，最高达到将近150℃，蒸发器的温度最低也达到了−15℃，但是提高系统效率仍是喷射式制冷系统努力改进的方向。

对于蒸汽喷射制冷机来说，适宜的工作蒸汽压力为700～1 000 kPa。在该压力范围内，可以得到较为满意的冷凝器、主喷射器、管道及附件的结构尺寸。当压力太低时，蒸汽消耗量剧烈增加，而压力太高时，蒸汽消耗量减少不多，但设备的强度条件要提高，致使机器昂贵。

如果为了利用低品位余热，采用低于700 kPa(包括120～200 kPa)的工作蒸汽，虽然需要增大机器的结构尺寸，有时也是有利的。当采用低沸点工质时，可以利用太阳能等低品位热源。

蒸汽喷射式制冷机虽然构造简单，但损失很大。这是因为正反循环的工质必须相同，锅炉中需维持很高的压力；工作蒸汽必须先膨胀到压力p0，然后再压缩pk，蒸汽在膨胀、压缩和混合过程中都有不可逆损失。蒸汽喷射器的简单结构并未简化正循环中获得正功和将功传给反循环的物理过程，反而使过程复杂化，所消耗的功更多。

在相同的热源条件下，蒸汽喷射式制冷机与用热力发动机驱动的压缩式制冷机的可逆循环热力系数是相同的，但前者损失较大，实际效率较低。

对于蒸汽喷射器来说，降低引射流体的压力及相应的蒸发温度，并不降低引射流体的容积流量；又由于喷射器的结构简单，管理方便，因此，在蒸汽压缩式制冷或氨吸收式制冷系统中，因需要获得低蒸发温度而采用双级时，可用喷射器作低压级的升压器，构成压缩-喷射式或吸收-喷射式制冷系统。

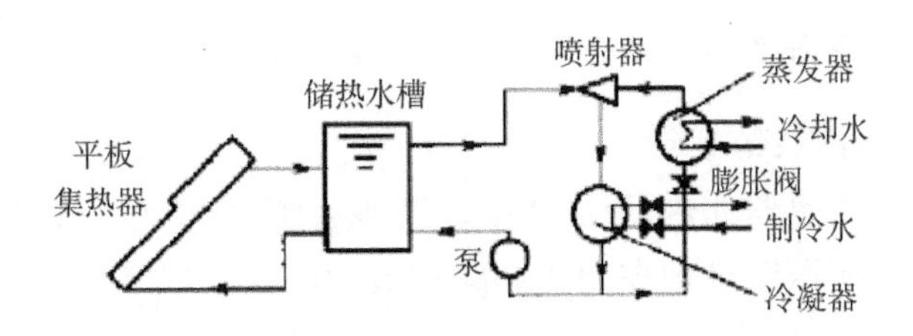

图6-10 太阳能蒸汽喷射式制冷系统原理

6.4.2 太阳能喷射式制冷系统

1. 太阳能喷射制冷结构

太阳能蒸汽喷射式制冷系统包括太阳能集热循环和喷射式制冷循环。在太阳能集热循环中，被太阳能加热的水通过平板集热器、储热水槽，将低沸点工质(CFC-11、

HCFC-123、R22、水等)加热,使之成为高压制冷剂蒸汽。而温度降低了的水又回到集热器中被重新加热。

喷射制冷循环的过程是:由储热水槽出来的高压制冷剂蒸汽(可称为工作蒸汽)通过喷嘴时,由于出流速度高,在喷嘴附近产生真空,从而将蒸发器中的低压制冷剂蒸汽引吸到吸入室,与工作蒸汽混合。此混合气流通过扩压器后,速度降低,压力增加,随后流入冷凝器被冷凝。而冷凝后的液体分为两部分,一部分经膨胀阀降压后,在蒸发器中汽化,因吸收冷冻水的热量而达到制冷的目的;另一部分则通过循环泵升压后返回到储热水槽中加热为高压制冷剂蒸汽,如此不断循环。

2. 效率

太阳能喷射制冷系统的总效率由太阳能集热器效率和配套的喷射制冷机效率决定。当制冷系统的能量全部由太阳能集热器提供,循环泵消耗的机械能相对较少,可忽略不计,而仅仅考虑系统的热能效率时,系统的总效率应为

$$\eta = \text{制冷机效率} \times \text{太阳能集热器的效率} = \mathrm{COP} \times \eta c \qquad (6\text{-}2)$$

式中:COP 为喷射式制冷系统的性能系数;ηc 为太阳能集热器的效率。

在太阳能及其他喷射制冷系统中,喷射器结构是提高系统性能的关键部件。

3. 改进方法

太阳能喷射制冷方式同其他制冷方式相比,其性能系数偏低,因而在经济性上不具有竞争力。只有提高它的系统性能,才有可能开发出实用的制冷产品,复合式喷射制冷循环是近年来比较引人注目的方案。

目前改进的方法有吸收-喷射复合制冷系统、热管喷射式制冷系统和太阳能吸附-喷射联合制冷系统。

6.5 压缩式制冷

6.5.1 太阳能蒸汽压缩式制冷的工作原理

1. 太阳能压缩制冷系统

这种系统是利用集热器加热,形成高压蒸汽,然后推动汽轮机转动,从而带动压缩机完成制冷任务的。由于压缩机是在制冷装置中最为广泛和成熟的装置,因此,此系统具有运行稳定、易于控制等优点。

整个系统分为三部分,上边为太阳能集热循环,左边为热机循环(即低压蒸汽推动汽轮机对外做功),右边是蒸汽压缩式制冷机循环。

在太阳能集热循环中,被太阳能加热的集热介质吸收太阳能,温度升高到约 102℃;然后通过预热器、锅炉(换热器)和汽液分离器,经几次放热后,温度降低为约 96℃。然后再进入太阳能集热器,进行下一个循环,如此周而复始,不断将太阳能传递到热机循环中。

太阳能蒸汽压缩式制冷与常规蒸汽压缩式制冷的区别:太阳能蒸汽压缩式制冷系统

中的压缩机由热机驱动，常规蒸汽压缩式制冷系统中的压缩机由电机驱动。

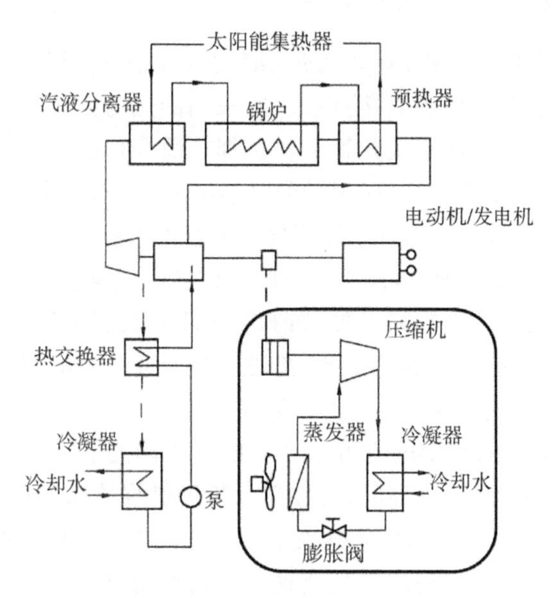

图 6-11　太阳能蒸汽压缩式制冷系统工作原理

2. 太阳能蒸汽压缩式制冷系统的组成

太阳能蒸汽压缩式制冷系统主要由太阳能集热器、蒸汽轮机和蒸汽压缩式制冷机等组成，它们分别依照太阳能集热器循环、热机循环和蒸汽压缩式制冷机循环的规律运行。

太阳能集热器循环由太阳能集热器、汽液分离器、锅炉、预热器等组成；热机循环由蒸汽轮机、热交换器、冷凝器、泵等组成；蒸汽压缩式制冷循环由制冷压缩机、蒸发器、冷凝器、膨胀阀等组成。蒸汽压缩式制冷的基本原理图(图 6-11)中，左半部分为制冷剂循环，属逆循环，由冷凝器、节流装置和蒸发器组成。高压气态制冷剂在冷凝器中向冷却介质放热被凝结为液态后，经节流装置减压降温进入蒸发器；在蒸发器内，该液体被汽化为低压气态，同时吸取被冷却介质的热量产生制冷效应。这些过程与蒸汽压缩式制冷完全相同。

图中右半部分为吸收剂循环(图中的画线部分)，属正循环，相当于蒸汽压缩式制冷的压缩机。在吸收器中，用液态吸收剂不断吸收蒸发器产生的低压气态制冷剂，以达到维持蒸发器内低压的目的；吸收剂吸收制冷剂蒸汽而形成的制冷剂-吸收剂溶液，经溶液泵升压后进入发生器；在发生器中该溶液被加热、沸腾，其中沸点低的制冷剂汽化形成高压气态制冷剂，进入冷凝器液化，而剩下的吸收剂浓溶液则返回吸收器再次吸收低压气态制冷剂。

3. 蒸汽压缩式制冷机循环

在蒸汽压缩式制冷循环中，蒸汽轮机的旋转带动了制冷压缩机的运行，然后再经过上述蒸汽压缩式制冷机中的压缩、冷凝、节流和汽化等过程，完成制冷机循环。

在蒸发器外侧流过的空气被蒸发器吸收热量，从较热的空气变为较冷的空气，将这较冷的空气送入房间内而达到降温空调的效果。

6.5.2 太阳能热机驱动压缩式制冷

把太阳能作为热源的外燃机，有蒸汽机、斯特林机以及密闭循环气体透平机。

作为太阳能热机通常利用的是蒸汽机。所采用的热力循环是朗肯循环。蒸汽机有活塞式、回转式、螺杆式以及透平式几种。各自都有适合自己的工质、温度、压力以及容量等条件，但对太阳能利用来说，往往因转数、轴功率等而不一定稳定，所以对热机和与其相连接的制冷机，最好都采用允许条件变化大的容积式动力机。

氟里昂工质(R11、R113、R114、R22 等)由于破坏大气臭氧层，有害于环境。最近人们提供了不少对环境友好的冷媒和工质，如 R142b、R141b、HCFC-123 等。在保证环保条件下，获得最佳热工性能的冷媒与工质，是进一步研究开发的努力方向。太阳能驱动的压缩式制冷机，有活塞式和螺杆式热机驱动等。

(1) 活塞式热机驱动的制冷机按朗肯循环工作，太阳能不足时设置一个辅助燃烧器，当太阳能集热器产生的热水温度高时，可以启动辅助燃烧器加热锅炉，使工质(R114)的温度、压力达到所需要的数值进入活塞式发动机。在制冷压缩机动性一侧设置辅助电动机的方式，当无制冷负荷时，可利用卸载装置使辅助电动机变成发动机用。该系统由蒂盖(W. P. Teagan)等人研究成功。按动力循环侧采用 R114、制冷循环侧采用 R22 的循环系统，进行制冷系数的理论计算。

(2) 螺杆式热机驱动的螺杆式制冷机。太阳能集热器出口温度为 90℃，进入锅炉加热氟里昂，如果太阳能不足可以利用辅助热源，工质进入膨胀机(螺杆)工作，以此为动力带动压缩机(螺杆)，产生的工质是同一种工质(膨胀终了和压缩终了的)，进入共用冷凝器冷凝。蒸发器内吸取热量，总制冷量达 10.467 kW。

(3) 透平式发动机驱动压缩，该制冷系统和动力系统分开，动力循环采用 R113 为工质，动力机为透平机，经过减速齿轮箱和传动皮带把动力传给制冷压缩机。制冷循环采用 R12 为工质，通过蒸发器输出冷量。

6.6 建筑用太阳能空调

6.6.1 太阳能空调性能和要求

1. 组成

新建的太阳能空调系统由热管式真空管集热器、溴化锂吸收式制冷机、储热水箱、储冷水箱、生活用储热水箱、循环泵、冷却塔、空调箱、辅助燃油锅炉和自动控制系统等部分组成。

2. 系统设计特点

(1) 太阳能与建筑有机结合

整个太阳能馆的总体设计既使建筑物造型美观、新颖别致，又能满足集热器安装的要求。依据这个原则，建筑物的南立面采用大斜屋顶结构，一则斜面的面积比平面大得多，可以布置更多的集热器；二则在斜面上布置集热器时无需考虑前后遮挡问题，而且造型也非常美观。斜屋顶倾角取 35°,与当地纬度接近,有利于集热器充分发挥作用。

(2) 热管式真空管集热器提高了制冷和采暖效率

热管式真空管集热器是北京市太阳能研究所的一项重大科技成果,具有效率高、耐冰冻、启动快、保温好、承压高、耐热冲击、运行可行等诸多优点,是组成高性能太阳能空调系统的重要部件。热管式真空管集热器可为高效溴化锂制冷机提供 88℃的热媒水,从而提高整个系统的制冷效率。这种集热器还可在北方寒冷的冬季有效地工作,为建筑物供暖。

(3) 大、小两个储热水箱加快了每天制冷或采暖进程

根据一天内太阳辐照度变化的固有特点,储热水箱不仅可以使系统稳定运行,还可以把太阳辐照高峰时的多余能量以热水形式储存起来。本系统与一般太阳能空调系统的不同之处在于设置了大、小两个储热水箱。小储热水箱主要用于保证系统的快速启动。测试结果表明,在夏季和冬季晴天的早晨,小储热水箱内水温就能分别达到 88℃和 60℃,从而满足制冷和供暖的要求。

(4) 专设的储冷水箱降低了系统的热量损失

专门设计的一个储冷水箱。在白天太阳辐照充裕的情况下,可以将制冷机产生的冷媒水储存在储冷水箱内,其优点在于这种情况下的系统热量损失显然要比以热媒水形式储存在储热水箱中的低得多,因为夏季环境温度与冷媒水温度之间的温差要明显小于热媒水温度与环境温度之间的温差。

(5) 配套的辅助锅炉使系统可以全天候运行

所有太阳能系统的运行都不可避免地要受到气候条件的影响。为使系统可以全天候发挥空调、采暖功能,辅助的常规能源是必不可少的。该太阳能空调系统选用了辅助燃油热水锅炉,在白天太阳辐照量不足以及夜间需要继续用冷或用热时,可随即启动辅助锅炉,确保系统持续稳定地运行。

3. 建筑用太阳能空调的优点

太阳能空调的季节适应性好,也就是说,系统制冷能力随着太阳辐射能的增加而增大,而这正好与夏季人们对空调的迫切要求相适应。

传统的压缩式制冷机以氟里昂为介质,它对大气层有极大的破坏作用,而制冷机以无毒、无害的水或溴化锂为介质,它对保护环境十分有利。

太阳能空调系统可以将夏季制冷、冬季采暖和其他季节提供热水结合起来,显著地提高了太阳能系统的利用率和经济性。

太阳能空调系统可以发挥夏季制冷、冬季采暖、全年提供热水的综合优势,必将取得显著的经济、社会和环境效益,具有广阔的推广应用前景。

4. 高温制冷装备和热回收器

太阳能制冷成套装备是由太阳能中高温集热器结合制冷设备通过综合集成和再创新而形成的装置。经理论和实践证明,太阳能中高温系统是最适合太阳能制冷装备驱动源的必备系统之一,不但制冷转换效果要比低温集热器好,而且制冷范围大,蒸发温度范

围能控制在 10℃～60℃，可以在一台机组上实现多个蒸发温度，既经济，又环保。

5. 转轮式热回收器

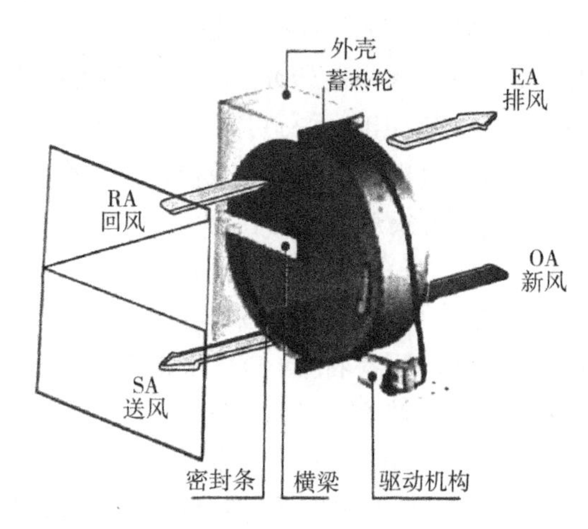

图 6-12　转轮式热回收器工作原理

转轮式热回收器的转轮固定在箱体的中心部位，装配在一个左右或上下分隔的金属箔箱体内，由减速传动机构通过皮带驱动轮转动。在转轮的旋转过程中，转轮内的填料为蓄热体，以相逆方向流过转轮的排风与新风，与轮体进行传热传质，蓄热体将排风中的能量存储起来，然后再释放给新风，从而完成相互间的能量交换过程。一般来讲，全热回收转轮新风风量和排风风量相同或相近，且新风的迎风面积和排风的迎风面积也基本相同。全热回收转轮的转速一般在 300～1 000 r/h，比用于新风除湿的转轮系统快很多，而后者的转速一般只有 10～30 r/h。新风负荷一般占据建筑空调总负荷的 30%。在潮湿地区甚至达到 50%～60%。若空调系统中的排风不经过处理而直接排至室外，不仅会造成其中的冷(热)量的浪费，而且还会引起城市热污染，加重热岛效应。在一些发达国家，即使在新风与排风温度相差不大的情况下使用热回收系统，节能效果也比较明显。例如，德国夏季室外温度通常不会超过 30℃，但热回收系统由于节能效果好，已经是大多数空调机组的标准配置。我国的实际情况可参考《工业建筑供暖通风与空气调节设计规范》(GB 50019—2015)，规范表示在我国的炎热地区、夏热冬暖地区、夏热冬冷地区和部分寒冷地区，夏季室外计算温度(32℃～34℃)比室内设计温度(一般采用 24℃～28℃)高 6℃～10℃；而在冬季，通常设计室内温度在 16℃～24℃，远超过国内大部分地区的冬季室外空调设计温度(除海口等个别城市外，通常低于 6℃～8℃)。因此，在我国采用排风热回收装置不但可行，而且能够取得好的预期节能效益。

转轮热回收装置可以在空调系统的排风及送风之间实现排风中的冷(热)量回收及再利用，是一种有效的空调节能方式。转轮热回收装置利用排风中的余冷余热来预热，减少所需的能量及机组负荷，从而达到降低空调运行能耗及装机容量的作用，提高系统的经济性。全热回收转轮的通风孔道大多为蜂窝状结构，表面附着有硅胶、溴化锂、氧化铝等吸湿材料。通过热回收转轮，冬夏季可利用室内排风对新风进行降温除湿或加湿，而过渡季可实现新风的自然冷却。夏季显热回收效率和全热回收效率均可达70%以上。

氧化铝转轮在换热铝箔的表面镀上氧化层，可以用来进行少量的湿交换，这一类型在欧洲市场占统治地位，直至21世纪初。新型的分子筛转轮，效率显著提高，迅速占领了市场。我国的市场上活跃使用的全热回收转轮材质大致可分为铝箔-分子筛、纤维-氯化锂、铝箔-氧化铝等。

转轮式热回收系统与空调系统配合，全年均可使用。在夏季，可有效降低机组容量并且减少温室气体的排放；在冬季，可降低加湿器、采暖设备的运耗，大大节约了总投资；在过渡季，则可提高室内的舒适性。转轮传热稳定性好，可长期运行；同时，转轮式换热器是一个整体，便于拆卸维修，可及时清除转轮内的污垢和杂物，以保证设备高换热效率，并减少污垢杂物引起的压力损失和风机能效的降低。转轮式热回收器的工作原理如图6-12所示。

6. 太阳能空调主机工作原理

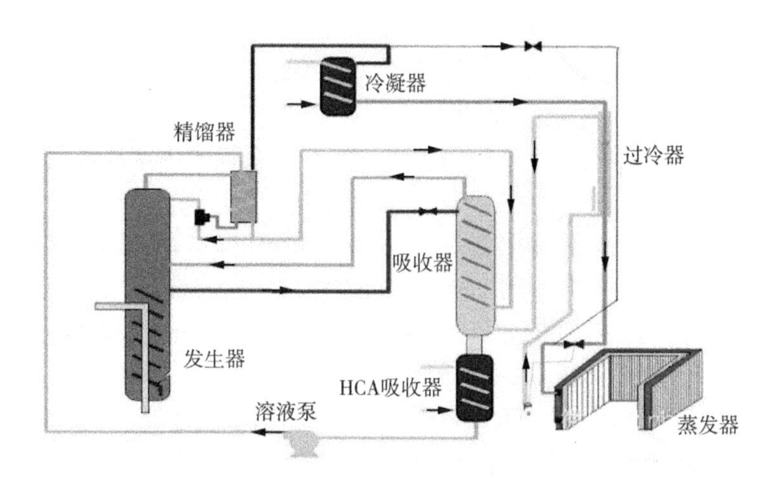

图6-13 太阳能空调主机工作原理

从HCA吸收器出来的浓溶液经过溶液泵加压后，送入精馏器中与高温高压的氨气进行热交换，获得热量的浓溶液分为两部分，一部分直接进入发生器提馏段，一部分进入吸收器的盘管与混合后的高温稀溶液进行热交换。

进入提馏段的浓溶液经过提馏段后，和来自吸收器盘管的浓溶液一起进入发生器，在发生器中浓溶液继续吸取热量，氨气从溶液中不断蒸发，溶液浓度逐渐降低，成为稀溶液。

稀溶液进入吸收器后，一方面吸收来自过冷器的过热氨气并且释放熔解热；一方面混合后与进入盘管的浓溶液进行热量交换，温度不断降低，浓度不断升高，之后进入HCA吸收器，与空调回水进行热交换后进入下一次循环。

高温高压的氨气从精馏器出来后进入套管式冷凝器，与套管式冷凝器中的空调回水进行热交换，高温高压的氨气冷凝为液氨之后进入过冷器，与来自蒸发器的氨气进行热量交换，成为过冷的氨溶液，然后经过膨胀阀节流后进入蒸发器，吸收空气中的热量后进入过冷器变为过热的氨气，然后进入吸收器被稀溶液吸收，变为浓溶液，又进入下一次循环。

6.6.2 制冷、采暖一体化

1. 零能耗太阳能空调系统

在屋顶铺设一块太阳能集热器，采用生物技术对楼宇污水进行处理，再通过能源管理系统将这两者连接起来，不仅可以实现中水回用、大楼热水集中供应，而且可以实现楼宇空调能源自给自足，利用系统内能源免市电运转，成为一种集空调、热水供应、污水处理、中水回用、发电为一体的"零能耗太阳能空调系统"。

该系统运行基本不受天气影响，在设计时，可以达到蓄电供电 5 天，阴雨天为正常发电量的 40%。严格测试表明，晚上和阴雨天气系统仍可正常运行。

零能耗太阳能空调系统的应用不受楼宇面积大小限制，可以适用酒店、写字楼和家庭住宅。与传统空调相比，只需增加 30%左右的增量投资，不仅环保，而且可以节约大量电费、水费、排污费用，一般 3 年时间可以收回增量投资。

2. 太阳能冷管

太阳能吸附式冷管是利用固体吸附制冷技术在一根管子内实现吸附制冷的循环过程，周期性输出冷量。

太阳能吸附式冷管的外壁为耐热好、透过率高和强度高的高硼硅玻璃管，内盛分子筛吸附剂和制冷工质水。这里吸附剂采用对太阳能具有高吸收率的复合分子筛材料，其外部涂黑以充分吸收透过玻璃的太阳能。该制冷管分为三段：吸附床段、冷凝段和蒸发段。白天太阳能加热吸附床段，脱附出的水蒸气在冷凝段冷凝，其中冷凝段需要通冷却水，冷凝的水流入制冷管的底部；晚上，由于自然散热，吸附床降温，分子筛重新恢复吸附能力，冷管底部水蒸发制冷。所有加热—脱附—冷凝、冷却—吸附—蒸发过程均在管内完成。刘震炎等人的研究表明，太阳能吸附冷管总太阳能制冷效率可以达 10%～15%。显然这种冷管具有结构简单、加工方便、生产成本低、易于批量生产等优势，对于负压下工作的制冷剂，玻璃管易于实现密封且可长期维持较高的真空度。根据冷量的需要可以方便地组装相应数量的冷管。

太阳能冷管可以用于模块化的冷/热水机，太阳能冷管模块面积为 1 m^2，白天解吸冷凝热通过自然循环可以将热量贮存在冷却水箱中，因而系统可以生产低温热水；由于冷管的蒸发器被插入到水箱中，晚上吸附制冷可以生产冷冻水，该冷冻水可以转移到贮存水箱中以备制冷应用。

3. 太阳能蓄能转换空调

与其他太阳能热利用系统一样，太阳能空调也存在因太阳能辐射的昼夜变化而存在的运转间歇性。最简单的空调方案是利用贮存太阳能制冰机生产的冰块进行有限范围的冷却。其缺点是不能连续供冷，同时因为蒸发温度不高，还存在系统效率较低的问题。太阳能吸附制冷装置适当提高系统的蒸发温度，并辅以蓄能措施克服太阳能系统运转间歇性的问题，就构成了太阳能蓄能转换空调。

能连续稳定运转的太阳能蓄能转换空调系统利用固体吸附制冷原理，将太阳辐射能转化为驱动吸附制冷系统运转的动力，通过吸附势能和物理显热贮存相结合克服太阳能空调系统运转存在间歇性、制冷量输出不易调节等缺点，并可利用吸附过程产生的吸附热为用户生产一定温度的热水。

太阳能蓄能转换空调系统的吸附工质对为沸石-水、硅胶-水，或者活性炭-甲醇。系统制冷原理与通用制冷装置原理相同。这里蒸发贮液器采取增加制冷剂容积的方法实现冷量贮存，贮存冷量的目的是与风机盘管结构相结合对冷量输出进行调配。蒸发贮液器贮存冷量的形式为物理显热。吸附势能的贮存通过解吸吸附床来实现，解吸后的吸附床具备了继续吸附进行制冷的能力，将吸附床吸附势能贮存起来，在需要的时候与蒸发器连接即可吸附制冷。该贮能方式与显热蓄能相比，不存在与周围环境的温差，且易于调节。亦即可以通过太阳能对吸附床加热解吸，实现太阳辐射向吸附剂吸附势能的转变。吸附势能贮存的另一大特点是可以长期贮存，而且在吸附势能释放时既能制冷，又能对外界提供吸附热供热。

这种系统运行可靠、维护方便。以开发 20 m^2 居室太阳能空调为例，若每天空调制冷 8 h，每平方米房间空调制冷负荷为 100 W，则每天需要 57 600 kJ 制冷量。若系统 COP 值在 0.2～0.3 之间，日辐照度为 1 000 W，则采用 5～8 m^2 的吸附集热器面积可满足制冷负荷需求，需要吸附剂 300～500 kg，制冷剂 75～120 kg，还需蒸发贮液器（100～150 L）一台，以及风机盘管、真空阀门、冷凝器、温度流量控制器等。

东南大学太阳能技术研究中心也开发出新型双效制冷系统（已获江苏省政府支持），考虑到单效循环流程简单，其性能系数 COP 值可达 0.7 左右，可解决两层楼用户夏季制冷需求，但要求集热器出口水通常保持在 88℃～90℃，且在发生器内的热水温降能保持在 6℃～8℃，对于普通太阳能集热器，通常只有在太阳能辐射最强的时刻才能达到温度要求，从而限制了实际利用太阳能运行时间。

两级循环对温度要求比单效系统要低，使用水温在 70℃时仍能工作，但性能系数 COP 值只有 0.4 左右，这意味着需要加大集热器面积，从而使经济成本提高。

东南大学空调综合系统开发的新型双效制冷系统，其优点为：一是采用了集中采光和聚光技术解决了太阳能热水器安装的自由分散性与城市化市容管理协调性的冲突，提高了楼顶采光面积的有效利用率，并使之与建筑物相协调；二是采用了效率高的集热器，提高了集热效率，使热媒温度达 160℃以上；三是采用新型真空集热管，安全可靠，使用寿命达 20 年以上，系统寿命达 18 年；四是采用了双效吸收式循环方式，制冷性能系数 COP 值可达 1.2；五是采用了制冷、供暖和供热水综合利用，既满足全体用户使用热水的愿望，又节省部分用户的空调费用。在能源和环境问题日益严峻的今天，太阳能热泵因其具有显著的节能性和环境友好性，得到了越来越广泛的关注。

6.7 太阳热的中长期储存

6.7.1 太阳热的储存方式

通常，热能存储的目的主要是缩小锅炉和制冷机等的设备容量，从而节省设备费用；同时为降低运行管理费用，还需削减供电容量，避免没有满负荷运转从而提高运转效率等措施来完成。然而，在太阳能热利用中，储热的目的却与上述情况有所不同。它主要是为了弥补太阳能的分散性和间歇性，把晴朗白天收集到的太阳辐射能所转换成的热能存储起来，以供夜间或阴雨天使用。所以，从节能和经济角度来看，热存储在太阳能热利用系统中所起的作用，比一般的热利用系统都大得多。所以，太阳能的利用关键在于解决能量存储问题。在太阳能应用研究中，储能也是薄弱环节。

利用太阳能一般都必须备有相当容量的储能设备。

要利用太阳能，必须将其转换为热能、电能、化学能、动能或生物能，然后存储起来。在需求的时候再将存储的能量直接应用或转换为所需形式的能量。显然，能量转换次数越多，则最后的收益越小，因为各种能量转换器的效率都小于1。

1. 储热方式

大体说来，储热方式可分为显热式储热和潜热式储热两大类。所谓显热式储热，就是利用加热储热介质使其温度升高而储热，所以也叫"热容式"储热。潜热式储热是利用加热储热介质到相变温度时吸收大量相变热而储热，所以也叫"相变式"储热。

另外，按存储时间的长短分，还可分为短期存储、中期存储和长期存储。

显然，储热问题包括储热和取热两个过程。取热是储热过程的反过程，两个过程都存在传热问题。因此，许多典型传热功的研究，诸如以水作储热介质时储热水箱中温度分层的机理，鹅卵石储热设备中输热流体与鹅卵石之间换热速率的规律，以地层、含水层或深井作长期储热手段时储热周期中热损失的计算及回收热的估计，潜热式储热设备中在不同换热条件下固相和液相交界面运动速度的预计，以及潜热式储热介质的热物性研究等等，对全面掌握储热规律、正确设计储热设备和提高它们的性能起着决定性的作用。

太阳能短期蓄热是太阳能蓄热中一种简单常见的形式，它的充放热循环周期较短，最短可以24 h作为一个循环周期。一般地说，短期蓄热的蓄热容积较小。比如，现在逐渐步入居民家庭的太阳能热水器，其中的热水箱就属于短期蓄热。

与太阳能短期蓄热相对应，蓄热容积比较大、充放热循环周期比较长（一般为一年）的称为季节性蓄热（长期蓄热）。季节性蓄热的蓄热装置可置于地面以上，一般较常见的有钢质蓄热水塔。但钢质蓄热水塔的投资相对来说较高，并且其蓄热容积有一定的限制，对保温性能要求较高，从长期运行的经济性来看，置于地面以下的蓄热装置更为有效。由于土壤和岩石的热传导系数比较低，从而使在地面以下一定容积内进行蓄热成为可能，然而蓄热损失却因蓄热容积与散热表面积比的不同而相差很大。实验表明：在一定的温度下，一个边长为3 m的立方形地下蓄热装置，在几天之后，其蓄热量的50%将损失掉。而相应的边长为100 m的地下蓄热装置，在六个月后，其热损失只有10%。因此，蓄热容积应该尽可能地大，以提高蓄热效率。所以，季节性蓄热主要用于与集中供热系统联合运行的大型蓄热。热损失不仅与热装置的尺寸和形状有关，而且和蓄热温度、土壤的绝缘性能以及蓄热装置的位置有关。

目前国际上太阳能蓄热的发展重点转向地下工质（土壤、岩石、地下水等）作为蓄热介质的季节性蓄热。用户和蓄热装置之间的管路一般以水作为能量输送介质。太阳能集热器和蓄热装置之间的管路为了避免在冬季被冻裂，可用乙二醇（或$CaCl_2$）水溶液作为能量输送介质。在用户和蓄热装置之间一般设置热交换器或者热泵，并且要有控制和监测系统来控制能量充放以及蓄热温度的变化。

2. 太阳能储热的一般原理是：太阳能集热器把所收集到的太阳辐射能转换成热能，并加热其中的载热介质，经过换热器把热量传递给储热器内的储热介质，与此同时，储热介质在良好的保温条件下将热量存储起来。在运行过程中，当热源（也即太阳能集热器）的温度高于热负荷的温度时，储热器充热并储热；而当热源的温度低于热负荷的温度时，储热器放热，或者说经过热交换，把所存储的热量从储热器中提取出来，输送给热负荷。

由于各参量都是时间的函数，若要求出一段时间的总值，就必须使用积分方法。集热器的收益Qu、直接由太阳能提供的负荷、需要存储的太阳能、由储热器提供的热能以及由辅助能源提供的能量可以用实验方法或计算方法得到。

3. 太阳能热存储的分类

1）按热存储温度的高低分，太阳能热存储可分为储冷、低温储热、中温储热、高温储热和超高温储热。

（1）储冷

储热温度在0℃左右或低于0℃，多用于空调制冷系统的冷量存储。如果用水作为储冷介质，最低温度可达0℃；如果用其他材料作为储冷介质，最低温度就可以低于0℃。

（2）低温储热

储热温度低于100℃，多用于建筑物的采暖、供应生活用热水或低温工农业热加工（如干燥器）。在显热储热系统中，常用水和岩石作为储热介质；而在潜热储热系统中，大多数无机水合盐和石蜡等有机盐的储热都属于低温储热。

（3）中温储热

储热温度在100℃～200℃之间，在吸收式制冷系统、蒸馏器小功率太阳能水泵或发电站中使用较多。这种储热常用沸点温度在100℃～200℃之间的有机流体作为储热介质，例如，辛烷和异丙醇在常压下的沸点分别是126℃和82℃。除此之外，还可以利用岩石作为储热介质。若用水作储热介质，就需要加压至若干个大气压，这样对储热容器的耐压要求会大大提高，从而大幅度地增加成本。

(4) 高温储热

储热温度在200℃～1 000℃之间,多用于聚光式太阳灶、蒸汽锅炉或使用高性能涡轮机的太阳能发电厂。通常多采用岩石或金属熔盐作为储热介质。

(5) 超高温储热

储热温度在1 000℃以上,多在大功率发电站或高温太阳炉中使用。由于温度过高,常采用氧化铝制成的耐火珠(其工作温度可达1 000℃～1 100℃)作为储热介质。

不同的储热温度范围,使用的储热介质不同。

2) 按热存储能量密度的大小分,太阳能热存储可分为低能量密度储热和高能量密度储热。

(1) 低能量密度储热

从储热方式这方面来讲,显热储热属于这一类。从储热材料方面来说,砖和岩石的储能密度分别为1 430 kJ/(m^3·K)和1 680 kJ/(m^3·K),因此是属于这一类的。如果采用这类储热介质,就必须使用大量材料,从而使整个储热装置的质量和体积都增大。然而,这些储能密度小的材料一般价格都比较低,而且来源丰富,容易得到。因此,如果不需要严格限制储热装置的质量和体积,从经济角度来讲,使用这些材料是比较合算的。

(2) 高能量密度储热

从储热方式这方面来讲,潜热储热属于这一类。从储热材料方面来说,无机水合盐、有机盐和金属熔盐等都属于这一类;除此之外,水和铸铁也都有较大的储能密度,分别为4 200 kJ/(m^3·K)和3 650 kJ/(m^3·K)。

6.7.2 太阳能热储存的要求

在太阳能热系统中,热能的存储应当与整个系统综合考虑。通过对集热器、储热介质、储热器以及储热容器的隔热措施等方面的改进,实现太阳能热储存时能达到储热量大、储热时间长、温度波动范围小和热损失少等要求。

1. 对集热器的要求

由于集热器性能与整个系统的效率及运行情况有密切关系。所以在太阳能热动力系统中,集热器应该具有较高温度,否则热机效率必定不会很高。同时集热器决定了储能装置应该用中温或高温储热介质。例如,太阳能热电站多数使用熔点在300℃以上的熔盐。而用太阳能热水器取得工业热水时,则直接用热水储能最为合理,如果换用其他储热介质,在传热过程中将会损失一部分可应用的热能。

2. 对储热介质的要求

(1) 储能密度大

是指单位质量或单位体积介质的储热量大。这就要求储热介质的比热容(或相变潜热)和密度都尽可能大。

(2) 来源丰富且价格低廉

如在显热储热中,一般多采用水和岩石作为储热介质;而在潜热储热中,则多采用芒硝(十水硫酸钠)等无机水合盐和石蜡等有机盐作为储热介质。

(3) 性能稳定,无腐蚀性,无毒,且不易燃,安全性好

一般来说,腐蚀性随温度的升高而急剧加强。因此,在低温情况下,腐蚀性影响不明显;在中温情况下,腐蚀现象不仅限制储热容器的使用寿命,还需要采取相应的防腐措施,从而使成本大大提高;而在高温和极高温情况下,就必须采取有效防腐措施,使得投资成倍增加。

(4) 储热和放热过程简单方便

例如,经常使用的储热水箱,实质上就包含储热介质本身的输入和输出过程,是比较简单方便的。

3. 储热器的要求

储热器实质上就是一个换热器,它要以预先规定好的速率,把太阳能集热器所输入的热量以显热或潜热的形式存储一段时间,并把热负荷所需要的热量释放出来。因此,就要求储热器满足如下条件。

(1) 在输入或输出热量的过程中,为避免温度波动幅度过大,一般要以较小的热通量进行热交换。这就要求储热器的传热面积较大。

(2) 为提高热交换性能,常采用导热性能良好的金属制成散热片(或散热管)放在热交换器内。但是,散热片(或散热管)必须考虑其力学性能和耐腐蚀性能。对短期储热来说,不必使用散热片(或散热管),以免使整个热交换器过于庞大和笨重,避免造成成本的提高。

(3) 使用传统的热交换器作为储热器时,储热介质最好是黏滞性要适中的流体,但能同时满足导热性能好、黏滞性适中而且腐蚀性很小等方面要求的物质不多。这就需要采用另外一种载热流体来传送热量,而选用导热性能好的储热介质来存储热量。这样将使材料的用量增多,热交换器的传热面积增大,使整个储热装置也比较复杂,同时成本也会增加。

4. 对储热器隔热措施的要求

在低温下储热,对储热容器的隔热措施要求不高。当需要提高热级,以便充分地加热室内空气或利用吸收式制冷装置时,可以启动热泵来达到目的。若没有热泵,也可只采用一般的隔热措施。

在中、高温储热时,对储热器的隔热措施要求就十分严格了。热损失是通过传导、对流和辐射三种方式产生的,因而,隔热措施就是针对这三个方面进行的。例如,为减少传导热损失,常使用以瓦楞纸板、尼龙布或塑料作为衬底的铝箔;而在储热容器的内壁上安装用耐火纤维彼此隔开的多层反射屏可减少热辐射损失。另外,对于露天的储热装置来说,还应考虑到天气的影响和水汽的侵蚀。为此,可以采用搭盖简单建筑物的方法来保护储热装置,以便延长其使用寿命。

除以上技术因素外,储热装置的经济性是能否实际应用的关键问题。经济性包括储热介质的费用、容器的费用、装置的运营费用、装置放置场所的费用以及装置的使用寿命(折旧费)和维修费用。

6.7.3 太阳能的显热储存

就太阳能热存储来说，显热存储是研究最早和利用最广泛的一种。显热存储包括液体显热存储和固体显热存储。在低温（特别是采暖和空调系统所适用的温度）范围内，在液体材料中，水的储热性能最好，而且水的黏度低，无腐蚀性，几乎不需要花费代价，因此使用最多。但是水在常压下沸点为 100℃，要在更高的温度范围储热就必须选择其他物质。固体储热介质用得最多的是岩石或砂石，其性能一般，但因其价廉易得，所以得到广泛应用。

1. 水储热

在太阳能供暖系统中，水经常作为储热介质，最常用的储热器是水箱，它和太阳能集热器连接在一起，在日照期间热水箱把用不了的太阳热储存起来，而在夜间或者阴雨天室内采暖就靠热水箱内储存的热来满足。

不同种类的储热水箱有不同的使用场合。例如，单槽式储热水箱常作为储热水箱和专用的储热水箱，而在建筑物天花板上的基础梁的空间设计采暖和制冷用储热水箱时，则多采用多槽式的。再如，住宅的供热水系统和屋顶储热水箱都是敞开式的，而对于集热温度在 100℃以上的储热水箱，通常都必须采用密闭式。为了实现太阳能的长期存储，需要利用大容量水箱。此时，容器表面积与容量之比较小，有利于隔热保温。当容器的储水量在 1 000 t 以上时，容器最好采用塑料等廉价的材料制造。

2. 岩石储热

岩石是除水以外应用最广的储热物质，岩石成本低廉，易于取得。储热器是岩石堆积床，是由岩石或卵石松散地堆积起来的，具有较高的换热效率。在储热时，热流体通常自上而下流动；在放热时，冷流体流动方向是自下而上的。由于岩石床径向热导率低，外表面隔热要求也较低。岩石大小应该尽量均匀，否则流道易堵塞，使流动阻力加大。

传热流体可以采用水或空气。如果集热器用水为传热工质，用空气为岩石床卸热，设计比较复杂，如果集热器和储热器都以空气为传热流体，则整个结构可以设计得十分简单。具有岩石床储热器的太阳能系统，在装置中设有 4 个三通阀，并装有辅助能源（如电加热器等）。

适当控制三通阀门可以得到下面四种工作情况。

（1）建筑物不需要加热，集热器收集到的太阳能在岩石床储热器中存储。

（2）建筑物需要供暖，集热器得到的太阳能直接通入采暖空间。

（3）建筑物需要供暖，而集热器得不到太阳能，但使用岩石床存储的热能可以满足采暖要求。

（4）建筑物需要供暖，而集热器得不到太阳能，且储热器存储的热能也已用尽，需要启用辅助能源来满足采暖要求。

岩石床还可以在高温下储热。双流体岩石床储热装置可用于太阳能发电。其中，集热器和气轮机都以水为工质。而储热器以矿油为传热工质，由于矿油沸点较高，因此储热器可在常压下工作。在换热器内，经集热器加热的蒸汽将热量传给矿油，然后矿油对岩石加热,完成储热过程。在预热时,矿油通过另一换热器将热量传给负荷。

6.7.4 太阳热的潜热储存

美国特拉华大学在潜热式储热研究方面进行了大量工作,目的在于发展适用于太阳房的潜热式储热介质和储热技术。由于太阳房正逐步走向商业化,近年来这方面的工作受到了相当广泛的重视。

用于太阳房的潜热式储热介质,需要满足如下条件:①应具有较大的潜热;②熔点温度应高于采暖温度;③在吸热-放热循环的过程中不发生熔析现象,以免导致储热介质化学成分的变化;④必须在一定的温度下熔融或固化,亦即相变过程是可逆的,不发生过冷现象;⑤性能稳定,安全无毒,和容器不发生化学反应。长期以来,十水硫酸钠(芒硝)被认为是较好的潜热式储热介质。它是许多化工过程的副产品,也可直接取自天然资源,相当便宜。将它加热到32℃以上时,几乎全部熔解为结晶水。由于它的显热容量大致和水相当,而以熔解热计算的单位容积储热量则比水升温20℃所增加的热容量大五倍。但是,十水硫酸钠的过冷现象及多次加热冷却循环后的老化问题妨碍了它的大规模商业化应用。

作为高温应用的潜热式储热介质,可以采用熔盐,也可用合金。

美国霍尼韦尔(Honeywell)公司选择 $NaNO_3$-$NaOH$ 和 $NaCl$-$NaNO_3$-Na_2SO_4 为重点研究对象。前者在400℃以下具有很好的热稳定性,后者在450℃以下显示出良好的热稳定性。

相变过程时的传热现象很复杂,由于非线性关系,较难得到分析解,通常采用数值方法求解。在研究相变传热问题时,下述因素目前还很难确定:①液相介质与容器壁之间的热阻;②固相介质与容器壁之间的热阻;③为适应相变时容积变化所需预留的空间大小(如果容积收缩很大,在传热面上形成的空隙将对传热速率的减小产生非常大的影响),等等。因此,实验研究就显得更为重要。由于发展太阳能热电站的推动,高温应用的潜热式储热研究已经成为一项热门的课题。

河北省科学院能源研究所研制成一种用于太阳能温室的潜热储热器,其作用是利用相变材料的储能特性,储存农用栽培温室中白天过量的太阳能,使其在夜间释放出来,保持温室内的温度在5℃～20℃之间,保证冬季蔬菜等农作物正常生长。储热器为随意组合的多层框架,每个基本单元为一长方形多层框架,由薄铜板压制而成,外形尺寸为:宽320 mm,高100 mm,厚80 mm。20个相变储热包分层水平放置在支承板上,每个储热包是由36%(质量百分比)无水硫酸钠、3%硼砂,10%氯化钠,4.5%增稠剂、0.5%交联剂和46%水的混合物构成的相变材料。氯化钠起降低熔点的作用,而硼砂起促进结晶的作用,这种相变材料的储热容量为2 416 kJ。采用这种潜热储热器的太阳能温室的试验表明:温室内冬季夜间最低温度可提高6℃左右,增温效果显著。自1987年以来,已有几个温室在寒冷季节不消耗常规能源的条件下,成功种植了芹菜、韭菜、黄瓜、西红柿等蔬菜。

最近的研究则集中在如何将固-液相变材料转化为固-固相变材料,主要是借助微胶囊技术和纳米制备技术。例如,已经用溶胶-凝胶法制备了硬脂酸-二氧化硅复合相变材料，用微胶囊法制备了含相变材料的微胶囊。

固-液相变材料在蓄-放热过程中存在过冷现象和相分离现象，且液相容易泄露，而固-固相变材料热传导率低，这些是相变材料(PCM)开发中有待解决的问题。用陶瓷、金属或高分子材料等做基体材料，采用一定的复合工艺，改良常用蓄热材料，更加节能和方便，促进热能贮存技术在人们日常生活和生产中的推广应用。

对相变储能材料的开发研究，已进入了实用阶段。主要用来存储太阳能、工业反应中的余热和废热。例如美国管道系统公司应用 $CaCl_2 \cdot 6H_2O$ 作为相变材料制成储热管，用来储存太阳能和回收工业中的余热。法国 EIF Union 公司、美国的太阳能公司(Solar Inc.)用 $Na_2SO_4 \cdot 10H_2O$ 作相变材料来储存太阳能，都是应用较成功的实例。以废热或余热为主要热源，利用相变材料作恒温和保温设备的衬材也是应用较成功的。如农业和畜牧业的温室和暖房。日本专利报道，用 $Na_2SO_4 \cdot 10H_2O$、$NaCO_3 \cdot 10H_2O$、$NaCH_2COOH \cdot 3H_2O$ 作为相变材料，用硼砂作为过冷抑制剂，用交联聚丙烯酸钠作为防相分离剂，制成在 20℃相变的储热材料。该材料用于园艺温室的保温，还可用于各类保温和取暖设备。如日本专利报道以 $NaCO_3 \cdot H_2O$ 和焦磷酸钠作为过冷抑制剂，使用 $NaCH_2COOH \cdot 3H_2O$ 等相变材料作为储热工质，当加热到设定温度(55℃～58℃)后，即可断电取暖。

6.7.5 太阳热的地下储存

1. 地下储存系统

太阳热能除了前面讲述的存储方法外，还可以存储在地下的土壤、岩石和水中。这种方法比较适于长期储热，而且成本低，占地少，因此是一种很有发展前途的储热方式。地下热存储适于存储 150℃的热能，这样的温度适用于建筑采暖。如：可以在夏季将太阳能集热器得到的热水注入地下，大部分热能存储在岩石和土壤内，少部分热能存储在水中，到冬季再把热能回收利用。有些实验证明，存储 90 天后，能够收回 86%的存储热量，效果是比较好的。

地下热存储可以直接用地下的干土、湿土、岩石及水作为储热介质，也可以将水柜、岩石床及混凝土埋在地下，构成储热系统。

岩石床储热器是利用松散堆积的岩石或卵石的热容量进行储热的，容器一般由木、混凝土或钢制成，载热介质一般为空气。

设计得好的岩石床，空气与固体之间的换热系数高，并且空气通过岩石床时引起的压降低；蓄热材料的成本低；当无空气流时，床的热导率低。

岩石越小，床和空气的换热面积就越大。因此，选择小的卵石将有利于传热速率的提高；岩石小，还能使岩石床有较好的温度分层，从而在取热过程中得到较多的热能，以满足所需温度。但岩石越小，给定空气通过岩石床时的压降就越大，因此，在选择岩石的大小时应考虑送风功率的消耗情况。

一般情况下，岩石床内所用岩石大多是直径为 2～5 cm 的河卵石，且大小基本均匀，其空隙率(即岩石间空隙的容积与容器容积的比率)以 30%左右为宜。典型的岩石床内的传热表面约为 80～200 m^2，而空气流动的通道长度（基本上即床体高度）约为 1.5 m。

用能量平衡方程可计算冷气体从岩石床底部进入，自上而下地通过岩石床并从后者吸取热量时岩石储热器的温度分布。

将岩石储热器和太阳能系统配套使用，可以对建筑物供暖。在使用岩石床的储热装置中，岩石储热器设在房间地板的下面，空气在集热器中被加热后密度变小，向上流入岩石床，放出热量后回到集热器。这种系统依靠热虹吸效应形成循环，不需动力和电力。以水和岩石联合作为储热介质的储热装置，其集热器先将水箱中的水加热，水再将热量传给岩石床。当冷空气通过岩石床时，将热量取出，用于加热建筑物。

利用地下土壤储热的太阳能系统由集热器、风机、储热（或储冷）槽，以及上、下散热板组成。系统各部分间用管道连接，以水为工质，用循环泵驱动水循环。在系统周围设有隔热层，可防止热量散失。

此系统可将夏季的太阳能存储到冬季，供应房屋采暖使用；同时，此系统还可以将冬季的冷量存储到夏季，供室内降低温度使用。土壤内设有上、下散热板，相距 3～4 m。由于土壤散热很慢，因此，虽然一块板在加热，另一块板在散热，但是土壤在储热的同时仍能储冷。

2. 工作过程

(1) 在初春，可以利用下集热板储冷。在晚上通过下散热板将热量通过集热器散出，由于此时还需要采暖，就可以通过集热器收集太阳能，并通过上散热板存储在土槽上部。

(2) 到盛夏，通过风机盘管从土槽中吸收冷量。从夏末开始，就要存储冬季采暖所需的热量，这可以通过集热器和下散热板实现。此时如果需要制冷，可在晚上利用上散热板和集热器完成。

(3) 夏秋之间将继续储热，整个土槽温度升高，下部温度比上部高。

(4) 冬季到来后，先通过下散热板由土壤下部供热，同时将白昼的太阳能输入上散热板。

现在按照这个原理已经设计了实验住宅，且效果较好。

地下含水层热存储（ATES）是近些年来引起许多国家重视的一项储热和节能措施。它既可以储热也可以储冷，能量回收率可达 70%，多用于区域供热和区域供冷。

从 1965 年起，上海就开始大规模进行“冬灌夏用”，也在进行“夏灌冬用”，都取得了不同程度的效果。不仅利于提高地下水位，控制地面沉降，而且可以改变地下水温和水质。

地下岩石储热具有成本低的优点。通常是利用山间小谷地或在平地上挖沟，将挖出的泥土建筑成堤，地下空间填充岩石，上部有隔热层和防水层。岩石层的侧面和底面则是依靠泥土隔热。其顶面最好向南倾斜，除了有利于接受太阳能以外，还便于排除雨水。

夏季将集热器加热的空气用风机引入地下岩石床，到冬季再用空气将地下热库的储热取出。应注意的是，地下热库不能积水或积尘，否则水汽和尘土会污染集热器，影响集热器效率。

美国麻省理工学院的太阳能储热科研组，建造一座将夏天的太阳能存储到冬天使用的地下储能系统，该储能系统使用与家用太阳能热水器相同的接受器，其集热器的面积约 2.83 万 m^2，能将无毒的乙二醇抗凝剂防冻液加热到 70℃左右，然后通过一段很长的U形管道，用泵注入到离地面 1.5 m 以下的黏土层中储存起来。这个系统储存的太阳能在黏土层中可以保留 85%的热能。经过 6～7 个月后，到冬天利用，可将水温加温到 60℃使用。

研究人员利用这种系统为一座有 1 万多座位的体育设施供应 90%的热水，系统运行20 年，仅用 7 年就可回收全部投资。

6.7.6 太阳能-土壤源热泵

1. 太阳能热泵将太阳能热利用技术与热泵技术有机结合起来，具有以下几个方面的技术特点：

由于能量转换和传送过程不同，土壤源热泵技术省去了产生热水和冷冻水的过程，提高了机组的转换效率，所以土壤源热泵技术换热效率更高，运行费用更低。与传统采暖和制冷技术相比，其节省率供暖时在 50%～70%之间，制冷时在 40%～60%之间。与传统中央空调加锅炉相比，初投资大致相当或略低。对须安装中央空调系统的建筑来说，它已具有竞争优势，维护费用低。土壤源热泵系统工作稳定，不会出现传统设备中制冷剂压力过高或过低的现象，没有室外装置（冷却塔、屋顶风机等），维护费用大大低于中央空调。另外土壤源热泵应用灵活、安全可靠，可分户独立计费，无需安装热计量装置，减少初投资，方便业主对整个系统的管理。可用于新建工程或改、扩建工程。可逐步分期施工，利于开发商资金周转。热泵机组可灵活地安置在任何地方，无贮煤、贮油罐等卫生安全隐患。

2. 下面从环保节能、技术性及经济性三个角度对土壤源热泵系统与传统空调系统进行了比较和分析，得出如下结论。

(1) 在环保节能方面，土壤源热泵系统的运行不受环境条件制约，且不会对大气及地下水造成污染，并且还可以有效地利用地热资源。另外，土壤源热泵系统节省了空间占地费，改善了建筑物的外观形象。

(2) 在技术性方面，土壤源热泵系统的 COP 值比普通空调有较大提高，且设备集中、性能良好，具有较好的可行性。

(3) 在经济性方面，土壤源热泵系统与传统中央空调系统的初投资相差不大，但是冬夏季的运行费用却低很多，而且土壤源热泵系统寿命长，投资回报率高。

因此，可以说土壤源热泵系统是一种环保节能、切实可行的技术，符合我国可持续发展的国策。从目前国内外使用情况分析，土壤源热泵系统还存在一些亟待解决的问题。总的来说，它的主要缺点如下。

(1) 埋地换热器换热能力受土壤物性影响较大。

(2) 连续运行时，热泵的冷凝温度和蒸发温度因土壤温度的变化而发生波动。

(3) 土壤热导率较小，换热量较小。国外的研究表明，其单位管长持续换热率：水平埋管系统最大，为 30 W/m，一般为 17 W/m；垂直埋管系统取决于埋深，为 12～77 W/m。所以，当换热量一定时，换热盘管占地面积较大。

尽管土壤源热泵存在以上不足，但世界能源理事会(World Energy Council，WEC)、国际能源署(International Energy Agency，IEA)、国际制冷学会(International Institute of Refrigeration，IIR)、美国布鲁克海文国家实验室(Brookhaven National Laboratory，BNL)等国际著名组织普遍认为，在目前和将来，土壤源热泵系统是最有前途的节能装置和系统，是国际空调和制冷行业前沿课题之一，也是地热利用的重要形式。所以，从20世纪70年代后期，国际暖通空调行业注意了对土壤源热泵技术的开发利用，80年代开始进行商业应用，1998年ASHRAE的技术奖就被授予了土壤源热泵工程。

有必要针对北方地区的气候特点寻找一种更为理想的采暖空调系统，太阳能-土壤源热泵系统(Solar-Earth Source Heat Pump System，SESHPS)正是针对这一特定的气候条件提出的。

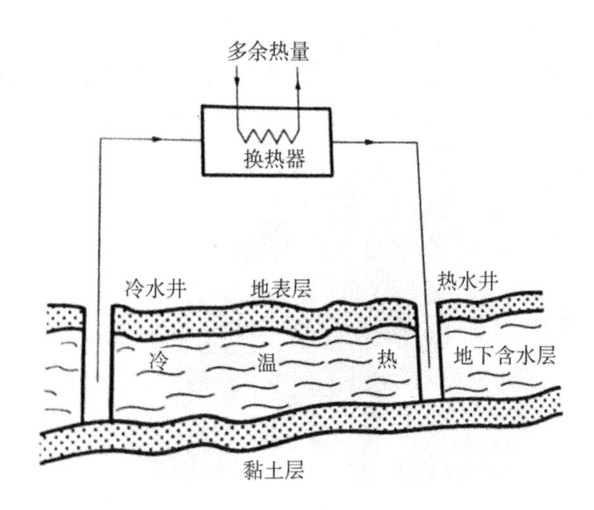

图6-14　土壤出热储冷示意图

3. 太阳能-土壤源热泵系统

太阳能-土壤源热泵系统是以太阳能和土壤能作为复合热源的热泵系统，是太阳能和土壤能综合利用的一种形式，属于热泵应用技术领域的一个分支。在冬季，考虑到较大的热负荷，联合使用太阳能和土壤热源作为热泵的低位热源。在夏季，因冷负荷不大，只使用土壤冷源来进行调节。已有研究表明，对于以采暖为主的地区，太阳能-土壤源热泵系统具有明显的节能与环保效果，且充分利用了自然界中广泛存在的清洁可再生能源，是一种节能型、环保型和可持续发展型的能源采集与利用装置，符合当今社会形势发展的需要，有着广阔的发展前景，因此具有很大的研究价值。

从短期运行的经济性来看，由于蓄热和取热的周期较短，一般采用蓄热水箱作为蓄热装置；从长期运行的经济性来看，由于土壤本身具有蓄热性，而且容积无限大，置于地面以下的蓄热装置更为有效，这样利用土壤作为蓄热体成为可能。

土壤蓄热是把地球当作一个大的蓄热体，将一年四季的太阳能贮存于深层土壤之中来使太阳能与深层土壤蓄热结合，把夏季容易收集的太阳能贮存到土壤之中，冬季采用热泵技术取出来进行供热或其他用途，夏季用同一个系统从土壤中取冷空调，这样就实现了太阳能移季利用的目的。太阳能土壤蓄热实际上就是把太阳能与深层土壤蓄热、土壤源热泵技术结合在一起。图 6-14 是土壤出热储冷的示意图。

4. 太阳能-土壤源热泵系统的形式

SESHPS 的运行模式是指 SESHPS 在供暖运行期间热泵热源的选取以及每一热源运行时间的分配比例,最基本的包括两种:其一是太阳能热泵和土壤源热泵昼夜交替运行的交替运行模式,主要体现在太阳能热泵与土壤源热泵昼夜间的相互切换上;其二是同时采用太能和土壤热作为热泵热源的联合运行模式,集热器根据日照条件由控制机构来实现自动开停,而土壤埋地盘管侧在供暖期间始终投入运行。

(1) 交替运行模式。SESHPS 交替运行模式主要是指白天采用太阳能热泵、夜间采用土壤源热泵的运行方式。采用该运行模式的主要出发点是可以克服土壤源热泵因连续运行造成土壤温度逐渐降低而导致热泵性能低下这一致命弱点。土壤源热泵由于太阳能的加入便可实现间歇运行,使得土壤温度场在白天使用太阳能热泵期间能够得到一定程度的恢复,从而使得夜间土壤源热泵的运行效果比连续运行时要好,太阳能热泵也由于土壤热源的加入而使得系统在阴雨天及夜间仍能够在适宜的热源温度下运行,同时还可省去或减小储热水箱或辅助热源的容量。

(2) 联合运行模式。SESHPS 联合模式是指同时采用太阳能和土壤热为热泵复合热源的运行方式。该模式的主要优点是白天由于太阳能的加入可提高热泵进口流体的温度,从而提高其运行效率,同时亦可减少日间埋地盘管从土壤中的净吸热量,并且因土壤本身具有短期储能作用,可将日间富余的太阳能自动地储存于土壤中,夜间时再取出利用,从而有利于夜间土壤源热泵的运行。

根据热源组合方式的不同,联合运行模式有太阳能集热器与埋地盘管并联和串联两种形式。对于串联运行模式,又可分为载热流体先经集热器后经埋地盘管,以及先经埋地盘管后经集热器两种情况。对于并联运行模式,流量的分配比例又有多种情况。根据土壤源热泵与太阳能集热器的连接方式,可将太阳能-土壤源热泵联合供能系统分为三种方式:串联、并联和混联。

① 串联模式

串联模式分 2 种情况:

第一种串联模式为循环介质先流经地埋管换热器,再进入太阳能集热器。这种情况下,太阳能集热器可以将被地埋管换热器加热过的循环介质再次加热,然后直接将高温介质输送到风机盘管系统进行供暖。实现热泵不开机、直接供暖的目的。

第二种串联模式与第一种相反,循环介质先流经太阳能集热器,再进入地埋管换热器。在日照充足、太阳能集热器供热能力大于建筑热负荷时,选用这种运行模式可以将富余的太阳热能输送到地下土壤中,提高土壤温度的恢复速度。

串联系统主要应用于土壤平均温度不高且冬季太阳能不充足的寒冷地区,如东北地区。夏季,东北地区建筑冷负荷不高,机组满负荷运行时间较短;冬季,热负荷远大于夏季冷负荷,且地下土壤温度较低,为提高冷凝器出口温度,将太阳能热量用于提高冷凝器的入口水温,既可以解决冷热负荷不平衡所导致的土壤温度失衡的问题,又可以提高系

统的综合性能系数。(图 6-15)

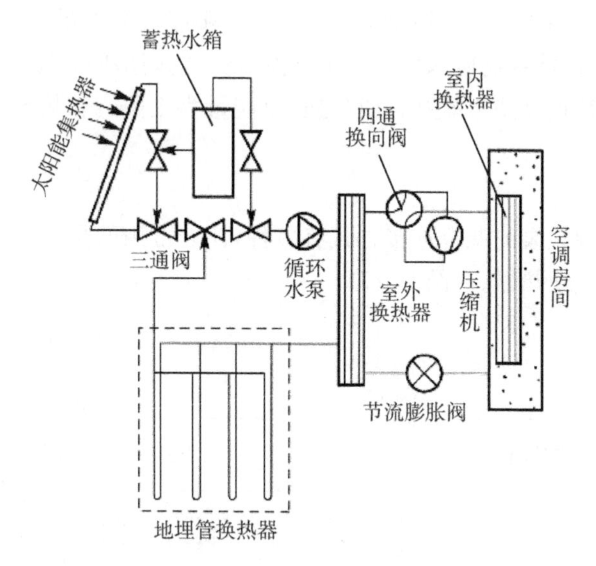

图 6-15　串联式太阳能-土壤源热泵联合供能系统原理

② 并联模式

热泵机组地源侧循环水通过分水器分流后,同时进入地埋管换热器和太阳能集热器,然后汇合进入热泵机组,介质的分流比例可以通过分流装置智能调节。(图 6-16)

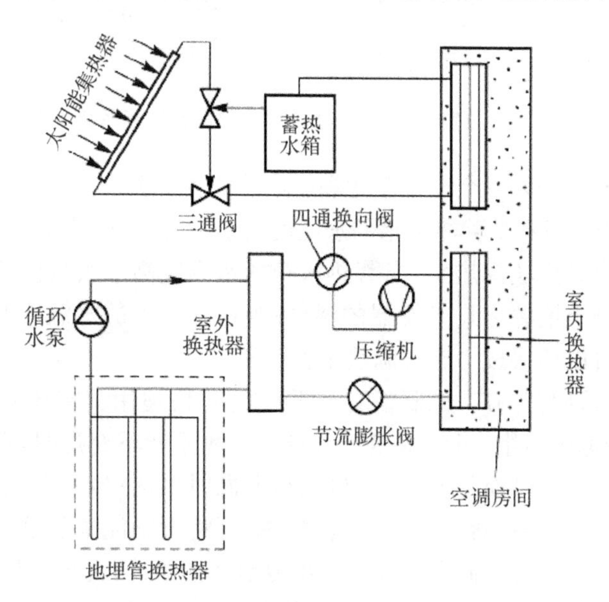

图 6-16　并联式太阳能-土壤源热泵联合供能系统原理

如果日照条件较好,则增大太阳能集热器管路的流量,从而减轻地下土壤的供热负荷,保证系统在长时间运行工况下具有较好的运行效率;如果光照较弱,则可以减少甚至完全关闭太阳能集热器管路的流量,增大地埋管换热器的取热量,以保证建筑热负荷的需要。

并联系统主要应用于地下水温度高于15℃、太阳能较为充足的夏热冬冷地区,太阳能只起辅助作用,太阳能系统所采集的热量直接通入空调房间供暖,或者部分作为生活热水。并联系统的特点就是不能互补或替换,总能量为太阳能和从土壤中吸收的地热能的总和。

③ 混联模式

太阳能与土壤源热泵的混合连接方式有多种,比较常用的是太阳能与土壤源热泵混联系统中加入了空气换热器。(图6-17)

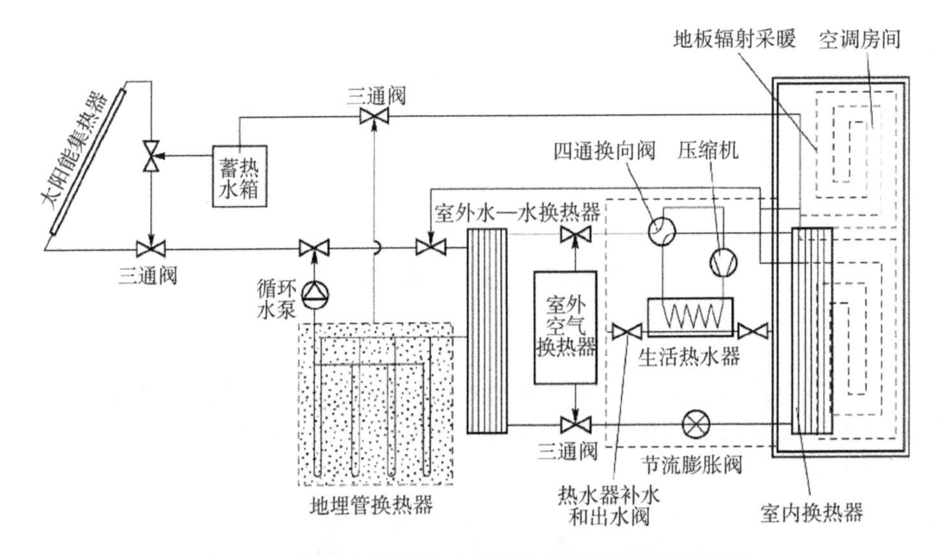

图6-17 混联式太阳能-土壤源热泵联合供能系统原理

该系统有2个蒸发器,一个以太阳能和土壤热能为热源,另一个以空气为热源,目的是提高系统的COP。当冬季蓄热水箱的水温度高于一定值(30℃)时,就可以直接对房间进行供暖,暂时不启动土壤源热泵;当蓄热水箱的水温度高于大气温度和地下土壤温度时,可以利用它提升土壤源热泵蒸发器的温度;当蓄热水箱的水温度和地下土壤温度均低于大气温度时,可以切换成为空气源热泵。

混联系统具有适用范围广、控制策略灵活的特点,既适用于寒冷地区,也适用于夏热冬冷地区。在寒冷地区使用:当冬季热负荷较大且太阳能不充足时,可将地埋管换热器与太阳能集热器并联,空气换热器也开启,三热源同时供热;当冬季热负荷不大时,只采用空气换热器和太阳能集热器进行供热;在夏季,可将太阳能集热器多余的热量蓄存于土壤中,采用空气换热器进行制冷。在夏热冬冷地区使用:当夏冬冷热负荷相差不大时,太阳能集热器与地埋管换热器之间可进行蓄热和释热的调节。

但是,混联式系统存在操作复杂、故障率较高、初投资较大等问题。

由于造价、工艺、效率等方面原因,太阳能空调的制冷机不宜太小,故一般适用于中央空调。系统要具有一定的规模(如多层建筑、成片建筑小区的结合),与太阳能热水系统共用组合墙壁、屋顶,既具备传统墙壁、屋顶的各项功能,保持室内温度,阻绝热量传导，又能吸收太阳辐射，进行制冷与采暖，从而摆脱普通空调使用越多热岛效应越显著、污染越重的怪圈。

5. 跨季节储能节能

地表太阳能有三个显著特点：

(1) 年均辐射强度低(110～260 W/m^2)，转换为高品质能量(高温热能和电能)的效率低(10%～20%)，但转换为低温(60℃～80℃)热能的效率很高(40%～60%)，直接用于采暖是高效利用的途径之一；

(2) 年总辐射量稳定，但短期辐射强度受气候变化影响很不稳定，短期供应无保障，需要用长期蓄热调节短期余缺；

(3) 气象统计表明，夏季太阳能总辐射强度大约是冬季的 2～3 倍，季节分布与采暖需求相反，这决定了需要反季节利用；因此反季节蓄热采暖不仅高效利用了低密度的太阳能而且充分利用了稳定的年总量，同时克服了季节分布相反、短期辐射不稳定的问题，为实现完全太阳能采暖开辟了新的技术路线。对于最冷月平均温度小于 10℃、最热月平均温度大于 25℃的需要夏季降温的地区，气候温差能较大，完全可用冬季蓄冷解决夏季降温问题。

由于节约能源并减少或消除建筑 CO_2、TSP、SO_2、NOx 等污染，太阳能跨季节(反季节)储存技术已成国际流行，极具发展潜力，成为集采暖制冷空调为一体的太阳能大规模利用的首要系统之一。而太阳能的储存设施，如热泵地下水窖等也成为太阳能建筑的有机组成。

跨季节蓄热太阳能集中供热系统(以下简称 CSHPSS)是一种新型住宅供热方式与理念。所谓跨季节蓄热太阳能集中供热系统，是与短期蓄热或昼夜型太阳能集中供热系统(以下简称 CSHPDS)相对而言的。从某种意义上讲，现在普遍流行的小型家用太阳能热水器系统以及其他类似装置就属于短期蓄热太阳能供热系统的范畴。由于地球表面上太阳能量密度较低，且存在季节和昼夜交替变化等特点。这就使得短期蓄热太阳能供热系统不可避免地存在很大的不稳定性，从而使太阳能利用效率也变得很低。

CSHPSS 系统可以在很大程度上克服上述缺点。它具有很强的灵活性，主要通过一定的方式进行太阳能量存储(蓄热)，以补偿太阳辐射与热量需求的季节性变化，从而达到更高效利用太阳能的目的。在欧洲 CSHPSS 系统中太阳能占总热需求量的比例已经达到 40%～60%，远远超出了小型太阳能热水系统和家用太阳能热水系统。因此，目前 CSHPSS 系统已经成为国际上比较流行的极具发展潜力的大规模利用太阳能的首选系统之一。常见的 CSHPSS 系统主要由太阳能集热器、蓄热装置、供热中心、供热水网以及热力交换站等组成，系统基本工作原理如下：在夏季，冷水与太阳能集热器采集的太阳能量换热后，一方面可以直接供用户使用；另一方面，有相当一部分太阳能被直接送入蓄热装置中储存起来。冬季使用时，储存的热水经供热管网送至供热中心，然后由各个热力交换站按热量需求进行分配，并负责送至各热量用户。如果储存的热量不足以达到供热温度，可以由供热中心以通过控制其他辅助热源进行热量补充。这样一来，CSHPSS 系统就实现了太阳能的跨季储存和使用，在很大程度上提高了太阳能利用率。

根据蓄热温度的差异，CSHPSS系统可以分为低温蓄热和高温蓄热两种形式。低温蓄热的温度范围通常为0℃～40℃，而高温蓄热则为40℃～90℃。目前，国内外应用较多的是低温蓄热方式，技术上也相对比较成熟。对于高温蓄热，如何降低热损失是必须考虑的问题。譬如，对于一个圆柱形高温蓄热装置，热损失主要由底面、侧面和顶面三部分组成。其中顶面对装置的影响较大，占总热损失的30%～40%（无隔热材料）或15%～20%（有隔热材料）。因此，通常对高温蓄热系统的蓄热规模有一定的限制和要求。一般而言，高温CSHPSS系统的最小储热容积应在10 000 m^3 以上。

根据蓄热介质的类型差异，CSHPSS系统又大致可分为下述几种方式，即热水蓄热、砾石-水蓄热和蓄水层蓄热等。

6.7.7 几种太阳能贮存新方法

1. 电能贮热

将电能转变为化学能的是蓄电池，我们在上文已经予以介绍。正在研发的是超导贮能，理论上电能可以在一个超导无电阻的线圈内贮存无限时间，这种超导贮能不经过任何其他能量直接贮存电能，可以安装在任何地点，如消费中心附近，又无污染。但目前超导贮能在技术上尚不成熟。

2. 氢能贮存

氢可以大量、长时间贮存，能以气相、液相、固相（氢化物）或化合物（如氢、甲醇）等形式贮存。气相贮存：贮氢量少时，可以采用常压湿式气柜，高压容器贮存；大量贮存时，可以贮存在地下贮仓，如某些含水层、盐穴和人工洞穴。液相贮存：液氢具有较高的单位体积贮氢量，但蒸发损失大。将氢气转化为液氢需要进行氢的纯化和压缩。液氢生产过程复杂，目前主要作为火箭发动机燃料。固相贮氢：利用金属氢化物固相贮氢，贮氢密度高，安全性好。目前能基本满足固相贮氢要求的材料主要是稀土合金和钛系合金。金属氢化物贮氢技术已研究30余年，取得不少成果，但仍有很多难题有待解决。

3. 机械能贮能

太阳能转换为电能，推动电动水泵将低水位水抽至高水位，便能以位能（势能）的形式贮存太阳能；太阳能转换为热能，推动热机压缩空气，也能贮存太阳能。但在机械能中最受关注的是飞轮储能。早在50年前就有人提出利用高速旋转的飞轮储能设想，但一直没有突破性进展。近年来，由于高强度碳纤维和玻璃纤维的出现，使飞轮转速大为提高，增加了单位质量的功能贮量；电强悬系、超导磁技术的发展，结合真空技术极大减少了摩擦阻力矩风力损耗；电力技术的进展，使飞轮电机与系统能量交换更加灵活。飞轮技术现在已是国际研究热点。美国有20多个单位从事这项研究工作，已研制成贮能20 kW·h的飞轮。

4. 太阳能热燃料

瑞典科学家开发了一种专用的流体，可以将太阳能储存到18年以上，这种流体被称为“太阳能热燃料”，这种液态化分子由碳、氢和氮组成，当它被太阳照射时，就会将原子之间的键位重新排列，达到一种新活力的“异构体”。

在黑夜或者寒冬，可以通过一些正确的方式，将太阳能热燃料中的热能量合理地释放出来，而使用催化剂可以将这种热量提升到 63℃，这种程度的温度，可以用于家庭供暖，如果操作正确的话，至少可以将流体加热到 110℃。

5. 下一代太阳能光热发电储热技术新进展

为进一步降低现有商业光热电站的平准化发电成本，研究人员正在积极开展具有更高运行温度和发电效率的新一代太阳能光热发电技术的研究。熔融氯盐（如 $MgCl_2$/NaCl/KCl）因其出色的热物性（如黏性、导热性）、较高的热稳定性和较低的材料成本，成为下一代熔盐技术中最具发展前景的储热/导热材料之一。

在过去的 10 年（2010—2020 年）中，高温储热/导热和 sCO_2 布雷顿动力循环等下一代 CSP 关键技术研发取得了显著进展。这些技术中有在日照 CSP 条件下测试熔融氯盐储热/导热、固体颗粒和 sCO_2 布雷顿等技术，以及用于 CSP 的液态金属导热技术、CSP 的熔融碳酸盐、固体颗粒和液态金属技术。2018 年，中国开始建设接近商业规模的 sCO_2 CSP 示范电站，并测试 sCO_2 CSP 的关键技术。

与熔盐技术相比，颗粒技术的最高使用温度可达 1 000℃，而无机盐基 PCM 技术具有更高的储热密度。在导热技术中，液态金属技术的导热系数比其他技术高很多。但是，这些新型储热/导热技术面临着一些技术困难。熔融氯盐具有热稳定性高且成本低的优势，是未来熔盐储热/导热技术中最有发展潜力的材料。

经过比较，$MgCl_2$/KCl/NaCl 被国际上主要的熔盐技术科研团队认为是最有应用前景的下一代熔盐储热材料。熔融氯盐的物性，包括最低熔点、蒸气压、比热容、密度、导热系数、黏度和杂质浓度（与盐的腐蚀性相关），对于熔盐储热/导热系统中腐蚀控制系统和关键部件的设计至关重要。关键部件包括熔融氯盐储罐、管道、吸收器、泵、阀和热交换器等。

7 太阳房

7.1 概述

太阳房是利用太阳热达到节能和生活舒适等目的的一类建筑。太阳房并不同于现在学者倡导的太阳能建筑——结合太阳热、太阳能光伏和其他可再生能源建筑的概念，而应该是早期阶段的太阳能建筑，在技术上具有特色，还具有推广应用价值。太阳房是太阳能热利用的一种形式。通过集热设施及围护结构使太阳能传入室内，减少房间采暖(或空调)对常规能源需要量的房屋可称为太阳房。目前在国内对太阳房还没有统一的说法，有人把利用太阳能时节能在50%以上的房屋才称为太阳房，低于此数值的只能称为节能房。

7.1.1 太阳房——太阳能建筑的简单形式

1. “太阳房”一词起源于20世纪40年代的美国。人们看到用玻璃建造的房子内阳光充足、温暖如春，便形象地称之为太阳房。太阳房是直接利用太阳辐射能的重要方面，把房屋看作一个集热器，通过建筑设计把高效隔热材料、透光材料、储能材料等有机地集成在一起，使房屋尽可能多地吸收并保存太阳能，达到房屋采暖目的。现在所谓太阳房是指利用太阳的辐射能量代替部分常规能源，使建筑物达到一定温度环境的一种建筑。太阳房比较贴切的定义应该是：利用建筑结构上的合理布局，巧妙安排，精心设计，使房屋增加少量投资而取得较好的太阳能热效果，达到冬暖夏凉的房屋。

2. 太阳房有主动式和被动式之分，被动式太阳房不需要任何主动式太阳房所必需的部件(太阳能集热器、热交换设备、管道、水泵、风机等)，仅仅依靠建筑方位的合理布置和窗、墙、屋顶等建筑物本身构件，以自然热交换方式(辐射、对流、传导)来获得太阳能。主动式太阳房是在被动式太阳房的基础上以太阳能集热器代替常规锅炉作为热源的一种环保型节能建筑。

通常把冬季利用太阳能采暖的“太阳暖房”和夏季利用太阳能制冷降温的“太阳冷

房”,统称为太阳房。也有学者认为,太阳房是利用太阳能进行采暖和空调的环保型生态建筑,不仅要能在冬季满足采暖需求,而且还要在夏季起到降温和调节空气的作用。当然,这种太阳房必须具有电能、煤气、燃油等辅助能源。

3. 太阳房可以节约75%~90%的能耗,并具有良好的环境效益和经济效益,成为各国太阳能利用技术的重要方面。在太阳房技术和应用方面,特别是在玻璃涂层、窗技术、透明隔热材料等方面,欧洲处于世界领先地位。日本已利用这种技术建成了上万套太阳房,节能幼儿园、节能办公室、节能医院也在大力推广,中国也正在推广综合利用太阳能,使建筑物完全不依赖常规能源的节能环保型住宅。在不久的将来,太阳房将造福越来越多的人。

建筑节能是未来世界建筑发展的一个基本趋向,也是当代建筑科学技术的一个新的生长点,太阳能是建筑上很具有利用潜力的新能源,于是太阳房这种节能环保住宅应运而生。太阳能是一种平等给予和可自由利用的洁净能源,如何开发利用太阳能造福于人类是一大世界性课题。

4. 从形式上讲,太阳房只是利用了太阳能调节建筑的温度,是太阳能建筑的简单应用形式。中国太阳房的发展存在以下问题:对太阳房的设计和建造没有和建筑真正结合起来变成建筑师的设计思想和概念,没有纳入建筑规范和标准,一定程度上影响其快速发展和实现商业化。太阳房的用途还仅仅局限在采暖保温方面,而利用太阳房去湿降温在国内尚属首次。这里所说的降温同传统意义上空调器的制冷降温有很大区别,它通过空气在室内的自然循环达到房屋温度湿度的均匀,相对于室外气温有所下降,从而获得一个凉爽宜人的生活空间,好比在炎热的夏天里人们在树荫下乘凉的感觉。其次是相关的透光隔热材料、带涂层的控光玻璃、节能窗等还没有商业化,以使太阳房的水平得到提高。

7.1.2 太阳房的分类与基本组成

1. 太阳房的分类

(1) 按传热过程,太阳房分为三种:直接受益式,如在北半球,阳光通过南窗玻璃直接进入被采暖的房间,被室内地板、墙壁、家具等吸收后转变为热能,给房间供暖;间接受益式,阳光不直接进入被采暖的房间,而是通过墙体热传导、热空气循环对流,将太阳热能送入被采暖的房间;隔断式采暖,太阳能只通过传热介质(如空气、水)的热循环,把热量送入被采暖的房间。

(2) 按集热-蓄热系统,太阳房分为五种:蓄热墙式,即蓄热墙装在玻璃窗后面,蓄热墙的材料可选用混凝土、水墙或相变材料;集热蓄热墙式,又称特朗勃墙,即在南墙除窗以外的墙面上覆盖玻璃,墙表面涂成黑色,在墙的上、下留有通风口,在阳光照射下加热玻璃罩与墙体之间夹层内的空气,使夹层内的热空气与室内的冷空气形成自然对流循环,同时,部分热量也通过热传导把热量传送到墙的内表面,再以辐射和对流的形式向室内供热;附加阳光间式,是集热蓄热墙形式的发展,即将玻璃与墙之间的夹层放宽,形成一个可以使用的空间,称为附加阳光间或附加温室,白天可向室内供热,晚间可作房间保温房;屋顶浅池式,即在屋顶修浅水池,利用水池集热蓄热,而后通过屋顶板向室内传热,这种形式仅适用于单层房屋;自然循环式,与特朗勃墙有些相似,比较适用于南山坡上的房屋。

(3) 根据太阳房的功能,分为“太阳暖房”“太阳能空调房”等。

(4) 按是否需要机械动力,可分为机械式和自然式,也即主动式和被动式两类。

太阳房既然是建筑发展的继续,其组成也与普通房屋一样,是由屋盖、围护结构(墙或板)、地面、采光部件、保温系统等部件组成,只是太阳房中防热御寒所用的能源主要来自太阳。太阳房中的各种部件具有双重功能,如窗户兼有集热作用、地面兼有蓄热作用。

2. 太阳房的基本组成

太阳房是集热、蓄热、耗热的综合体,所以应具备相应部件,并要灵活运用于不同的建筑设计中。

(1) 太阳房的集热部件主要有两种:一是利用建筑物本身作集热器,如南向窗户、加玻璃罩的集热墙、玻璃温室等;二是位于南墙上、附加在建筑物上,并独立于建筑物的太阳能集热器构件。学术界把太阳能建筑按其有无机械动力分为主动式太阳能建筑和被动式太阳能建筑两大类。但是由于太阳辐射具有时空不连续性的特点,为了获取舒适稳定的室内热环境,通常需要在建筑中同时使用被动式和主动式太阳能联合的方式,甚至添加辅助能源。

(2) 太阳房的蓄热部件可分为两类:一是利用显热材料(如水、石子、混凝土等);二是利用潜热材料(如芒硝、冰等)。蓄热是太阳房性能的关键,加强建筑物的蓄热性能是改善太阳房热工性能的重要措施之一。当有日照时,如果房间蓄热性能好(即热容量大),则吸热体可以多吸收和储存一部分多余的太阳热;在无日照时,它又能逐渐向室内释放热量,减小室温的波动,同时由于降低了室内平均温度,所以也减少了向室外的散热。

(3) 太阳房的分配系统在被动式太阳房和主动式太阳房中略有区别。被动式太阳房一般不需要专设分配系统,建筑的墙、地面、天棚等构件储存的热量,以辐射、对流和传导的方式直接传递到采暖房间;自然循环式被动式太阳房则需要风道或水管传送热量。主动式太阳房的分配系统将太阳能集热器收集的热量储存于热水或热空气中,通过管道、散热器、地下盘管等传递到采暖房间。

在连续阴雨、下雪期间,特别是被动式太阳房,仅靠太阳辐射难以保证太阳房的能量供给;就是在正常情况下,为了保证室内的设计温度,也需要辅助采暖的能源。目前,农村广泛使用火炕、火墙、炉、土暖气和做饭的余热;在学校、办公室等公众场合,多采用电热暖风机。辅助加热设施就成为不可缺少的组成部分之一。

不论构思多么巧妙,造型如何奇特,归根结底,太阳房的基本原理就是尽量多地收集、储存太阳能,并尽量避免热量散失,以最小的能源代价保持建筑内部舒适的环境温度。当然,建筑并不是建筑材料的简单堆积,太阳房不仅考虑玻璃、绝热材料、储热材料的性能,更要注重建筑结构的整体效果。

3. 太阳房的发展

按照国际上惯用的名称,太阳房分为主动式太阳房和被动式太阳房两大类。主动式太阳房的一次性投资大、设备利用率低、维修管理工作量大，而且仍然要耗费一定量的常规能源。因此，对于居住建筑和中小型公用建筑来说，主要采用的是被动式太阳房。被动式太阳房是通过建筑朝向和周围环境的合理布置，内部空间和外部形体的巧妙处理，以及建筑材料和结构、构造的恰当选择，在冬季集取、保持、贮存、分布太阳热能，从而解决建筑物的采暖问题。

虽然技术进步伴随着太阳房从被动式走到了主动式，但这个过程并不意味着被动式太阳房已经过时，事实上，被动式太阳房是主动式太阳房的基础，仍然得到广泛的应用。主动式太阳房能够在被动式太阳房的基础之上，提供更为方便、舒适的环境。

其实，不论是被动式太阳房还是主动式太阳房，相信随着理念、技术、结构、材料的进步，比如使用绝热材料的夹层结构、使用相变材料贮能等，仍有大幅提升太阳房性能的空间。

7.2 被动式太阳房

7.2.1 被动式太阳房的特点

1. 被动式太阳房的发展

利用太阳能辐射加热住房的理念由来已久。1938—1978年间，由著名的热物理学家霍特尔(H. C. Hottel)领导的美国麻省理工学院太阳能研究小组，历时40年，采用了多种不同形式的太阳能采暖技术，共建成五座不同形式的太阳房。在第二次世界大战后的20年间，法国奥代洛太阳能研究所所长费利克斯·特朗勃(Felix Trombe)博士与建筑师米歇尔(M. Michel)合作，发明了特朗勃集热墙(Trombe Wall)，并取得法国专利，把被动式太阳房技术又向前推进了一步。再后来，日本、澳大利亚、英格兰也都相继建起了太阳房。1973年爆发中东战争以后，世界上绝大多数发达国家都对太阳能采暖产生兴趣。自20世纪80年代起，被动式太阳房由试验阶段步入实用阶段。

利用被动式技术就是根据当地气象条件，基本上不添置附加设备的情况下，将房屋建成能自动地达到冬暖夏凉的效果。被动式太阳房是一种经济、有效地利用太阳能采暖的建筑，是太阳能热利用的一个重要领域，具有重要的经济效益和社会效益。它的推广有利于节约常规能源、保护自然环境、减少污染，使人与自然环境得到和谐的发展。被动式太阳房主要根据当地气候条件，把房屋建造得尽量利用太阳的直接辐射能，它不需要安装复杂的太阳能集热器。更不用循环动力设备，完全依靠建筑结构所具有的吸热、隔热、保温、通风等特性，来达到冬暖夏凉的目的。

如果获得的太阳能达到建筑采暖、空调所需能量的一半以上时，则称此建筑物为被动式太阳房。换言之，被动式太阳房是根据当地气象条件，在基本上不添置附加设备的情况下，将房屋建造成在冬季可以有效地吸收和贮存太阳热能，而在夏天又能少吸收太阳能和尽可能多向外散热，具有能自动达到冬暖夏凉效果的一种特殊房屋。它是建筑物利用太阳热能中一种最简单的方式。这种被动式太阳房具有构造简单、造价低、回收年限短、不用特殊维护管理，而且可以节约常规能源和减少空气污染等独特的优点。因此，近年来，这种被动式太阳房引起很多国家和研究部门的重视，被动式技术的发展十分迅速。美国能源部在全国被动式太阳能利用会议上指出："在利用太阳能采暖和降温系统的领域里，被动式将是建筑界的主流。"

2. 被动式太阳房的组成

被动式太阳房是以绝热节能材料复合的墙、地板、屋盖等为主体，组成吸收、蓄存、控制与分配太阳能的系统，不用机械力量而靠对流、传导、辐射等传热机制吸收、蓄存、释放太阳能的房屋。被动式太阳能建筑是用建筑物的一部分实体作为集热器和贮热器，利用传热介质对流分配热能的系统。被动式太阳能系统利用建筑材料的吸热性、蓄热性和传热介质的对流收集热能、贮存热能、分配热能。被动式太阳能系统在冬季吸收热能作为供暖的热源，在夏季把建筑物内的热量散发出去，作为调节室内温度的冷源。被动式太阳房不需借助风机、泵和热交换器和储热控制系统对太阳能进行收集、贮藏和再分配。窗、墙、楼板等建筑的基本要素，除满足传统的建筑功能需要(围护和支撑作用)外，还负担着热能的贮存和释放作用。一座建筑的各个组成部分同时要满足建筑学、结构和能量三方面的需求。每一个被动式太阳能采暖系统至少要有两个构成要素：朝南向的玻璃集热器和通常由砌块、岩石或水等保温材料组成的能量储存构件。

7.2.2 被动房系统

1. 集热系统

集热系统，即通过各种手段收集太阳的辐射热能。

主要方式：通过建筑构件本身、附加独立式集热器(如太阳能热水器、太阳能空气集热器等)。

2. 蓄热系统

蓄热系统，即将集热系统收集的热能储存起来的装置系统。

主要方式有：通过建筑构件本身(简单经济)；水体蓄热系统，利用水的比热大和可充分对流换热原理；卵石床蓄热系统，利用热空气通过卵石缝隙将热能传递给卵石达到蓄热效果；相变材料蓄热系统，利用物质固液状态转化中需要大量相变热的原理；利用地下土壤蓄热系统(防空洞)。

3. 分配系统

主要方式：自然散热、板式散热器、地板盘管、风机对流、风机循环、风机空气介质输送分配。

4. 辅助热源

蓄热系统不同，辅助热源则不同。

利用建筑构件本身蓄热时，几乎可用任何方式辅助供热。水体蓄热，采用锅炉、电、天然气；卵石床蓄热和相变材料蓄热时，采用空气加热器。

5. 控制系统

基本为自动控制，利用恒温器和仪表盘保持系统运转效率。

7.2.3 被动式太阳房分类

简单地说,被动式太阳能供暖系统就是根据当地的气象条件、生活习惯,在基本上不添置附加设备的条件下,经过精心设计、认真施工,通过建筑构造并利用材料的性能,使房屋达到一定的供暖效果的一种建筑方式。

1. 从太阳能热利用角度分类

国外被动式太阳房多由建筑师自行设计和建造,已建的被动式太阳房种类繁多,尚无统一的设计标准。各种资料关于被动式太阳房的分类方法也不相同。

如果从对太阳热能利用的角度来区分,被动式太阳房大致可分为下述五种典型型式:(1) 利用南窗直接接受太阳辐射能的被动式太阳房(直接受益式)[图 7-1(a)、(b)];(2) 利用南墙进行集热和蓄热的被动式太阳房(集热蓄热墙式,如特朗勃墙)[图 7-1(c)、(d)];(3) 混合式被动太阳房(组合式)[图 7-1(e)、(f)];(4) 利用屋顶进行集热和蓄热的被动式太阳房(屋顶集热蓄热式)[图 7-1(g)];(5) 利用热虹吸作用(自然循环)的被动式太阳房[对流环路式(集热墙式)][图 7-1(h)]。

被动式太阳房是与主动式太阳房相对而言的。太阳能向室内传递,不用任何机械动力,不需要专门的蓄热器、热交换器、水泵(或风机)等设备,而是完全由自然的方式(经由辐射、传导和自然对流进行)。

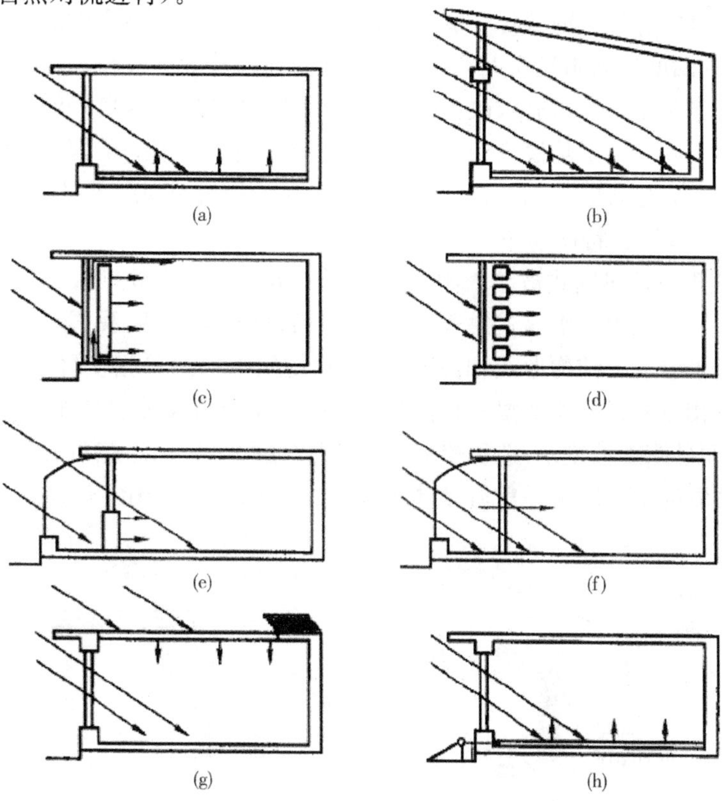

图 7-1　典型被动式太阳房

被动式与主动式相比较，其特点是具有构造简单、造价便宜、管理方便等优点，因而用户易于接受。

但是应该指出，目前被动式太阳房主要用来解决冬季的采暖问题，很多国家对它进行了多方面的试验并逐步过渡到实用阶段；至于如何利用被动技术解决夏季的降温问题，困难还比较多，尚处于探索阶段。只有第四种利用屋顶进行集热蓄热的型式，采取一定的措施后，才能有降温作用。

2. 直接受益式

直接受益式太阳房是让太阳光通过透光材料直接进入室内的采暖形式，是被动式太阳能采暖中和普通房差别最小的一种太阳房。该类太阳房升温快、构造简单、建筑形式美观、热效率较高、造价低且管理方便。但如果设计不当，很容易引起室温日波动大，白天温度较高，晚上较低，舒适性差，辅助能耗增多；此外，白天室内的眩光问题不容易解决，仅适用于综合气象因素 SDM 大于 20 的地区。因此，直接受益式适宜建于气候比较温和的地区，用于寒冷地区效果较差；适用于白天要求升温快的房间或只是白天使用的房间，如商店、学校、办公室、住宅的起居室等。若窗户有较好的保温措施，也可用于住宅的卧室等房间。

以拉萨市直接受益式太阳房设计为例，南向窗墙面积比的提高有利于获得较高的室内平均温度，但是需要注意昼夜温差的问题。南向房间进深增大会引起南北向房间室内平均温度的降低。在保证窗墙比不变的条件下，增大建筑开间不会引起室内平均温度的变化，但是室内温度波动明显变大。外墙保温性能的改善能有效改进南北向房间的室内平均温度。外窗热工性能可有效改善南北向房间的室内热环境，良好的外窗热工性能能够提高南北向房间室内平均温度，同时降低室内温度波动。围护结构良好的蓄热性能对维持室内热稳定有显著的作用。在居住建筑设计时应尽量选择厚重材质。

3. 集热蓄热墙式（特朗勃墙）

图 7-2 是集热蓄热墙式被动太阳房的原理。实体式集热蓄热墙式与直接受益式相比具有较好的蓄热能力。水墙式集热蓄热墙运行管理相对麻烦，我国较少采用。相变材料蓄热墙式与水墙式的结构形式相似，只是蓄热物质采用的是相变材料而不是水，目前的主要问题是相变材料的相变温度和相变时间难以随房间采暖需要进行有效控制，技术未完全成熟，而且施工较复杂，造价较高，目前国内还很少应用。花格式集热蓄热墙和实体式集热蓄热墙的主要区别是前者墙体上遍布了通风孔。采用集热蓄热墙式被动式太

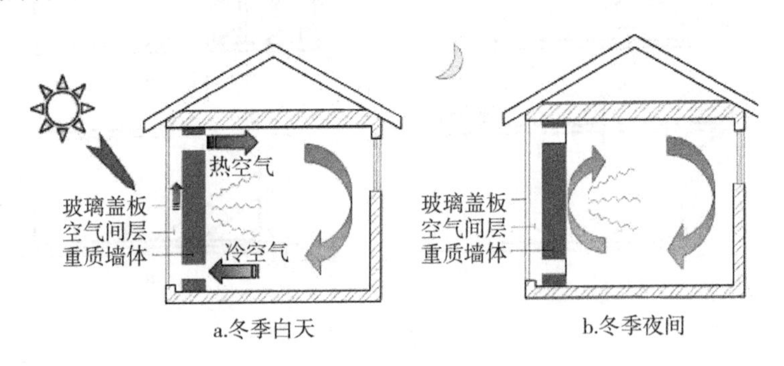

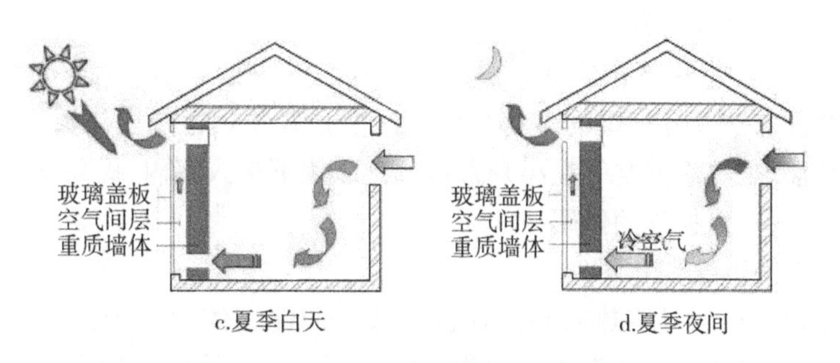

图 7-2　集热蓄热墙式被动太阳房原理

阳房室内温度波动小，居住舒适，但热效率较低，常和其他形式配合使用；可以调整集热蓄热墙的面积，满足各种房间对蓄热的不同要求，但结构复杂；玻璃夹层中间易积灰，不好清理，影响集热效果，且成本高，立面颜色较深，外形不太美观，推广有一定的局限性。

集热蓄热墙式被动太阳能建筑的理论研究主要包括稳态理论研究和动态理论研究。目前以稳态研究居多，主要是由于稳态理论研究在条件上可以进行一定程度的简化，获取更直观的数学模型，便于计算。而动态理论研究的模型计算量大，手工完成较困难，采用计算机动态模拟时，受外界环境因素影响明显，计算结果与实际存在较大误差。集热蓄热墙基本要素的相互关系，如图 7-3 所示。

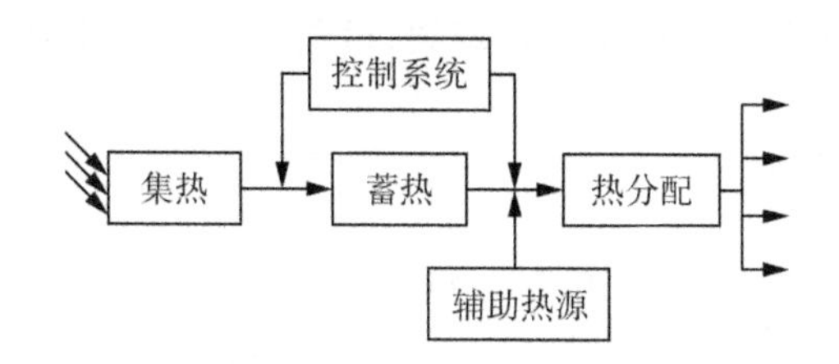

图 7-3　基本要素相互关系

目前，集热蓄热墙式被动太阳能建筑的研究热点主要集中在百叶式集热蓄热墙、多孔式集热蓄热墙、热管式集热蓄热墙和花格式集热蓄热墙等类型。

(1) 百叶式集热蓄热墙

百叶式集热蓄热墙是在传统特朗勃墙的空气夹层悬挂可翻转的百叶窗帘。窗帘的叶片一面涂有高吸收率涂层，一面涂有高反射率涂层。视觉效果上，百叶式集热蓄热墙使建筑外墙更加美观，同时，任意角度翻转都可提高墙体的集热效果。运行原理是：夏季，关闭室内出风口，开启室内进风口和室外出风口，将涂有高反射率涂层的百叶窗帘叶片外翻，提高可见光的反射率，减少南墙得热量，防止室内温度过高；冬季白天，关闭室外出风口，开启室内进风口和出风口，将涂有高吸收率涂层的叶片外翻，提高太阳辐射吸收率，通过对流和导热的方式将热量传送至室内，提高室内温度；夜间，关闭室内进、出风口，闭合的百叶帘将空气夹层分为两个空气窄层，抑制对流，增加墙体热阻，降低室内向室外环境损失的热量，减少室内温度下降速率。

(2) 多孔式集热蓄热墙

多孔式集热蓄热墙主要有两种形式:一是在集热蓄热墙内添加多孔介质;二是在南墙外表面安装涂有选择性涂层的多孔金属板。多孔式集热蓄热墙能够最大限度地将太阳能转化为热能,加热后的空气在浮升力和风机作用下流入室内,提高室内温度,同时置换室内空气,起到通风换气的作用。

(3) 热管式集热蓄热墙

热管式集热蓄热墙是将热管布置在被动式太阳能墙体中用于供暖,具有传热速度快、热能利用率高等特点。其工作原理为:在蒸发段,工作液吸热后由液态转为蒸汽态,在压力差作用下通过内腔进入冷凝段,将热量传递给冷源,并凝固为液态;在重力作用下工作液回流至蒸发段,进而完成热量的传递。

4. 屋顶水池式

在屋顶上用透明材料做成水袋或水池,上盖活动式隔热保温板。在冬季的白天,将保温板拉开,太阳将水加热,夜间关闭保温板。水有较大的热容,可持续向室内散热。夏季的白天大部分阳光被保温板所反射,其余被水吸收,水袋或水池起隔热作用; 夜间打开保温板,使之散热、降温。

5. 屋顶集热蓄热式

屋顶集热蓄热式有两种设计方案,即使用充满水的塑料袋或相变储热材料。这种太阳房在冬季采暖负荷不高而夏季又需要降温的情况下使用比较适宜。但由于屋顶需要有较强的承载能力,隔热盖的操作也比较麻烦,目前实际应用较少。

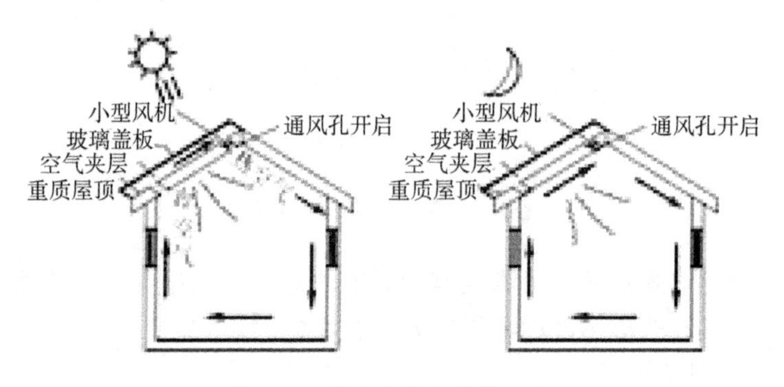

图 7-4 屋顶太阳房传热过程

集热蓄热屋顶是将平屋顶或坡屋顶的南向坡面做成集热蓄热墙形式,其主要结构由外到内依次为:玻璃盖板,空气夹层,涂有吸热材料且开有通风孔的重质屋顶。目前,南向集热蓄热墙主要依靠热压作用带动空气循环流动加热室内空气。但由于屋顶竖向高差较小,热压作用不明显,为克服上述缺点并改善对流换热性能,在出风口位置安装小型轴流风机,使夹层空气在玻璃盖板和重质屋顶之间以强迫对流的方式进行流动,提高供热效率。集热蓄热屋顶太阳房物理模型如图 7-4 所示。

6. 附加阳光间式

与集热蓄热墙式相比,附加阳光间增加了地面作为集热蓄热体。与直接受益式相比，附加阳光间式的采暖房间温度波动和眩光程度得到有效降低。阳光间不仅起到了减少风沙侵入、集热保温的作用，而且还可以作为白天休息活动场所和温室花房，容易和整个建筑融为一体。这种太阳房适用于民用住宅，越来越受到人们的重视，成为一种适合村镇地区建设的被动式太阳房。附加阳光间式被动式太阳房一般与直接受益式配合使用，但投资较高，不易采取保温措施，可用于有条件的起居室门厅、公共建筑的大厅等房间，不宜大面积采用。

附加阳光间式太阳房是直接受益式和储热墙相结合的太阳房形式。建筑物由被储热墙隔开的两个受热区域组成：一是直接受益式阳光间，二是间接被加热的空间。阳光透过玻璃窗一部分直接照射在采暖房间，一部分被阳光间的地面和公共墙吸收，通过热空气循环和热传导进入采暖房间，起到太阳能供暖作用。由于阳光间的设计易和整个房屋的建筑设计融为一体，因此这种太阳房越来越受到人们的关注。(图 7-5)

在房屋外部建一玻璃温室，与室内有洞口相通。白天太阳将温室加热后，实墙已蓄热，热量即散入室内。实墙也可设计成隔热用的水墙。温室也可以作为一个阳光充足的附加的空间，作为生活起居之用，可以种菜、栽花或作室内绿化，但在夏季要有遮阳措施。

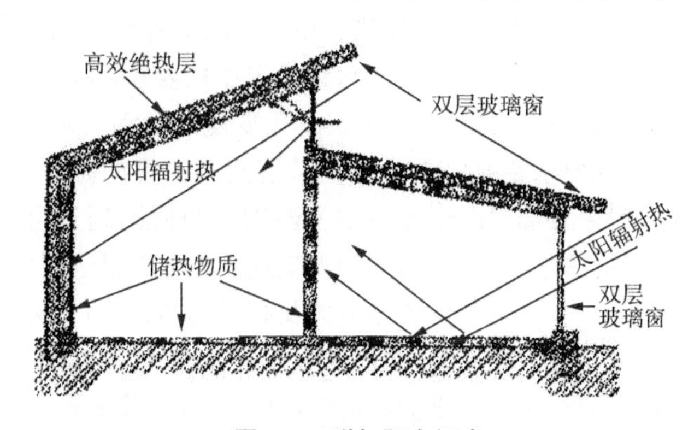

图 7-5　附加阳光间式

7. 对流环路式(集热墙式)

对流环路式集热墙接受阳光后升温较快，白天向室内供热较多，较适合于白天使用的房间，如教室、办公室、医院门诊部等。对流环路卵石床蓄热式(热虹吸式)太阳房性能很好，但投资较大，目前也较少应用。

集热墙式太阳房的采暖效果好坏由热对流现象的好坏来决定，而热对流的好坏则由集热气隙中空气上、下两端的温差和空气流动的阻力来决定。所以，在设计中可以有以下几条原则：(1) 尽量增加集热墙高度，以增大空气的温差；(2) 在结构允许条件下，尽可能使上、下对流口分别设置在集热墙的最顶端和最下端；(3) 上、下对流口的总面积应相等。除此之外，太阳房的气隙厚薄、集热墙厚度和对流孔尺寸等主要结构参数尚须根据外界条件来具体确定。

8. 组合式

以上几种基本类型都有各自的独特之处。通常把由两个或两个以上被动式基本类型组合而成的系统称为组合式系统。不同的采暖方式结合使用，就可形成互为补充、更为有效的被动式太阳能采暖系统。其中以直接受益式和集热-蓄热墙式应用最多，在集热-蓄热墙式方面又以采用特朗勃墙的最多。为了使室内能进行自然采光，我国多采用集热-蓄热墙式和直接受益式的组合方式，可以获得较理想的效果。

目前，太阳能利用系统的研究日益深化，为今后太阳房的建造开辟了更广阔的前景，如美国麻省理工学院新型被动式太阳能建筑有热二极管集热板等。

7.2.4 被动式太阳房与普通节能建筑的对比

节能建筑是指遵循气候规律和利用节能的基本方法，对建筑规划分区、群体和单体、建筑朝向、间距、太阳辐射、风向，以及外部空间环境进行研究后，设计出的低能耗建筑。

被动式太阳房是节能建筑的一种特殊形式，也是具有广泛推广价值的一种建筑形式。普通节能建筑与被动式太阳房的区别如下：

(1) 被动式太阳房一定是节能建筑，而普通节能建筑不一定是被动式太阳房。(2) 普通节能建筑注重的是建筑外围护结构的保温，而被动式太阳房要注重三个方面：绝热、集热、蓄热。也就是说，外围护结构的保温是被动式太阳房的前提条件。(3) 被动式太阳房强调对可再生能源——太阳能的光热利用。太阳房有目的地采取一定措施，利用太阳辐射能替代部分常规能源，使环境温度达到一定使用要求。(4) 被动式太阳房与普通节能建筑设计要求不同。被动式太阳房的设计需要建筑学和太阳能方面的知识，比普通节能建筑设计的技术性要求更高一些。普通节能建筑注重的是通过提高房屋维护结构的热工性能，即提高房屋外墙、屋面、地板、门窗的保温性能，通过合理设计，使房屋满足人们冬暖夏凉居住舒适的需求。而太阳房建筑热工措施期望达到的主要目的是使房间在冬季有尽量多的太阳热量、尽量少的热损失及必要的热稳定性，并处理好以上三者，即集热、保温以及蓄热之间的矛盾关系，注意优化比较，既要使房间的冬季温度符合采暖要求，又要使太阳能热工措施的新增投资尽量少，单位投资的节能效益尽量显著。(5) 两者的新风处理及空调系统的余热回收技术。新风负荷一般占建筑物总负荷的30%～40%，变新风量所需的供冷量比固定的最小新风量所需的供冷量少20%左右。新风量若能够从最小新风量到全新风变化，在春秋季可节约近60%的能耗，通过全热式换热器将空调房间排风与新风进行热、湿交换，利用空调房间排风的降温除湿，可实现空调系统的余热回收。(6) 除湿空调节电技术。中央空调消耗的能量中40%～50%用来除湿。冷冻水供水温度提高1℃，效率可提高3%左右。采用除湿独立方式，同时结合空调余热回收，中央空调电耗可降低30%以上。我国已成功开发溶液式独立除湿空调方式的关键技术，以低湿热源为动力高效除湿。(7) 各种辐射型采暖空调末端装置节能技术。地板辐射、天花板辐射、垂直板辐射是辐射型采暖的主要方式。可避免吹风感，同时可使用高温冷源和低温热源，在有低温废热、地下水等低品位可再生冷热源时，这种末端方式可直接使用这些冷热源，省去常规冷热源。(8) 建筑热电冷联产技术。在热电联产基础上增加制冷设备，形成热电冷联产系统，制冷设备主要是吸收式制冷机，其制冷所用热量由热电联产系统供热量提供。与直接使用天然气锅炉供热、天然气直燃机制冷、发电厂供电相比，上述方式可降低一次能源消耗量的10%～30%，同时还减少了输电过程的线路损耗。

(9) 相变贮能技术。具有贮能密度高、相变温度接近于一恒定温度等优点,可提供很高的蓄热、蓄冷容量,并且系统容易控制,可有效解决能量供给与需求时间上的不匹配问题。例如,在采暖空调系统中应用相变贮能技术,是实现电网的"削峰填谷"的重要途径;在建筑围护结构中应用相变贮能技术,可以降低房间空调负荷。(10) 太阳能一体化建筑。太阳能一体化建筑是太阳能利用的发展趋势。利用太阳能为建筑物提供生活热水、冬季采暖和夏季空调,同时可以结合光伏电技术为建筑物供电。(11) 建筑能耗评估。以整座建筑物的每家每户建筑能耗为出发点来评价某建筑能耗性能。在综合考虑气候条件、各种传热方式、建筑物的朝向、墙体材料的性能、门窗性能、建筑物的热惰性、各相邻房间耦合传热、新风要求、用户的作息情况,以及采暖空调等各种建筑设备的选择和使用等因素的基础上,对建筑物的能耗需求进行评估。为房地产商和用户在开发、购买和使用节能建筑和建筑设备时提供节能信息服务。(12) 采用节能产品。购买和使用符合国家能效标准要求的高效节能空调、冰箱、照明器具、风机、水泵等,降低建筑物能耗。

太阳房增加投资多少,直接影响太阳房的推广和发展前景。太阳房的经济分析可分为两方面进行,一是增加投资多少,这在很大程度上影响太阳房能不能推广和发展。如果太阳房比普通房增加投资太多,就意味着同样的投资,建太阳房面积就得减少。在这方面,根据实际建成的太阳房进行分析,太阳房比普通房屋增加投资在8%~15%之间,对一般农村来说还可以接受。若太阳房比普通房屋增加投资超过15%,通常要有政府的补贴,居民才能接受。

另一方面就是计算新增投资的还本年限,即太阳房一次投资比普通房屋增加了,但是它又比普通房屋节省能源和采暖费用,用节能费用抵偿增加的投资,年限越短,太阳房的经济效益越好,根据建设太阳房的实践经验,还本年限一般在4~8年,相对于一般砖混结构房屋50年使用寿命还是合算的。根据区域的自然气候条件、地理状况、经济特点等因地制宜,在吸取当地传统建筑精华的基础上,进行被动式太阳房的设计与建造,最大限度地使用本地建材,既能大幅度提高室内的舒适度,又能收到良好的经济效益。

7.2.5 被动式太阳房区域适应性分析

被动式太阳房因其自身缺陷及使用对象具有不同需求的情况,需要和其他可再生能源相结合使用,才能够在一年四季不同环境下更好地发挥作用。

(1) 太阳房的设计要因地制宜,遵循适用、坚固、经济,并应注意建筑造型美观大方的原则。太阳房的平面布置应符合节能和充分利用太阳能的要求,建筑造型与周围建筑群体相协调,同时必须兼顾建筑型式、使用功能和太阳能采暖方式三者之间的相互关系。

(2) 在选择太阳房的建造位置时,要避免周围地形、地物(包括附近建筑物)对建筑南向及其东、西15°朝向范围内在冬季的遮阳。建筑间距要求在当地冬至日中午12点时,太阳房南面遮挡物的阴影不得投射到太阳房的窗户上。另外,还应避开附近污染源对集热部件透光面的污染,避免将太阳房设在附近污染源的下风向。

(3) 太阳房平面布置及其集热面应朝正南。因周围地形的限制和使用习惯,允许偏离正南向±15°以内,校舍、办公用房等以白天使用为主的建筑一般只允许南偏东 15°以内。为兼顾冬季采暖和防止夏季过热,集热面的倾角以 90°为佳。

(4) 避免建筑物本身突出物(挑檐、突出外墙外表面的立柱等)在最冷的 1 月份对集热面的遮挡。对于设在夏热地区的太阳房,还要兼顾夏季的遮阳要求,尽量减少夏季太阳光射入房内,有关遮阳的详细计算可见参考文献。

(5) 在建筑平面的内部组合上,要根据不同房间对温度的不同要求合理布局,主要居室或办公室应尽量朝南布置,并尽量避开边跨;没有严格温度要求的房间、过道,如贮藏室、楼梯间等可以布置在北面或边跨;寒冷地区有上下水道的房间,如厕所、浴室等要验算水管在冬季的防冻问题。南北房间之间的隔墙,应区别情况核算保温性能。对建筑的主要入口,从秋季防风考虑,一般应设置门斗。在有条件时,主要居室应尽可能地设置通过辅助房间的次要入口,以便冬季使用。(图 7-6、图 7-7)

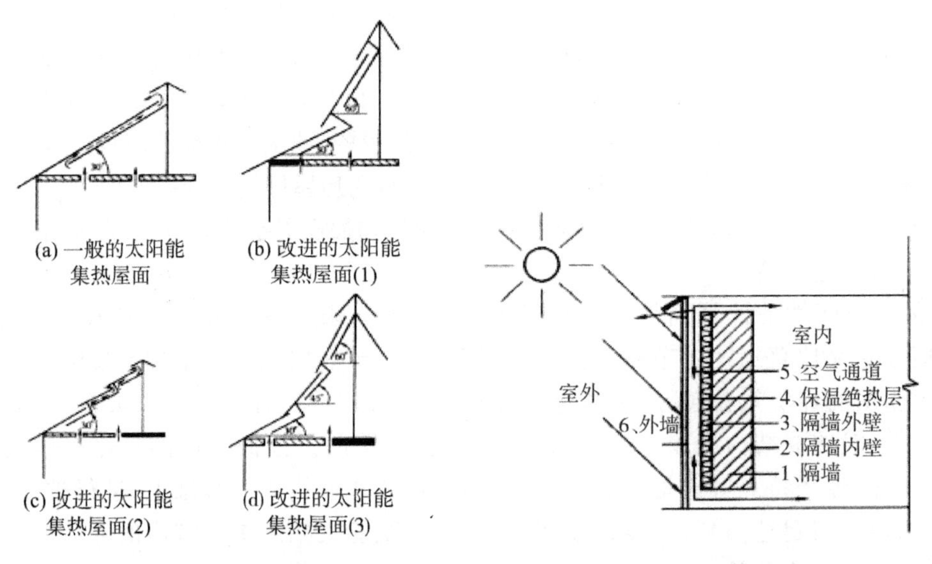

图 7-6　太阳能集热屋面的四种做法

图 7-7　被动式供暖系统

(6) 在集热方式和集热部件的选择上要考虑房间使用特点。对于主要使用时间在晚上的房间,要优先选用蓄热性能较好的集热系统,以使晚间有较高的室温;对于主要使用时间在白天的房间,要优先选用能使房间在白天有较高室温,上午升温较快,并使室温波动不超过一定范围的集热系统。另外,要注意设计或选用便于清扫集热面以及维护管理方便的集热部件。

(7) 室温要求。对综合气象因素 SDM>20 的地区的太阳房标准要求是:在冬季采暖期间,主要居室在无辅助热源的条件下,室内平均温度达到 12℃,室温日波动范围不得大于 10℃;夏季室内温度不得高于当地普通房屋。

(8) 保证太阳房内有必要的新鲜空气量。对于室内人员密集的学校、办公室等类型的太阳房或建设在高海拔地区的太阳房,要核算必要的换气数量。

7.2.6 绝热围护结构

1. 太阳房的重要结构

被动式太阳房要求建筑物具有有效的绝热围护结构，南向设有足够面积的集热表面，室内布置尽可能多的储热体，主要采暖房间紧靠集热表面和储热体布置，次要非采暖房围置在北面或东、西两侧。在大多数情况下，被动式太阳房集热部件与建筑结构融为一体，使房屋构件一物多用，如南窗既是房屋的采光部件又是太阳能系统的集热部件，墙体既是房屋的围护结构又是太阳能系统的集热蓄热部件。这样，既达到利用太阳能的目的，又是房屋结构的一部分，效果好，费用也省。

美国麻省理工学院建成的第五座被动式太阳房(简称 MIT-5 太阳房)，是利用潜热蓄热的被动式太阳房，单层，建筑面积为 78 m^2。该直接受益式太阳房采用了下列三种新技术：一是在南立面使用一种称作"热镜"的玻璃窗，其阳光透过率与普通的双层玻璃相同，而通过"热镜"向外的热损失却不到二分之一；二是在"热镜"的后面安装一种特制的百叶窗，调节叶片角度，冬天可使阳光反射到天花板上，以减少直接受益式太阳照射到室内的炫光，同时还能增加房间后部的光照，夏季将阳光反射到室外，加上自然通风，因而室内比较凉爽；三是在天棚和南窗下安装一种相变材料，其相变温度为 23℃，白天吸热、夜间放热，减少了贮热容积，提高了集热效率，平衡了室温的昼夜波动(图 7-8)。测试结果表明：采用了上述三项技术后，虽然这座太阳房南窗集热面积只有供热面积的四分之一，太阳能的贡献率却高达 70%，加上室内工作人员和设备的散热，辅助热源供热只占总热负荷的 12%。MIT-5 太阳房不仅热利用率高，而且室内光线充足、柔和，室温波动较小，为被动式太阳房的发展提供了宝贵的经验。

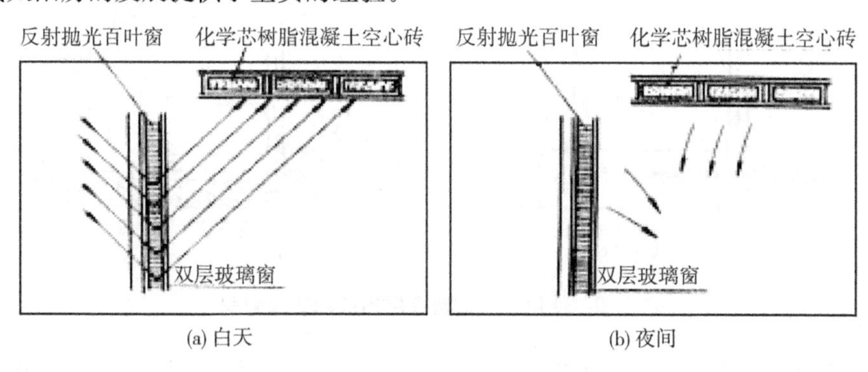

(a) 白天　　(b) 夜间

图 7-8　MIT-5 太阳房

2. 绝热材料夹层动能

当前陆续出现的绝热材料夹层太阳房是太阳能建筑在探索、试验、推广的一种新形式。从外表上看，这种房屋除了玻璃窗更多更大、光线更加充足外，与普通住房没有什么两样，但当进入房屋之后，就会感到特别恬静、温暖、舒适，这是因为这种太阳房采用了绝热材料夹层。

顾名思义，绝热材料夹层太阳房的主要特点就在于夹层，通过这个双层外壳，形成了一个围绕房屋内壁作循环运动的空气回路。这种房屋的北面是用绝热材料制成的支架；外层绝热材料可用彩钢板中衬岩矿棉、玻璃棉、气凝胶或聚苯乙烯板等有机、无机材料制成；内层可只用防潮的聚苯乙烯、酚醛泡沫。在建筑两墙之间，除双层玻璃窗外，还设有厚约 30 cm 的空隙；房屋顶部留出保证空气流通的空间，外面同样铺覆绝热材料；房屋南部是由更大玻璃组成的温室；地板下铺覆防潮聚苯乙烯板、气凝胶或酚醛泡沫，重要的是在整个房屋下面也留出一个供空气流动的底部空间。

这种设计形式使整个房屋被流动空气回路包围。在绝热材料和玻璃夹层中的空气本身就有一定的保温功能，房屋通过太阳能的收集（温室）、贮存（底部空间）设置和通风循环机制，通过空气循环，把从温室中得到的太阳能源源不断地扩散到整个房屋。

观察图 7-9，我们能够清晰地了解使用绝热材料夹层的被动式太阳房的工作原理。

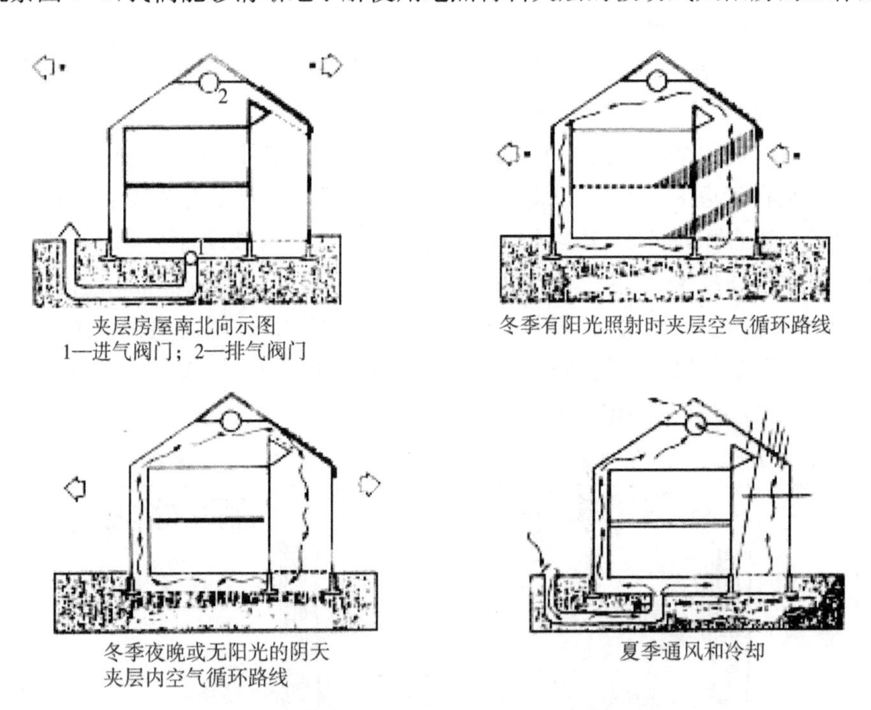

图 7-9　使用绝热材料夹层的被动式太阳房

驱动夹层房屋空气循环的关键是房屋的结构和绝热材料的选用。一些建筑设计师和热力学家指出，循环圈内并非全部空气参与循环，同时由于绝热材料的作用，夹层空气几乎难与室内空气交换热量，所以认为那里的空气分成许多薄层，只是部分薄层空气参与循环，其他薄层空气处于静止状态。多重薄层空气相互运动的机理和绝热性能研究较为复杂，但人们已知道在这厚度仅 30 cm 的空间中，空气的绝热值要远远大于过去的预期。

不少学者指出，设置夹层空气圈的建筑方案是提高绝热值并使房屋各部件都能具有较高绝热值的唯一经济有效方法。就建筑物来说，窗口都是泄热最多之处，但是夹层房屋却没有过多热损。现在北方寒冷地区双层窗户的绝热层仅厚 6～12 mm，而夹层房屋中包围在内层窗外的热空气圈厚达 30 cm，有些夹层房屋的北窗绝热值约为普通双层窗户的 4 倍。在美国加利福尼亚州，夹层房屋冬季取暖燃料用量仅为相邻房屋的 1/10～1/15，甚至有人声称冬季不用燃料保温。夹层房屋的另一个突出优点是隔音效果很好，能够为住户提供一个既温暖又安静的居处。绝热材料夹层太阳房节省能源、利于环保，从长期来看，具有较好的经济效益，是一种很有前途的新型房屋。

7.3 主动式太阳房

7.3.1 主动式太阳房的特征

主动式太阳房的显著特征是安装用常规能源驱动的水泵、风机、辅助热源等调节设备，可以根据需要主动调节室温，以实现怡人的环境条件。工作时，先依靠机械动力把太阳能加热的工质（水或空气）送入蓄热器，再通过管道与散热设备把热能从蓄热器输送到室内实现采暖，工质流动的动力由泵或风机提供。这种控制方式通过太阳能集热器、蓄热器、风机或泵等设备来收集、储存及输配太阳能，与常规供热系统所不同的只是用太阳能集热器代替了锅炉系统，可以比较主动地根据需要控制室温。

主动式太阳房系统由集热、蓄热、供热三个部分组成（图 7-10），大致由太阳能集热器、蓄热槽、散热器、循环泵、辅助锅炉以及连接这些设备的管道、自动控制设备组成。集热过程通过太阳能集热器收集太阳辐射能。因地面太阳辐射密度有限，当太阳能供暖保证率要求在 60%以上时，平板式太阳能集热器的面积应占地板面积的 50%以上；同时，平板式太阳能集热器的效率随集热温度变化而变化，一般控制在 30℃～60℃之间为宜。地面上的太阳辐射能因时间、季节、天气而不同，要解决连续采暖问题，必须在中心处设置储热设备。建筑储热多用鹅卵石或水作蓄热材料。水是中低温太阳能系统最常用的显热储能介质，价廉而丰富，并且具有沸点以下不需要加压等优良储热性能。考虑到太阳能的不稳定性和经济因素，通常太阳能供热量占房屋总热负荷的 60%～80%（此值称为太阳能供暖保证率），所以在主动式太阳能采暖系统中，除太阳能供暖设备外，还应有

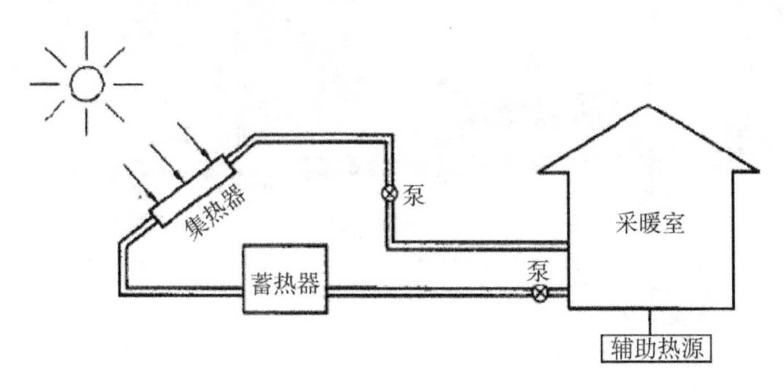

图 7-10　主动式太阳能采暖系统

辅助能源。因此，建议在采暖标准要求较高的城市，将太阳房与集中供暖系统相结合，既可解决采暖期前后两段时间的室温舒适性，又可在采暖期减少锅炉运行时间，节约常规能源。

主动式太阳房系统根据要求不同，又可分为有辅助热源和无辅助热源两种不同的工作方式。供暖系统只在冬季使用。为了提高设备利用率、加速固定投资的回收，原则上应将采暖、热水以及制冷系统有机结合起来，共用一套集热器。

7.3.2 主动式太阳房的设计

1. 热水系统

在太阳能热水系统中，大多采用自然循环式。将太阳能集热器的储热水箱分离，并直接连接锅炉的强制循环式，布置灵活、比较方便，但造价也较高。

2. 热水、采暖系统

住宅用热水采暖系统主要有空气集热-空气地热采暖系统、水集热-水地热采暖系统以及水集热-空气地热采暖系统三种。这种小规模系统不能采用大的蓄热槽，所以多采用蓄热部分兼作放热式地热采暖。以下介绍三种在可靠性、安全性和性价比上都很好的系统。

(1) 空气集热-空气地热系统。如图 7-11 所示，室外空气由屋檐吸入，用金属制屋顶及其最上部的空气集热器进行加热，把暖风输送到地板下。地板下整体气密连通，暖风在地板下环绕后从室内的风道排出。在暖风通过地板进入室内这段时间内，在加热地板的同

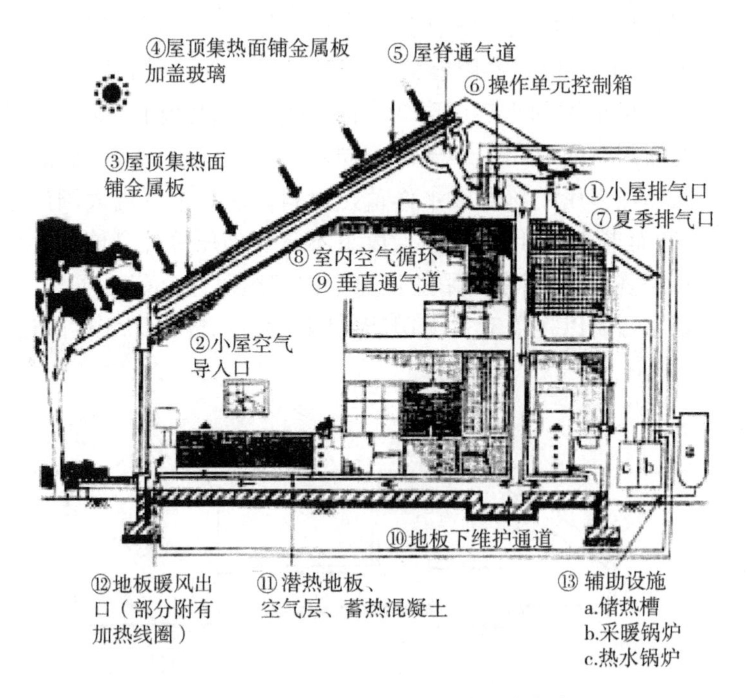

图 7-11 空气集热-空气地热系统构造

时给砖土及混凝土加热。夜间室内温度下降，砖土及混凝土放热，以抑制室内的温度下降。由于系统是在导入室外空气的同时采暖，因此具有不污染室内空气的特点。采用空气热交换器还可以从集热空气得到热水。现在可以直接使用太阳能光伏电池为换气扇或泵供电。

(2) 水集热-水地热系统。使用得比较早的技术是，在水集热器里循环不冻液等热媒集热。被加热的热媒可以在蓄热水槽里循环加热热水，也可以在地热采暖回路中循环供暖。采暖用蓄热体全部采用混凝土作为基础。

(3) 水集热-空气地热采暖系统。用水集热器集热，采暖时热媒在板下的盘管装置里循环，将暖风吹向地板。与空气式地热采暖相同，在砖土、混凝土蓄热的同时给地板加热供暖。盘管装置采用太阳热用和辅助采暖用两套装置，根据设定温度或集热温度可自动或手动选择太阳能采暖、辅助能源采暖或太阳能及辅助能源组合采暖。由于盘管装置能吸进室外空气，所以可以进行地板下换气。热水取得方式与水集热相同，可以根据室温在早晚供暖、中午供应热水。该系统虽然综合了水集热式、空气式的特点，但却没有得到很好的普及。

3. 采暖、冷气、热水系统

在日本设计的实验太阳房住宅中曾使用吸收式制冷机，组成采暖、冷气、热水系统。系统使用 38 m^2 的平板型太阳能集热器，热水温度达到 90℃以上，储存在 0.9 m^3 的蓄热槽里。制冷时，把蓄热槽的热水送入吸收式制冷机，再将制成的冷水送到屋里的盘管装置，向房屋供应冷气；采暖时，把蓄热槽中的热水经管道送入盘管装置，向房屋供暖。蓄热槽内置 150 L 的储热水箱，可向室内供应热水。该实验太阳房可提供大约 98%的热水、80%的采暖和 25%的冷气，但由于系统需要吸收式制冷机、冷却塔、蓄热槽等设备，设备、设置场所及施工超出了一般住宅所能承受的水准。

现阶段住宅使用太阳能制冷的投资过大，而使用太阳能采暖和供给热水比较合适。热泵式太阳能采暖系统则充分利用了太阳能和热泵机组供热的优点，可实现稳定的热水供应并节约能源。

4. 强化自然通风系统

将太阳能集热墙体与太阳能集热屋面复合为一体，可以形成一种自然通风系统。在干燥炎热地区，把这种系统应用于住宅，可诱导自然通风，得到较多的换气次数。

有学者提出了两种复合能量系统：一种是将特朗勃集热墙与屋面蒸发冷却设备有机地结合在一起，利用特朗勃集热墙所产生的烟囱效应作为动力，将流经屋面蒸发冷却设备的室外空气通过太阳能集热屋面与太阳能集热墙体复合结构引入房间[图 7-12(a)]；另一种是由两个太阳能空气集热器组成[图 7-12(b)]，一个放在屋面充当排气扇，在太阳辐射作用下产生烟囱效应，将室内空气排出，另一个置于地面，夏季作为蒸发冷却器。在印度德里的夏季实验表明，对于前一种系统，即便环境空气温度高达 42℃，室内空气温度仍可维持在 30℃；对于后一种系统，房间的温度低 2℃～3℃。从太阳能热利用的角度来观察，以直接受益式和集热-蓄热墙式应用最多，在集热-蓄热墙式方面又以采用特朗勃

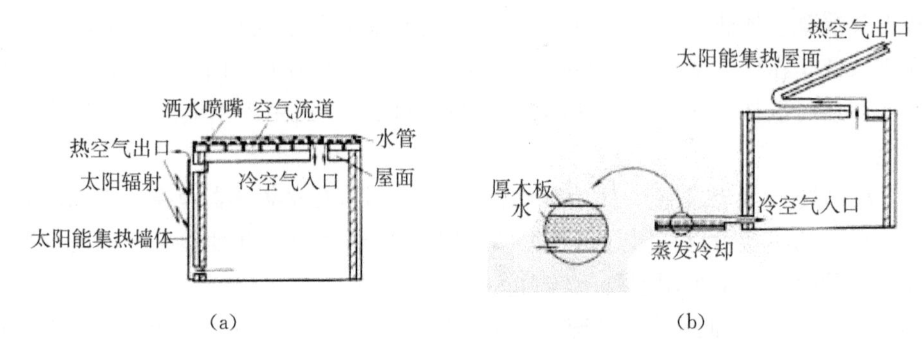

图 7-12　太阳能集热屋面与蒸发冷却复合结构

墙的最多。为了使室内能进行自然采光，我国多采用集热-蓄热墙式和直接受益式的组合方式，可以获得较理想的效果。

上海交通大学代彦军、王如竹提出一种依靠吸附式制冷结合太阳能通风筒强化自然通风的太阳房，具有强化自然通风的效果(图 7-13)。

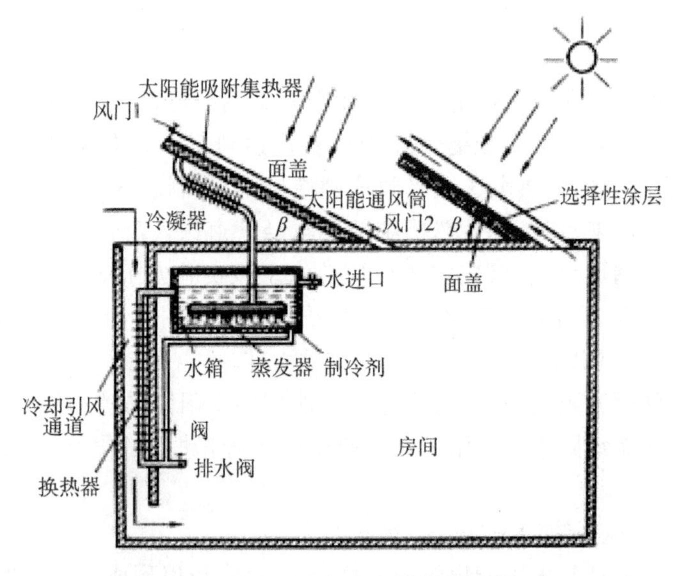

图 7-13　具有强化自然通风效果的太阳房

国外有许多经典的建筑均采用了太阳能强化自然通风原理对室内进行通风换气。澳大利亚某实验室采用地下通风道冷却室外新风，同时屋面设置 6 个太阳能烟囱，以此为动力对整个实验室进行全面通风。

5. 主动式太阳房的应用

一般来说，主动式太阳房能够较好地满足用户的生活需求，可以保证室内采暖、供热水甚至制冷空调，但设备复杂，投资昂贵，需要耗费辅助能源和电功率，而且所有的热水集热系统还需要设有防冻措施。

太阳房的主要应用领域：一是民用太阳房；二是学校太阳房；三是办公楼。同时用于蔬菜和花卉种植的太阳能温室在中国北方地区被较多采用。全国太阳能温室已经取得较好的经济效益。

经过将近三十年的不断发展，太阳房技术和材料设备已经日益完善。这些新的太阳房技术和设备可以很好地与建筑相结合，或者干脆成为建筑的一部分。太阳能干净无污染，且取之不尽、用之不竭，但也有缺点，就是不连续、不稳定。因此，太阳房还需要配以一定的常规辅助能源，才能达到适宜居住的条件，这也就是所谓的"主动式太阳房"。太阳房在设计时，除了需要考虑太阳能的保证率以外，还需要考虑必要的换气以及南北屋的温度调节和控制。

7.4 几种太阳房用材料和部件

太阳房也是一些新材料和新部件的试验基地和应用领域。这些材料和部件在太阳房中表现出色，并迅速向整个建筑领域胜利进军。

7.4.1 相变材料(Phase Change Material—PCM)

1. 让居室形成恒温

由于相变材料的特殊性，可以通过物理变化进行热能转换，可以在减少或不使用能源的情况下使得居室保持恒温状态，这是建筑领域一个革命性运用突破。

传统建筑材料主要是钢筋、混凝土、木材、钢材及其他建筑材料，必须要做墙体保温，不但在建筑周期上拉长了时间，而且保温效果一直没有达到技术要求。相变材料的诞生，让节能型、功能性住宅成为可能和新的时尚。不但降低了碳排放，而且极大地节约了能源，是对传统材料的颠覆性的应用。

相变储能建筑材料兼备普通建材和相变材料两者的优点，能够吸收和释放适量的热能；能够和其他传统建筑材料同时使用；不需要特殊的知识和技能来安装使用蓄热建筑材料；能够用标准生产设备生产；在经济效益上具有竞争力。

2. 复合工艺

PCM 与建材基体的结合工艺，主要有以下几种方法：(1) 将 PCM 密封在合适的容器内；(2) 将 PCM 密封后置入建筑材料中；(3) 通过浸泡将 PCM 渗入多孔的建材基体(如石膏墙板、水泥混凝土试块等)；(4) 将 PCM 直接与建筑材料混合；(5) 将有机 PCM 乳化后添加到建筑材料中。

在相变材料的相变温度范围内，能够吸收、储存、释放较多的热量，具有双向调节环境温度、储存热量的作用，已经应用于节能建筑材料、储热保温材料、电子设备降温、导热介质、太阳能、热水器储能等。图 7-14 是相变材料储能示意图。

相变材料微胶囊(Microencapsulated Phase Change Material, MPCM)，现在研究比较成熟，其基本成分为熔点为 20℃～80℃的相变石蜡和树脂，平均粒径在 2～30 μm。

产品特点：(1) 性能稳定，所用相变石蜡采用石油精炼获得，成本低，不氧化、不挥发、不分解，性能稳定可靠；(2) 高温无泄漏，微胶囊壳体采用热固性树脂，坚固稳定，耐水，耐高温，耐机械加工，长期使用无泄漏；(3) 适应性强，能与各种水性、油性、粉末体系混合，

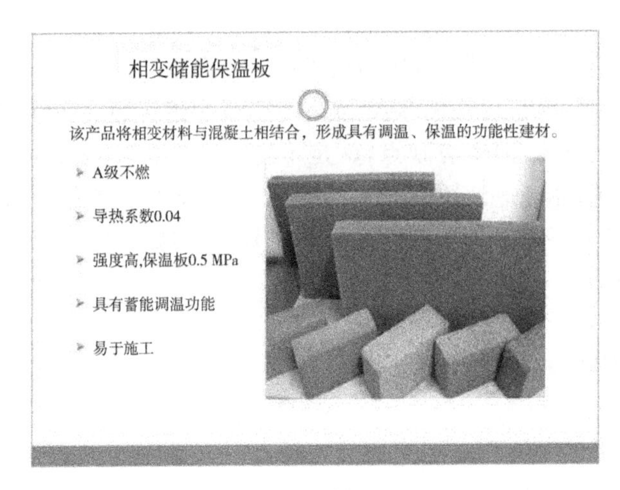

图 7-14 储能示意图

包括各种纺织整理液、涂料、油漆、砂浆、塑料、橡胶等。表 7-1 是相变材料微胶囊的一些性能。

表 7-1 相变材料微胶囊的一些性能

外观	白色粉末①	材质	相变石蜡/高分子树脂(芯材/壁材)
相变温度	25℃、30℃、35℃、40℃②	平均粒径	2～30 μm
相变焓(潜热)	>100J/g	芯/壁比	≥60%
耐热温度	>200℃		

① 可根据需要调制成浆、湿粉。② 与相变石蜡成分有关。

3. 围护结构中的应用

现代建筑向高层发展，要求所用围护结构为轻质材料。但普通轻质材料热容较小，导致室内温度波动较大。这不仅造成室内热环境不舒适，而且还增加空调负荷，导致建筑能耗上升。采用的相变材料的潜热达到 170 J/g 甚至更高，而普通建材在温度变化 1℃时储存同等热量将需要 190 倍相变材料的质量。因此，复合相变建材具有普通建材无法比拟的热容，对于房间内的气温稳定及空调系统工况的平稳是非常有利的。

将相变材料掺入到现有的建筑材料中，制成相变蓄能围护结构，可以大大增加围护结构的蓄热功能，使用少量的材料就可以贮存大量的热量。由于相变蓄能结构的贮热作用，建筑物室内和室外之间的热流波动幅度被减弱，作用时间被延迟，从而可以降低建筑物供暖、空调系统的设计负荷，达到节能的目的。围护结构中相变材料的相变温度应接近于室内的设计温度。相变材料可以掺入主体结构，也可以制成相变保温砂浆，或者以墙板的形式存在于围护结构中。表 7-2 为相变储能构件的多种应用形式。

表 7-2　相变储能构件的多种应用形式

项目	相变墙	相变吊顶	相变地板
被动式采暖	PCM 利用日间太阳辐射能	PCM 利用日间太阳辐射能	PCM 利用日间太阳辐射能
主动式采暖	PCM 利用太阳集热系统热水采暖	PCM 热泵 利用夜间廉价电能热泵供暖	PCM 电能 利用夜间廉价电能地板供暖
夜间冷却	PCM 空气 利用夜间通风冷却	PCM 空气 利用夜间通风冷却	PCM 空气 利用夜间通风冷却

按相变材料与建筑材料结合方式，相变材料在节能建筑围护结构中的应用首先表现在独立式相变构件的使用，在这一方面研究得较多的例子是将十水硫酸钠或六水氯化钙用高密度聚乙烯管封装，然后置于墙体或板中。图 7-15 是一种相变蓄热墙板模型断面图，其中相变材料就是以独立构件的形式封装在管道中。其中相变贮热单元为盛有十水硫酸钠的聚乙烯圆管。

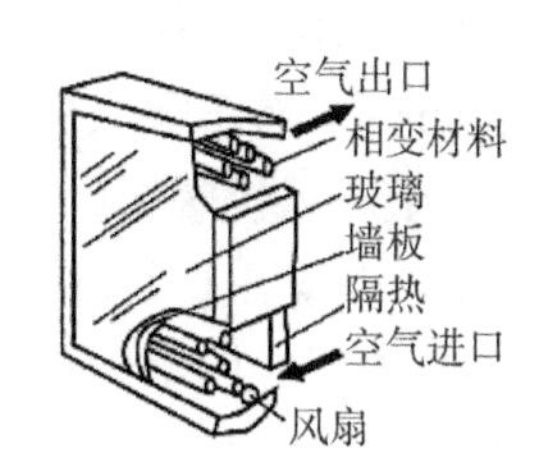

图 7-15　一种相变蓄热墙板模型断面图

相变独立构件的使用还表现在对于通过窗户进入的能量的控制。建筑物中一个重要的热量薄弱环节是窗户。由于玻璃的绝热性能差，大量的热在夏日白天通过玻璃进入建筑物内，而在冬天的晚上，窗户成为热损失的主要原因。

清华大学“超低能耗示范楼”中采用相变蓄热活动地板，具体做法是将相变温度为 20℃～22℃的定形相变材料放置于常规的活动地板内作为部分填充物，由此形成的蓄热体在冬季的白天可贮存由玻璃幕墙和窗户进入室内的太阳辐射热，晚上材料相变向室内放出贮存的热量，这样室内温度波动将不超过 6℃（图 7-16）。

7.4.2　太阳墙

有些公共建筑的南向墙面和屋顶使用了大面积的玻璃幕墙。如果用太阳墙板来代替部分玻璃幕墙，既可以在冬季为建筑输送热风、在夏季为建筑遮挡强烈的阳光，又可以节约玻璃幕墙的安装费用，还能够美化建筑外貌，可谓一举多得。太阳墙系统可使室内冬暖夏凉，这是其他采暖设施无法比拟的。

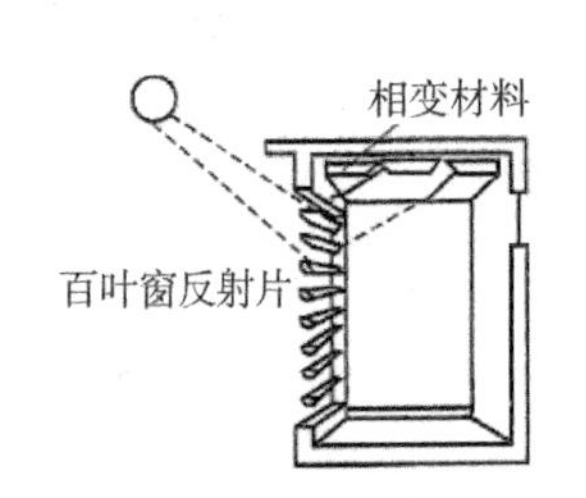

图 7-16 一种夜间供暖系统

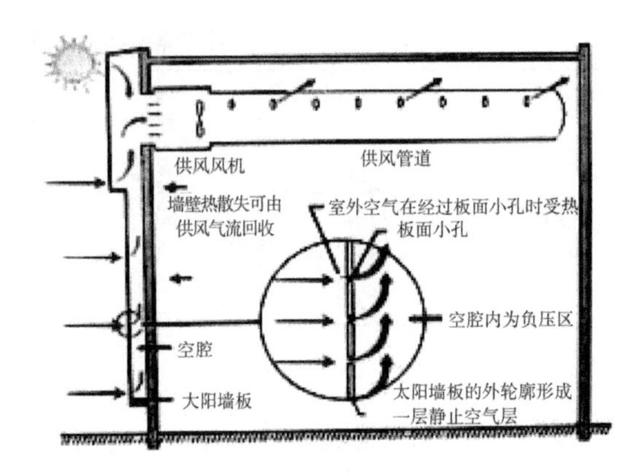

图 7-17 太阳墙的工作原理

太阳墙全新风供暖系统的核心组件是太阳墙板。太阳墙板是在钢板或铝板表面镀上一层热转换效率达 80%的涂层，并在板上穿有许多微小孔缝，经过特殊设计和加工处理制成的，能够最大限度地将太阳能转换成热能。系统工作时，室外新鲜空气经太阳墙加热后由鼓风机泵入室内，置换室内污浊空气，起到供暖和换气的双重功效(图 7-17)。太阳墙板组成太阳墙系统的外壳，安装后与传统的金属墙面(立面)相似。太阳墙板有多种色彩可供选择，易于融入建筑整体风格。

太阳墙全新风供暖系统是一项用于提供经济适用的采暖通风解决方案的太阳能高科技新技术。其突出优点在于：造价低廉，无需维护；微能耗，有效降低运行费用；可提供新鲜空气，改善居民的室内环境，预防疾病。

太阳墙技术被美国国家可再生能源实验室称为迄今为止最为先进的太阳能供暖技术，并被美国能源部评为先进节能供暖技术发明，同时已荣获多项国际大奖。该技术目前已广泛使用于加拿大、美国、日本和欧洲国家的住宅、厂房、学校、办公楼等不同用途的建筑。

德国埃朗根市政厅高层建筑的第 6—14 层之间设置了 150 m^2 的太阳墙。这个太阳墙全新风供暖系统非常吸引人，不仅对建筑立面起到了非常好的装饰作用，而且在节能减排方面也成效显著。经测试，在冬季日照正常情况下，每平方米太阳墙板可向建筑物内提供 40 m^3/h 高于室外空气温度 17℃～35℃的新鲜空气，每年可减少标准煤耗 150 kg，切实为环保做出了贡献；在夏季，可以为建筑起到遮阴的作用，相比没有太阳墙覆盖的墙面，平均温度降低 5℃左右，间接地为空调节约了能源。除太阳墙外，热管式集热蓄热墙(图 7-18)和以集热器为屋顶的太阳房(图 7-19)前景看好。

7.4.3 太阳能地板

太阳能地板采集太阳能作为热源，加热盘管置于楼板面，低温热水在管内循环流动，通过加热盘管加热地面，使其表面温度逐步升高，然后再通过热辐射向室内散热供暖。加热过程中，热量自下而上传递，加上辐射热度和分层温度的双层效应，真正形成符合人体要求的脚热头凉的热环境(图 7-20)。

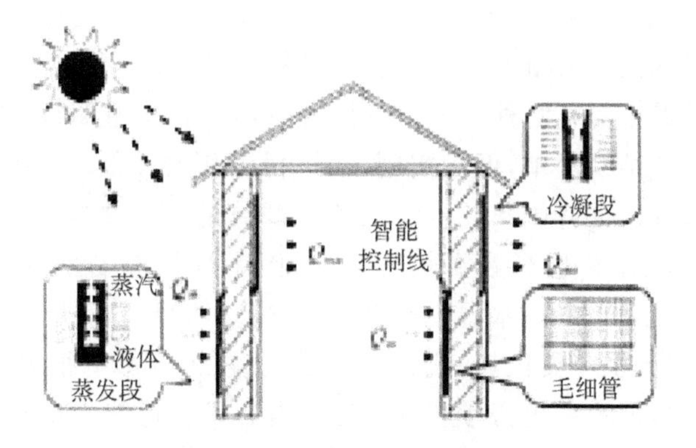

图 7-18 热管式集热蓄热墙

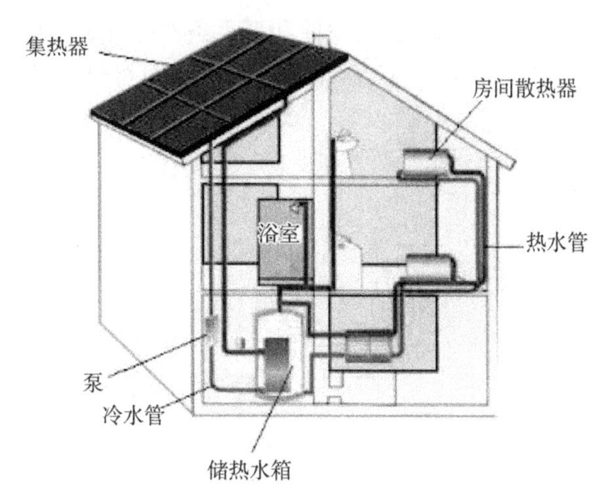

图 7-19 有集热器和储热水箱的太阳房

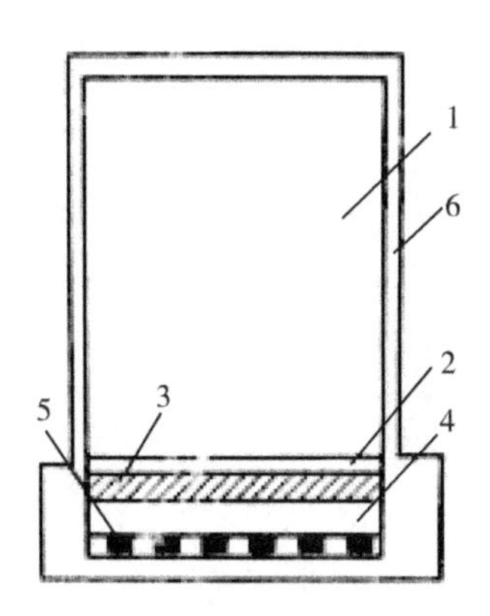

图 7-20 辐射式地板加热采暖系统

1—加热空间；2—盖面；3—热阻材料；4—贮热材料；5—电热丝；6—隔热材料

太阳能地板热媒温度仅要求在35℃～45℃之间，完全可以使用太阳能这种低品位清洁能源，若在地面填充层使用相变材料等蓄热结构，可以增加系统的热惰性。

太阳能地板采暖主要有两种形式：一种是间歇运行，即在日间收集并蓄存太阳能，夜间供暖。这种形式结构简单，但较实用，初期投资相对较低，适用于冬季室外温度不很低、日照充足的地区，如我国华北、西北、西南部分地区。在这些地区，利用南向的蓄热墙体和地面，白天基本上不需要热源即可维持16℃左右的室温；若蓄热温度为40℃，夜间靠水温降供暖，最终水温也不会低于30℃，能基本满足热源要求。另一种是连续运行，建筑在白天也需要供热，或太阳能受气候、天气影响很大，在这些地区，太阳能地板的集热系统与采暖系统必须分离，以换热形式进行能量交换，并同时增加辅助热源作为保障。

太阳能地板节能、热稳定性好、不占用房间使用面积，其辐射换热量约占整个总热量的60%，不同于常规的对流散热模式，舒适性和卫生条件都有大幅提高，越来越受到人们的青睐。其缺点是增加了层高及荷载，使土建费用增加，可维修性差。

8　太阳能热发电技术

太阳能热发电是将太阳辐射能转换为热能，通过热—功转换过程发电的技术。现代太阳能热发电源自 20 世纪 70 年代世界范围的能源危机，在 21 世纪受到广泛重视。

太阳能热发电系统是多物理过程，是非稳态、强非线性耦合的复杂系统。当前制约太阳能热发电的主要障碍是聚光成本高，迎来在不稳定太阳辐照下系统的光学效率和热工转换效率低。太阳能热发电正迎来巨大发展前景。

8.1　太阳能热发电概述

8.1.1　太阳能发电相关技术

太阳能热发电技术含有三个领域的内容：第一类是聚光型太阳能热发电技术；第二类是非聚光型热发电技术；第三类是与高新科技材料组合的热发电技术。现在聚光型热发电技术已日臻成熟，步入成长发展的快车道，一路欢歌。而太阳能非聚光型热发电技术和新材料太阳能热发电技术也显示出巨大独特优势，正蓄势待发。

根据工作原理，太阳能热发电具体可以进行如下分类：聚光型太阳能热发电有塔式太阳能热发电、槽式太阳能热发电、碟式太阳能热发电等（见图 8-1）。

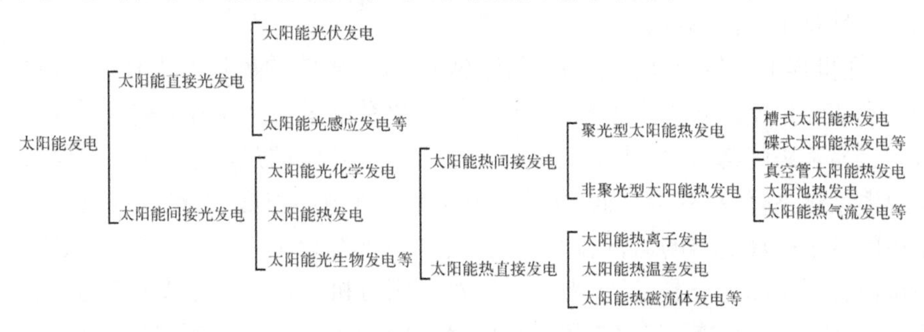

图 8-1　太阳能发电分类

热电转换技术正处于原理探索阶段和实验阶段。太阳能动力发电基本工作原理是利用不同形式的聚光或非聚光太阳能集热装置收集太阳辐射能并转换为不同温度的热能,加热水、空气、低沸点工质或加热高温油、熔盐等,再绝热交换,使水、空气等变成高温高压热气体,推动不同形式的热动力发电机组发电,从而完成能量转换。太阳能热动力发电系统热动力发电部分与常规热力发电工厂相同或相近,均为常规设备,本书主要介绍太阳能系统部分。

热力学第二定律指出,能量的品质系数越高,它的转换性越好,越容易转变为其他形式的能量。因此太阳光能是比较容易转变为其他的能量形式的。由于人类在许多情况下需要的动力或者电可以转变为任何形式的能量,所以人们在考虑太阳能的利用时,最愿意将太阳能转化为动力或者电。但太阳能的品质系数毕竟没有达到 1,所以它不可能 100%转化为动力或电,在太阳能的动力转化系统中,人们必须充分考虑它的转化效率。太阳能转化为动力的方式有很多种,热动力化是最寻常的一种。在这个转化过程中,离不开优良的热机,热机效率越高,转化效率越高。然而,热机效率又与给热机供热的温度有关,供热温度越高,系统的效率越高。因此,太阳能热动力转化系统又需要性能优良的太阳能集热器。目前,地面上人造的太阳能集热器可以聚集的太阳能达到 4 000 K,理论上可以聚集到与太阳表面相同的温度。但集热温度越高,集热系统的效率就越低。因此,综合太阳能集热系统和热机系统的效率,将会产生系统的最佳运行温度,在这个温度下运行,太阳能热动力转化系统将产生最高的综合效率。在目前人类采用的太阳能热动力系统中,经常采用如下几种经典的热力学循环,即卡诺循环(Carnot Cycle)、斯特林循环(Stirling Cycle)、布雷顿循环(Brayton Cycle)、爱立信循环(Ericsson Cycle)、蒸汽动力兰金循环(Rankine Cycle)。这些热力学循环各有优缺点,适合不同的太阳能系统和不同的运行温度。

近年来,由于太阳能聚光技术的发展,可以把太阳光聚集到很高的密度,并且可以通过透明窗口将光能传递给斯特林机,因此斯特林机在太阳能领域得到了重大发展,特别是当今分布式能源系统的兴起,更是为斯特林机的应用找到了用武之地。

兰金循环是当今使用最多的动力循环之一,世界上几乎所有的大型发电站都在使用兰金循环。而今天,许多太阳能热电站都是太阳能系统与传统技术相结合的混合体,最可能的结合是用太阳能聚光场代替传统电站系统的锅炉,所以在太阳能利用领域,兰金循环的重要性是不言而喻的。

如今,在世界上已经建立了很多太阳能热电厂,太阳能的集热方式有定日镜塔式、抛物面槽式和菲涅尔反射式等多种形式,但热电转化系统采用兰金循环的居多,规模从兆瓦级到几百兆瓦级的都有,形成了太阳能热电研究和开发的热潮。一般来说,太阳能系统的集热温度越高,效率就会越低,这是由地表上各种散热引起的,难以避免。而利用水作为工质的兰金循环需要的运行温度一般要求在 400℃以上,这个要求对一般的太阳能集热系统而言有些高。于是,近年来兴起了对利用有机工质的兰金循环的研究,部分有机工质在 100℃～300℃时,已经有了足够的蒸汽压,可以推动透平机做功,因而此类系统可以在较低的温度下运行,有利于太阳能集热器的高效利用。与常规火电站燃料(燃煤、燃油、燃气)可以精确相比,太阳能热发电获得能量有不稳定、不连续的特点,导致热力过程呈非稳态,变化频繁,只有多变量耦合的非线性时变性和不确定性。其运行模式及控制手段相应多样复杂。太阳能热发电的各项专有技术,如大规模集热技术、储热技术、供热技术的发展,为实现规模化稳定运行提供了可能。现在的太阳能热发电的热力系统,相比于锅炉来说,它属于一个非常复杂的、多变量、多回路和多运行模式的系统。

8.1.2 聚光集热太阳能热发电的专有技术

1. 太阳能热发电的构成

典型的太阳能热动力发电由聚光集热、储热、辅助能源、监控和热动力发电五个子系统构成;也可分为太阳能集热储热单元和热工转换发电单元,前者包括聚光、吸热、储热和换热,后者包括热机、热控、电气、供水、化水、暖通等部分。太阳能热发电是一种完全清洁的发电方式,与太阳能光伏发电等其他清洁发电方式相比,它有着独特的优势,包括:

(1) 不受限于时间、空间、气候、季节等的影响,不但能够在白天发电,还能将白天吸收储存的热量用于夜间发电,也能满足阴雨等不利天气下的电能生产和输送,保持稳定、持久的发电量。

(2) 因它具有技术稳定、输出连续等特点,不但对电网很友好,而且有利于电网的调频操作,满足即时调整用电负荷的要求,可以和光伏、风电、水电等互补,促进能源结构调整。

(3) 热电转换效率较高;而太阳能储量最为丰富,这使得太阳能光热发电具有广阔的应用前景。

(4) 由于有太阳能转换为热能的步骤,除了用于发电以外,多余的热能也可以用来供暖,一举两得。太阳能热发电可以采用直接循环和间接循环(两回路循环)两种热力循环,前者是直接将接收装置产生的蒸汽(高温气体)驱动汽(燃气)轮机组发电;后者是通过主系统热循环过程中的热交换加热辅助系统内的工质,如水或者低沸点流体,产生蒸汽驱动汽轮机组发电。太阳能热发电用集热装置和储热代替了常规火电站的传统锅炉,而其热—功—电转换常采用的热力循环模式以及设备都和常规电站基本一样。因此,我们在书中相应减少或忽略对有关内容的介绍。

2. 太阳能热发电的设计

太阳能热发电的设计包含资源评价、选址、聚光场光学效益设计、吸热器热控和电气设计、储热容量和充放电设计、换热与蒸发设计、电器及热控仪表电站建设和安装设计等内容。太阳能热发电技术的主要特点之一是集热。聚光比是设计太阳能热发电系统最重要的参数之一。聚光比是聚集到吸热器采光口平面上的平均辐射功率密度与进入聚光场采光口的太阳法向直射辐照度之比。聚光比越大,可能达到的最高温度就越高。年发电量是决定太阳能热发电站收益的关键因素之一。太阳能热发电站的年发电量是太阳能热发电站的年效率与投射至聚光场采光口面积上太阳法向直射辐照量之积。因此,太阳能热发电站的年效率与太阳能热发电站建设地点的太阳法向直射辐照量是另外两个非常关键的要素。太阳能热发电站的年效率(也可以说是系统效率)由集热效率和热机的效率决定,在某一聚光比下,随着集热温度的提高,系统效率曲线会出现一个“马鞍点”,这主要是因为随着集热温度的提高,热机效率提高,但由于吸热器的热损失会增加,集热效率到达某一高点后会下降。因此在太阳能热发电系统中,不能单纯地提高系统的工作温度,而应该综合考虑聚光比和集热温度,采用高焦比聚光及高性能的吸热技术。

3. 聚光方式

根据聚光方式,太阳能热发电技术可分为点聚焦和线聚焦两大系统。点聚焦主要包括太阳能塔式发电和太阳能碟式/斯特林发电;线聚焦系统主要包括太阳能抛物面槽式发电和太阳能线性菲涅尔式发电。在四种太阳能热发电技术形式中,碟式/斯特林发电技术的聚光比最高(1 000～3 000),塔式次之(300～1 000),线聚焦系统的抛物槽式(70～80)和线性菲涅尔式(25～100)相对较低。

4. 发电系统的效率

太阳能热发电系统的效率取决于集热器效率和热力循环效率的乘积,但集热器效率与工作温度成反比,而热力循环效率与工作温度成正比。因此,各种形式太阳能热发电系统都有其最佳的工作温度和系统效率。

太阳能热发电属于太阳能热间接发电,分为非聚光型太阳能热发电(低温)和聚光型太阳能热发电(中高温)。非聚光型太阳能热发电有太阳池热发电、太阳能热气流发电等;聚光型太阳能热发电有塔式太阳能热发电、槽式太阳能热发电、碟式太阳能热发电。

对于聚光型太阳能热发电,包括聚光器、接收器和跟踪装置的聚光集热子系统用于收集阳光,并将其聚集到一个有限尺寸面上,以提高单位面积上的太阳辐照度,从而提高被加热工质的工作温度,是技术难点,也是整个系统投资成本的最大部分。从理论上讲,聚光方法有很多种,如平面反射镜、曲面反射镜和菲涅尔透镜等。但在太阳能热发电系统中,最常用的聚光方式有两种,即平面反射镜和曲面反射镜。

目前,太阳能热发电的技术路线主要有四类:目前应用最广泛的槽式热发电系统,技术相对成熟;塔式热发电系统,效率提升与成本下降潜力最大;线性菲涅尔式热发电系统,适合以低造价构建小型系统;碟式热发电系统,效率最高,便于模块化部署。

8.1.3 太阳能光伏发电和太阳能热发电技术的差异

光、热之间没有明显分界,在人们心目中,光和温度总是密切相关,都是太阳辐射能量的组成部分。大规模的太阳能光伏发电和太阳能热发电聚光(热)在原理构造上有很多类似之处。太阳能热发电同时聚热、聚光,各类聚热器上都光亮耀眼,而太阳能光伏发电同时伴随热量的产生,需要考虑太阳热对组件的影响和利用方式。

太阳能光伏发电和太阳能热不存在孰优孰劣的问题,这是两条不同的技术路线。

两者差别主要表现在如下方面:

1. 工作原理的差异

太阳能光伏发电原理是太阳能电池的光电效应。

太阳能热发电种类较多,如利用太阳热能直接发电,利用半导体、水等金属材料或液体的温差发电,利用真空器件中的热电子和热粒子发电,以及利用碱金属热电转换和磁流体发电等。这类发电的特点是发电装置本体没有活动部件,也可将太阳热能通过热机带动发电机发电。

从热力学观点看，太阳能热发电的原理与常规热力发电厂一样，都符合兰金循环或布雷顿循环原理，不同之处是所用的一次能源不同。前者是收集太阳能热作为热源，而后者使用矿物燃料，两者分别表现为收集太阳能热的集热器和燃烧矿物燃料的普通锅炉，这导致在各自设计、结构和解决自身特殊技术上的重大差别。此外太阳能热发电高效收集密度很低，昼夜间歇，四季变更，太阳能每日波动。如何能将收集到的太阳能光热汇集投射到集热器中就成了一项与普通锅炉不同的重要研究内容。

另外，由于太阳辐射本身的特点，在太阳能热发电系统中还要设置蓄热子系统和辅助能源子系统。这可在夜晚和日照辐射较差时释放热能，保持汽轮机持续运行，从而保证输出电力的稳定性并增加全负荷发电时数。太阳能热发电还可利用石化燃料进行补偿，实现在夜间和连续阴雨天气持续发电。

由于工作原理的不同，太阳能热发电的效率与生产规模密切相关，而太阳能光伏发电的效率由材料(元件)本身的属性决定。这一特点表明，从整体上说，太阳能光热发电更适合与常规电力组成大规模联合循环发电系统运行，太阳能光伏发电更适合于建设分布式发电系统。

这种特点保证了太阳能热发电技术可以利用不同的自然环境，量体裁衣，开展各具特色的工程。如建设太阳能坑热发电、太阳能池热发电、太阳能烟囱发电，尤其在超越整个陆地面积的广袤海洋的温差发电等。在温度变换悬殊的月球上，太阳能热发电是获取能源的首选技术。太阳能热发电(动力发电)可以一路畅通地进入电网，而光伏发电如果并网，必须使用逆变组电源彼此充电放电，影响整个电网的内耗和不稳，或者与公共电网同时输送到负载。在光伏发电-蓄电池系统中，有诸多因素影响蓄电池使用，如温度、控制器、放电速度、放电深度等。理论和实践都表明，蓄电池是光伏发电系统的短板。

从能量转换角度，太阳能热发电占有优势。光伏电池在生产过程中，也要很高能耗。以北京、拉萨、上海三个光照时间不等的地区为例，如按垂直方向安装光伏系统，光伏电池全寿命周期能耗分别为 4 339(kW·h)/kWp、4 410(kW·h)/kWp、4 314(kW·h)/kWp；能量回收期分别为 5.03 a、3.95 a、6.75 a。可知拉萨地区虽然运输安装能耗较大，但年发电量最大、故能量回收期较短。而对垂直安装光伏系统的高能耗方案，光伏电池立地全寿命周期能耗分别为 5 806(kW·h)/kWp、5 877(kW·h)/kWp、5 781(kW·h)/kWp；能量回收期则延长到 6.72 a、5.27 a 和 9.05 a。即使按最佳角度系统安装，光伏电池的能量回收期也要在 3a 以上。除能耗甚大以外，太阳能电池在生产过程中，原料尤其是其中稀有金属必须经过多道化学处理、提纯程序，环境污染不可避免。

另外，光伏电池大多与塑料结合，在使用寿命结束后废品也会产生污染。如不并网发电，光伏电池必不可少的装置蓄电池的使用寿命一般不足 10 年，废蓄电池有较大污染。

在环境保护方面，采用改良西门子法生产多晶硅，最关键的工艺就是尾气的回收循环利用。在整个多晶硅提纯氢化过程中只有约 25%的三氯氢硅转化为晶体硅，其余大量进入尾气，同时形成副产品四氯化硅。一个年产 1 000 t 的晶体硅厂每年副产 1×10^4～15×10^4 t 的四氯化硅。四氯化硅是高危高污染产品，必须进行回收利用。

在成本方面，由于光伏产业起步较早，因此在技术进步、批量生产和学习效应等因素下，太阳能组件成本逐渐下降也是必然趋势。

2. 能量储存的差异

可再生能源发电面临的主要挑战之一是如何把能量储存起来，实现电力可调节。和光伏发电相比，太阳能热发电的一个显著特点是输出电力稳定，具有可调节性，可以满足尖峰、中间或基础负荷电力市场需求。太阳能热发电站可以设计蓄热系统，在云遮或日落后，蓄存的热能可以被释放出来，使汽轮机持续运行，从而保证输出电力的稳定性。此外，太阳能热发电站也可以和化石燃料混合发电，提高电力输出的可靠性。在同一天中，光伏电力输出的波动性要比热发电的大。

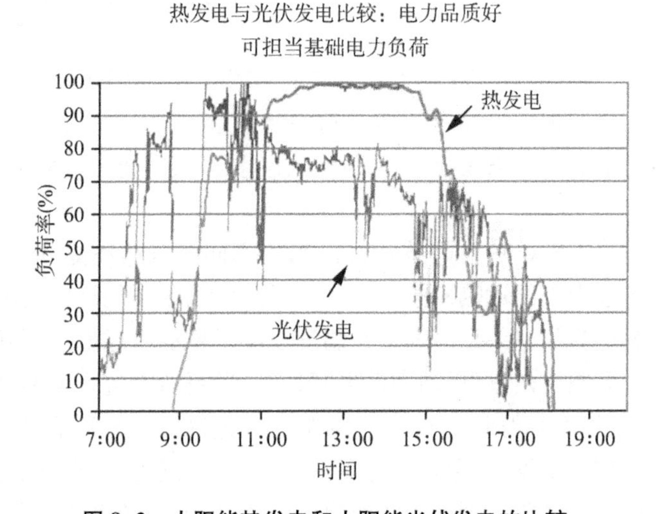

图 8-2　太阳能热发电和太阳能光伏发电的比较

除了输出电力平稳、符合电力负荷曲线外，太阳能热发电技术的主要受益点是其对环境的负面影响很小。太阳能热发电站全生命周期的 CO_2 排放量仅为 13～19 g/(kW・h)。我国能源专家刘鉴民指出：按单位发电能力计算，常规燃煤热力发电厂向环境排放的 CO_2 量是太阳能热动力发电的 45 倍；即使是因为太阳能光伏发电向环境排放的 CO_2 量，也是太阳能热发电的 5 倍，显然太阳能热发电是更为清洁的能源利用方式。

不过，太阳能光伏发电和热发电都是利用太阳能发电的技术形式，光伏发电由于输出电压较低，因此适用于城市屋顶、土地利用集中的不规则开阔地等区域，并尽量靠近用户侧；终端应用可以是民用、农村电气化、通信、交通应用、路灯、城市光伏建筑一体化(BIPV)等。

太阳能电池的使用寿命约为 25～30 年，废品又会造成污染，回收又需耗费能量、数量微小的稀有金属，作为不可再生资源很难分离、回收。总体考虑光伏电池的能耗、资金回收和废品处理，其耗资高于太阳能热发电。

3. 发电的持续性与稳定性的差异

太阳能热发电技术另一相对于光伏发电的优势为：利用熔融盐储热技术，太阳能光热电站能够在没有太阳的情况下持续发电并始终保持发电的稳定性。

这使太阳光热发电在替代火电可能性上拥有超过其他清洁能源的优势。在发电功率上，太阳能热发电也高于光伏电池。

专家指出，在太空发电中，太阳能热发电接受太阳光的面积可以比相同发电能力的太阳光伏电池小25%左右。当然，这也意味着汇集太阳能热的反射光斑聚热性能要高，精度偏离会造成较大能量损失。与光伏发电相比，聚光型太阳能热发电具有输出稳定、可承担基础负荷、可与火电形成互补等优点，但同时也有系统建设周期长、后期运行维护技术复杂、需要大量用水的劣势。

常规发电是通过控制燃料的输入，得到可控的电力输出；而可再生能源发电是不可控的能量输入，得到不可控的发电输出，这在电网中只能占很小的比例。如何在不可控的输入条件下，得到可控的电力输出，是可再生能源发电的最大难题。太阳能热发电通过热量的收集过程，储存部分热量，调节电力输出，使发电负荷满足电网的需求，是太阳能热发电的最大优势。

4. 应用范围的差异

在实际应用方面，当前太阳能电池占据巨大优势。可以应用微小尺寸，也可以汇集应用于巨大的范围。因为输出电压较低，适用于城市土地利用集中的不规则开阔区域，终端可以是民用、农村、交通。人造地球卫星是太阳能电池最初的应用，效果一鸣惊人。

现在，太阳能电池已应用到汽车、轮船以及连续一年不用着陆、补充能量、一直追踪太阳、环绕地球的航天器上。20世纪90年代，美国政府提出“百万屋顶计划”以后，太阳能电池开始在建筑上广泛应用。与大型太阳能热发电技术抗衡，在欧美等地都出现了大型太阳能光伏发电工程。如太阳能光伏开发利用进入家电领域后，各种各样的太阳能家电新产品应运而生，例如太阳能庭院灯和草坪灯、太阳能电扇、太阳能电视、太阳能电话、太阳能空调、太阳能照相机、太阳能电扇凉帽等。其中尤其以太阳能庭院灯和太阳能草坪灯发展最为迅速，并形成了相当的生产规模，国际市场对太阳能草坪灯的需求十分巨大。

微型太阳能电池是太阳能电池家族新宠。例如，美国南佛罗里达大学已研发出超小型太阳能电池。研究人员已从仅为一颗米粒的1/4大小的电池上获得11 W的电力。这种电池可放入溶剂，通过喷枪控制大小厚度，也可制成膏状，便于涂抹。这种电池可以喷涂在任何接触到阳光的物体表面，如制服、汽车、墙体等，可在衣服表面起装饰作用又提供保暖作用，为各类小型电器提供电力(如给手机、电脑充电)。随着太阳能电池效率的提高，尤其是第二代、第三代太阳能电池的陆续登场，太阳能光伏发电应用领域极为光明。

太阳能电池虽单价较高但安装便利，可以应用于地球的各个角落，从蝇蚊大小的微型机器人到车水马龙的城市，从建筑到玩具、衣裤、手机，都已投入使用太阳能电池，而太阳能热发电如空谷幽兰，场地主要集中在沙漠、高原，加上宣传不足、技术有待完善，这是后者知名度低的主要原因。

5. 两者都有助于改善生态

科学家通过运行气候和地面温度模型发现，大型太阳能热发电站和太阳能光伏发电站都可以显著改善当地的生态环境。在撒哈拉沙漠，只要有 1/5 的面积用于太阳能发电，那么日均降雨量就能增加一倍以上，从 0.24 mm 增至 0.59 mm。在我国西北地区，同时在电场实行种植和养殖，仅仅在内蒙古达拉特旗发电基地，就饲养鸡、羊等动物，一期项目就种植有 1.2 万亩(1 亩合 666.7 m^2)枣树，5 000 亩黄芪、黄芩。这将产生重大的生态、环境和社会影响。

6. 太阳能发电技术的发展趋势

面对太阳能光伏发电广泛的应用，太阳能热发电也有很大发展前景。现在，温差发电也是各国学者研究开发的领域，很有可能在不远的将来取得突破，那时太阳能热半导体温差发电等技术将会与光伏电池展开新的竞争。利用太阳能热水和冷水之间的温差发电也会在未来建筑中大有所为。

我国太阳能热发电的技术研究的主要任务是：结合我国国情确定一种较为可行的总体技术方案；建设试验示范电站；开发出太阳能电站总体设计技术；研制低成本定日镜、高温吸热器、储热装置等设备；制备高可靠性玻璃镜和高温传热、储热等材料。

“高效规模化太阳能热发电的基础研究”共设 6 个课题：(1) 太阳辐射能高效聚集子课题主要解决光的高效聚集问题；(2) 从光到热的转换及吸热过程课题；(3) 高温传热及蓄热介质课题寻找新型的传热、蓄热介质，突破目前的使用温度限制条件；(4) 规模化的太阳能热发电系统集成调控课题，旨在解决系统控制策略；(5) 高温传热、蓄热材料设计与性能课题，从材料角度解决蓄热的容量和效率问题；(6) 太阳能热发电的环境适应性，解决新系统的环保排放及系统与环境的良好适应问题。

太阳能热发电技术的规划：在《国家能源科技“十二五”规划》中，明确规划要建设大规模太阳能热发电示范工程。规划指出：目标是建设 300 MW 级槽式太阳能与火电互补示范电站、50 MW 级槽式太阳能热发电示范电站和 100 MW 多塔并联太阳能热发电示范电站，解决从聚光集热到热功转换等一系列关键技术问题。

规划指出的 300 MW 级槽式太阳能与火电互补示范工程研究内容，包括高精度、低成本太阳能集热器及其工艺、太阳能给水加热器、太阳能集热与汽轮机控制运行特性等；50 MW 级槽式太阳能热发电示范工程，包括高温真空管、高尺寸精度的硼硅玻璃管、高反射率的热弯钢化玻璃、耐高温的高效光学选择性吸收涂料等设备生产工艺，槽式电站设计集成技术示范；100 MW 多塔并联太阳能热发电示范工程，包括 5 MW 吸热器、定日镜、储热装置的现场实验，大规模塔镜场的优先排布技术，多塔集成调控技术，电站调试与运营技术示范。解决以上规划列举的关键技术，太阳能光热发电的发展将实现巨大飞跃。

8.1.4 太阳能热发电在未来能源结构中的地位

由于未来发展具有不确定性，人们对于未来能源结构的看法有别。有人估计到 2050 年，人类对太阳能的利用占总能耗的 50%以上，也有人认为略低于这一比例。但是，专家和权威机构都倾向认为，届时太阳能热利用(如太阳能热水、海水淡化、温室、空调等)在未来能源结构中占据最大份额。

有关专家一直关注我国太阳能热发电技术，看好这项技术的未来应用前景，同时也提出了一些建议。

1. 太阳能利用是用土地换能源

根据现有技术推论，两台 300 MW 级火电机组按照 5 000 h 的设备利用计算，每年可发电 30×10^8 kW·h，占地约 30 hm^2（电站、火电厂、灰场等），而太阳能电站发同样电量需要 3 000 hm^2 土地，因而太阳能热发电占地是常规火电机组的 100 倍。假定每平方千米土地每年发电 1×10^8 kW·h，则 4×10^4 km^2 的土地每年可发电 4×10^{12} kW·h，这个数据接近我国 2010 年的总发电量。我国拿出 1×10^4 km^2 的土地，约占我国陆地总面积的 1/960，就能提供相当于 2010 年全国一年中 25% 的电量。根据太阳能热负荷的输出特性，采用储热技术的发电形式是适应电网用电状态的，因而可以接纳全部发出的太阳能发电量。因此，太阳能利用实际上是用土地换能源，可以充分利用我国太阳辐射条件好的戈壁和半沙漠地区。

2. 太阳能发电基地一旦建成，永久使用

我国电站设计寿命按照 30 年计算，而世界上 1910 年制造的汽轮发电机有过 90 年的运行经历。电站运行除了自身寿命外，燃料来源也是重要因素，因此我国很多早期电站到达退役时间后，新电站绝大多数都是另辟新址，而太阳能热发电使用太阳能，且占地面积太大，因此，电站一旦建成，就永远运行下去。只需要每年进行设备维护、维修和定期重换材料设备，因而延长设备还贷期将大大有利于电价的计算。同时，前期项目不能以一个电站进行项目分析，而要以发电基地的概念进行可行性分析和研究，包括环境影响分析。

3. 太阳能热发电研究和应用是系统工程

太阳能光伏的研究重点在于光电电池效率，建设 1 MW 级和 10 MW 级的光伏电站在技术上没有本质不同，而太阳能热发电的难点在于光—热—功—电的转化过程和系统集成，特别需要工程建设和运行实践，才能确证其成功与否。一个周期大约 5 年，而目前不能确定现有的太阳能热发电技术是否是最佳方案，因此，需要有实验和示范项目的探路，从设备制造、系统整合、调试运行和维护检修等多方面实践，才能找到最佳途径，进行下一轮的实践。从示范项目到工程应用项目，必须要经过至少两轮的实践考验才能成熟。国外最早的槽式系统至今已经运行了 25 年，但是目前国际上仍在进行新的太阳能热发电系统研究。

（1）太阳能热发电项目的单位造价。由于中国的人工成本和材料费低于国际标准，一般的看法是国内的单位千瓦造价比国际低 20%。对于槽式电站，集热管、抛物面玻璃镜等都属于新产品，国外产品价格高，国内产品需要大量的投资建设，初期产品价格也不可能低。因此示范项目建设的成本较高，但随着规模化的建设，成本将会迅速降低。

（2）国家政策的支持方向。在太阳能热发电初期发展中，需要国家的相关政策支持，美国、西班牙的太阳能热发电发展证明了国家政策支持的重要性。除电价政策外，结合西部开发配套土地政策上的支持也非常重要；根据运行年限，太阳能热发电可长期运行，应该适当延长这类项目的贷款期；太阳能热发电不需要消耗能源，运行成本低，因此应给予税收和贷款优惠支持。

4. 太阳能热发电在未来能源中的地位

太阳能光伏发电以其特有的属性和政府扶持，近年来迅速成为新能源行业的一颗耀眼明星，而太阳能热发电则“养在深闺人未识”，未免有点相形见绌。

太阳能热发电技术的特点在于通过光热的转换、集中和储存，利用常规的发电技术，将太阳的辐射能转换为电能。这一电能是常规发电机发出的电力，因此输出电压高、输送距离远，适应于大规模发电。在太阳能量的转换过程中，利用的是钢材、水泥、机械设备等常规材料及设备，特别适合像中国这样的以机械制造为主的大国发展，从而得到长期廉价、无污染的电能。正因为具有其他能源难以替代的优势，太阳能热发电在未来世界能源结构中，尤其是在未来中国能源结构中，将会占据一个极为重要的位置。

太阳能热发电正成为世界范围内可再生能源领域的投资新热点，目前太阳能热发电站遍布美国、西班牙、德国、法国、阿联酋、印度、埃及、摩洛哥、阿尔及利亚、澳大利亚等国家。

太阳能热发电主要用于大规模贫瘠或荒漠化土地上并网发电。太阳能热发电输出电力平稳、吻合电力负荷曲线，具有非常强的同现有火电站及电网系统的相容性优势；生产过程中能耗与污染少，对环境的负面影响很小；年均发电效率比光伏发电高；大规模运行成本低。但一次性建设投资大、维护成本高以及水源问题都是太阳能热发电必须面对的难题。

我国于 2007 年颁布的《可再生能源中长期发展规划》中就提到，未来将在内蒙古、甘肃、新疆等地选择荒漠、戈壁、荒滩等空闲土地，建设太阳能热发电示范项目。随着技术创新步伐加快，在国家政策支持下，我国太阳能热发电将有可能成为下一个新能源投资的蓝海。

人们应该客观认识太阳能热发电与太阳能光伏发电各自的优缺点，坚持用两条腿走太阳能发电的低碳发展之路，在各自领域内以创新的力量共同捍卫地球家园的碧水蓝天。而在太阳能发电技术利用中，太阳能光伏发电和太阳能热发电可能平分秋色。

5. 太阳能热发电对能源的贡献

根据国际能源署发布的《技术路线图报告：聚光型太阳能热发电》(Technology Roadmap：Concentrating Solar Power)预计，到 2050 年，太阳能发电量将占全球发电量的 20%～25%，其中太阳能热发电(仅指聚光热发电)将供应世界 11%以上的电力，其中中国产量占据三分之一以上。这意味着太阳能热发电在未来能源结构中占据重要地位，将会提供人类所需能源的 10%，这是一个相当保守的估计，如果考虑到海洋温差发电、月球发电和其他突破，太阳能热发电对未来能源的贡献更大。在重视生态环保、太阳能源丰富的中国，将会大大超过这个比例。而国内专家认为，到 2050 年，太阳能热利用技术将满足我国电力消费总需求量的 18%～25%，即接近 1/5～1/4。这意味着太阳能热发电技术在我国未来能源结构中将会充当举足轻重的角色。

8.2 太阳能聚光发电技术

8.2.1 聚光比和集热温度

聚光型太阳能热发电(Concentrating Solar Power,简称 CSP),先将太阳能转化为热能,然后通过传统的热力循环做功发电的技术,产生交流电。它通常由聚光系统、储热系统、热能输送系统和发电系统组成。

聚光可以有效地提高接收器的工作温度。不同的聚光集热方式有不同的聚光比和可能达到的最高集热温度,其关系曲线如图 8-3 所示,图中以接收器受光面的选择性吸收涂层的特征参数 a/ε 为参变量。由图可见,a/ε 比值越大,在相同聚光比的条件下可能达到的集热温度越高。显然,不同的聚光集热方式处于曲线的不同区段。

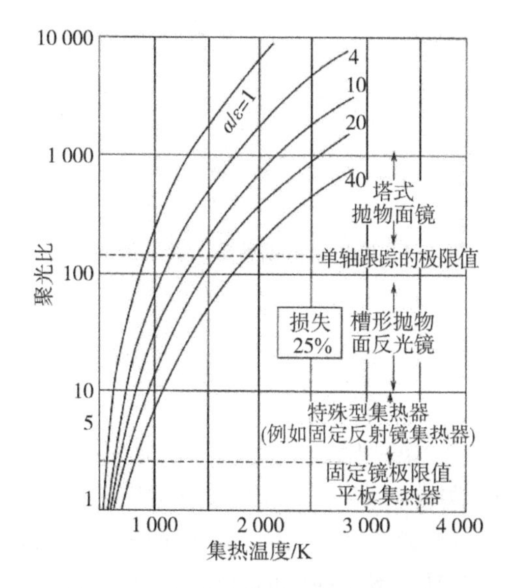

图 8-3 聚光比和集热温度的关系曲线

接收器向环境散热的表面与光孔面积之比反映集热器使能量集中的可能程度,是聚焦型集热器的几何特征参数。这有利于减小散热损失。

光学效率表示聚焦型集热器的光学性能。它反映了在聚集太阳辐射的光学过程中,由于集光器不可能达到理想的程度(如形状、表面的光学精度、反射率等各方面的影响)和接收器表面对太阳辐射的吸收也不可能达到理想化程度而引起的光学损失。聚焦型集热器的光学损失要比平板型显著,而且一般只能利用太阳辐射的直射分量,只有聚光比比较低的集热器才能利用一部分散射分量。因此,在聚焦型集热器的能量平衡中,必须考虑散射分量的损失和光学损失。

集热器的集热温度越高,就需要越高的聚光比。图 8-4 表示的是柱面、锥面和抛物面集热器在不同温度条件下计算得到的聚光比与接收器表面温度之间的关系,更确切地说,是到达接收器表面上的平均辐射强度与工作温度的关系。接收器的表面温度越高,热损失就越大。当接收器所获热量与热损失达到平衡时,焦面上的辐射强度或聚光比与平衡温度之间的关系如图中实线所示。如果要求在某温度下能够输出可用的能量,则应当提高聚光比。图中阴影区表示集热器效率为40%～60%的工作范围。

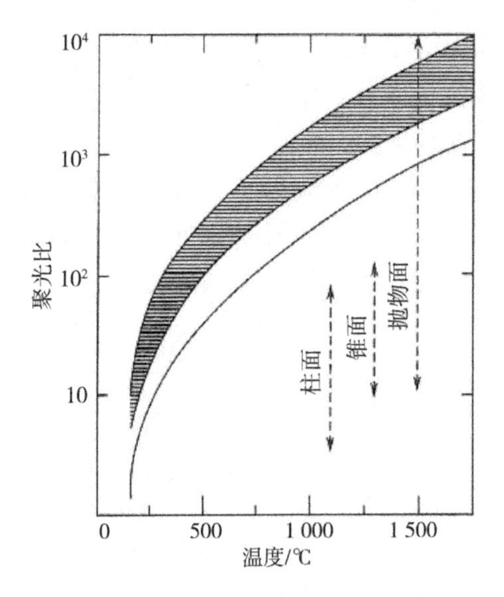

图 8-4　聚光比与接收器表面温度的关系

8.2.2　太阳能热发电常用的聚光集热技术

1. 聚光集热技术应用自身存在的制约因素

(1) 聚光集热技术只能收集利用太阳直射辐射能,不能收集利用太阳散射辐射能。因此,太阳辐射中的散射辐射能对聚光集热器来说相当于自然能量散失,从而降低了太阳能利用率。太阳直射辐射能量通常在太阳总辐射能中占 50%～90%,所以太阳散射辐射能量在太阳总辐射能中有时占不小的比例,视不同地区与天气情况而定。

(2) 聚光集热器需要配置价格昂贵的跟踪装置。

2. 4 种聚光集热技术

目前,太阳能热动力发电采用 4 种聚光集热技术,如图 8-5 所示。

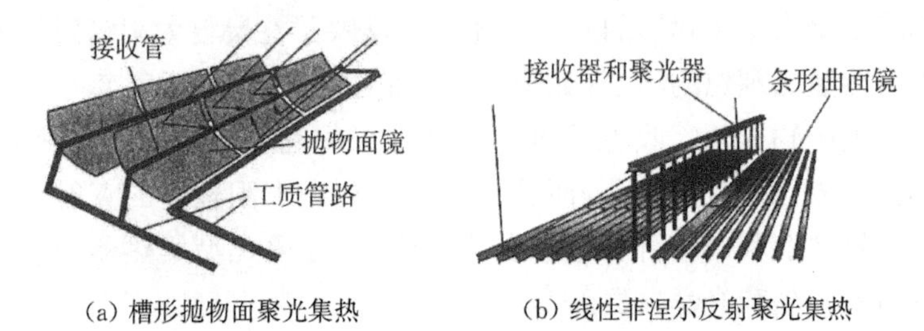

(a) 槽形抛物面聚光集热　　(b) 线性菲涅尔反射聚光集热

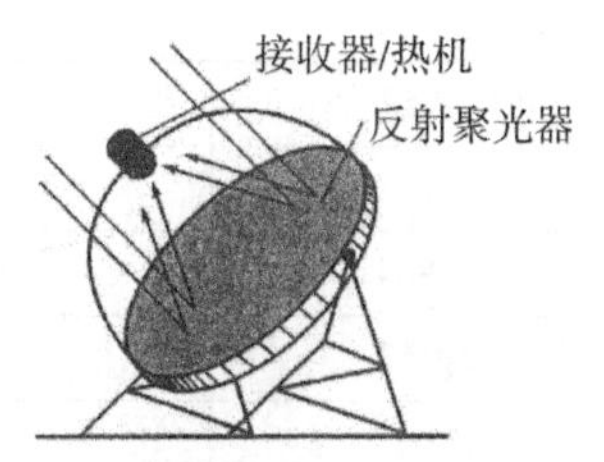

(c) 旋转抛物面聚光器/聚光集热

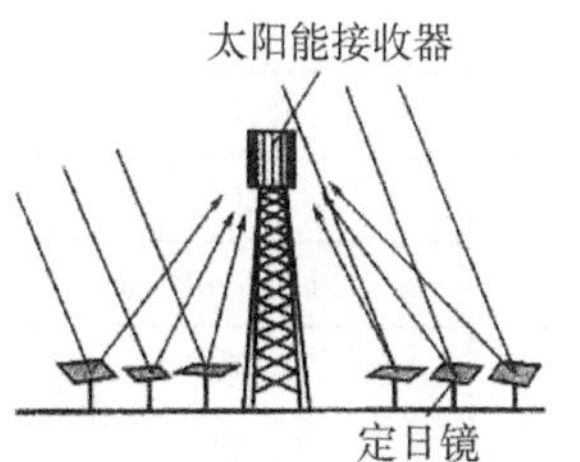

(d) 平面反射中央动力塔聚光集热

图 8-5 太阳能热动力发电采用的 4 种聚光集热技术原理

它们都是反射式聚光系统,能更容易地按比例放大。槽形抛物面聚光集热技术和线性菲涅尔反射聚光集热技术为一维聚光系统,阳光汇集在一条焦线上,一维跟踪太阳视位置,组建兰金循环发电。旋转抛物面聚光集热(聚光器/热机集热)技术和平面反射中央动力塔聚光集热技术为二维聚光系统,阳光汇集于一个有限尺寸的焦面上,二维跟踪太阳视位置。平面反射中央动力塔聚光集热技术组建兰金循环发电或布雷顿循环发电,旋转抛物面聚光集热技术组建斯特林循环发电或兰金循环发电。上述 4 种聚光型太阳能热动力发电站的典型特性参数见表 8-1。

表 8-1 4 种聚光型太阳能热动力发电站的典型特性参数

电站形式	槽式发电	塔式发电	碟式发电	线性菲涅尔平面镜发电
聚光方式	槽形抛物面	平面定日镜	旋转抛物面	—
聚光比	30～70	200～1 000	1 000～4 000	35～100
适合组建电站功率/MWe	10～200	10～200	0.01～1	10～200
工作温度/℃	395～500	450～1 000	600～1 200	260～500
额定聚光集热效率/%	70	73	75	70
峰值发电效率/%	21	23	29	21(计划)
年平均发电效率/%	10～25	10～25	10～25	9～17(计划)
年太阳能依存率/%	30～70	25～70	—	15～25(计划)
镜场价格/(欧元/m^2)	210～250	140～220	约 150	—

由表 8-1 可见,高温太阳能聚光集热装置的额定热效率为 70%以上,常规热力循环发电效率为 30%～40%,所以太阳能热动力发电站发电效率为 20%～30%。图 8-6 是塔式发电系统示意图。

3 种系统装置应用及性能比较如表 8-2 所示。

表 8-2 3 种太阳能热发电系统性能比较

	槽式系统	碟式系统	塔式系统
规模	30～320 MW	5～25 kW	10～20 MW
运行温度(℃)	390～734	750～1382	565～1049
年容量因子	23%～50%	25%	20%～77%

续表

	槽式系统	碟式系统	塔式系统
峰值效率	20%	24%	23%
年净效率	11%～16%	12%～25%	7%～20%
商业化情况	可商业化	试验模型	开始商业化
技术开发风险	低	高	中
可否储能	有限制	电池	可以
互补系统设计	是	是	是
成本:美元/m^2	630～275	3 100～320	475～200
美元/W	4.0～2.7	12.6～1.3	4.4～2.5
美元/Wp	4.0～1.3	12.6～1.1	2.4～0.9

对于聚光型太阳能热动力发电站，每平方米的镜面面积每年可以收集 1 200 kW·h 热能，每年可以发电 400～500 kW·h。图 8-7 为聚光比与可获温度的关系。

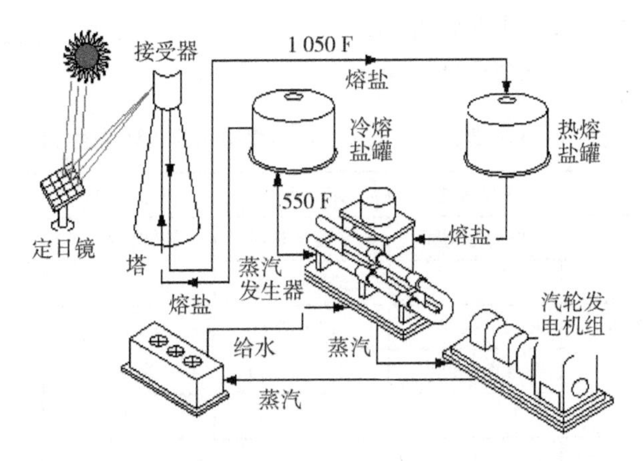

图 8-6　太阳热塔式发电系统

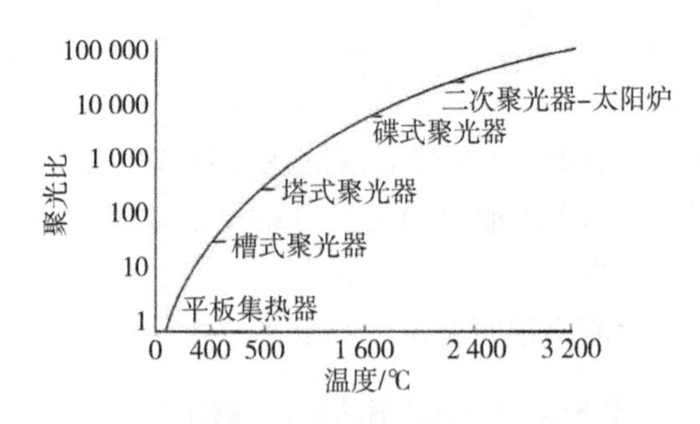

图 8-7　聚光比与可获温度的关系曲线

太阳能热发电的技术路线主要有如下几种：技术相对成熟、目前应用最广泛的是抛物面槽式发电，效率提升与成本下降潜力最大的是集热塔式。

8.3 槽式和线性菲涅尔式电站

8.3.1 槽式技术和线性菲涅尔式技术概述

1. 槽式技术概述

槽式发电和线性菲涅尔式发电都属线聚焦式聚光形式，属中高温太阳能热动力发电。两者之间的储热装置和热动力发电机组也基本相同或相近，但聚光器和接收器有所差别。槽式太阳能热发电系统是将多个槽形抛物面聚光集热器进行串并联的排列，收集较高温度的热能，加热工质，产生蒸汽，驱动汽轮发电机组发电。

槽式太阳能热发电也称槽式抛物面反射镜太阳能热发电，简称槽式发电。槽式发电是当前应用最广、技术成熟的太阳能热发电技术。槽形抛物面聚光器为线聚焦装置，其聚光比 C=30～70，通常聚光集热温度在 400℃以上，典型容量为 5～100 MW。

线性菲涅尔式太阳能热发电在一些文献中又称条式太阳能热发电，简称条式发电。线性菲涅尔式太阳能热发电聚光装置的聚光比 C=35～100，聚光集热温度多在 300℃左右。

槽式发电是最早实现商业化的太阳能热发电系统。图 8-8 为一个槽式太阳能热发电系统。

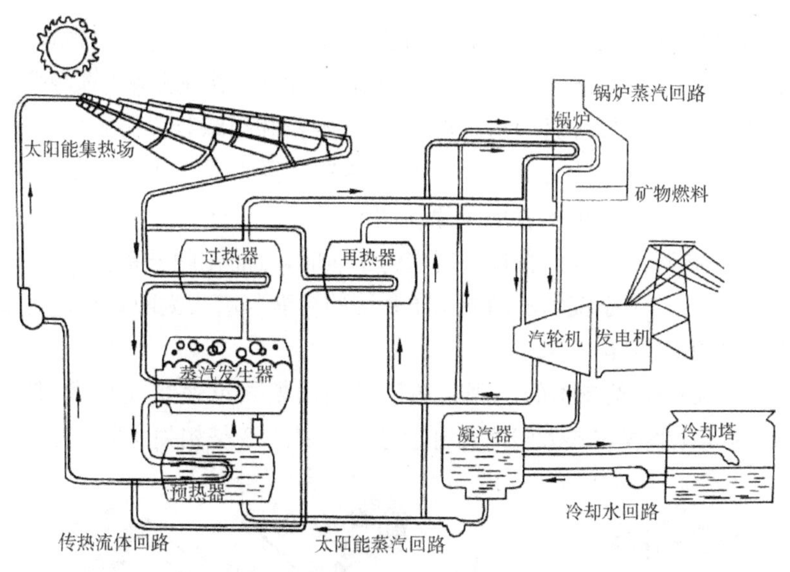

图 8-8 槽式电站原理

槽式太阳能发电采用多个槽形抛物面式聚光器，将太阳光聚集到接收装置的集热管上，加热工质，产生高温蒸汽后推动汽轮机发电。收集装置的几何特性决定了槽式太阳能发电的聚光比要低于塔式，通常在 10～100 之间，运行温度达 400℃。如图 8-9 所示，槽式太阳能发电包括聚光集热部分、换热部分、发电储能部分。其中，发电储能部分与塔式基本相似，不同之处在于聚光集热和换热部分。聚光集热是整个槽式发电系统的核心，它由聚光阵列、集热器和跟踪装置组成。在此部分中，集热器大多采用串、并联排列的方式，可按南北、东西和极轴 3 个方向对太阳光进行一维跟踪。在换热部分中，预热器、蒸汽发生器、过热器和再热器 4 组件实现了工质加热、换热、产生蒸汽、进行发电的过程。由于槽式发电系统结构相对紧凑，其收集装置的占地面积比起塔式和碟式相对较小，因而为槽式太阳能发电向产业化发展奠定了基础。

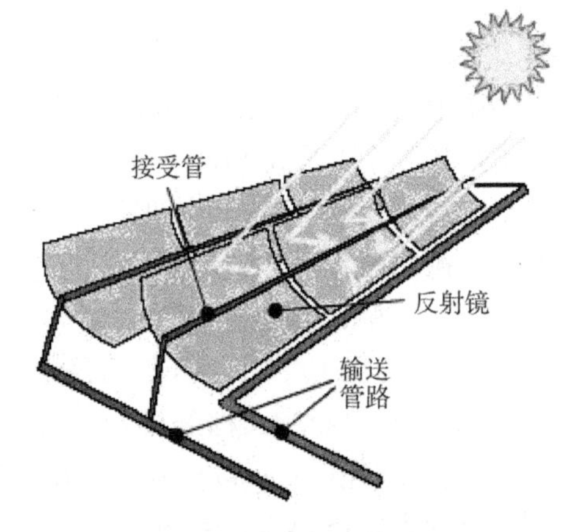

图 8-9　槽式太阳能热发电

槽式太阳能热发电系统具有规模大、寿命长、成本低等特点，非常适合商业并网发电。整个系统包括聚光集热子系统、换热子系统、发电子系统、蓄热子系统和辅助能源子系统。

聚光集热子系统是系统的核心，由聚光镜、接收器和跟踪装置构成。

换热子系统：当系统工质为油时，采用双回路，即接收器中工质油被加热后，进入换热子系统中产生蒸汽，蒸汽进入发电子系统进行发电。换热子系统一般由预热器、蒸汽发生器、过热器和再热器组成。直接采用水为工质时，可简化此子系统。

发电子系统、蓄热子系统和辅助能源子系统的功能与塔式太阳能热发电基本相同。

2. 线性菲涅尔式发电

线性菲涅尔反射聚光技术的原理起源于抛物面槽式反射聚光技术，是对后者的改进。图 8-10 为线性菲涅尔式太阳能发电示意图。表 8-3 是相关的聚光器。

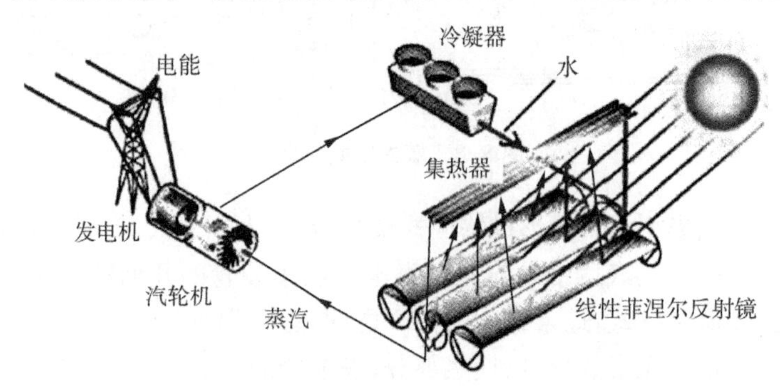

图 8-10　线性菲涅尔式太阳能热发电

表 8-3　几类槽式和线性菲涅尔式电站相关的聚光器

	名称	聚光方式	聚光倍数	跟踪要求	焦斑形状
平面反射	平面槽式聚光器	反射	2～6	不用或一轴	面
	组合平面聚光器	反射	100～1 000	二轴	
单曲面反射镜	抛物面槽式	反射	10～40	一轴	线
	线性菲涅尔反射镜	反射	10～30	一轴	线
	组合抛物面聚光器	反射	5～10	不用	线
双曲面反射镜	抛物面镜	反射	50～1 000	二轴	点
	圆形菲涅尔反射	反射	50～1 000	二轴	点
折射式	线性菲涅尔透镜	折射	3～50	不用或一轴	线
	圆形菲涅尔透视	折射	50～1 000	二轴	点

8.3.2　槽式聚光集热器的集热效率

槽式太阳能热动力发电站的基本工作原理:将众多的槽形抛物面聚光集热器串、并联组合,构成阵列,以求达到较高的集热温度和一定的工质流量,吸收太阳辐射能,加热工质,产生过热蒸汽,推动汽轮发电机组发电,从而将太阳能转换为电能。从热力循环原理上讲,此为兰金循环发电。

系统的能量平衡过程:太阳辐射强时,系统中多余的太阳能储于储热装置,太阳能量不足时,系统所需要的差额热能由储热装置或辅助能源系统补给,以维持热动力发电机组稳定运行。

电站热力循环工质可以是水直接产生过热蒸汽,或高温油以及熔盐兼作集热和储热工质,再经热交换器,加热水产生过热蒸汽。

聚光集热器的集热效率与其结构、涂层材料、真空管内气体状况、传热流体种类、太阳辐射强度、环境温度、传热介质温度、风速等诸多因素有关。测试表明,抛物面槽式集热器的集热曲线,随着运行温度的升高或太阳辐射强度的降低呈现下降趋势,当运行温度与环境温度相等(即不存在热损失的状态)具有最大的集热效率,此时集热效率等于光学效率。美国生产了一种集热器,采用高性能的镀银聚合物作为镜面贴膜,可以减弱热效率受运行温度的影响,在平均运行温度(350℃)其热效率可达 0.737。

风速影响与集热管真空状态密切相关,当真空状态完好时,风速影响无足轻重;当失去真空情况,风速影响明显;当真空管发生破裂,风速影响巨大。

真空管一旦漏入气体,对集热效率也会产生影响。真空管在真空状态、空气状态、氩气状态和氦气状态下的集热效率各不相同。其中氦气对热效率影响最为显著。所以,槽式电站在运行中也需要用红外探测技术和热平衡法测量真空管中气体漏入情况。深层材料(如黑铬和陶瓷)对集热器的热效率也有显著影响。

8.4 槽式太阳能热发电系统中的聚光集热器

槽式太阳能热发电系统是将多个槽形抛物面聚光集热器进行串、并联的排列，收集较高温度的热能，加热工质，产生蒸汽，驱动汽轮发电机组发电。整个系统包括聚光集热子系统、导热油-水蒸汽换热子系统(采用 DSG 技术时无此系统)和汽轮机发电子系统，根据系统的不同设计思路有时还包括储热系统、辅助能源系统，其中聚光热系统是系统的核心。

8.4.1 集热管

槽式抛物面反射镜为线聚焦装置，阳光经聚光器聚集后，在焦线处形成一线形光斑带，集热管放置在此光斑上，用于吸收聚焦后的阳光，加热管内的工质。所以集热管必须满足以下 5 个条件：①吸热面的宽度要大于光斑带的宽度，以保证聚焦后的阳光不溢出吸收范围；②具有良好的吸收太阳光性能；③在高温下具有较低的辐射率；④具有良好的导热性能；⑤具有良好的保温性能。目前，槽式太阳能集热管使用的主要是直通式金属-玻璃真空集热管，另外还有热管式真空集热管、双层玻璃真空集热管、聚焦式真空集热管、空腔集热管和复合空腔集热管等。

张耀明、王军等开发了新型直通式金属-玻璃槽式太阳能真空集热管。该新型槽式太阳能真空集热管采用熔封技术解决了金属与玻璃之间的封接问题，采用薄壁膨胀节解决了金属与玻璃之间线膨胀系数不一致的问题；采用保护罩保护金属与玻璃之间的接口。通过一系列试验表明，设计、制造的新型槽式太阳能真空集热管能够达到国内的“100 kW 槽式太阳能热发电系统”的使用标准。

直通式金属玻璃真空集热管已在槽式太阳能热发电站得到广泛使用，故常称槽式太阳能热发电站中使用的直通式金属-玻璃真空集热管为真空热管。

张耀明、王军等还设计适合于槽式 DSG 技术的普通型、一字型、聚焦式、螺旋翅片式等热管式真空集热管和适合于碟式 DSG 技术的普通型、十字型、螺旋翅片式等热管式真空集热管。

8.4.2 槽形抛物面聚光器的光学设计

由理论可知，抛物线是唯一可能将平行光聚焦于一点的型线。所以，太阳能工程中经常采用抛物面镜制作各种形式的聚光器，如槽形抛物面聚光器、旋转抛物面聚光器，它们都属于抛物面反射式聚光器，通称抛物面聚光器。

图 8-11 为圆管形接收器槽形抛物面聚光器的光路分析。太阳入射辐射通过光孔进入聚光器，经抛物面镜反射汇集为一条焦线。接收器放置在这条焦线上，吸收太阳辐射能，加热工质。

槽形抛物面的光孔宽度，也称开口宽度，表示为 b，其大小决定了聚光器的输入总能量。抛物面的焦距 f 决定了太阳像的大小。因此，在聚光系统的焦平面上，像的能量密度显然和光孔宽度 b 和焦距 f 密切相关。这里，引进一个新的物理参量，定义为

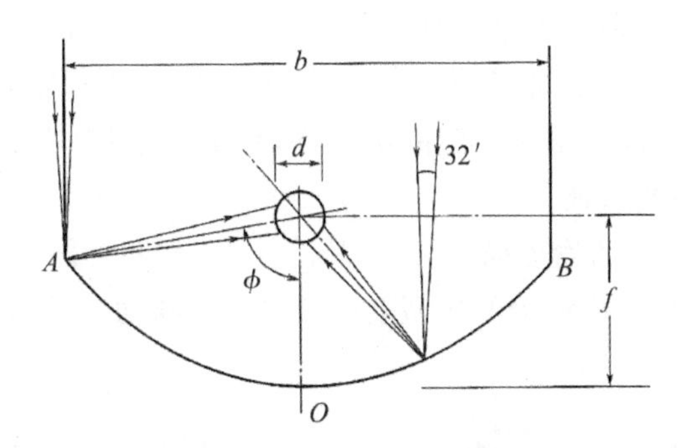

图 8-11 圆管形接收器槽形抛物面聚光器的光路分析

$$m=\frac{b}{f} \tag{8-1}$$

式中，m 为聚光器的相对光孔。

由分析可知，抛物面聚光器的聚光比主要决定于相对光孔，与接收器的形状也有一定的关系。在槽式太阳能热动力发电站中，槽形抛物面聚光集热器的接收器通常为圆管或空腔圆管。根据定义，聚光器的聚光比 C 为

$$C=\frac{b}{\pi d} \tag{8-2}$$

$$C_{\max}=\frac{1}{\pi\sin\delta_s}=68.4 \tag{8-3}$$

8.5 直接产生蒸汽技术(DSG)

槽形抛物面聚光集热器直接产生蒸汽技术，是未来存在激烈竞争的太阳能热动力发电技术中最具有希望的技术选项。

8.5.1 过程的物理描述

1. 基本物理概念

这里讲的直接产生蒸汽，就是水做集热工质，从集热管入口经过聚焦的太阳辐射能加热，变成过热蒸汽，从集热管出口输出送往汽轮机，推动汽轮发电机组发电。水经过一次加热直接变成过热蒸汽，故称直接产生蒸汽(DSG)。这在槽式太阳能热动力发电技术中是一项创新的设计概念。

由于直接产生过热蒸汽，这样聚光集热器的平均工作温度将接近供气温度。这从热力循环理论上讲，由于省去了一级换热温差，相当于提高了循环初始温度；并由于工质在加热过程中产生相变，从而减少循环泵需要供给的给水流量。加热过程的蒸汽图与蒸汽闪蒸系统中相似，但不需要闪蒸阀。

从热物理过程上讲，接收管内工质沿其流动方向存在着过冷水、二相流和过热蒸汽 3

种不同状态。由于过冷水和过热蒸汽均为单相流，在接收管内的流动和换热状态都很稳定。而二相流动情况则大为不同，其传热过程十分复杂，且不稳定，容易在接收管内产生汽液分层，对接收管的正常工作有一定的破坏性，构成槽形抛物面聚光集热器直接产生蒸汽所必须着力解决的技术难点。

2. 接收管中二相流动的物理描述

图 8-12 为水平管内二相流动的典型剖面，即多泡、脉动、分层和环状。

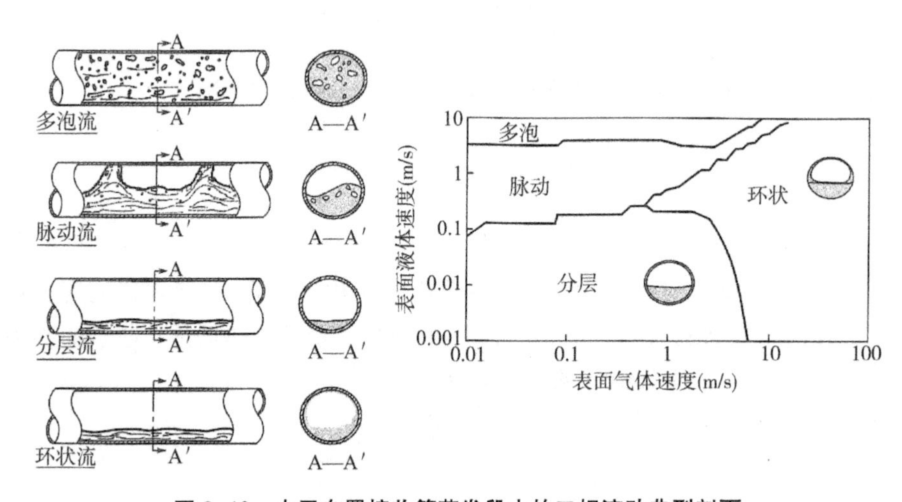

图 8-12　水平布置接收管蒸发段中的二相流动典型剖面

槽形抛物面聚光集热器的聚光器和集热管结构上组成一体，抛物面聚光器跟踪太阳视位置，集热管随之做相应的移动。正午聚光器的光孔面保持为水平面，太阳辐射经抛物面反射汇集到接收管的底部，如图 8-13(b)所示。随着太阳逐渐偏离正午，镜面反射太阳辐射也逐渐偏移，汇集到接收管的侧面，当阳光为水平入射时，则反射辐射汇集到接收管的正侧面，如图 8-13(a)所示。这是极端情况，也是最为严重的情况。研究表明，当接收管为一侧加热时，在接收管横截面的顶部和底部之间可能出现超过 100℃以上的温差。这个急剧的温度梯度，将在接收管壁内产生巨大的热应力和热弯曲，导致集热管毁坏。

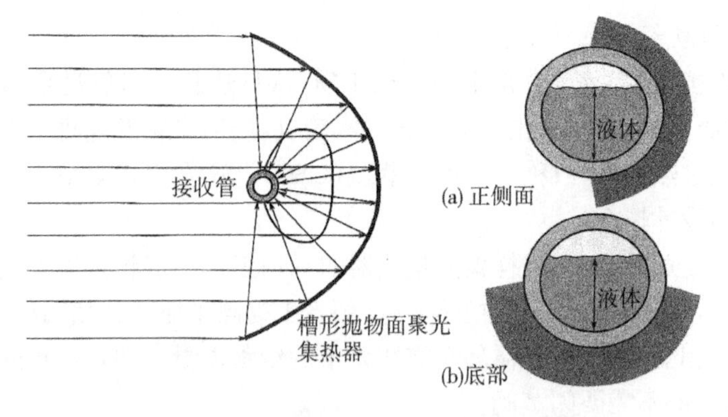

图 8-13　接收管在不同时间区段的加热部位

这就是说，槽形抛物面聚光集热器直接产生蒸汽，由于管内蒸发段存在二相流动而导致汽水分层，构成上述所必须解决的技术难点。

3. 三种可用的直接产生蒸汽的流动加热方法

尽管如此，接收管蒸发段内的汽水分层问题是可以解决的。目前有 3 种基本方法，即直通法、注入法和再循环法，其物理模型如图 8-14 所示。三种加热方法的性能比较见表 8-4。

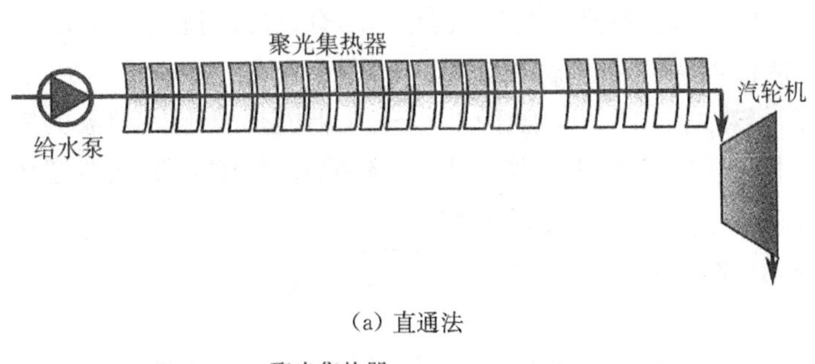

(a) 直通法

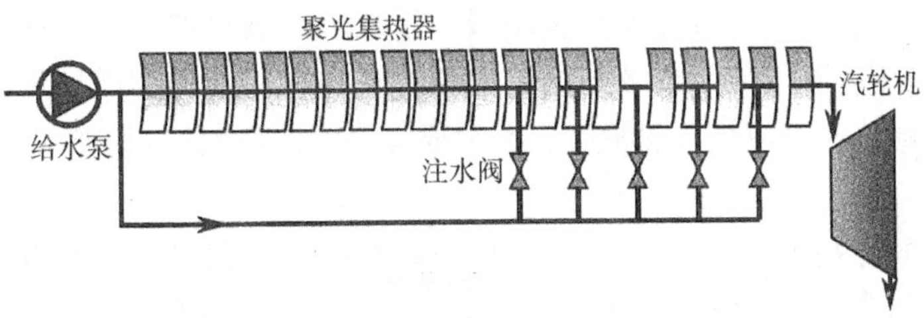

(b) 注入法

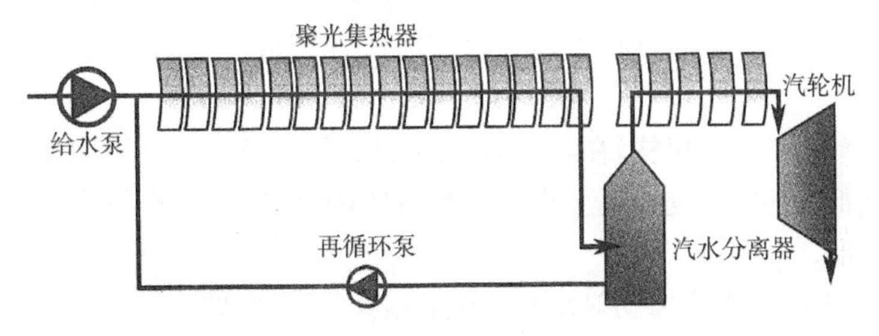

(c) 再循环法

图 8-14　3 种流动加热方法的原理

表 8-4　3 种可用的流动加热方法的比较

流动加热方法	主要优点	主要缺点
直通法	①费用最低 ②简单易行	①可控性较差 ②稳定性较差
注入法	①较好的可控性 ②良好的流动稳定性	①系统复杂 ②较高的投资 ③目前技术尚难实际应用
再循环法	①较好的流动稳定性 ②较好的可控性 ③具有一定的缓冲储热功能	①比较复杂 ②较高的投资 ③较高的附加费用

8.5.2 聚光器

槽式太阳能热发电聚光器将普通太阳能光聚焦形成高能量密度的光束，加热吸热工质，其作用等同于塔式太阳能热发电的定日镜。反光镜放置在一定结构的支架上，在跟踪机构帮助下，其反射的太阳光聚焦到放置在焦线上的集热管吸热面。同定日镜一样，聚光器应满足以下要求：①具有较高的反射率；②有良好的聚光性能；③有足够的刚度；④有良好的抗疲劳能力；⑤有良好的抗风能力；⑥有良好的抗腐蚀能力；⑦有良好的运动性能；⑧有良好的保养、维护、运输性能。

与塔式太阳能热发电的定日镜相比，槽式太阳能热发电聚光器的制作难度相对更大：一是反射镜曲面比定日镜曲面张度大；二是平放时，槽式聚光器迎风面比定日镜要大，抗风要求更高；三是运动性能要求更高。

聚光器由反射镜和支架两部分组成。

1. 反射镜

反射镜由反射材料、基材和保护膜组成。以玻璃为基材的玻璃镜为例，在槽式太阳能热发电中，常用的是以反射率较高的银或铝为反光材料的抛物面玻璃背面镜，银或铝反光层背面再喷涂一层或多层保护膜。因为要有一定的弯曲度，其加工工艺较平面镜要复杂得多。

已开发出的可在室外长期使用的反光铝板，很有应用前景。它具有以下优点：①对可见光辐射和热辐射的反射效率高达85%，表现出卓越的反射性能；②具有较轻的重量、防破碎、易成型，可配合标准工具处理；③透明的陶瓷层提供高耐用性保护，可防御气候、腐蚀性和机械性破坏。但目前价格很贵，有待进一步降低成本。

2. 支架

支架是反射镜的承载机构，在与反射镜接触的部分，要尽量与抛物面反射镜相贴合，防止反射镜变形和损坏。支架还要求具有良好的刚度、抗疲劳能力及耐候性等，以达到长期运行的目的。

支架的作用包括：①支撑反射镜和真空集热管等；②抵御风载；③具有一定强度抵御转动时产生的扭矩，防止反射镜损坏。如图8-15所示。

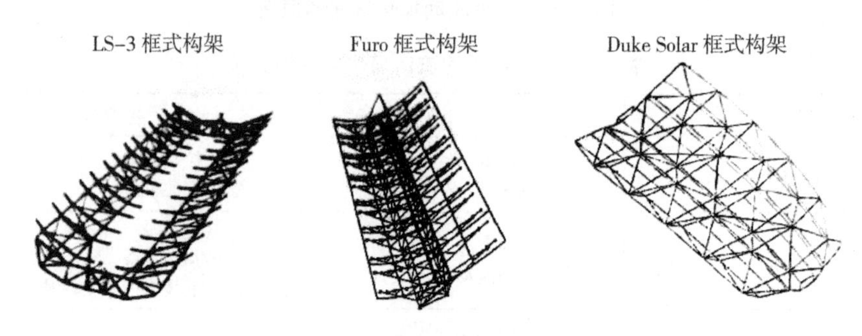

图8-15 三种框式构架

要起到上述的作用，要求支架重量尽量轻（传动容易、能耗小）、制造简单（成本低）、集成简单（保证系统性能稳定）、寿命长。

槽形抛物面聚光集热器的镜面通过托架固定在框式构架上，构成一个整体，再经转轴和跟踪机构以及装配支架，整体安装在基础上。

8.5.3 跟踪机构

槽式抛物面反射镜根据其采光方式，分为东西向和南北向两种布置形式。东西放置只做定期调整；南北放置时一般采用单轴跟踪方式。跟踪方式分为开环、闭环和开闭环相结合三种控制方式。开环控制由总控制室计算机计算出太阳能的位置，控制电机带动聚光器绕轴转动，跟踪太阳，优点是控制结构简单，缺点是易产生累积误差。闭环是每组聚光集热器均配有一个伺服电机，通过总控制室计算机控制伺服电机，带动聚光器绕轴转动，跟踪太阳，传感器的跟踪精度为 0.5°，优点是精度高，缺点是大片乌云过后，无法实现跟踪。采用开闭环控制相结合的方式则克服了上述两种方式的缺点，效果较好。

只要计算出太阳高度角 α 和方位角 ψ，就可算出聚光槽法向主面与水平地面之间的夹角 β，通过步进电机或电动推杆来调整它的位置，就可以实现准确跟踪。

系统控制原理是通过比较计算太阳在槽式聚光反射器所处地理位置和具体时间的高度角和方位角，计算出槽式聚光反射器需要转动的角度，再通过驱动高度角方向上的步进电机或电动推杆，带动槽式聚光反射器转动相应的角度，来跟踪太阳的运动。高度角步进电机或电动推杆能够让槽式聚光反射器绕俯仰轴（同方位轴垂直）旋转，以跟踪太阳的高度角，一般而言，就是从东向西转动。

控制系统通过计算机程序计算得到当时当地的太阳高度角、方位角，然后通过控制步进电机或电动推杆，调整槽式聚光反射器的位置，使得槽式聚光反射器能始终正对太阳。

8.5.4 聚光集热器阵列

在槽式电站中，多台聚光集热器（接收）的阵列组成太阳能集热场，将太阳能转换为热能。

典型抛物槽式电站主要分为槽式太阳能集热场和发电装置两部分。整个太阳集热场是模块化的，由大面积的东西或南北方向平行排列的多排抛物槽式集热器阵列组成。太阳能集热器（SCA）由多个集热单元（SCE）串联而成，一个标准的集热单元由反射镜、集热管、控制系统和支撑装置组成。反射镜为抛物槽形，焦点位于一条直线上，即形成线聚焦，集热管安装在焦线上。反射镜在控制系统的驱动下东西或南北向单轴跟踪太阳，确保将太阳辐射聚焦在集热管上。集热管表面的选择性涂层吸收太阳能传导给管内的热传输流体，热传输流体在集热管中受热后通过蒸汽发生器、预热器等一系列热交换器释放热量，加热另一侧的工质——水，产生高温、高压过热蒸汽，经过热交换器后的热传输流体则进入太阳能集热场继续循环流动。过热蒸汽通过常规的兰金循环推动汽轮发电机组产生电力，过热蒸汽经过汽轮机做功后依次通过冷凝器、给水泵等设备后再继续被加热成过热蒸汽。

最初的槽式电站仅仅以太阳能来产生电力，这种电站在充足的辐射条件下可以满负荷运行，特别是夏季，电站每天可满负荷运行 10～12 h。目前的槽式电站大都配有辅助的化石能源系统，在较低的辐射条件下电站仍能保证输出电力。与太阳能场平行的天然气辅助能源系统，在阴雨天或夜晚即投入使用。此外，许多太阳能电站备有热储存系统，即在太阳能辐射较强时，将多余的热量储存在储热罐中，在辐射弱时再放热，这也是一种保证额定输出的方法。

聚光集热器阵列，即槽式电站的集热场、电站聚光器和接收集热器及管道的组合，是电站的动力系统，它是由数台聚光集热器串联组成一行，再由若干行并联构成。无论是采用南北方向布置还是东西方向布置，聚光集热器的安装总是定位一根旋转主轴。

8.5.5 镜场设计

除考虑自然环境外(太阳辐射、环境、地理位置、气象条件)，阵列设计主要考虑额定输出热功率 Wth、集热器的污染系数 Fe、集热器工质的选定、集热器阵列工质的额定入口和出口温度差 ΔT 和工质的额定质量流率 m 等因素。

计算单台槽形抛物面聚光集热器的主要设计参数为聚光器光孔面积、接收管长度和直径。

槽形抛物面聚光集热器场的布置必须坚守对称原则，集热器回路数必定总是 4 的倍数，南北方向排列，东场、西场的热、冷汇流管连通位于中间的热动力发电装置。

目前常用的管路布置设计的一个共同特点是，考虑到集热器的输出端温度远高于其输入端，为了降低集热器场的管路热损失，集热器的输出管线要比输入管线短。

美国加州 SEGS 电站的阵列，整个集热场被划分为 4 个区，分别由 12 个和 14 个集热单元组成，共计 50 个集热单元，每个集热单元又由 16 个集热器构成，集热单元长度近 400 m，集热器行间距为 15 m。

数十个到数百个聚光集热器的相邻集热管之间必须连接，发挥整体功能。由于各集热管的轴都彼此需要独立空间位置以便转动跟踪太阳视角，在温度变化(从环境温度到工作温度之间的升温、降温过程)过程中，各集热管彼此需要保持热胀冷缩的空间位置，所以各集热管之间必须采用挠性连接。

集热器场的占地面积主要决定于电站容量。在设计电站时，对确定的电站容量，根据计算配置合理的集热器阵列及其布置。实际上，这时集热器阵列的连接管线长度和场地占有面积，以至汇流母管中工质的压力降和管路热损失等，均已大致确定。集热器场的最终占地面积，还必须考虑场中相邻聚光集热器之间的屏遮，以及其安装、日常运行与维修所必需的最小合适空间。一般而言，槽式太阳能热动力发电站的总占地面积是聚光集热器总光孔面积的 3.5～4 倍。

8.6 聚光器集热工质

槽式太阳能热发电站的性能在一定程度上决定于所选用的集热工质，工质决定了聚光集热器可以运行的温度，从而决定了热力循环系统的初始温度和热力循环效率，在热力循环中具备的热力性能包括总热损失、压力降、能量效率和最大有用功率，而且牵涉到储热装置及其储热材料的选用。因此，对聚光集热器集热工质的选择，需要作详细的比较分析。

8.6.1 集热工质

目前槽形抛物面聚光集热器可选用的集热工质有 3 种，即高温油、水和熔盐。

1. 高温油

高温油 VP-1 是 73.5%二苯醚和 26.5%联苯的共品混合物，凝固点温度为 12℃，工作温度为 395℃，密度(300℃)为 815 kg/m^3，黏度(300℃)为 0.2 MPa・s，比热容(300℃)为 2 319 J/(kg・K)。

在以往的研发工作中，200℃以上的高温聚光集热器多选用高温油做集热工质。因为在这个工作温度下，高温油在 395℃以下仍然保持液相，不产生裂解，不产生高压，而水将产生很高的压力，接收管需要采用高压接头和高压管道，从而增大聚光集热器以及整个集热器阵列的造价。

2. 熔盐

熔盐的优点包括以下几方面：

(1) 热熔盐对普通输送管道材料的腐蚀性较低。

(2) 熔盐最高工作温度可运行到 600℃。

(3) 在兰金循环所要求的上极限蒸汽温度条件下的热熔盐具有很低的蒸汽压力。

(4) 熔盐价格相对较低。

一个熔盐储热系统的最大储热容量(Q)可通过冷热罐的温度差(ΔT)以及系统中熔盐的总质量(m)和其比热容(c_p)计算得到：

$$Q = mc_p\Delta T \tag{8-4}$$

槽式太阳能热动力电站早期均采用高温油 VP-1 做集热工质，运行温度为 391℃，最后采用水做集热工质，运行温度为 402℃，电站取得了更佳的运行特性。

集热工质都要保持在液态运行，对于熔融盐，管路温度一般高于熔盐熔点 50℃，对于水/水蒸气，油介质接收器在预热前要将管道预热到高于水的冰点 0℃，然后分别将熔融盐和水充入吸热体，工作时转动聚光器，移动光斑到吸热管，逐步调整管内流体流量，以控制流体温度与太阳辐射和气象环境等相适应。

蒸汽回路中并联有天然气锅炉，由系统根据需要控制锅炉的启停，与太阳能互为补充，产生足量的额定工况蒸汽，驱动汽轮发电机组发电。汽轮发电机组为凝汽式汽轮机组。

8.6.2 槽式电站的储热系统

为了更好地成为一种优质的能源，提高系统发电效率、稳定性和可靠性，降低发电成本，在槽式太阳能热发电中也需要设置热能存储装置。根据槽式太阳能热发电储热系统的作用及特点，人们已开发了几种主要储热形式，其中双罐式熔融盐间接储热系统在槽式太阳能热发电中应用最为广泛。

塔式、槽式的储热系统由冷罐、热罐、接收集热器泵坑、蒸汽发生器泵坑、连接管道和熔盐组成。罐为穹顶圆柱形状，由碳钢和不锈钢的钢筋网络支撑。槽式太阳能热发电双罐式熔融盐储热系统是由存储罐、泵、换热器和管道构成的一个封闭系统，主要包括 6 个单元：低温熔融盐储罐；低温熔融盐泵；高温熔融盐储罐；高温熔融盐泵；热油系统换热器；硝酸盐仓储。

目前使用的熔盐储热系统有双储罐储热和单储罐储热两种设计，图 8-16、图 8-17 为槽式太阳能电站双罐式 2 种储热系统示意，该结构同样适用塔式和线性菲涅尔式电站。

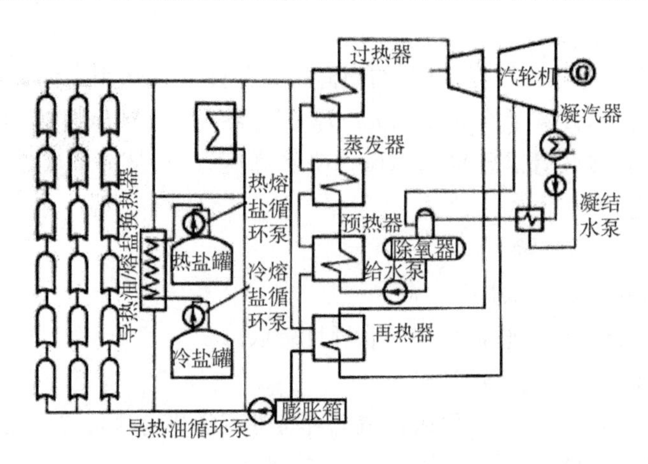

图 8-16　双罐式间接储热系统流程

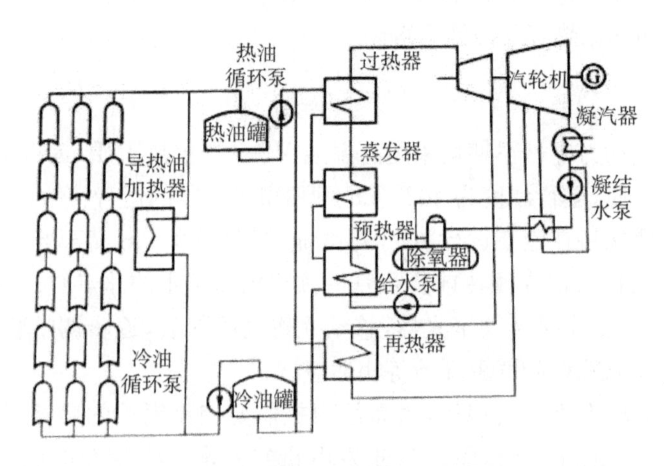

图 8-17　双罐式直接储热系统流程

槽式电站中储热系统有三种运行模式：白天直接发电模式(储热系统不参与发电，聚光集热器向储热系统输送热量)；白天直接发电模式(储热系统参与发电，提供部分热量，用于太阳辐射不足时段)；夜间储热发电模式(储热系统放热)。

熔融盐储热技术在太阳能热发电系统中占有十分重要的地位，它关系着系统运行的稳定性和可靠性。

8.6.3 热传输

在太阳能热发电工程中，接收装置(太阳锅炉)、储热装置与热交换系统共同组成储热-热交换系统，通过管道、阀、泵组成的热传输系统相连。热交换与热传输功能能够提供热能，保证发电系统稳定发电或者用于化学储存和长期储存。

对于化学储能系统，太阳能聚光器、接收器与电站可以分离数十公里甚至更远，管道更加发挥作用。热传输系统主要由传输管道和泵体构成。这与石化、冶金行业的高温气体、液体流通网络基本相似。

对于热传输系统的基本要求也基本相同：①输热管道的热损耗小；②输热管道能在较长时间经受高温流体的冲刷，泵要能稳定工作；③输送传热介质的泵的功率要小；④热量输送的成本要低。

热传输系统有两种模式。

(1) 分散型。对于分散型太阳能热发电系统，通常是将许多单元集热器串并联起来组成集热器方阵。但这样会使由各个单元集热器收集起来的热能输送到储热系统时所需要的输热管道加长，热损耗增大。

(2) 集中型。对于集中型太阳能热发电系统，不需要组合环节，热能可直接输送到储热(蒸汽发电)系统，这样输热管道可以缩短，但现有的塔式发电设计要将传热介质送到顶部，需要消耗动力，加大泵的功率。

现在传热介质多根据温度和特性选择，大多选用工作温度下为液体的加压水式有机流体，也有的选择气体式两相状态物质。

为减少输送管道的热损，目前的主要做法有两种，一种是在输热管道外加绝热层，另一种是利用热管输热。

热储存中的罐体和热传输系统中的管道与环境温度有很大温差，必须进行保温。管道绝热层受力变形表明绝热工程必须按管道与设备保温绝热工程的成熟经验和标准施工。

绝热保温结构有胶泥保温结构(已很少用)、填充保温结构、包扎保温结构、缠绕式保温结构、预制式保温结构和金属反射式保温结构等。

在600℃～800℃的燃气轮机上使用多层屏蔽金属反射式保温结构。这种结构主要用于降低管道和设备的辐射与对流传热，特别适用于震动和高温状态，甚至在潮湿环境中发挥热屏蔽或绝热作用。

可拆卸式保温结构又称活动式保温结构，主要适用于设备、管道的法兰、阀门以及需要经常进行维护监视的部位。支吊架的保温设备和管道绝热保温用的绝热材料(包括颗粒状和纤维状制品),对热流有显著阻抗作用,轻质、吸声、防震。

泵的功能是将原动机提供的机械能转换为被输送液体的压力势能和动能。按工作原理和构造,主要有叶轮式泵、容积式泵两大类及射流泵和真空泵等。太阳能热发电热输送系统所用的熔融泵是一种具有特殊用途的耐腐蚀泵。为提供高温熔盐的工作介质和在管道中流动的动力,实现热能传送,熔盐泵必须选用能耐高温、耐腐蚀的合金材料。

在太阳能热发电的热输送系统中,比较理想的设计是使热质在管道中按照冷热方向自行移动,仅在启动、加热过程中使用泵和阀门。

在太阳能热应用中,使用的绝热(保温、保冷)材料主要有岩棉、矿棉、玻璃棉、耐火纤维、泡沫玻璃、硅酸钙绝热制品、玄武岩纤维、耐温涂料、金属反射绝热材料等。现在已开发出的热导率低于静止空气的纳米孔硅质绝热材料性能优异,引人注目。

在各太阳能热发电的热输送系统中,对中高温热量传输管道及其热防护材料的研究还集中在金属材料的热防护涂层、防护垫片及其与钢管的结合技术、全陶瓷输热管研究和耐高温密封材料等方面。

槽式太阳能热发电的缺点是:虽然这种线性聚焦系统的集光效率由于单轴跟踪有所提高,但很难实现双轴跟踪,致使余弦效应对光的损失平均每年达到30%;由于线形吸热器的表面全部裸露在受光空间中,无法进行绝热处理,尽管设计真空层以减少对流带来的损失,但是其辐射损失仍然随温度的升高而增加。

为了进一步改善开发槽式太阳能热发电技术,提高其竞争力,有关专家提出以下研究重点:

(1) 设计先进的聚光器,结构形式由轴式单元向桁架式单元发展,聚光器单列长度由100 m增长为150 m,这样,一套驱动机构就可以带动更长的聚光器阵列。同时,不断优化聚光镜材料、玻璃厚度等,以最大限度地降低整机重量。奥地利所研发的前面有遮挡的槽式集热器,是欧洲地平线2020项目成果,槽式集热器长度已有220 m,直径9 m,目前已实现了工业应用。

(2) 充分考虑方位角和高度角的影响,采用极轴跟踪技术,使聚光集热器阵列由原来的南北向水平放置改为南北向的倾斜轴(倾斜角度与纬度有关),从而更有效地接收太阳辐射能。

(3) 研发高性能的高温真空管接收器。

(4) 开发直接用水作为介质的新型槽式发电技术。利用这一技术,可以取代大量的换热器,进而实现简化系统、提高效率、降低成本的目的。发展直接汽化系统的热能储存技术。提高热载体的工作温度;开发高效的吸热管镀层技术,使集热表面的温度进一步提高到550℃~600℃,甚至更高。

(5) 加强可靠性研究,综合考虑温度、压力、密封等相关因素,改进高温真空接收器在聚光器阵列两端与布置在地面上不动的导热油管路之间存在的密封连接问题。

近年来,我国槽式太阳能热发电技术已经获得突破性进展。

现在新设计的太阳能槽式光热发电系统技术,致力于直接采用熔盐代替导热油作为热载体,熔盐的价格一般为导热油的1/6左右,这样使整个电厂的造价降低,另外熔盐无爆炸性危险,降低了整个太阳能光热电厂的防火防爆等级,减少了事故发生率和电厂管阀件的采购成本;采用熔盐直接进行储存,省去了二次换热,这样减少了换热损耗,也使系统更为简单;采用熔盐后,系统的运行换热区间由 290℃～390℃变化到了 290℃～550℃,换热蒸汽温度从 375℃提高到了 535℃,使蒸汽轮机的热电转化效率大大提高。

更高温度运行的光热电站则可以提高热电转化效率,降低发电成本。美国布雷顿能源公司(Brayton Energy)、国家可再生能源实验室(NREL)和桑迪亚实验室(Sandia)等机构都在为此努力,他们致力于研发超临界二氧化碳循环光热发电技术,其运行温度高达 700℃以上,可实现更高效率的热电转化和更低的发电成本,且理论上已经被证明是可行的。研究人员表示,比起传统电站,高温超临界二氧化碳布雷顿循环光热电站的热电转换效率可提高 20%以上。这意味着可将光热电站的平准化电力成本(LCOE)降低约 1/5。

更高温的光热电站需要更耐用的部件,例如热交换器、管道系统和涡轮机,都需要重新优化设计和制造。其中,换热器是一个难点。传统上,换热器一般由不锈钢或镍基合金制成,但这些材料制造的换热器在较高温度下长期运行会软化和被腐蚀。现在已经开发出一种由碳化锆和钨制成的“金属陶瓷复合材料”,这种材料比传统的合金更坚固、更耐用,且耐高温。

8.7 线性菲涅尔反射式太阳能热电站

线性菲涅尔式 CSP 电站是一种结构更为简单的系统,它采用靠近地面放置的多个几乎是平面的镜面结(带单轴太阳跟踪的线性菲涅尔反射镜),先将阳光反射到上方的二次聚光器上,再由其汇聚到一根长管状的热吸收管,并将其中的水加热产生 270℃左右的蒸汽直接驱动后端的涡轮发电机。

图 8-18 线性菲涅尔式太阳能热发电系统

8.7.1 聚光系统

线性菲涅尔式太阳能热动力发电站由五部分组成，即线性菲涅尔反射式聚光装置、塔杆顶接收器、储热装置、热动力发电机组和监控系统。

图 8-18 所示为线性菲涅尔太阳能热发电系统。菲涅尔发电站除去条形菲涅尔反射式聚光装置和塔顶接收器外，其他储热装置和热动力发电机组则与槽式或塔式太阳能电站相同或相近。

菲涅尔式太阳能热发电的基本工作原理是，应用条形线性菲涅尔反射式聚光装置，将太阳直射辐射聚焦到塔杆顶接收器上，加热工质，产生湿蒸汽，再经过热，推动汽轮发电机组发电，从而将太阳能转换为电能。

线性菲涅尔反射镜聚焦太阳能于集热器，直接加热工质水，如图 8-19 所示。反射镜和集热器合称聚光系统，在电站中，该聚光系统一般布置为三个功能区：预热区、蒸发区和过热区。工质水依次经过这三个区后形成高温高压的蒸汽，推动汽轮机发电。

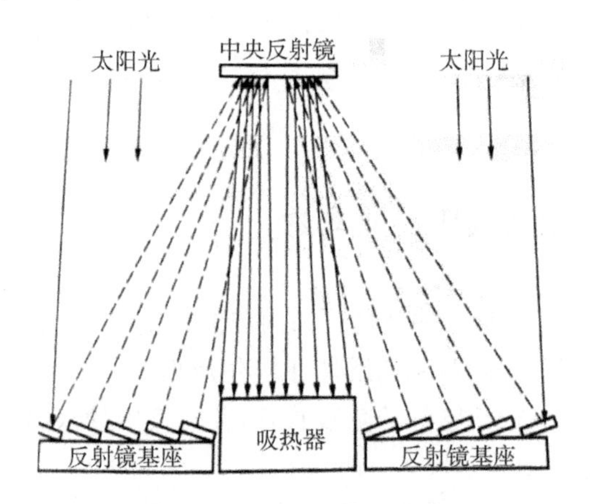

图 8-19　塔式菲涅尔反射

1. 线性菲涅尔反射式聚光系统设计

反射式线性菲涅尔技术主要包含镜场布置、聚光集热、跟踪控制等方面的技术。线性菲涅尔式聚光系统由抛物面槽式聚光系统演化而来，可设想是将槽式抛物面反射镜线性分段离散化。与槽式反射技术不同，线性菲涅尔镜面布置无需保持抛物面形状，离散镜面可处在同一水平面上。为提高聚光比，维持高温时的运行效率，在集热管的顶部安装二次反射镜，二次反射镜和集热管组成集热器。

线性菲涅尔式聚光系统的一次反射镜，也称主反射镜，是由一系列可绕水平轴旋转的条形平面反射镜组成，跟踪太阳并汇聚阳光于主镜场上方的集热器，经过二次反射镜后再次聚光于集热管。二次反射镜的镜面形状可优化设计成一个二维复合抛物面，复合抛物面二次反射镜是一种理想的非成像聚光器，聚光性能达到最优。

随着电站规模的增大，达到兆瓦级时，电站需要配备多套聚光集热单元。为避免相邻单元的主镜场边缘反射镜存在相互遮挡的情况，需要抬高集热器的支撑结构，相邻单元间的距离也需增大，土地利用率较低。于是，研究者们提出了紧凑型线性菲涅尔反射式聚光系统的概念。相邻的主反射镜之间可相互重叠，消减相互遮挡的状况，提高了土地利用率，也避免了因抬高集热器支撑结构所带来的成本增加。

2. 线性菲涅尔反射聚光技术

线性菲涅尔反射聚光技术原理起源于抛物槽式反射聚光技术。线性菲涅尔反射聚光器主要由主反射镜场、接收器和跟踪装置3部分组成。主反射镜场是由平面镜条组成的平面镜阵列，平面镜的长轴（即转动轴）在同一水平面内；跟踪装置使平面镜绕转动轴转动，跟踪太阳移动，平面镜的反射光汇聚到接收器的受光口；接收器接收主反射镜的反射光，并使之汇聚到吸收钢管上，使光能转化为热能。

线性菲涅尔式聚光系统的主镜场中，每一列镜面通过单轴跟踪系统实时跟踪入射光线，以一定的角度将入射光反射至集热器，线性集热器悬挂、固定于镜场上方一定的高度处。运行过程中，不同列的镜面与水平面的夹角不同，光路较为复杂，还要避免相邻镜面间的遮挡，系统的几何聚光比波动较大。

3. 线性菲涅尔反射聚光技术介于槽式和塔式定日镜内列之间，更接近槽式。与抛物面槽式反射聚光技术的不同之处如下。

(1) 抛物面槽式系统的镜面是曲面且面积很大，不易加工；线性菲涅尔式系统的镜面是平面，镜面相对较小，容易加工，成本较低。

(2) 线性菲涅尔式系统的每面镜条都自动跟踪太阳，相互之间可用联动控制，控制成本比槽式系统要低。主反射镜采用平直或微弯的条形镜面，二次反射镜与抛物面槽式反射镜类似，生产工艺较成熟。

(3) 线性菲涅尔式系统镜场之间的光线遮挡较小，场地利用率高。

(4) 线性菲涅尔式系统的聚光比比相同场地的槽式系统要高，一般在10～100之间。年平均效率为9%～11%，峰值效率达20%，蒸汽参数可达250℃～500℃，每年1 MW·h的电能所需土地约4～6 m^2。

(5) 主反射镜较为平整。可采用紧凑型的布置方式，土地利用率较高，且反射镜近地安装，大大降低了风阻，具有较优的抗风性能，选址更为灵活。

集热器固定，不随主反射镜跟踪太阳而运动，避免了高温高压管路的密封和连接问题以及由此带来的成本增加。

由于采用的是平直镜面，易于清洗，耗水少，维护成本低。

线性菲涅尔CPC聚光原理是：众多平放的单轴转动的反射镜组成的矩形镜场自动跟踪太阳，将太阳光一次反射聚集到平行于镜场高处的线性聚光器内，一部分光直接被吸热器接收，一部分经过聚光器内置反射面二次反射，然后被吸热器接收。

4. 线性菲涅尔系统使用一系列形状窄长、曲率很小（甚至为平面）的镜面把光线集中到镜面上方一个或多个线性吸收装置上。因为每个吸热元件的孔径尺寸在使用抛物槽的状况下不受风荷载的限制，所以对玻璃没有过高要求。一般选择低成本、可以稍加弹性弯曲的平板玻璃，灵活易动，这样可以降低成本。又因为对跟踪太阳要求不严，所以可以提高镜面排列密度。但成本降低的代价是，由于镜面平坦排列，这种系统内在吸收率与抛物槽设计相比减少20%～30%。这需要优化设计才能补偿。

传统的菲涅尔透镜是菲涅尔光学系统的第一聚光形式，它的依据是光透过不同界面时产生折射，达到聚光的目的。设想众多的条形平面镜，其中心轴按设定的型线，例如圆、抛物线或直线排列，采用跟踪装置使各条形平面镜的镜面跟踪太阳视位置，共同瞄准目标。这样可以达到聚光的目的。若其中心轴按圆排列，具有圆面反射聚光特性；若按抛物线排列，则具有抛物面反射聚光特性；若按直线排列，即成所谓的线性菲涅尔反射聚光。只是这种反射聚光不像抛物面镜那样，聚焦为一点，或一条焦线，而是汇聚在与条形平面镜宽度相关的焦面上。这就是线性菲涅尔反射聚光原理，称为菲涅尔光学系统的第二聚光形式。如此构成的聚光系统，称为条形线性菲涅尔反射式聚光装置，简称条形聚光装置。

5. 线性菲涅尔式反射镜的方位和镜位布置设计

反射镜的方位可以有水平东西向布置和倾斜南北向布置两种布置方式。这与槽式抛物面聚光器的布置相似。

8.7.2 镜场布置

太阳镜场设计包括主反射镜阵列设计、太阳跟踪设计和接收器设计。

1. 主反射镜阵列设计

主反射镜阵列设计要考虑多种影响，包括反射余弦损失、反射光学误差、入射光遮挡和反射光遮挡。线性菲涅尔反射聚光系统光热效率的计算和验证还处于实验阶段，还没有形成统一的评估线性菲涅尔反射聚光系统光热转换效率的方法和标准。在初期的实验研究中，中国皇明公司首次自主开发出了一种关于场地利用率的计算程序，该程序充分考虑反射余弦损失、反射光学误差、入射光遮挡和反射光遮挡的影响。

2. 太阳跟踪控制设计

太阳季节性的变化对线性菲涅尔聚光集热系统的影响不大，一般来说，菲涅尔系统采用单轴跟踪的方式。单轴跟踪方式较双轴跟踪结构简单，成本降低，但全天候、全自动、高精度太阳跟踪装置的设计就成为一个难点。

3. 接收器设计

接收器的塔杆顶布置方式有垂直布置和水平布置两种形式。

垂直布置，其半球向吸收率与平板面相近。通常接收器选用繁密叉排设计。

水平布置接收器为单面接收太阳辐射。这种布置方式下，接收器也可选用紧密叉排设计，可以得到相同的半球向吸收率。但由于是单面接收太阳辐射，投资将增大。通常接收器采用单排设计，上层附加反射板，也能达到较好的聚光集热效果。

线性菲涅尔聚光集热系统比槽式系统更为紧凑。这是线性菲涅尔式太阳能热动力发电技术的一大优势。

聚光装置的接收器固定安装在塔杆顶，它与槽式抛物面聚光集热器相比，聚光装置的运行维修费用更低。接收器之间无需采用挠性连接。此外，镜面反射的太阳辐射主要从下而上投射到塔杆顶接收器，更有利于在接收器中直接产生蒸汽。

8.7.3 发展及应用前景

目前,线性菲涅尔反射聚光技术仍处在较为初级的阶段,需要不断提升和发展,主要包括以下几个方面:

(1) 反射镜。生产更薄或含铁量更少的反射镜衬底,提高镜子的反射率;镜面涂抹防污染和憎水涂层,降低维护和清洗费用。

(2) 集热管。主要是表面太阳能选择性吸收涂层的改进。能够耐600℃的高温,并且在太阳能光谱范围内的吸收率超过96%,自身的发射率在400℃时可降至9%,600℃时可降至14%以下。目前涂层的吸收率为95%~96%,自身发射率在400℃时高于10%,580℃时高于14%。

(3) 支撑结构。包括支架和镜架的设计和材料选取。设计更为合理且经济的支撑结构,选取合适的材料,可大大降低投资成本。

(4) 蒸汽参数。目前,商业化运行电站的蒸汽温度为270℃,如果能够将其提升至50℃,则年平均发电效率可从现在的约10%提升至约18%。

(5) 储热系统。具有储热系统的商业化线性菲涅尔式太阳能电站已被证明是可行的。目前,工业界正在寻找相变储热材料和开发高比热的直接蒸汽储热技术,有望获得突破性进展。

聚光器的关键技术已经掌握,但仍然存在一定的技术难题,线性菲涅尔式太阳能热发电技术采用紧凑型排列,土地利用率高,且系统下面可建停车场、养殖场等。由于风阻较小,抗风能力较强,集热系统可放置于建筑物顶部。另外,我国太阳能较丰富的地区一般风力也会比较大,尤其是北方地区,因此,应用该技术存在一定的优势。

有专家认为,线性菲涅尔聚光集热系统比塔式、槽式、碟式三种中高温集热系统更具优势。如:聚光比比槽式系统高,不但可以聚集直射光,还可以聚集部分散射光;菲涅尔式系统采用紧凑密排的方式,用地更合理,利用率更高(聚光面积与用地面积的比是1∶1.2,而塔式达到1∶5),可以在系统的下面建停车场、养殖场等,并且由于风阻力较小,可以将系统放置在楼顶安装,大大提高建筑的节能、热利用能力;另外,由于其结构简单,制作简单,易实现标准化、模块化,便于批量生产。

线性菲涅尔聚光集热系统是最具潜力的太阳能中高温热发电热量采集系统,它不仅可以产生高温高压用于热发电,也可控制温度和压力,广泛适用于酒店、采暖、太阳能空调、纺织、印染、造纸、橡胶、太阳能沼气、海水淡化、食品加工、烘干、畜牧养殖场、农业生产等各种需要热水和热蒸汽的生产与生活领城,前景非常广阔,待开发的市场和领域很多。

8.8 储热系统

8.8.1 储热装置

储热装置或储能系统,是由储能材料、容器、温度、流量、压力测量控制仪器、泵或风机、电机、阀门管道、支架及绝热材料构成的系统，可储存并可提供热能，加热蒸汽发生器，驱动汽轮机发电及泄漏探测组成的系统。储热系统除考虑储热能力外，还需要从其他方面进行选择。

(1) 保证系统运行的安全性及可靠性。利用相变材料储存热量时，理论上可以在储存相同热量的情况下减少材料的使用量，但是由于相变过程会存在材料在形态上的改变，更要考虑介质管道内的运输及传热的进行，而显热材料储热能够得到更好的控制。

(2) 投资及运行成本比较理想，适宜做大规模太阳能传热储热系统的介质。

(3) 对材料运行温度、储热能力、稳定性、安全性(如对管道的冲刷、腐蚀、材料在运行过程中的分解、熔解)、价格等因素的综合考虑。

在太阳能热发电工程中，储热装置、集热装置和蒸汽发生器装置联系密切。

储热装置依储热材料的不同而采取相应的结构。

8.8.2 对储热容器的要求

1. 储热容器选取原则

(1) 设计一般容器的技术特性包括：容器类别、设计压力、设计温度、介质、几何容积、腐蚀裕度、焊缝系数、主要受压元件材质等。

(2) 容器材料应力屈服点高于储热工作温度 100℃。

(3) 压力容器的设计按照国家质量技术监督局所颁发的《压力容器安全技术监察规程》规定执行。

2. 储热容器的选择

储热容器的充放热依靠换热器进行，可按下列原则选择：

(1) 热负荷及流量、流体性质、温度、压力和压降允许范围，对清洗和维修的要求，设备本体结构、尺寸、重量、价格、使用安全性和寿命。

(2) 常用换热器性能如下：管壳式压力从高真空到 41.5 MPa.温度可从－100℃到 1 000℃。管壳式换热器设计的国家标准为 GB/T 151—2014。其他换热器形式主要包括板式、空冷式、螺旋板式、多管式、折流式、板翅式、蛇管式和热管式等。

8.8.3 储热装置的发展

储热装置的发展是一个漫长而又曲折的过程，较早的时候人们储存热量的方式是采取蒸汽存储，蒸汽的存储和利用最早由德国的拉特教授提出，到 1873 年，美国的麦克马洪将蒸汽以高温热水的形式存储，为现代储热装置奠定了基础。

在太阳能热发电系统中，太阳的辐射热量最终都是通过换热产生高温高压的蒸汽来发电，如果用水直接作为传热和储热介质，就成为一种直接蒸汽发电系统。以水作为吸热器与储热器的传热介质，具有热导率高、无毒、无腐性、易于输运和比热容大等优点。由于没有中间换热器和中间介质，因此系统结构简单。但直接蒸汽发电系统中，水/水蒸气在高温时有高压问题，水蒸气的临界压力为 22.129 MPa，临界温度为 374.15℃，当水的温度高于临界温度时，都是过热蒸汽，高温下水蒸气通常处于超临界状态，压力特别高，对热传输系统的耐压提出了非常高的要求，增加了设备投资与运行成本。为此，在系统中加入了蒸汽储热器，可以把多余的水蒸气变成体积比热容较大的水来储存热量，同时还可以保持系统压力稳定在工作范围之内。

现在，高温熔盐储热已由空间站发展到地面太阳能电站。研究表明，与传统的导热油相比，采用高温熔盐发电可以使太阳能电站的操作温度提高到 450℃～500℃，这样就使得蒸汽汽轮机发电效率提高 2.5 倍。在相同发电量的情况下，就可以减小储热器的容积。同时，硝酸盐与阀门、管道及高、低温泵等的相容性也较好。而混合盐继承了单纯盐的优点，其熔化温度可调，相变时体积变化率更小，蒸汽压更低、传热性能更好，因此在太阳能储热领城有广阔前景。桑迪亚研究中心（NSTTF）采用 60% $NaNO_3$ － 40% KNO_3（太阳盐）与硅石、石英石相结合进行研究，研究表明，在 290℃～400℃之间，经过 553 次循环试验后没有出现填料腐蚀的问题。同时，采用 44% $Ca(NO_3)_2$、12% $NaNO_3$、44% KNO_3（Hitec XL）做试验，结果表明，在 450℃～500℃之间，经过 1000 次循环以后，填料与熔融盐的相容性仍然很好。

虽然潜热储热量会更大，但在目前太阳能电站的储热系统中，并不是利用熔盐的潜热来储热，而是利用它熔融态的显热来储热。一般储热系统是由储热罐、盐泵及管道阀门等组成。

8.8.4 储热罐

储热罐是储热装置的主体，现有斜温层储热和双罐（冷罐、热罐）储热两种形式。实际上这与外覆绝热材料的冶金、化工热力装置相似。

1. 双罐系统

在太阳能热发电的储热系统中，储热罐有分工配合使用的双罐系统和一身汇聚两种功能的单罐系统。

双罐储热系统是指太阳能热发电系统包含两个储热罐，一个为高温储热罐，一个为低温储热罐，系统处于吸热阶段时，冷罐内的储热介质经冷介质泵运送到吸热器内，吸热升温后进入热罐。放热阶段，高温介质由热介质泵从热盐罐送入蒸汽发生器，加热冷却水产生蒸汽，推动汽轮机转动运行，同时降低温度的介质返回双罐热系统中，冷罐和热罐分别单独放置，技术风险低，这是目前比较常用的大规模太阳能热发电储热方法。但是双罐系统存在需要较多的传热储热介质和高维护费用等缺点。

有学者分析双罐系统中存在热能的交换，盐被加热到 385℃储存在热盐罐中，这是热的储存过程。在用电高峰期，把热盐泵送到热交换器中加热油，油被加热后泵送到发电厂中进行发电，盐冷却到 300℃送到冷盐罐中，这是热的释放过程。硝酸盐密度一般为 1 800 kg/m^3，比热容为 1 500 J/(kg · K)，化学性能稳定，蒸汽压低（<0.01 Pa），成本低，为 0.4～0.9 美元/kg。目前的研究表明，从技术和成本的角度来看，双罐储热系统是可行的，没有发现技术上的障碍。据分析，如果储热罐具有 12 h 的储热能力，所需汽轮机功率下降，总成本降低，电价可降低 10%。双罐储热系统结构简单，并没有增加太阳能发电厂的复杂度，反而减少了发电成本，增强了太阳能储热发电的市场竞争力。

2. 单罐系统

单罐也称为斜温层罐。斜温层罐根据冷、热流体温度不同而密度不同的原理在罐内建立斜温层,冷流体在罐的底部,热流体在罐的顶部。由于实际流体的导热和对流作用,实现真正的温度分层存在较大的困难。

该储热装置斜温层单罐内装有多孔介质填料,依靠液态熔融盐的显热与固态多孔介质的显热来储热,而不是仅仅依靠材料的显热来储热。

在罐的中间会存在温度梯度很大的自然分层,即斜温层,它像隔离层一样,使得斜温层以上的熔融盐液保持高温,斜温层以下的熔融盐液保持低温,随着熔融盐液的不断抽出,斜温层会上下移动,抽出的熔融盐液能够保持恒温,当斜温层到达罐的顶部或底部时,抽出的熔融盐液的温度会发生显著变化。

斜温层温度梯度非常大,它是一种多孔介质,主要依靠显热来储热,可以采用砂石来做多孔材料,还有采用石英岩和硅制沙来制作的。对于斜温层多孔储热材料,目前正在研究之中。多孔石墨、膨胀石墨、石膏以及发泡陶瓷等由于具有多孔结构,储热性能良好,都可能是潜在的多孔材料,因此可以考虑在未来的研究实验中作为斜温层材料。

有人对带有固体填料的温跃层熔融盐储热技术进行了理论和实验分析。与双罐熔融盐储热相比,单罐温跃层储热技术可以将一次投资降低约 1/3。因此,对于单罐温跃层储热技术,耐久性填料的选择与充放热方法和设备的优化都是主要的研究项目。

还有人认为,也可以采用新型的储热材料,即室温离子液体。这种材料可克服熔融盐自身的缺点,即使在很低的温度下仍是液态。室温离子液体材料是一种有机盐,在相关的温度范围内,蒸汽压可以忽略不计,而熔点在 25℃以下,室温离子液体是非常新的一种材料,在达到太阳能储热发电所需要的温度后是否还能保持稳定,生产成本是否合理,都还存在着很大的不确定性。

双罐系统与单罐系统各有优劣。双罐系统原理简单、操作方便、效率高,但是因为增加了一个罐,所以设备的初投资会明显增加。由于储热系统的费用在整个太阳能电站的初投资中占有很高的比例,因此为了降低成本,提高市场竞争力,从理论上说,采用单罐斜温层储热是一个可选择的途径。单罐储热系统的投资费用比双罐储热系统节省约 35%,但注入和出料结构比较复杂,冷热流体的导热和对流作用使真正实现温度分层存在技术困难。同时,由于涉及大温差斜温层的流动和换热特性规律,因此各种物性参数、结构参数与操作参数的匹配与优化非常复杂。

3. 按系统流程分类

储热系统可分为被动系统和主动系统,主动系统又包含直接储热和间接储热。

间接储热系统的传热介质和储热介质采用不同的物质,需要换热装置来传递热量。间接储热系统常采用不存在冻结问题的合成油作为传热介质,熔融盐液作为显热介质,传热介质与储热介质之间有油-盐换热器,系统的工作温度不能超过 400℃。其缺点是传热介质与储热介质两者之间通过换热器进行换热,由此带来不良换热。直接储热系统中传热流体既作为传热介质,又作为储热介质,储热过程不需要换热装置。直接储热系统常采用熔融盐,既作为传热又作为储热介质,不存在油-盐换热器,适用于 400℃～500℃的高温工况,从而使兰金循环的发电效率达到 40%，回到冷盐罐中，从而实现吸热放热的储热过程。

对于槽式太阳能热发电系统，管道多为平面布置，需要使用隔热和伴随加热的方法来防止熔融盐液传热介质的冻结。塔式太阳能热发电系统的管网绝大部分是竖直布置在塔内，管内的传热介质容易排出，解决了防冻问题，且其工作温度比槽式系统高，因此双罐储热系统对塔式太阳能发电系统是比较好的选择。

具有热能储存（TES，以下简称储热）的太阳能光热发电（concentrated solar power，CSP）技术是未来可再生能源系统中最具应用前景的发电技术之一，其可高效利用资源丰富但具间歇性的太阳能，为人们提供稳定可调度且低成本的电力。

8.8.5 TES 技术

TES 技术主要分为基于液体或固体材料的显热储热技术、基于相变材料（PCM）的潜热储热技术，以及基于可逆化学反应材料的热化学储热技术。

图 8-20 为目前最先进也最具代表性的第二代 CSP 电站，即配备熔融硝酸盐直接储热系统（direct TES system）的商业化塔式电站。此电站主要由 4 个部分组成：定日镜、吸收塔、熔盐储热系统和动力循环发电系统。在有用电需求时，通过熔盐换热器将储存的热能传导至常规蒸汽兰金动力循环中用于发电。熔盐储热系统可实现低成本的太阳能热存储，使 CSP 电站即使在缺少阳光的情况下也可以稳定供应可调度的低成本电力。常见的商业熔盐储热材料是一种由 $NaNO_3/KNO_3$（质量分数为 60%/40%）混合而成的非共晶熔盐混合盐，通常被称为“太阳盐”（Solar Salt）。

目前技术最先进的第二代熔盐塔式 CSP 电站，其直接储热系统中熔融硝酸盐可同时作为 TES/导热流体（HTF）材料使用。第二代 CSP 电站中使用的熔融硝酸盐，由于热分解问题，其最高工作温度受限在约 565℃，这限制了储热温度差 ΔT 与储热系统的储热容量 Q。

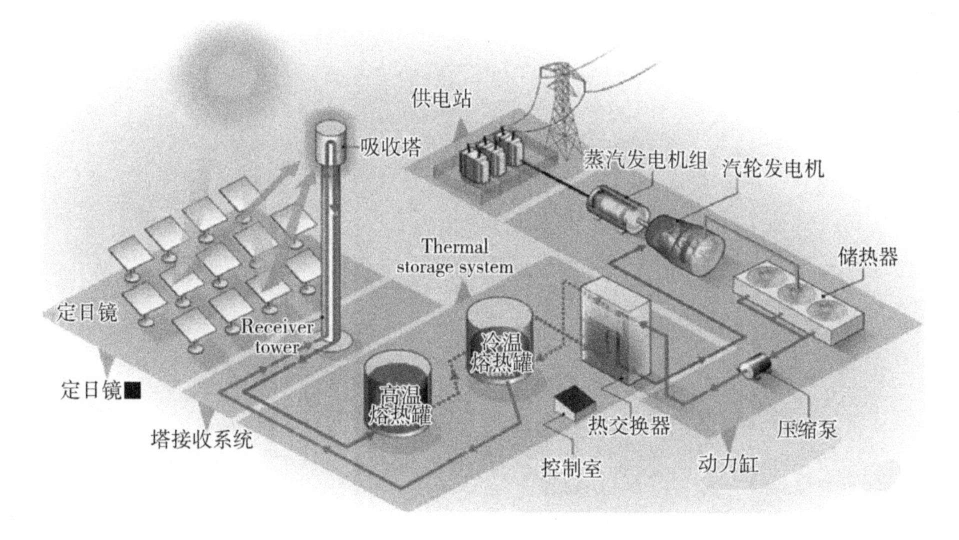

图 8-20　第二代 CSP 电站

熔融氯盐(如 $MgCl_2$/NaCl/KCl)是下一代熔盐技术中最具发展前景的储热/导热材料之一,原因是其具有出色的热物性(如黏性、导热性)、较高的热稳定性(> 800℃)和较低的材料成本(<0.35 美元/kg)。此外,目前商业熔融硝酸盐技术的开发经验也可用于开发这种新型熔盐技术,大大减少技术研发风险和成本。但与商业熔融硝酸盐相比,熔融氯盐在高温下对金属结构材料(即合金)有强腐蚀性,这是研发中面临的最主要的技术挑战之一。因此,寻找一种高效且低成本的腐蚀控制技术至关重要。

9 聚光型太阳能热发电技术

9.1 塔式太阳能热发电

9.1.1 塔式太阳能热发电系统

图 9-1 为熔盐太阳能塔式热发电系统示意图。水/蒸汽塔式太阳能热发电系统如图 9-2 所示。构成塔式电站的直接投资组成包括:结构和改进、定日镜场、吸热器系统、塔和管路系统、储热系统、蒸发器系统、发电系统、主控制系统、外围设施。

塔式太阳能热发电的参数可与高温高压水电一致,所以不仅有较高的热效率,而且也容易获得配套设备。

塔式电站初期投资较大,但美国估计塔式太阳能热发电成本可降至 5～6 美分/(kW·h),已经可与常规石化能源发电相比;如与环境污染成本相比,则占据更大优势。

美国能源部主持的研究表明,塔式太阳能热发电在所有大规模太阳能发电技术中成本最低。

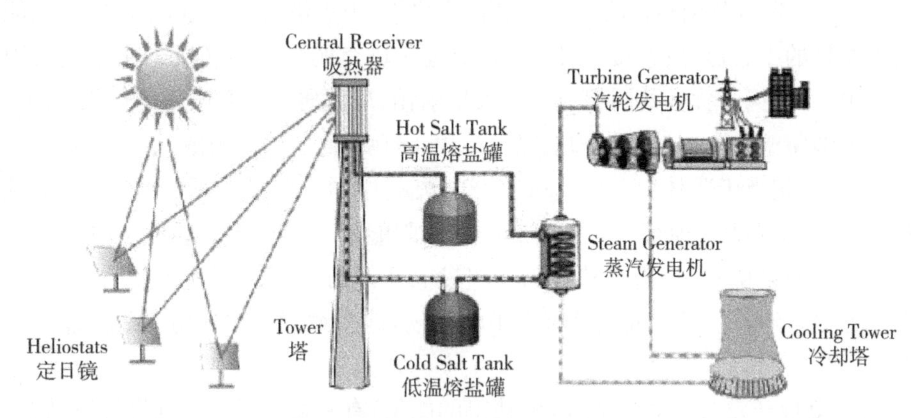

图 9-1 熔融盐太阳能塔式热发电系统

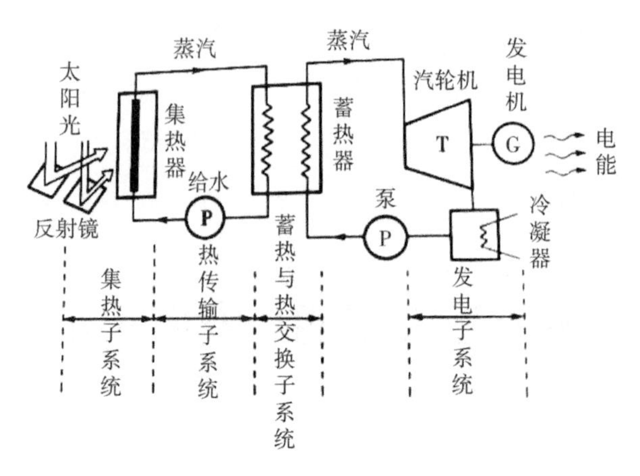

图 9-2　水/蒸汽塔式太阳能热发电站系统

图 9-3　中国首个百兆瓦级熔盐塔式光热电站

9.1.2　塔功能

1. 塔(各类资料分别称接收塔、吸热塔、集热塔、中央塔或动力塔)是塔式太阳能热发电站引人注目的中心,是放置接收器、热力管道和热交换装置的场所。在塔式太阳能热电站工程中,所有镜面犹如共同组成一个大反射镜,塔就居于反射阳光的聚焦之地。

位于中国戈壁沙漠的熔盐太阳能热电站由 12 000 面定日镜组成,每年可减少 35 万 t 二氧化碳排放,相当于造林 666.67 hm^2。该电站是中国首个百兆瓦级熔盐塔式光热电站(如图 9-3),全球聚光规模最大。密密麻麻的太阳能板,分布在 7.8 km^2 的场区内,电站中心是 260 m 高的吸热塔,为全球最高。超过 1.2 万面定日镜围绕在吸热塔周围,将太阳能集中到中心的熔盐塔。晚上没有太阳的时候,熔盐继续放热发电,保证 24 h 不间断地发电。

2. 塔的高度与定日镜场的规模(即获得的能量)有密切关系。根据设计电站容量(镜场规模)和热力循环方式,塔的高度从数十米到数百米不等。

有人根据统计曲线得出塔高数值在一定范围内为常数 36.7 乘以塔顶接收器的输出热功率(MW)的 0.288 次方。

塔一般由钢筋水泥或钢架构成。塔要求有较高强度,不会影响人员和设备的开降,能够经受沙漠风沙的袭击(至少能够承受 10 级大风)。在沙溪地区,要求基础牢固不会倾斜,不易变形,不影响接收光线的角度,因为光线入射角的微小变化就会引起发电能力的巨大损失。镜场效率与接收塔高度的关系曲线如图 9-4 所示。

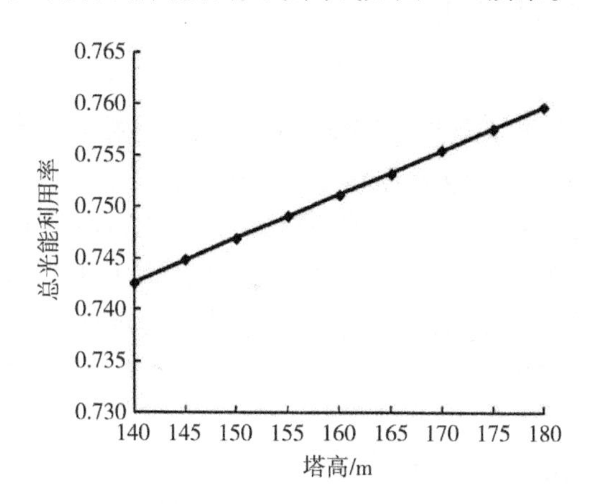

图 9-4 镜场效率与接收塔高度的关系曲线

定日镜场所在位置的大气透射率与其跟接收塔之间的距离有关,定日镜离接收塔越近,反射光线中被大气吸收的能量越少,投射到接收塔上集热器的能量也就越多;反之,则投射到吸热器上的能量越少。故大气透射率与当地的天气及气候条件有密不可分的联系。

随着接收塔高的增加,定日镜场效率几乎成正比例线性增长,这显示塔高的增加可提高塔式太阳能电站的总效率。然而塔高的增加也涉及到成本增加及吸热器等设备管路的损失,故在实际的设计中需综合考虑这两方面因素。

3. 塔式太阳能热电站的优势如下:

(1) 聚光倍数高,容易达到较高的工作温度,阵列中的定日镜数量越多,其聚光比越大,接收器的集热温度越高。

(2) 能量集中过程是靠反射光线一次完成,方法简单有效。

(3) 接收器散热面积相对较小,因而可以得到较高的光热转换效率。

设计中,塔高 120 m 以下多采用钢构架结构,这也便于敷设上下管道、局部改造与维修;而塔高 120 m 以上,则考虑采用钢筋混凝土结构。

阳光经塔周的定日镜群反射到塔顶,工质由地面经管道送至塔顶接收器加热,加热后的工质再经管道送回地面。所有地面和塔顶之间的连接管路和控制联络均沿塔敷设。

电梯和各类管道要有安全措施。因为定日镜可以单独更换,而塔的维修直接影响整个电站的运行,所以塔应有较长的设计寿命。接收器一般置于塔的顶部,塔的设计要利于接收器(太阳锅炉)的运行。

在正常工况下，从定日镜阵列投射到塔顶接收器上的太阳辐射强度的典型值为300～1 000 kW/m^2，因此塔顶接收器的工作温度在500℃～1 200℃。塔顶也应用绝热保温措施。

在最新提出的对塔式太阳能热电站系统的重大改革方案中，塔顶进行二次聚光，这样可大幅减少热力循环所用的动力，但塔的结构必须按要求重新设计。

9.1.3 太阳能接收器和储热

1. 接收器

根据接收太阳辐射的方式不同，接收器可分为表面式接收器和空腔式接收器。根据聚光形式不同，又可分为线聚光接收器和点聚光接收器。

在塔式太阳能热发电系统中，太阳能吸收器位于中央高塔顶部，是实现塔式太阳能热发电最为关键的核心技术，它将定日镜所捕捉、反射、聚集的太阳能直接转化为可以高效利用的高温热能，加热工作介质至500℃以上。塔高与定日镜反射光仰角相关，当仰角大于60°时，集热效率可达90%以上。它为发电机组提供所需的热源或动力源，从而实现太阳能热发电的过程。

2. 塔式太阳能热发电站的储热

塔式太阳能热发电站的储热装置根据系统所选用集热工质的不同，存在着混合盐潜热储热和空气堆积床显热储热两种储热循环设计。

(1) 混合盐潜热储热

单纯的混合盐潜热储热设计，在混合盐用于塔式发电潜热储热时，混合盐既是集热介质，又是储热介质。

塔式太阳能热动力发电站的混合盐潜热储热装置，通常采用双罐储热系统，即两个承压的开式储罐。其工作过程是：冷储罐中的冷盐，通过泵送往塔顶接收器，经太阳能加至高温，储于热储罐中。需用时将储存的热盐送往蒸汽发生器，加热水变成过热蒸汽，汽轮发电机组发电，然后再返回冷储罐。这种储热设计具有以下2个优点：

①混合盐的运行工况接近常压，因此接收器不承压，允许采用薄壁钢管制造，从而可以提高传热管的热流密度，减小接收器的外形尺寸，以至降低接收器的辐射和对流热损失，使接收器具有较高的集热效率。

②从功能上看，这里的混合盐兼有集热和储热的双重功能，使得集热和储热系统变得简单和高效。一般储、取热效率大于91%。

(2) 空气堆积床显热储热

当系统集热工质选用空气、氮气或其他气体工质时，则其储热方式可以采用空气堆积床显热储热。这是一项古老而又成熟的储热技术，在冶炼工业中早有应用，其可能的储热温度主要决定于所选用的储热材料。

由实验研究可知，堆积床储热的运行特性决定于两个基本因素，即床体的形状和堆积球的大小，这也是堆积床储热技术设计的关键。

3. 塔顶接收器蓄热过程的应用

接收器是太阳能热发电的核心，目前国际上多采用空腔式接收器，光热转换率达到90%以上。目前，国外正在研究一种先进的塔式接收器，它通过与高温相变蓄热系统的有机结合，可以将燃气轮机的空气加热到1 400℃，压力大于1.5 Pa，从而使大型太阳能电站的联合循环效率达到60%，甚至更高。此外，由于接收器温度超过了1 000℃，利用太阳能发电塔可以实现利用热化学方法来制取氨气。

9.1.4 塔式电站工作原理

塔式太阳能热发电系统中，人们选用过水、熔盐、空气等作为不同吸收太阳热能的热流体。根据热流体的不同，配用相应的接收器类型，工作原理也有差别。

1. 水(蒸汽)系统

以水(蒸汽)作为热流体的塔式太阳能热发电系统直接利用聚焦的太阳热产生的蒸汽，但热流体运行温度和压力较低。给水依次经过放置塔顶接收器的预热、蒸发、过热等换热面后，成为兰金循环汽轮机的做功工质，因此也常将该系统称为直接蒸汽生产方式的塔式太阳能发电系统。该系统中的接收器是几种系统中最简单、最便宜的一种。以水(水蒸气)为热流体的接收器的吸热管中的热流密度通常低于200 kW/m^2，但这些吸热管仍经常发生泄漏，导致泄漏的主要原因是入射太阳辐射的瞬变特性和分布不均。

在用直接蒸汽生产方式的塔式太阳能热电站中，给水经由给水泵送往位于塔顶部的太阳能接收器中，吸收太阳能热量变成饱和蒸汽(或继续被加热为过热蒸汽)后，进入蒸汽轮机中做功，带动发电机发电。蒸汽轮机的排汽被送往凝汽器中凝聚成水后，通过给水泵重新送往接收器中。

为保证生产蒸汽的稳定性，常常设置蒸汽储热系统，在阳光充足的时候，将多余的蒸汽热量储存在储热罐中，从而保证系统运行参数的稳定。

在水/蒸汽电站系统中，接收器产生的高温高压蒸汽可以直接用于推动汽轮机发电，其优点在于吸热介质和做功工质一致，年均效率可以达到12%以上。

2. 热流体为熔盐的系统

为了避免直接蒸汽生产方式的塔式太阳能发电系统的接收器泄漏，同时为了获得更高的工质温度，可采用熔盐作为接收器中的吸热流体。

在热流体为熔盐的塔式热发电系统中，接收器的工作介质采用熔盐液，熔盐液在接收器中加热到600℃左右或更高温度后，输送到高温储热装置，在热交换装置中将水加热成高温蒸汽后进入低温储热装置保存。熔盐泵再把低温熔盐送入接收器加热。

为了避免高温熔盐液温度的散失，可以在接收器就近的地方安装热交换器，高温熔盐在高温热交换器中把中间介质(传热油之类)加热到500℃或更高的温度后，传热油在储热装置内储存并通过热交换器产生高温蒸汽。图9-5是热流体为熔盐的塔式热发电系统的工作原理，图9-6是塔架上安装交换器的塔式热发电系统的工作原理。

相较于水/蒸汽电站系统，熔融盐电站系统由于高温运行时管路压力较低，甚至可以

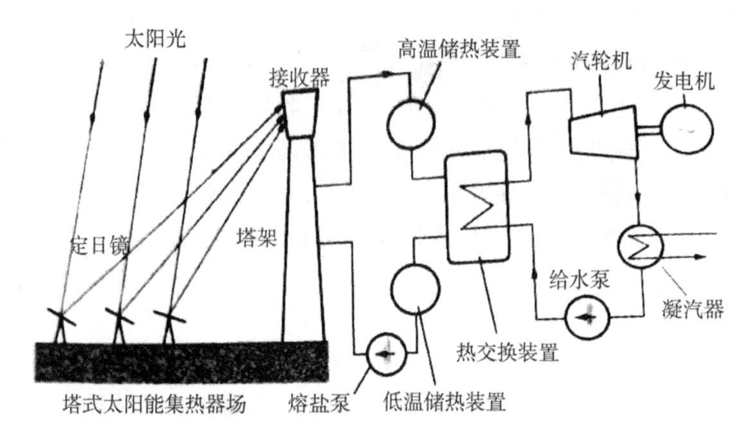

图 9-5　热流体为熔盐的塔式热发电系统工作原理

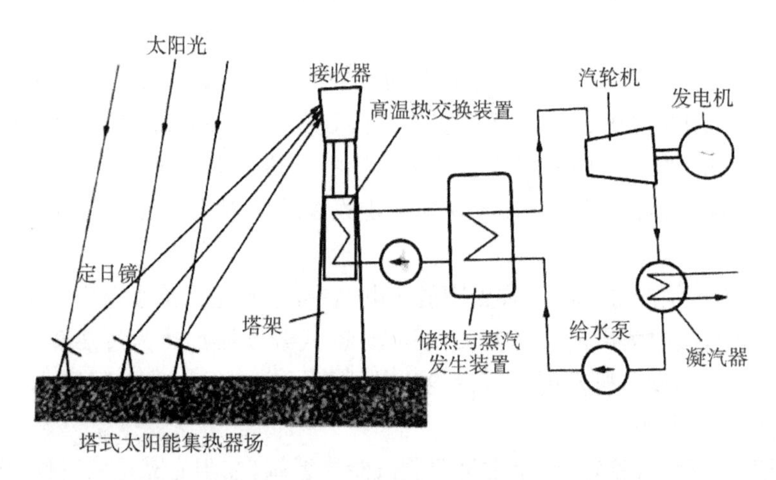

图 9-6　塔架上安装交换器的塔式热发电系统工作原理

实现超临界、超超临界等高参数运行模式，从而进一步提升塔式热发电系统效率，并可以方便地储能，是一种很高效、具有规模化前景的技术。塔的储热量和聚光面积之间的关系确定流程如图 9-7 所示。

3. 热流体为空气的系统

以空气作为吸热介质的塔式太阳能发电系统可达到更高的工作温度。接收器通常采用整体式接收器。

以空气作为吸热介质的塔式太阳能发电系统可以采用以下两种工作方式。

一种工作方式是将接收器中产生的热空气应用于兰金循环热电系统，在该系统中，接收器周围的空气以及来自送风机的回流空气在接收器中吸收来自太阳能镜场的太阳辐射，被加热后的热空气被送往热量回收蒸汽产生系统（Heat Recovery Steam Generating，HRSG），HRSG 中产生的蒸汽送往汽轮机中做功，带动发电机发电。热空气在 HRSG 中将热量传递给工质后，变成低温空气，然后被送风机重新送往塔顶的接收器中。

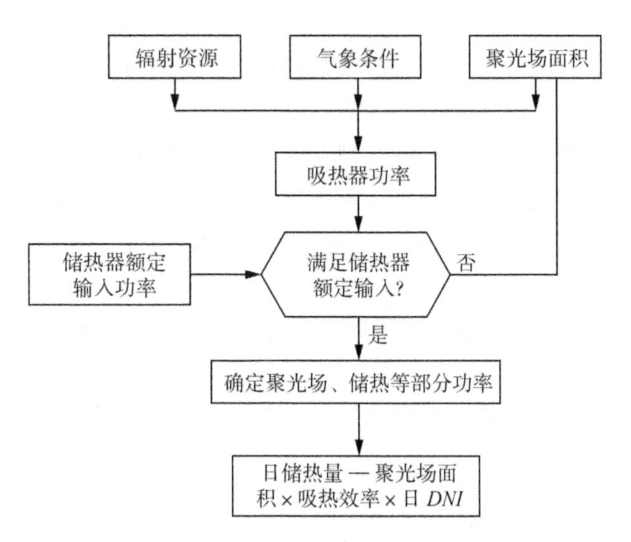

图 9-7　储热量及聚光面积确定

另一种工作方式是将接收器中产生的热空气应用于布雷顿循环-兰金循环联合发电系统，可以直接把高压空气加热到 1 000℃以上去推动燃气轮机，推动燃气轮机后的气体仍有较高温度，再通过热交换器加热水生成水蒸气，水蒸气再去推动汽轮机，有效利用热量。也可以把经过腔体式接收器加热后的高压空气直接送入燃烧室，进一步加热后进入燃气轮机发电，燃气轮机的排气进入底部兰金循环进行发电。

空气吸热器电站一般采用布雷顿循环的热发电模式，空气经过吸热器形成 700℃以上的高温热空气，进入燃气轮机，推动压缩机做功并实现电力输出，大大减小燃气用量，其运行效率可以达到 30%以上，并且可以无水运行，是未来塔式热发电站高效率化发展的一个重要研究方向。

9.2　跟踪系统

9.2.1　跟踪方法

1. 目前塔式太阳能热发电系统使用的定日镜跟踪方法，有方位-高度俯仰跟踪法和自转-高度(俯仰)跟踪法。

定日镜一般包括反射镜、支撑框架、立柱、传动和跟踪控制系统五大部分。定日镜通常有两个正交的能连续跟踪太阳的旋转轴，其中一个旋转轴是固定轴，与地面基础固定；另外一个旋转轴作为从动轴，与定日镜的镜面一起绕固定旋转轴转动。一些典型的双轴跟踪方式有方位-高度俯仰跟踪、固定轴水平放置的自转-高度跟踪、极轴式跟踪以及固定轴指向目标位置的自转-高度跟踪。

方位高度俯仰跟踪方式是常见的双轴跟踪方式，太阳跟踪器、抛物面碟式聚光器以及定日镜多用这种跟踪方式。

最常见的定日镜镜面面形有平面、球面或抛物面。为了减轻球面或抛物面对离轴入射太阳光的聚光像散，定日镜的镜面还可以设计成非旋转对称的轮胎面等高次曲面，以提高聚光性能。定日镜的整体镜面可以是一个单元镜，也可以是由多个单元镜组合成的复合镜面。只有一个单元镜的定日镜一般是小尺寸定日镜；反射镜面面积大的定日镜，需要由多个单元镜通过支撑结构组合起来，在整体上近似为球面或抛物面。

轮胎面也称超环面，是具有两个相互垂直的对称截面（子午和弧矢截面）且两截面内圆弧具有不同的曲率半径的非旋转对称曲面。

2. 在塔式聚光装置中，塔顶接收器截光面上焦斑的大小和形状决定于太阳圆面张角效应和散光偏差。

圆面张角效应是太阳辐射所固有的特性，对所有形式的定日镜都一样，而与定日镜本身的设计无关。（图 9-8）

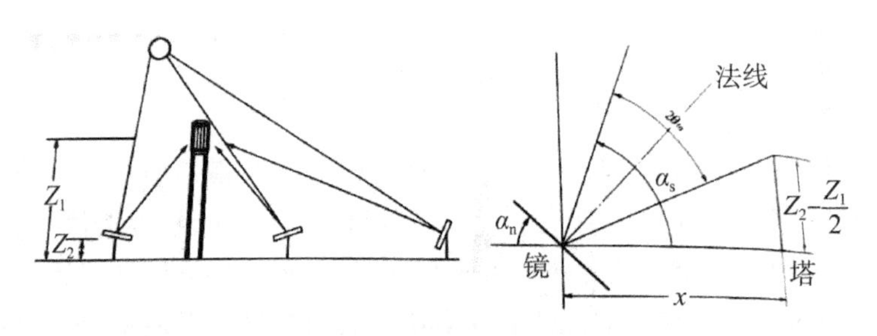

图 9-8　镜场中偏加定日镜不同倾角

散光偏差可分为两部分：一是镜面误差，包括镜面光洁度和平整度等；二是非理想跟踪扩展偏差，包括跟踪精度和像散现象。

基于上述的这些原因，加之定日镜的反射光程很远，为了避免太阳辐射经镜面反射后到达目标位置时过于扩散，通常都将镜面设计成具有一定曲率的弧面镜，将反射光束做适度聚合与像散校正。

传统的定日镜，其反射镜面的曲率半径 r 设计为各向相同，它的标定焦点长度 $f=r/Z_2$。这种情况只有在太阳、定日镜中心和目标中心三点共线时成立。也就是说，在某个特定的太阳视位置，定日镜处于正轴反射，才能得到像散校正。但传统定日镜大部分时间处于偏轴反射，它和正轴反射情况相比，具有较大的像散，从而构成较大的光通量泄露，降低塔顶接收器的光输入能量。

校正像散瞄准目标定日镜的镜面设计为具有两个不同主曲率半径的椭圆曲面，即非对称设计。这样，在反射平面中切向距离和径向距离固定不变，且与其镜面曲线的主轴重合，从而达到校正定日镜像散的效果。这就是近年来针对传统定日镜存在较大像散的缺点提出的一种改进设计。

9.2.2　跟踪控制系统

1. 一种定日镜自动控制系统

现在绝大部分厂家都采用超白玻璃镀银镜。控制系统采用方位、俯仰双轴驱动的方式控制定日镜来自动跟踪太阳。目前国际上对定日镜的控制有断续式和连续式两种运行模式。断续式指驱动电机并不连续转动，先给系统设定固定的时间值，每隔一定时间，系统间歇运行。此方式方便、简单，节约电机的电能，但是随着太阳的运动，镜子的部分反射光不能反射到吸热器上，造成了浪费。连续式是指电机依太阳跟踪计算值以连续低速的方式运行，进行太阳跟踪。此种方式光斑效果更好，系统更加稳定、可靠，但是由于电机时刻都在运行，要多耗费一些电能。

定日镜控制系统通过控制多台定日镜将不同时刻的太阳光线反射后，聚焦至同一目标位置，实现多组光线定点投射、叠加并产生高温。由于太阳高度角和方位角每时每刻都在不停的变化，也就意味着每个定日镜入射光线的高度角和方位角也在不断变化，但最终目标点的位置固定不变，这样反射光线在理论上是不变的，由此可以根据太阳高度、方位角度计算出定日镜法线位置，从而实现精确定位。目前，国际主流定日镜控制方式为程序控制，它通过太阳的运动规律按时间计算出太阳的运行角度。该控制方式需要严格的机械加工精度保证，且长期运行使用过程中存在累计误差。为克服累计误差，必须加入光线检测装置，即闭环控制，定期或不定期地对反射效果进行巡检校正，确保定日镜对太阳光的反射效果。在 6 级以上强风以及强降雪等特殊工况时，将定日镜迅速恢复至安全状态以对定日镜进行防护。

在控制系统中，太阳角的计算具有至关重要的作用，通过年度订正、经度订正、时差订正，并综合考虑海拔高度、大气质量等地理位置条件进行修正，可以得到精确的太阳角度值用以自动跟踪控制。

2. 双立柱定日镜

为了减小定日镜传动间隙对聚光效果的影响，同时期望降低定日镜制造成本，张耀明等通过设计分析的方法进行了新型双立柱定日镜设计方案的探索。分析结果表明，开、闭环结合控制方式的新型双立柱支撑定日镜具有误差小、成本低、聚焦效果好的优点，该型式定日镜有望降低定日镜成本，提高聚光性能。

国内外现有工程应用的定日镜反射面多为单层微弧面热弯成型玻璃银镜，采用单立柱支撑，该结构型式的定日镜通常以程序控制的开环控制方式实现跟踪，整个镜架依靠固定不动的单根立柱支撑，通过立柱上端设置的垂直方向涡轮蜗杆减速驱动机构带动镜架实现方位角运动，通过水平方向的涡轮蜗杆减速驱动机构带动镜架实现高度角运动，具有结构简单、抗倾覆性能好的优点。然而，受机械加工精度限制，该型式的单立柱定日镜传动间隙引起的跟踪误差方面存在难以逾越的困难；而高精度传动机构及曲面玻璃镜制作又使得定日镜制造成本居高不下，银镜镀银层防护亟待攻克；同时，镜架不可避免的机械变形也给定日镜聚光效果带来挑战。因此，寻求新型定日镜设计方案显得十分迫切。

9.2.3 定日镜误差

1. 定日镜面型误差

实际反射面与理论表面反射面不一致引起的误差，包括位置误差和斜率误差。其中光线入射点位置与期望位置不相符为位置误差，位置误差主要是由安装引起的，主要是支撑结构的定位误差。反射面支撑结构安装不当，会引起高度角变化所带来的入射太阳直射辐射位置的误差。

入射点表面的斜率与理论值不一致为斜率误差，斜率误差即反射面法线的误差，它与镜面制作工艺、现场组装、温度、材料及重力变形、风力与雪压等因素均有关系。

2. 定日镜跟踪误差

定日镜跟踪精度是塔式太阳能热发电系统的一项关键指标。通过天文公式可以精确计算出定日镜当前应处的位置，并可获得很高的计算精度。然而在制造、安装及运行定日镜过程中，不可避免地存在各种各样的误差。如定日镜的水平旋转轴应该与水平面垂直，俯仰旋转轴应该与水平面平行，然而在制造安装过程中，绝对的垂直和平行是做不到的。并且精度要求越高，成本也就越高。由于多种影响跟踪精度因素的存在，定日镜的跟踪精度往往比较低，虽然不会偏离目标中心太远，但也不能满足发电的需要，因此需要有其他提高跟踪精度的纠偏方法。如不及时纠偏，还可能会发生由于聚光光斑偏离靶点导致吸热塔支撑结构烧毁的事故。

参与定日镜纠偏的设备包括单面定日镜控制系统、CCD（电荷耦合元件）图像采集相机、图像处理分析系统、全镜场控制 PLC（可编程序控制器）、全镜场上位监控系统。

采用全闭环检测纠偏、历史纠偏曲线记录、插值计算、逐次逼近等方式，纠偏效果好，适应性好。

定日镜的当前角度由定日镜初始角度、定日镜旋转角度及定日镜跟踪偏差角度组成。通过对定日镜跟踪误差一年多天、一天多次的检测，可获得定日镜典型时刻的跟踪偏差，通过对一年或多年的该台定日镜跟踪偏差角度数据分析处理及曲线拟合，得到该台定日镜每天对应的跟踪偏差曲线，如此可得到每一台定日镜每天对应的跟踪偏差曲线，利用此跟踪偏差曲线调整每一台定日镜的当前角度，使每一台定日镜的光斑可以更加准确地投射到目标位置。

基于定日镜的跟踪偏差角度在短时间（如半个小时）内变化较小，相邻几天（如 15 天）同一时刻的跟踪偏差角度的变化不大的特性，将全天划分成几个时长相等的时间段，在每个时间段中都通过纠偏检测得到一个跟踪偏差角度。

3. 定日镜聚光场效率

单位时间经聚光场反射或透射进入吸热器采光口的太阳辐射能（kW・h）与入射至聚光场采光面积上总法向直射太阳辐射能（kW・h）之比。对于槽式聚光器和定日镜，聚光场效率随太阳角度变化而变化。碟式聚光器的效率是不随太阳角度变化的。

4. 定日镜聚光场年效率

一年中，经聚光场反射或透射进入吸热器采光口的太阳辐射能（kW・h）与入射至聚光场采光面积上总法向直射太阳辐射能（kW・h）之比。

表 9-1 所列为各项损失的计算。

表 9-1 定日镜各项损失的计算

因子	计算	因子	计算
太阳法向直射辐射(W/m^2)	I	大气衰减损失(η_{att})	$I\eta_{cos}\eta_{ref}\eta_{S\&B}\eta_{att}$
余弦损失(η_{cos})	$I\eta_{cos}$	溢出损失(η_{int})	$I\eta_{cos}\eta_{ref}\eta_{S\&B}\eta_{att}\eta_{int}$
阴影和阻挡损失(η_{ref}、$\eta_{S\&B}$)	$I\eta_{cos}\eta_{ref}\eta_{S\&B}$	聚光场采光面积(A)	$IA\eta_{cos}\eta_{ref}\eta_{S\&B}\eta_{att}\eta_{int}$

在吸热器上最终所获得的太阳辐射能应为整个定日聚光场中所有定日镜投射到吸热器上能量的总和：

$$E = \sum IA\eta_{cos}\eta_{ref}\eta_{S\&B}\eta_{att}\eta_{int} \tag{9-1}$$

9.3 定日镜场

9.3.1 定日镜场的布置

塔式太阳能聚光系统中，定日镜成本包括单体定日镜成本和整体聚光成本两个部分。定日镜场(阵列)是决定大型电站功率和效益的重要环节。

塔式太阳能电站定日镜场布置需考虑的因素主要有：技术形式、地理位置、大气状况、吸热器参数、定日镜参数及投资运维等经济因素。定日镜场的成本主要包括：定日镜及跟踪控制系统的设备成本、场地成本、接收塔成本及后期运行维修成本。有人提出了定日镜场成本的计算公式，但实际上由于建筑材料及地域不同，成本无法采用统一公式计算得出。

定日镜场的的布置包含定日镜彼此之间的相互位置和间距与定日镜陈列布置两个方面。图 9-9、图 9-10、图 9-11、图 9-12 分别是定日镜径向间距、周向间距、辐射交错排列、网格设计的示意图。

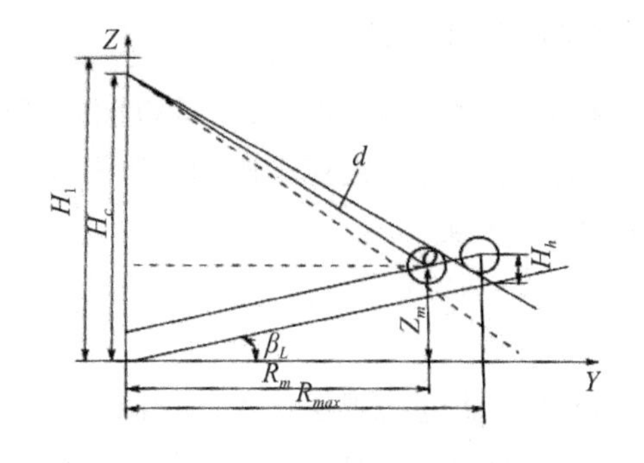

图 9-9 定日镜之间无阻挡损失的径向间距计算

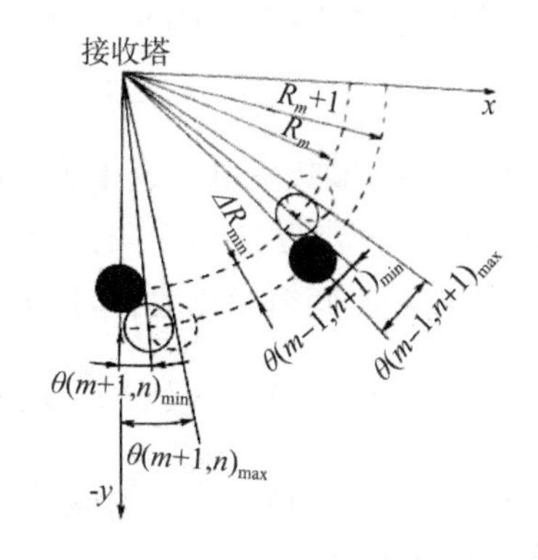

图 9-10 周向间距的计算

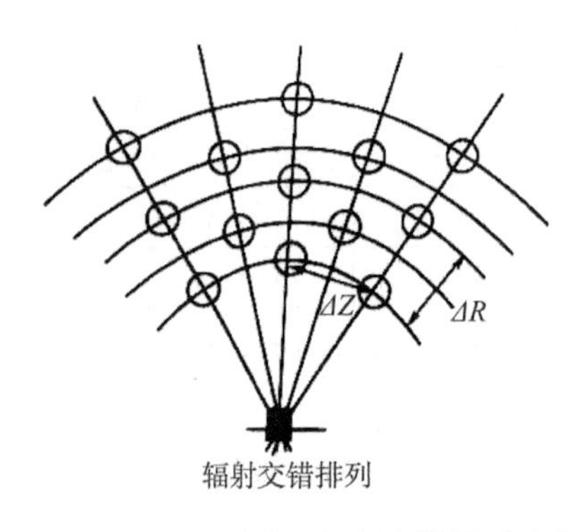

图 9-11　定日镜阵列辐射交错排列分布

图 9-12　辐射网格设计定义说明

人们对塔式太阳能电站定日镜阵列做了多目标优化设计，得到各种不同情况的定日镜场的优化设计布置，有两种分别见图 9-13(a)、图 9-13(b)。图 9-13(a)为提供单位能量投资最小的定日镜阵列布置；图 9-13(b)为提供太阳辐射能量较高的较大镜场定日镜阵列布置。图中能量标尺为每台定日镜所提供的太阳辐射能量，采用不同灰度的颜色表示，单位为(W·h)/5 d。这里的 d 为定日镜中心与塔顶接收器中心之间的距离，x、y 为镜场坐标。

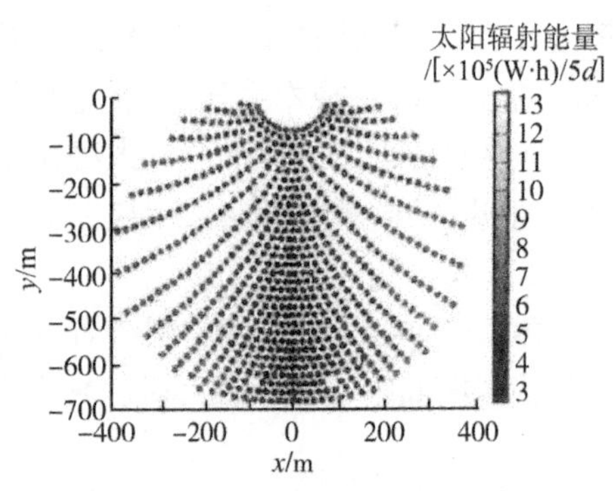

(a) 提供单位能量投资最小的定日镜阵列布置

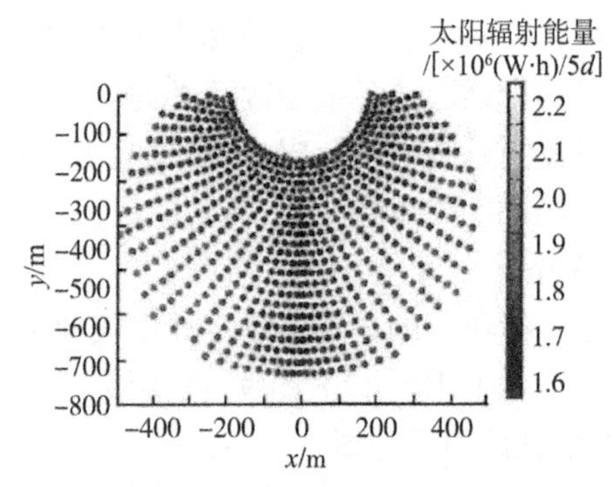

(b) 提供太阳辐射能量较高的较大镜场定日镜阵列布置

图 9-13　两种优化设计的定日镜阵列布置

塔式太阳能热发电系统中采用的聚光器聚集的光斑始终落在接收器的范围内，但它并不正对太阳，其法线与太阳光成一个有规律的夹角，其自动跟踪太阳程序除与当地的经度、纬度和时间密切相关外，还与其在镜场中的位置有关。

9.3.2　定日镜场的设计要求

定日镜场的布局，依电站设计功率而定，并且留有随电站规模扩大的空间。镜场选址无疑应在太阳能资源丰富(较高的直射辐射强度，较长日照时间)和足够适合土地资源的地区。定日镜场设计思路是采用辐射网格分布，在避免相邻定日镜之间发生机械碰撞的前提下，以接收能量最多或经济性最优为目标，对塔式太阳能热发电系统中传统跟踪方式下的定日聚光场的分布进行优化设计，定日镜场设计目标为单位能量花费较小，具有较好的经济性，且能量分布也均匀合理。

设计中定日镜为永久性固定定位，指向直接对准安装在塔顶的太阳接收器，如图 9-14 所示。

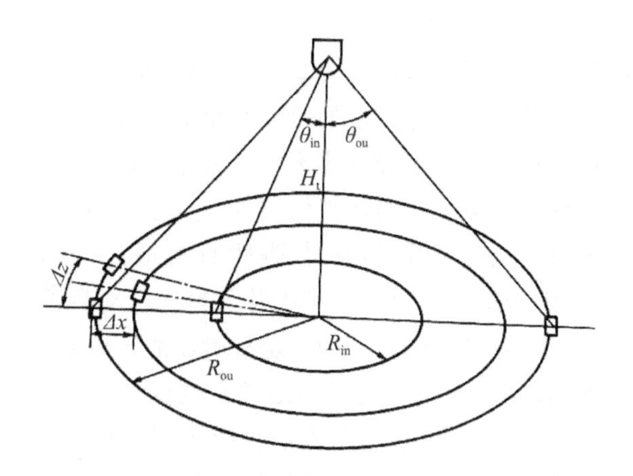

图 9-14　太阳中心接收塔镜场剖视图

塔式太阳能热发电站的镜场总体布置设计步骤如下：

(1) 选择好特定的季节，一般为可能在定日镜之间产生最为严重的屏遮的仲冬季节。

(2) 为使其相互之间没有屏遮并能截取入射太阳辐射的最大可能份额，一般布置定日镜的线性南北向阵列。

如对一年中所选择的季节定下定日镜的线性南北向阵列布置，使其相互之间没有遮阳，并将截取入射阳光的最大可能份额，可由几何作图方法，求得在其他季节时入射太阳辐射的变化部分。对给定大小的镜场，在太阳高度角很高的夏季，布置越紧凑的定日镜阵列，将反射更多的太阳辐射能量。隆冬季节，由于遮阴面积增大，则反射辐射能量减少。

(3) 应用以上相似的方法，布置东西向阵列上的定日镜，使其在上午 9 时至下午 15 时之间没有屏遮。这就要求定日镜相对于中央动力塔的东西两侧对称布置，并随着离开动力塔的距离增大，增加相邻定日镜之间的间隔。按照这个布置，接近中午时刻，入射到该线性阵列定日镜上的太阳辐射将几乎全部反射到塔顶接收器上。一旦该东西向阵列上的定日镜就位，就可以求得一天之中入射到塔顶接收器上的净太阳辐射量的变化特性。

9.3.3　设计思考

1. 机械碰撞问题

定日镜是一种镜面(反射镜)，传统上都是采用矩形的形状。模仿自然界中向日葵随时面向太阳的特性，每个定日镜都可以通过二维独立的控制机构，绕着一个固定轴和与之相重直的旋转轴旋转，以随时跟踪太阳位置的变化，从而将太阳辐射能反射到接收器这一固定目标上。根据旋转时所环绕的固定轴不同，定日镜的跟踪方式可以分为两种：一种是绕竖直轴旋转；另一种是绕水平轴旋转。因此，在定日镜场的设计过程中，要考虑到不同跟踪方式下定日镜自由旋转所需要的空间大小，以避免相邻定日镜之间发生机械碰撞。

2. 光学问题

定日镜在接收和反射太阳能的过程中，存在着余弦损失、阴影和阻挡损失、衰减损失和溢出损失等。为此，在定日镜场的设计中，要考虑到这些损失产生的原因，并尽量加以避免，从而收集到较多的太阳辐射能。

定日镜场的总投资成本包括定日镜的成本、吸热器的成本、场地的成本、导线的成本及塔的成本等。定日镜的总成本与定日镜的尺寸和个数有关，而接收塔的成本主要取决于塔的高度。场地的成本在整个镜场投资成本中所占比例较小。

定日镜场的性能问题还要取决于当地气候条件。为了节省计算时间，通常在设计镜场时，会选择春分、夏至、秋分、冬至等比较有代表性的几天来进行计算，再将计算的结果推算到全年。一般来说，太阳辐射情况在全年中并不是完全对称的。在有些地区可能夏天日照情况比较好，而下午的日照又比上午好，定日镜场的布置要考虑到以上实际情况。

根据定日镜场成本的构成、定日镜的径向距离和周向距离计算方法，可以通过确定优化目标来选择合适的算法进行优化计算，人们将影响到定日镜场分布的参数整理为 9 个决策变量，这有助于根据不同的优化目标确定其搜索范围，通过寻优算法进行求解，从而得到比较合理的定日镜场布置方案。

这 9 个决策变量是：①决定接收塔与第一环之间距离 R_1；②决定定日镜前后环之间距离的径向间距系数 $R_{\text{max-min}}$；③决定前后环相邻定日镜之间周向夹角的周向间距系数 $A_{\text{max-min}}$；④～⑦决定对太阳辐射接收及投资成本的接收塔高度 H_1、定日镜高度 H_m 和宽度 L_m，定日镜总个数；⑧、⑨决定定日镜环向上分布的个数和每个环定日镜个数。

通过完全无阻挡所定义的间距通常比较大，在实际设计过程中需要考虑到场地的利用率问题而进行一定的调整。

不论采用何种方法进行定日镜场的设计，都可以从中看出定日镜之间的径向和周向间距与定日镜尺寸、接收塔高度、定日镜与接收塔之间的位置等变量有关(见图 9-15)。同时定日镜的尺寸、个数、相对位置、接收塔高度以及占地面积等都将涉及投资的成本和

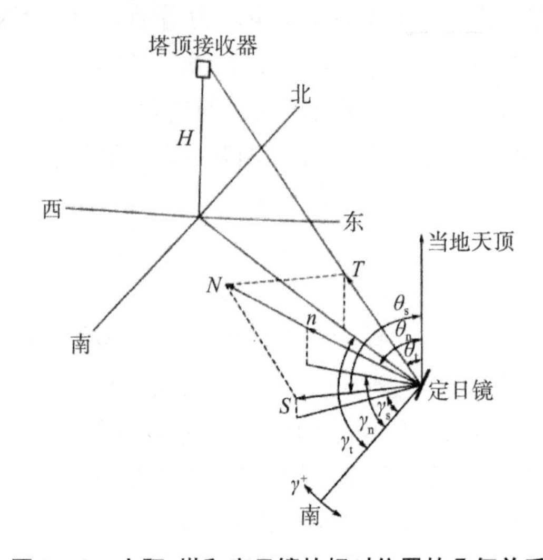

图 9-15　太阳、塔和定日镜的相对位置的几何关系

对太阳辐射能的接收。由此可见,定日镜场的设计是一个多变量(定日镜的尺寸、个数、相对位置、接收塔的高度)和多目标(能量和成本)的优化问题。

对于镜面反射率较高(90%) 的定日镜,德林(Dellin)等人提出了大型镜场中 ΔA 和 ΔR 的计算式:

$$\Delta R = HM(1.44\cot\theta_L - 1.094 + 3.068\theta_L - 1.1256\theta_L{}^2)(\mathrm{m}) \tag{9-2}$$

$$\Delta A = WM(1.749 + 0.6396\theta_L) + \frac{0.2873}{\theta_L - 0.04902}(\mathrm{m}) \tag{9-3}$$

式中:HM 和 WM 分别是定日镜的高和宽,θ_L 为集热器的相对于定日镜的高度角,$\theta_L = \tan^{-1}\left(\frac{1}{r}\right)$,$r$ 为以目标点高度(集热器孔口中心点到定日镜镜面中心点的垂直距离)为单位时定日镜距塔的距离。

定日镜密度是指镜面面积与所占土地面积的比值,由式(9-4)计算得到:

$$\rho_F = \frac{2\xi \cdot WM \cdot HM}{\Delta A \cdot \Delta R} \tag{9-4}$$

式中:ξ 为定日镜镜面面积与定日镜总面积的比值。

根据所需设计电站的额定功率、厂址所在地的年均辐射量、估计的镜场效率以及单面定日镜的净镜面面积等可以估算所需定日镜数,公式如下:

$$N = \frac{P_r}{H \cdot A_h \cdot \eta_f \cdot \eta_0} \tag{9-5}$$

式中:N 为定日镜数,P_r 为设计塔式太阳能热发电站的额定功率,H 为厂址所在地的年均辐射量,A_h 为单面定日镜的总镜面面积,η_f 为估计的年均镜场效率,η_0 为估计的电站其余系统的年均总效率。

$$\frac{x^2}{(r_{min} \cdot r_{max} \cdot \tan\delta_{\eta_f})^2} + \frac{\left[y - \frac{1}{2}(r_{min} + r_{max})\right]^2}{\left[\frac{1}{2}(r_{min} - r_{max})\right]^2} = 1 \tag{9-6}$$

定日镜左右间距 dx=1.9DM 时,年均镜场效率获最大值,这里 DM 代表定日镜的特征长度(矩形定日镜为其对角线长度,圆形定日镜为其直径长度)。

定日镜前后间距 dy=1.4DM 时,年均镜场效率获最大值。

目标点高度 H_t,即集热器孔口中心点到定日镜镜面中心点的垂直距离。目标高度由塔式太阳能热发电站所需定日镜面数决定。当塔式太阳能热发电站的镜场范围、定日镜排列方式、定日镜间距均已求得时,根据设计电站所需定日镜面数求得可以容纳该数目定日镜的最小集热器孔口中心点高度 H_{rmin}。

则目标点高度为

$$H_t = H_{rmin} - z_h \tag{9-7}$$

式中：z_h 为定日镜镜面中心点高度。

9.4 塔式太阳能热发电系统的运行

9.4.1 系统特点

塔式太阳能热发电系统是一个复杂的热力系统，它具有以下特点。

(1) 具有强非线性。太阳辐射能流密度低，而且具有很强的不确定性和间歇性，跟踪监测困难，随着太阳辐射强度增减，接收器的蒸汽量、蒸汽温度都在不断改变，从而由冷罐闪蒸出的蒸汽量也在不断变化。运行工况的改变导致过程特性的大幅度变化，导致系统的非线性特性十分明显。

(2) 过程时变滞后严重。热力设备繁多造成的过程时变滞后是各类电厂热工过程的突出特点，同时也是塔式太阳能热发电蒸汽系统的重要特点。

(3) 惯性大。基于成本和效率考虑，集热镜场需要足够大的规模，庞大的镜场和发电设备导致其惯性较大。

(4) 整个太阳能发电厂中，有一个重要的方面，那就是多余热量的储存能力。在白天阳光充足时，可利用储存装置储存多余的能量；当没有阳光时，可将储存的能量放出进行发电。为了满足特殊情况下能量的需求，需对储存装置的尺寸进行优化，太阳光的瞬态变化的特性影响着聚光系统的运行，因此都需进行优化设计。太阳能发电厂的控制系统要比传统的发电厂更加的复杂，除了传统的发电装置外，其他主要的系统如镜场、热存储、接收器、蒸汽发生器必须得到有效控制。这种控制系统在装置启动、关闭、瞬态运行时是非常复杂的。

塔式太阳热电厂由定日镜镜场，集热器系统，热量传递、交换和储存系统，蒸汽和电能的生产系统以及综合控制系统等部分组成。通常每个单元都有其特定的控制组件。综合控制系统通过和不同的子系统通信来调整不同的带宽，使电厂安全有效地运行。典型的电厂控制系统包括定日镜控制、镜场布置优化、接收集热器水位控制、主蒸汽温度控制、放热条件下储热系统蒸汽式供给压力控制和温度控制，以及主蒸汽压力控制。

9.4.2 定日镜运行控制

1. 定日镜的跟踪控制及校准

目前用得较多的塔式定日镜跟踪控制系统是开环控制器。当需要对吸收器的温度及流量进行控制时，可选择相应的控制算法，该控制算法根据当前的温度、焦距、相差及光束误差计算出每一个定日镜的移位量，以达到能流控制的目的。但仍有很多产生误差的因素，如时间、太阳模型、当地经纬度、定日镜在镜场中的位置、余弦效应、处理器精度、大气折射、机械和安装公差等。

2. 接收器的流量控制

接收器运行中的一个主要的问题就是整合上述参数，获得合适的热能流量分布，以避免由于过大的热流梯度而导致接收器损坏。温度通常是由一系列放置在吸收器不同位置的热电偶来测量的。控制算法通过改变聚焦点及分配到每个聚焦点的定日镜来获得更好的温度分布剖面。

3. 控制要求及误差来源

通过天文公式可以精确计算定日镜每一时刻应处的位置，然而在制造、安装及运行过程中，不可避免存在各种各样误差，使得定日镜跟踪精度低于设计精度，如不及时纠偏，不仅难以满足发电需要，聚光光斑甚至偏离靶点，可能造成塔结构烧毁的事故。

定日镜场的控制要求需要考虑太阳辐射状况、风速、环境温度、接收器启动与停机关系（接收器温度、汽包压力进口流量、出口流体温度）、跟踪精度光斑特征系统(BCS)、每台定日镜控制旋转轴动作的就地控制器(HC)、定日镜场聚光控制器(HAC)等。

4. 电站监控系统

由于塔式电站具有庞大的定日镜场，而每台定日镜都需要单独控制，所以在各类太阳能热发电技术中，塔式电站的监控最为复杂，需要建立一套分层控制的监控系统。

有关层次控制系统有定日镜场系统、接收器系统、储热系统、数据采集系统（含数据采集远控多路系统、位置气象仪器、运行与加热器的传输计算、位置、不同的远控定位等）、气象系统，以及兰金循环中的汽轮机、冷凝机、阀门、泵及发电机等。各个层次通过传感器运行，将连续和间断的测量数据和报警信号以及仪器、仪表工作状态传送中央控制室。

塔式太阳能热动力发电站中央主控室控制台由于控制过程高度自动化，一般中央主控室只设1个岗。

塔式太阳能热发电过程可简单描述为太阳能（接收器）—热能（蒸汽发生器）—机械能（汽轮机）—电能（发电机）。其中由成百上千个独立控制的定日镜所组成的定日镜场，是决定太阳能量转化第一阶段的重要设备，定日镜场的优化设计可以降低投资成本和发电成本，从而促进塔式太阳能热发电技术的进步，加快其商业化进程和大规模应用的步伐。太阳能热电站的控制过程应高度自动化，首先要考虑安全，避免操作人员被高温光斑灼伤；其次考虑通信、操作和维护方便，应靠近电站的重要设备，并能够通过窗口观测镜场、蒸汽轮机等。

5. 在吸热器的流量控制方面，采用 Solar Two 设计并发展合适的控制算法，使吸收器的自动运行得到保证。在吸收器输入热量发生改变时，控制算法通过调节盐流量来使其与集热器的太阳能热负荷相匹配，保证吸收器出口盐温度维持在565℃，从而减小管路的热疲劳损伤，确保其20～30年的寿命。

在 Solar Two 的集热系统动态仿真和验证初始设计中，构建的吸热器流量控制校型由127个常微分方程构成，用于描述电站组件（如吸收器、泵、阀门、控制器等）的时变特征。当有扰动的时候，例如当云层经过集热场或设备工作异常时，模型可以对相关参数（如温度、压力和流量等）进行计算。

9.4.3　我国第一座塔式发电机组的试验

1. 项目概况

2005年，张耀明、刘德友、孙利国、张文进、王军、刘晓琿、范志林、邹宁宇等参与研制的我国第一座70 kW的塔式太阳能热发电机组投入运行。发电运行测试表明：发电系统在运行稳定性、调节速动性、操控机动性、安全可靠性等方面均达到研发建设目标。该主控系统的硬件由5台工控机、网络设备及UPS电源等组成，软件部分包括接收器监测、微型太阳能燃气轮机控制(内置并网控制)、定日镜控制、电力参数监测、冷却系统控制、燃气系统监测、视频监控及环境气象参数监测等，可以通过网络进行远程监测控制。试验实现了各项控制功能，为太阳能热发电的控制设计、施工、运行积累了宝贵的经验。

系统实测的主要技术参数见表9-2。

表9-2　系统实测的主要技术参数

项目	数值
定日镜数量	32台
单台定日镜有效反射面积	20.25 m^2
定日镜光效率	76.3%
接收器出口最高工作温度	1 000℃
接收器进口最高工作压力	0.4 MPa
接收器效率	81.2%

2. 试验成果

实践中形成了一支由光学、机械设计与制造、热能动力与工程、材料学、自动控制、计算机软件、蒸汽或燃气发电机组等专业人员组成的全面知识结构的高素质人才队伍，并促进了太阳能热发电领域的技术创新能力和工程化能力建设，为参加国家科技部"1 MW太阳能塔式热发电技术及系统示范"项目建立了技术基础。

这一项目的实施，在太阳能热发电的聚光集热技术、高温接收器、系统集成技术等方面取得了进展，申请或取得了一批中国国家专利和国际专利，具有鲜明的技术创新点，形成了部分具有自主知识产权的关键技术，并建成热发电小型示范工程，走出了我国多年热发电技术研究徘徊不前的窘境，揭开了我国热发电技术研究崭新的一页，为热发电技术的评价和分析积累了经验，为产业化的热发电技术的建立奠定了基础。

3. 基本原理与总体思路

70 kW塔式系统整体主要由32台定日镜组成的定日镜场、高温接收器装置、燃气轮机发电机组以及相应的水冷却系统、天然气供气系统、集成控制系统等组成。

(1) 系统基本原理

70 kW塔式太阳能热发电系统的基本工作原理如图9-16所示，通过定日镜场收集太阳能，加热空气介质，从而大幅度降低燃料用量，达到节约常规燃料用量，实现太阳能发电的目的。其热力学过程如图9-17所示，在一定的功率水平下，如果没有太阳能，必须使用从 2→3 对应的燃料量来满足发电要求。但是由于引入了一部分太阳能来加热空气，促使燃料消耗量减少，仅需要 2→3 对应的燃料流量。

(2) 定日镜(场)及其控制

驱动镜面瞬时自动跟踪太阳。控制的具体要求体现在反射效率、光斑质量、跟踪精度、维护与成本四个方面。

考虑在太阳方位角不变的情况下，如何实现垂直向下的定点投射。此时只需考虑高度角变化引起的反射镜的运动，由几何光学知识可知，反射镜倾角的变化量应始终是太阳高度角变化量的 1/2，这个基本原理可以从图 9-18 中清晰地看出。

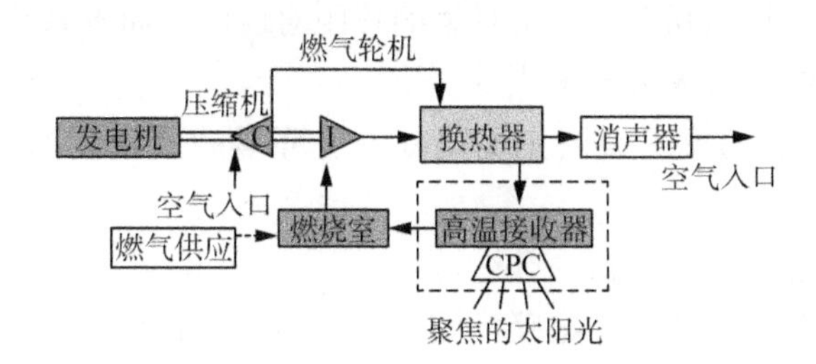

图 9-16 太阳能热发电系统工作原理

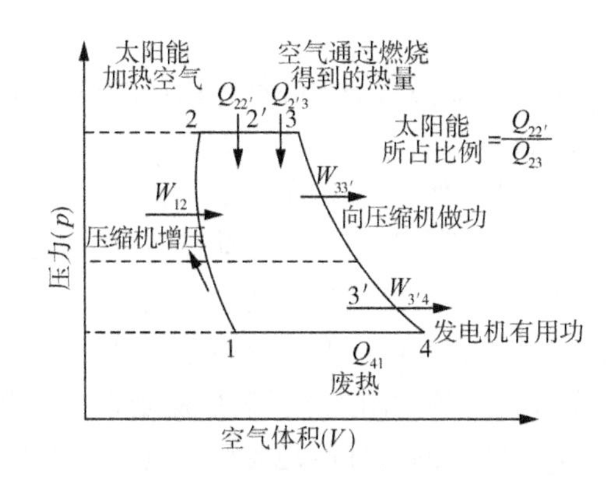

图 9-17 理想加入太阳能热前后的热力学过程

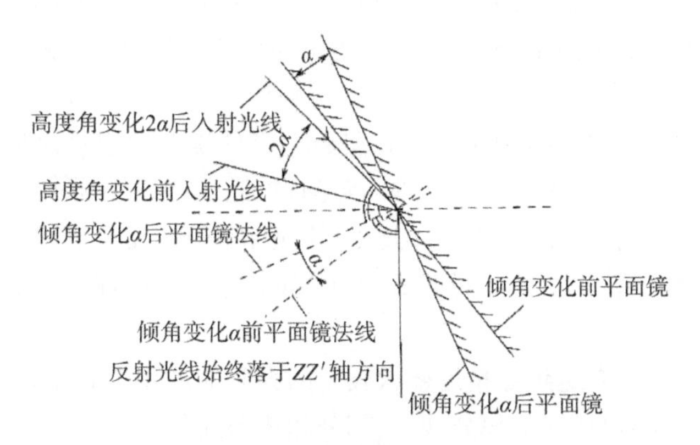

图 9-18 定日镜反射原理

由上述原理可以推论，当要求太阳光朝其设定的方向定向投射时，反射镜的高度角变化量、方位角变化量分别是太阳高度角变化量、方位角变化量的1/2。

为了保证聚焦质量，定日镜表面是具有一定微弧度的曲面。

(3) 玻璃镜组件及其曲面成型

为了尽可能降低玻璃吸收率，提高玻璃反射效率，项目选择超白、超薄的玻璃材料制作定日镜。考虑到玻璃热弯成本高的原因，项目采用了创新的手段来实现玻璃的成型。

此方法具有以下优点：

①制作玻璃曲面最常用的办法是采用模具法让玻璃热弯成型，使定日镜表面成为具有一定微弧度的曲面，该微弧度是与定日镜的焦距对应的。而本系统采用机械变形的手段形成所需的特定曲面，大大节省了成本。

②有利于保护镜后的反射银层免受室外恶劣环境的直接侵蚀，延长反射银层使用寿命。

③提高了反射镜的耐冲击力。

④安全性大为提高，即使玻璃敲碎，仍能保持完整性，不致脱落伤人。

(4) 结构设计

①镜面布置。系统镜面布置设计成正方形排列，使得每块小玻璃在变形时保证幅度均匀，从而利于控制光斑质量。

②系统误差。由于反射镜中心与转轴中心不一致，导致定日镜装置本身存在不可克服的跟踪精度误差，称为系统误差。

本系统采用了一些特殊手段，使反射镜的中心与跟踪机构的转轴交点重合，达到消除系统误差的目的。这样不管装置各部位如何运动，定日镜面的几何中心物理位置始终不动。因为整体装置具有了真正不动的物理空间中心点，从而为定日镜的定位传感器控制奠定了基础。因此消除了系统存在的固有系统误差，使得整个装置的机构设计不存在理论误差，保证了入射到平面镜上的太阳光经反射后能始终准确投向目标点。

③机架设计。美国 Solar One 的定日镜是典型的呈独柱式的机架整体，整个定日镜的重量完全由该独柱承担，定日镜面积越大，整个独柱的重量和直径越大。为了增加机架的稳定性，项目设计将机架的底面设计成可沿轨道运转的四轮支撑式，在此基础上由两侧的立柱托起上部的镜面架，从而均匀承担了整个机架的重量，载荷变形大大减小，稳定性大大提高。

同时，为了具备防风功能，做了如下设计：a. 定日镜玻璃组件之间设计有一定的间隔，既保证出现恶劣天气时大风能从组件间隙漏过，满足抗风性要求，同时还满足调整玻璃弧度变形时操作空间的合理要求；b. 安装了风速传感器，设定超过一定风力时，由该风速仪将信号传递给电机，驱动镜面运转到最佳抗风位置，从而保证定日镜获得最小的迎风面积。

④驱动设计。在所有对跟踪精度要求较高的太阳能利用装置中，机械机构的间隙是一个巨大的困难，其中包括两个部分：驱动部分和传动部分。

由于整个机架设计成了上述结构，驱动机构被设计在其中一个围绕中心轴线旋转的支撑轮上，即其中一个支撑轮是主动轮，其他三个为被动轮。为了具有防风功能，驱动结构采用涡轮蜗杆减速机构。

⑤镜面结构。系统采用了五点拉伸法，很好地实现了玻璃镜面微弧度成型。

(5) 本地控制

跟踪方式采用与计算机相结合的方法，如图 9-19 所示。先用一套公式通过计算机算出给定时间的太阳位置，再计算出跟踪装置被要求的位置，最后通过电机转动装置达到要求的位置，实现对太阳高度角和方位角的跟踪。在美国加州建成的 10 MW Solar One 塔式电站，使用的就是这种控制系统。在总计 28 万 m^2 的范围内，分散着 1818 块反射镜。先计算出太阳的位置，再求出每个反射装置要求的位置，然后通过固定在两个旋转轴(高度角和方位角跟踪轴)上的 13 位增量式编码器得到反射装置的实际位置，最后把反射装置要求所处的位置同实际所处的位置进行比较，偏差信号用来驱动直流电机，转动 39.9 m^3 的反射装置进行跟踪。

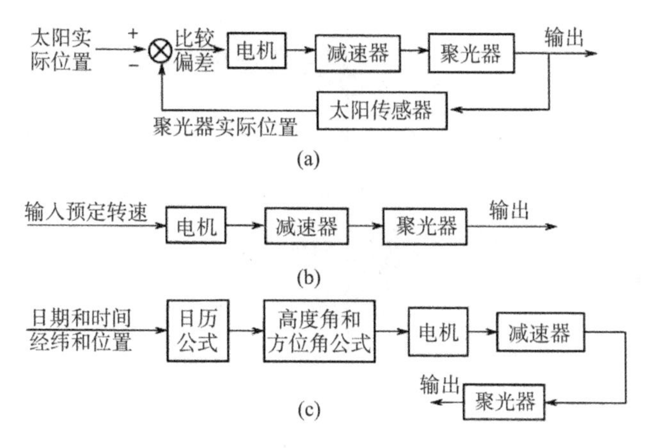

图 9-19　控制原理

国外定日镜的典型控制是利用开环原理，需要利用精度和成本极高的位置传感器和驱动机构来实现这个功能。而本项目在 70 kW 塔式系统首次采用了开环和闭环同时控制的原理，即首先采用开环控制让定日镜处于基本的准确位置，之后由闭环电路接力控制，由于闭环电路里采用了精度极高的光电传感器，使得定日镜的最终跟踪精度可以很高。这种方法在世界范围的实际工程中尚未见报道。

系统所用光电传感器设计独特、灵敏度高、抗干扰能力强、精度高，获美国专利授权(专利号 US646576681)，其结构原理如图 9-20 所示。传感器的光信号输入端感光面由光纤束的端面构成(也可以直接采用四象限光敏器件)，该光纤束的端面呈一个平面，排列于四个区，组合成封闭环状，每一区域内均规则排列有一组光纤束，每一组光纤束分别接收该区域坐标轴方向的光信号分量，分别对应一组光信号的输出端。四组光信号的输出端分别通过东、南、西、北四个方向上的光敏元件形成四个输出信号，传至反馈控制电路。当太阳光线偏斜时，太阳光通过聚光元件形成的光斑落入端面上设置的四个象限中对应的一个象限内，该光斑又被端面规则排列的两部分光纤束的接收端感光面所接收。

光纤将接收到的光信号通过两组输出端由光敏元件传导到反馈控制电路中，再通过比较放大后驱动聚光器的转动，直至对准入射光线。此时传感器的聚光元件光斑落在光信号输入端感光面中心处。

（6）定日镜场

通过检测，32 台定日镜组成的镜场完全达到设计和工作要求，单台定日镜上 9 片镜子的每片光斑直径在 300～530 mm；每台定日镜的光斑直径在 550～600 mm；整个定日镜场形成的光斑直径在 600～630 mm。

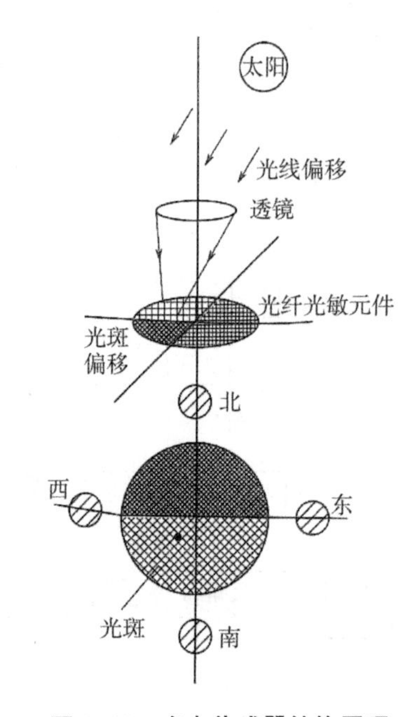

图 9-20　光电传感器结构原理

（7）定日镜的安装调整

设计的每台定日镜装置的玻璃组件要求各片玻璃镜组合形成完整的曲面，每片玻璃镜曲面准确，相互之间过渡合理，成像光斑圆整，能量密度分布合理。调试过程：一是按照镜场中每台定日镜装置的焦距对准设定的目标投射点，单独调整每片玻璃镜的曲面；二是将每台装置的各片对应玻璃镜安装于定日镜架体，让处于中间位置的玻璃镜中心与定日镜装置双轴的交点尽可能重合，以中间位置玻璃镜的成像光斑为基准，其他各片玻璃镜的光斑逐一与中间位置的玻璃镜光斑叠加，完成初步调试。第二步的调试必须保证定日镜装置处于良好的跟踪状态才能进行。最后，初步调试好的定日镜装置实行跟踪并观察光斑质量，进一步微调校准。需要说明的是，由于太阳位置的变化以及季节性的更替，定日镜装置的光斑会发生变形，所以半年左右的时间应该重新校准一次。图 9-21 是定日镜纠偏系统组成。

（8）接收器

70 kW 塔式太阳能热发电系统采用的是有压腔体式接收器。

有压腔体式接收器的设计主要取决于温度、压力、辐射通量等。随着温度、压力和太阳能辐射通量的增大，有效处理经聚焦增强的太阳能变得越来越困难，这给接收器的设计带来巨大挑战。例如，材料性能决定了接收器最高的温度，这也会迫使设计人员在接收器工作温度升高的同时，尽量降低流体压力。

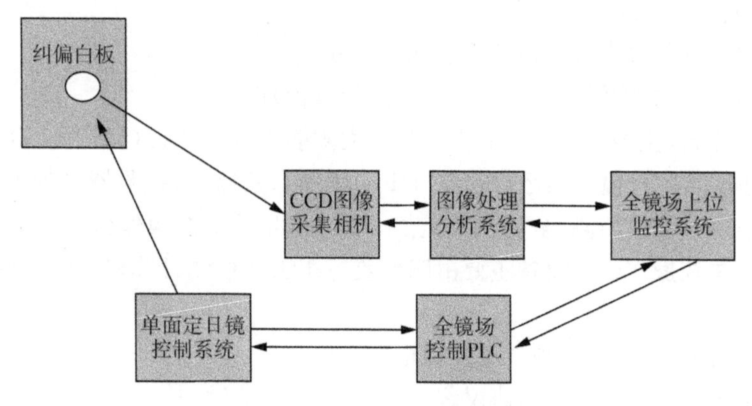

图 9-21　定日镜纠偏系统组成

对接收器的主要要求是：能承受一定数值的太阳光能量密度和梯度，避免局部过热发生，流体的流动分布与能量密度分布相匹配，效率高，简单易造，成本较低。

张耀明等研究设计的具有自主知识产权的接收器，申报了美国专利和中国发明专利。

通过比较分析，该接收器具有以下优势：①采用针管风冷技术对石英玻璃窗口进行冷却，窗口温度均匀，冷却效果好；②具有储热功能；③冷态空气与陶瓷吸收体之间的热交换更充分。该接收器将在实验中进一步进行验证。

(9) “太阳能化”的燃气轮机发电机组

燃气轮机用于太阳能热发电时，需要对其结构进行改造，以形成“太阳能化”的燃气轮机。因为太阳能最终需要由工作流体输送进燃烧室，即需要的太阳能是由接收器中的介质空气吸收后转化为其热能反映的，所以接收器与燃气轮机的燃烧室具有一个接口，从而形成“太阳能化”的燃气轮机发电机组。

用于本系统改造的原始燃气轮机是由以色列提供、美国霍尼韦尔公司生产的、以天然气作为燃料的 Parallon 75 机型。

(10) 冷却水系统

为防止过多的耗水和浪费，冷却水系统是一个闭路系统，冷却水流量约为 12 000 L/h。

使用水冷却的主要是接收器的壳体和 CPC。必要时配备并联的水源，并带有流量调节能力，以保证两个部分冷却的效果。CPC 的冷却有两个回路：内部冷却(CPC 的面板)以及对面板的外表面进行的进一步外部冷却。内部冷却水的主管线进一步分为用于各个面板的 12 根平行的管线；外部冷却管线可分为若干平行的管线。

(11) 监控系统

为了能在主控室随时、全面了解系统关键部件的运行状况，并及时做出有效决定和采取措施，整个系统设置了 4 个监控装置，分别安装在定日镜场、塔 24 m 高度处和燃气轮机两侧，用于监控 CPC 口附近的能量状况，整个定日镜场、接收器、燃气轮机的状态和运行，保证系统始终在安全、可见条件下运行。

为了进行系统性能分析和评价，在现场建有小型气象站，按时间间隔对现场的试验条件，如太阳能直接辐射(DNI)、环境温度、风等，特别是 DNI，进行测量和记录。

(12) 集成控制系统

集成控制系统的开发设计包括以下几个部分：

①系统各部分电气系统电力配置与监控(配电柜)口

②主控操作台(主控运行操作界面)，包括太阳能接收器监控(MI VN IT)，燃气轮机监控(IT GCMD)，定日镜场的运行状态(HFC)辅助参数监测，接收器冷却水控制回路参数监测，燃气压力、流量监测，全场视频监控。图 9-22 是主控操作台示意图。主控台仅需一人操作。主控操作台的设备主要由四台监控用工业控制计算机、相关网络设备以及 UPS 组成。

③辅助装置控制系统(塔顶二层控制柜)。

④监控系统网络配置与通信协议。

⑤HFC 监控软件设计。

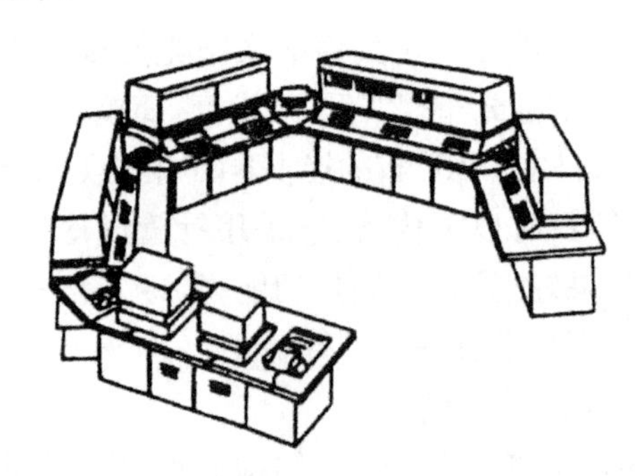

图 9-22 塔式太阳能热动力发电站中央主控室控制台

9.5 碟式/斯特林太阳能热发电

9.5.1 碟式太阳能热发电概述

1. 碟式太阳能热发电

简称碟式(dish)发电，又称盘式发电。碟式太阳能热发电系统是世界上最早出现的太阳能动力系统。近年来，发电系统主要开发单位功率质量比更小的空间电源。碟式太阳能热发电系统应用于空间，与光伏发电系统相比，具有气动阻力低、发射质量小和运行费用便宜等优点。

碟式发电采用的是聚光效率很高的旋转抛物面聚光器，其特点是典型聚光比 C 可达 2 500～3 000，集热温度多在 850℃以上，属高温太阳能热发电。图 9-23 是碟式太阳能热发电装置。碟式太阳能热发电技术在太阳能热发电中拥有最高转换效率，从炊事、海水淡化、冶金行业使用的太阳灶、太阳炉到即将开始运转的太空发电，大都使用碟式系统。

图 9-23 碟式太阳能热发电装置

在无线电技术中，碟式接收器是常见设备。在城乡的各个角落都有碟式电视接收器；碟式雷达接收器在军事上发挥重要作用。SETI(“寻找外星智慧计划”英文缩写)在美国加州建立的艾伦望远镜阵列，也是利用超敏感无线电接收器，其捕捉太空信号的设备都是碟式。

由于接收器受光和冷流体分布的不均匀性影响，在接收器内易产生热点，导致安全事故。在太阳能热发电中利用热管的高效传热性能、优良的均温性能，可以解决高温太阳能接收器的热点问题，提高接收器和发电系统的效率和安全性能；同时，其单向传热特性、结构可异型性能可以解决高温太阳能热发电中的蓄能问题，从而解决太阳能热发电连续性问题。因此，采用热管技术可以使碟式斯特林发电系统接收器集吸热、蓄热、发电三种功能于一体，提高了系统效率，降低了系统成本。

2. 在碟式太阳能热发电系统中，热机可以考虑多种热力循环和工质，包括兰金循环、布雷顿循环、斯特林循环。斯特林机的热电转换效率可达 40%。斯特林机的高效率和外燃机特性使其成为碟式太阳能热发电的首选热机。现被称为碟式/斯特林式太阳能热发电。

碟式太阳能热发电装置与系统见图 9-24、图 9-25。碟式太阳能热动力发电装置由旋转抛物面聚光器、跟踪控制系统、热动力发电机组、储能装置和监控系统组成，电力变换和交流稳压系统构成一个紧凑的独立发电单元。

3. 碟式太阳能热动力发电的基本工作原理是在旋转抛物面聚光器焦点处配置空腔接收器或热动力发电机组，加热工质，推动热动力发电机组发电，从而将太阳能转换为电能。

根据其热力循环原理的不同，碟式太阳能热动力发电装置可以分为以下两种基本形式。

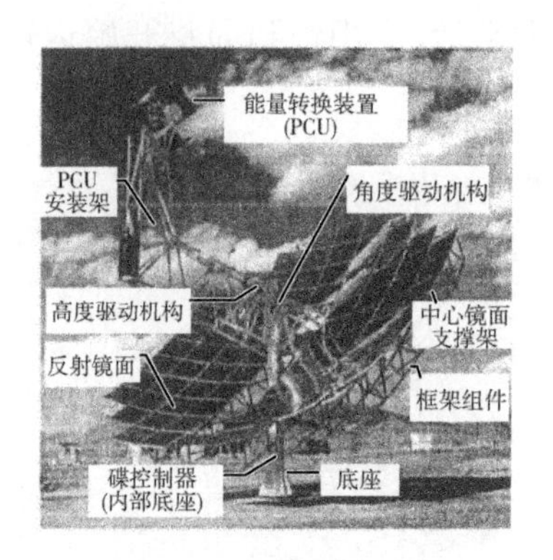

图 9-24　碟式太阳能热发电系统的结构

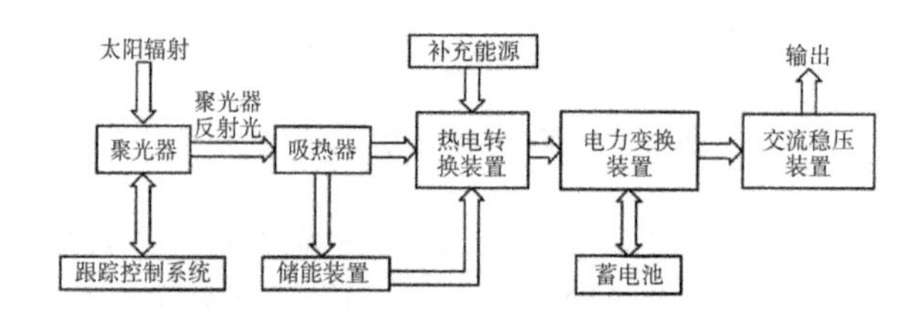

图 9-25　碟式太阳能热发电系统工作原理

(1) 太阳能蒸汽兰金循环热动力发电。将小型空腔接收器配置在旋转抛物面聚光器的焦点处,直接或间接产生高温高压蒸汽,驱动汽轮发电机组发电,称为碟式太阳能蒸汽兰金循环热动力发电。

(2) 太阳能斯特林循环热动力发电。将热气发电机组配置在旋转抛物面聚光器的焦点处,直接接收聚焦后的太阳辐射能,加热汽缸内的工质,推动热气发电机组发电。热气机为外燃机,即著名的斯特林机,故名太阳能斯特林循环热动力发电,简称斯特林发电。

碟式太阳能热发电系统是由多个碟式太阳聚焦镜组成的阵列,将太阳光聚焦产生860℃以上的高温,通过安装在焦点处的光热转换器将热能传递给传热介质载体空气,并输送到蒸汽发生器或储热器,加热水产生过热蒸汽驱动汽轮发电机组发电。

4. 碟式太阳能热动力发电技术的发展

早在19世纪70年代,在法国巴黎近郊建成的小型太阳能动力站,就是一个早期的碟式太阳能热动力系统。但它不是发电而是带动水泵抽水。

近年来,随着新型热动力机和其他相关技术迅猛发展,将新型热动力发电机组置于旋转抛物面聚光器焦点上,构成现代式太阳能热动力发电装置,即太阳能热气机动力发电系统。

由于单个旋转抛物面聚光器不可能做得很大,因此碟式太阳能热动力发电装置的单机功率都比较小,一般为5～50 kW。它可以分散地单台发电,也可以由多台组成一个较大的发电场。(图 9-26、图 9-27)

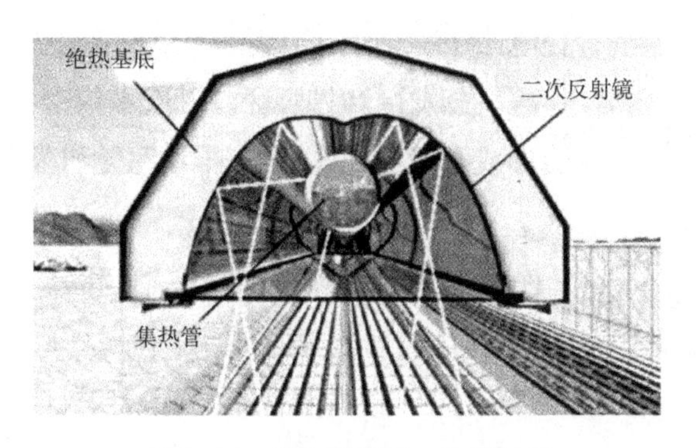

图 9-26　复合抛物面二次反射镜

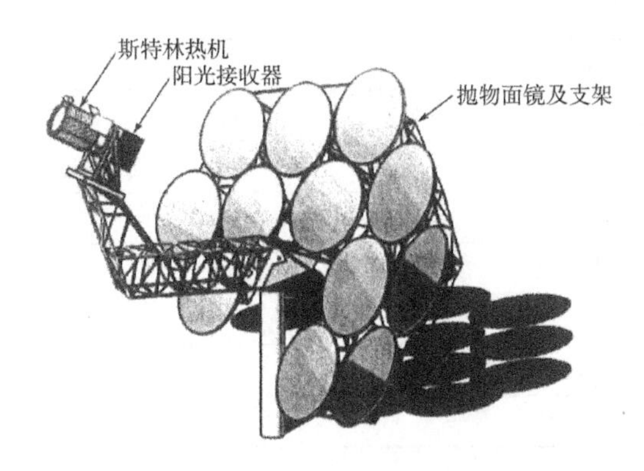

图 9-27　多碟式发电系统

现代碟式太阳能热动力发电技术的研究，主要致力于研究碟式太阳能斯特林循环热动力发电装置，着眼于开发功率质量比大的空间电源。

9.5.2　装置与系统

1. 光热转换效率

从聚光集热装置及光热转换装置的光热转换效率上看，碟式最高，约为 85%；塔式次之，约为 70%；槽式最低，约为 60%。其主要原因是这几种形式的聚光集热装置的几何聚焦比不同(分别为 200～3 000，600～1 000 和 8～80)，从而导致被加热后载热介质的温度不同(分别为 500℃～1 500℃，500℃～1 000℃和 260℃～570℃)。另外，载热介质的温度不同还与所选用的载热介质的种类及转换装置的结构不同有关。例如，槽式系统采用导热油或熔融盐作为载热介质，温度只能控制在其沸点以下的某一温度，而碟式或塔式系统采用空气为载热介质，其温度可达上千摄氏度。从光热转换装置上看，槽式系统采用的是线聚焦，管式光热转换装置采用逐级加热的方式，而碟式和塔式采用的是点聚焦，蜂窝或多孔材料辐射对流加导热的光热转换方式，这都是导致光热转换效率不同的因素。

除上述因素外，减小聚光集热装置的余弦效应也可提高光热转换效率。采用双轴跟踪系统，余弦效应明显小于单轴跟踪的槽式系统，余弦效应几乎接近于0。

因此，要提高太阳能热发电的光热转换效率，就要尽量采用耐高温的载热介质和换热效率较高的光热转换装置。同时，还要尽量采用双轴跟踪方式，以减小余弦效应，使光能利用最大化。

2. 典型蝶式太阳能斯特林循环热动力发电装置参数

现代蝶式太阳能热动力发电装置的研究主要在于蝶式太阳能斯特林循环热动力发电，着眼于开发功率质量比大的空间电源或特种用途电源，其典型技术参数数据如表9-3所示。

表9-3　典型蝶式太阳能斯特林循环热动力发电装置的主要技术参数

装置部件	数值
旋转抛物面聚光比	2 500～3 000
镜面反射率	90%～94%
跟踪系统	方位-高度法，自转-高度法
接收器形式	排管，钠热管
接收器工作温度	600℃～850℃
斯特林机形式	自由活塞式，曲柄联杆式
斯特林机效率	30%～40%
装置总发电效率	20%～30%

3. 碟式聚光器可分为反光镜组件、支架组件、驱动与传动组件、支撑柱、控制与跟踪系统、地面基座几个部分。反射镜的几何外形采用球面形式，镀银反射面的保护采用复合材料与树脂涂层固化，采用中间过渡层增加涂层的黏结牢度；树脂固化层与支撑结构采用弹性胶连接，保证强度和刚性；反射采用普通玻璃，用控制其成型厚度的方式减少反射效率的损失；反光面安装钢架选择三角形桁架结构，单立柱支撑，高度角采用丝杆传动，方位角以高精度机械传动，也可采用一般精度齿轮传动，阻尼减少间隙的方式实现；开、闭环结合控制方式，以开环控制方式实现大范围跟踪，以闭环方式进行精确对准，聚光器在正常休息位置时，采用发电机伸出臂端部固定，以提高抗风能力，此时的反光面翻向下方，背面朝上，增强抗击冰雹、雪灾的能力。聚光器系统可以稳定工作30年。

4. 碟式太阳能热发电的效率非常高，光电转换效率最高可达29.4%。碟式太阳能热发电系统单机容量较小，一般在5～25 kW之间，适合建立分布式能源系统，特别是在农村或一些偏远地区，具有更强的适应性。

旋转抛物面聚光器的镜面结构设计，和槽形抛物面聚光器完全相同，可以是表面镜、背面镜，或粘贴反光薄膜，典型设计都采用低铁超白玻璃镀银背面镜。巨型旋转抛物面聚光器一般由多片弧形镜面组装而成。镜面研磨光洁，采用机械固紧件将它们和盘面结构组装成一个坚固、连续而完整的薄壳镜面盘体。

目前研究和应用较多的碟式聚光器主要有玻璃小镜面式、多镜面张膜式、单镜面张膜式等几种形式。

近年来，对旋转抛物面的镜面碟体提出了一种新的结构设计，即以树脂为基础结构，将一种聚合物反射薄膜或薄玻璃反射镜面粘贴到基础结构上，使得制成的聚光器结构更加轻便，也更便宜。实际上，这就是最早的太阳灶结构。这种聚光器的聚光比为600～1 000，工作温度为650℃左右。德国和西班牙设计制作了6台这种结构的聚光器，直径为7.5 m。其制作工艺为：在镜面基体面上粘贴一层0.23 mm厚的不锈钢箔，再将薄玻璃镜面粘贴到不锈钢箔上。这种轻型结构的聚光器配置的太阳能斯特林热动力发电装置(热气机工质为氦气)，系统总转换效率为20.3%。实验表明，在低负载下系统也具有较高的转换效率。

目前，对太阳跟踪系统中光控和程控混合跟踪的实现还需要进行大量研究。碟式太阳能中“光控＋时控＋GPS”的控制方式更是在太阳跟踪系统研究领域的一个尝试，应用前景广阔，是未来太阳跟踪控制技术研究的一种新的探索思路，是未来太阳跟踪系统发展的主流趋势。但是，现在“光控＋时控＋GPS”的控制方式还不够成熟。

目前碟式系统的接收器包括直接照射式和间接受热式接收器两种。前者是将太阳光聚集后直接照在热机的换热管上，后者则通过某种中间媒介将太阳能传递到热机。目前，接收器研究的重点为进一步降低接收器的成本以及提高接收器的可靠性和效率。

9.6 太阳能斯特林发电机(Stirling engine)

9.6.1 斯特林电机概述

斯特林发动机是一种外部供热(或燃烧)的活塞式发动机，它以气体为工质，按闭式回热循环的方式进行工作。

斯特林发动机是独特的热机，因为其理论上的效率几乎等于理论最大效率，即卡诺循环效率。斯特林发动机是由伦敦的牧师罗伯特·斯特林(Robert Stirling)于1816年发明的，所以被命名为“斯特林发动机”。斯特林发动机是通过气体受热膨胀、遇冷压缩而产生动力的。这是一种外燃发动机，使燃料连续地燃烧，以蒸发的膨胀氢气(或氦气)作为动力气体使活塞运动，膨胀气体在冷气室冷却，反复地进行这样的循环过程。

采用具有斯特林机的抛物面碟状聚光器，根据美国桑迪亚国家实验室于2008年2月发布的报告，斯特林机的太阳能发电系统的能量转化效率可达31.25%。

斯特林机与常用的两种热发动机(蒸汽发动机和内燃发动机)有所不同。类似于蒸汽发动机，斯特林机也采用外部热源。但与蒸汽发动机将水不断蒸发成蒸汽而释放不同，它是在一个封闭气缸内利用固定量气体。这是最简单的没有阀门的热机，由此可达到卡诺循环效率。斯特林机可在任一单一热源下工作。因此对于聚光十分有利。作为工质的气体总是封闭在气缸内。为实现高效运行，气体必须具有很高的热导率。常用的气体是氢气和氦气，但氢气在钢材料中的扩散系数很高。因此选择对氢气具有降低扩散系数功能的特殊材料来制作气缸或定期补充氢气。

斯特林机不适用于车辆，因为其体积大且需要有效的冷却机制。由于斯特林机避免了传统内燃机的爆震做功问题，从而实现了高效率、低噪音、低污染和低运行成本。斯特林机可以燃烧各种可燃气体，如天然气、沼气、石油气、煤气等，也可燃烧柴油、液化石油气等液体燃料，还可以燃烧木材，以及利用太阳能等。只要热腔达到 700℃，设备即可做功运行，环境温度越低，发电效率越高。不受海拔高度影响，适合高海拔地区使用，而发动机本身(除加热器外)不需要做任何更改。同时热气机无需压缩机增压，使用一般风机即可满足要求，并允许燃料具有较高的杂质含量。

在科幻大师凡尔纳的小说《海底两万里》中，那艘著名的潜艇“鹦鹉螺号”的动力就是热源采用钠与水反应生热的斯特林发动机，说明凡尔纳具有超人的科学远见。斯特林机确实非常适用于潜艇中。

斯特林发动机需要解决的问题有膨胀室、压缩室、加热器、冷却室、再生器等的成本及高于内燃发动机的热量损失等。

由于热源来自外部，通过气缸壁将热量传导给发动机内的气体需要较长时间。因此发动机需要经过一段时间才能响应用于气缸的热量变化。这意味着发动机在提供有效动力之前需要时间暖机，发动机不能快速改变其动力输出。

热气机在运行时，由于燃料在气缸外的燃烧室内连续燃烧，独立于燃气的工质通过加热器吸热，并按斯特林循环对外做功，因此避免了类似内燃机的爆震做功和间歇燃烧过程，从而实现了高效、低噪和低排放运行。高效是指总能效率达到 80%以上；低噪是指 1 m 处裸机噪音低于 68 dB；低排放是指尾气排放达到“欧 5”标准。

热气机单机容量小，机组容量为 20～50 kW，可以因地制宜地增减系统容量，结构简单，零件数比内燃机少 40%，降价空间大，同时维护成本也较低。

热气机由于具有多种能源的广泛适应性，因此在太阳能动力、空间站动力、热泵空调动力、车用混合推进动力等方面得到了广泛的研究与重视，并且已得到了一些成功的应用。热气机推广中包括热电联产，充分利用它环境污染小和可使用多种燃料及易利用余热的特点，用于热电联产可取得更高的热效率和经济效益。

由于使用气体在发动机内部无接气阀，无需爆燃，故很安静，适用于潜艇和辅助发电机。进气压力小、循环压力比低(一般为 1.5～1.8，而内燃机至少在 7 以上)，因此压力变化平缓，运行平稳安定，结构简单，单机容量小于内燃气压缩机和排气装置，比内燃机少 50%的部件。

聚焦-斯特林系统的容量可以小到几个千瓦，而且可以达到高效率，但是需要用氢气或氦气做工质，工作压力高达 150 个大气压，增加了斯特林发动机的制造难度。不仅如此，所有这些带有运动部件的系统都包含了可观的维护工作量和必需的运行维护费用。

20 世纪 40 至 60 年代，荷兰飞利浦公司研制了以高温高压氢气或氦气为工质的动态式发动机，使其功率和效率大大提高，斯特林发动机获得了新生。20 世纪 70 年代，石油危机的出现更迫使欧美国家加强了该领域的研究。经过近 20 年的发展，碟式斯特林发电系统无论在性能还是可靠性方面均取得了长足的进步，其主要部件动态式发电机也成为当今斯特林发电机领域的主流产品。

自由活塞式斯特林发动机(FPSE)是斯特林发动机领域的另一分支。尤其是其用非接触气体密封、弹性轴承和直线发电机技术，密封严密，可靠性极高，备受世界瞩目。

太阳能斯特林发电机是碟式太阳能发电系统的关键部件，其性能的优劣直接影响碟式系统的运行稳定性和光电转换效率。

9.6.2 斯特林热机工作原理

抛物面镜-斯特林热机发电系统采用的斯特林热机是高温、高压外加热式的热机，工作气体是氢气或氦气，气体的工作温度是 700℃，工作压力最大可达 20 MPa。斯特林热机在运转过程中，工作气体被持续加热及冷却，其体积也不停地膨胀及压缩。

1. 斯特林热机结构

斯特林热机包括做功的活塞及活塞缸，加热及冷却工作气体的热交换器，以及迫使工作气体不断在冷热端流动的移气活塞。多数斯特林热机采用飞轮、曲柄连杆、轭等装置将做功活塞及移气活塞连起来，也有些斯特林热机采用自由活塞式，做功活塞的运动及移气活塞的运动靠弹簧来实现。

采用斯特林热机发电可获得较高的热-电转换效率，理论上最高可达 40%。斯特林热机的冷却水是发电产生的副产品，可用于采暖、洗浴等。

2. 斯特林热机工作过程

斯特林发动机通常分为热腔、加热器、回热器、冷却器和冷腔五个部分。热腔和加热器处于循环的高温部分，因此通常称它们为热区；冷腔和冷却器处于循环的低温部分，称为冷区。斯特林发动机的理想工作过程以斯特林循环为基础。斯特林循环是一种理想的热力循环，由两个等温过程和两个等容过程组成。

3. 由于太阳能辐射随天气变化很大，因此热电转换装置发出的电力不是十分稳定，特别是小功率的便携式太阳能发电装置发出的电流小、电压低，不能直接提供给用户，需要经过整流、DC-DC 升压、储能、DC-AC 逆变等环节的处理，才能输出 220 V 的工频电。

4. 交流稳压装置

碟式太阳能热动力发电系统发出的电，经过电力变换装置变成 220 V 的工频电，可以直接提供给普通用户或并入电网，但并不能满足高精密负载的要求，需要在输入电压与负载之间增设一台高稳压精确度的、宽稳压范围的交流稳压装置。

5. 储能装置、蓄电池和补充能源

太阳能只有白天存在，且对天气变化极为敏感。为了让用户能够在任何需要的时候都能够获得电力，独立的碟式太阳能热发电系统必须配备储能装置、蓄电池和补充能源中的一种或几种。储能装置可以有多种形式，研究较多的是相变储热和化学储能，澳大利亚大学采用了氨气分解的方法储能，热机完全由氮气和氢气反应驱动。太阳能热发电产生的电力也可以通过整流和稳压后储存在蓄电池中，在需要的时候再通过逆变装置提供给交流负载或直接提供给直流负载。碟式太阳能热发电系统也可以采用辅助能源组成混合发电系统。由于碟式太阳能热发电系统的热电转换装置采用了外燃式热机，因此碟式太阳能热发电系统适合采用辅助能源组成混合式热发电系统。与储能方案不同，采用辅助能源不需要增加大量的投资，而且不需要过多考虑一年中很少出现的连阴天气，因此可以适当减小系统容量，并保证系统的运行。

抛物面镜-斯特林热机太阳能发电系统具有效率高、模块式设计安装、自动化程度高、可采用多种能源(既可以采用太阳能，也可以采用燃料能)等优点。在太阳能发电技术中，抛物面镜-斯特林热机太阳能发电光电转换效率最高。因此可能在将来成为最廉价的太阳能发电方式之一。

抛物面镜-斯特林热机太阳能发电系统中的抛物面镜应能根据太阳光的入射角度来调整自身的角度，在水平方向和垂直方向都可以调整，使抛物面镜在反射太阳光的同时将太阳光聚焦在焦点上。抛物面镜的尺寸主要取决于斯特林热机的功率。一般来讲，在太阳光辐射功率为 100 W/m^2 的地区，一台 25 kW 斯特林热机需要配备的抛物面镜的直径一般不小于 10 m。

9.7 太阳坑

太阳坑和碟式发电的形式类似，是利用天然或人工挖掘的半球形坑，用水泥砌筑坑壁，使其形成光滑曲面，上面敷设多面反射镜制成聚光反射镜。

与旋转抛物面将太阳光聚焦到一点不同，球形太阳坑将太阳辐射会聚到通过球心的一条线上。将线状太阳能接收器固定在坑上方的接收杆上，通过简单地将接收杆指向太阳，便可以实现对太阳的跟踪。这个系统只有在太阳有相对较高的仰角(垂直方向两边45°内)时，对太阳的跟踪才有效，其结果就是每天太阳能收集的运行时间相对较短(见图9-28)。

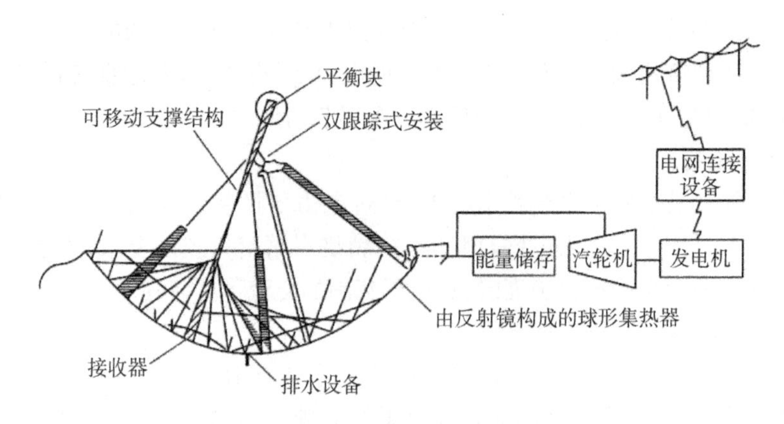

图 9-28 太阳坑电站原理

太阳坑技术可大幅度降低太阳能集热器的投资成本，试验性装置的研究报告表明，集热器单位面积的成本大约只有商业化太阳能集热器的 1/3，甚至比太阳池还好。

太阳坑的技术和维护都比较简单，初投资较低，应用包括高温工业供热、热化学过程和发电，在发展中国家具有巨大的市场潜力。这种技术的独特性在于它既可以提供高温蒸汽，获得与常规的热电厂相当的较高的热转化效率，同时又是一种简单的、低成本的设施。

太阳坑发电的构想已在美国得克萨斯州和马来西亚等地得到验证，直径 20 m 的坑将太阳光汇聚到长 5.5 m 的接收管上，产生温度达 800℃的超热蒸汽，可提供 250 kW 的热能，足够产生 100 kW 的电能，运行结果令人满意。专家认为容量高达 10 MW 的项目也是可行的。

在自然界中，有很多天然的凹坑(有些则是陨石冲击形成的，有些则是由山丘环绕的洼地)，在阳光充沛的高原荒地选择比较理想的地点建造大功率的太阳坑，应该是太阳能热发电的一种形式。

太阳坑技术甚至也能应用到月球。月球表面分布大大小小数千座适于修建太阳坑的环形山，又无空气散射，阳光强度高出地球表面 1 倍以上，也具有建太阳坑的条件。

9.8 空间站太阳能热发电

9.8.1 空间站太阳能热发电的优势

空间站是航天员的空间活动平台，是一种能长期在轨运行的大型载人航天器，其电力供应是维持空间站正常运行和其他航天活动的基础。

空间电源系统可选择三种方式：化学电源、核电源、太阳能电源。化学电源如蓄电池、燃料电源等适用于工作时间短、电能需求小的航天器，当电能需求大时，其质量是难以接受的。核电源携带少量的核燃料可实现长期供电，适用于长距离、长时间星际探索旅行，在未来人类探索远层太空的过程中必将起到重要的作用。虽然核电源本身小巧紧凑，但为防止核辐射污染需加装厚重的屏蔽防护装置，因而整体质量上反而更大，并无优势可言。尤其在近地轨道和载人航天方面，考虑到核辐射对人体的危害，人们对采用核动力发电更是持谨慎态度。太阳能具有清洁干净、取用方便的特点，已成为航天器上普遍使用的最重要的能源。

利用太阳能发电有多种方式，如光电直接转换的太阳能光伏电池阵发电(PV)与蓄电池或正轮储能系统结合、太阳能热动力发电(SD)、太阳能热离子发电和太阳能磁流体发电等(包括放射性同位素热电系统和碱金属热电转化系统)。后两种发电方式正处于研究发展之中，技术上还不够成熟。迄今为止，航天器上大多采用太阳能光伏电池与化学镍-氢蓄电池的组合供电方式，技术成熟，应用经验丰富。但随着功率的增加，光伏电池阵迎风面积将显著增大，使得发射成本中的轨道维护成本大大增加。此外，蓄电池的寿命很短，在空间站的长期运行期间需经常更换，也增加了运行期间的成本。太阳能光伏电池阵发电的上述缺点，迫使人们考虑其他发电方式，太阳能热发电正是适应空间站大功率电源的需求而发展起来的一种空间电力供应技术。太阳能热发电系统具有能量转换效率高、质量和迎风面积小的优点，而且可以很容易地扩充至兆瓦级。在较低发电功率下，太阳能热发电系统与太阳能光伏电池阵发电系统相比面积上占优势，质量上并无优势，只有随着供电功率的增加，太阳能热发电系统的优势才变得明显。因此对在低轨道运行、电能需求大的空间站来说，采用太阳能热发电系统既能满足电能需求，又可以大幅度降低运行成本，是比较有利的实施方案。

典型的太阳能热动力发电系统由四大部件组成:太阳能聚光器、吸热/蓄热器、能量转化部件、辐射器(图 9-29)。

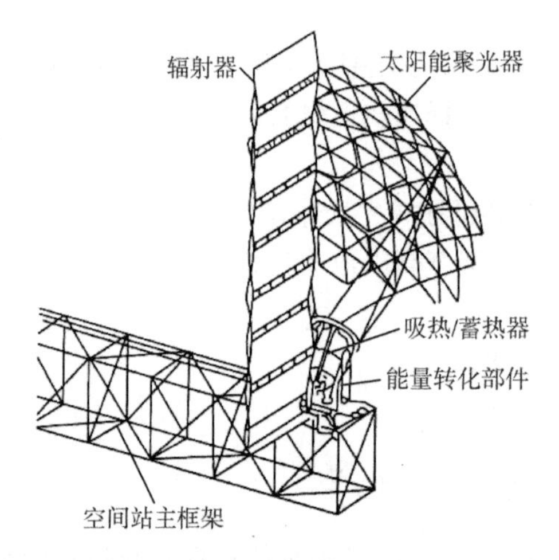

图 9-29　空间太阳能热动力发电系统

采用光伏系统和热动力系统组合方案的主要原因是太阳能热动力发电系统不能自启动。在空间站的初始阶段，必须利用光伏供电系统保证空间站的运行，并启动太阳能热动力发电系统。

太阳能热发电系统与光伏电池转化系统的性能、费用比较一直是空间电力系统研究的重点。由于低地轨道运行的航天器必然要经过地球的阴影期，所以储能部件是不可缺少的。对于光电系统，太阳光直接通过光电效应转换为电能，储放的能量形式为电能(蓄电池)或者机械能(飞轮)。对于热动力系统，太阳能先转化为热能，再通过机械能转化为电能，储放的能量形式为热能。

太阳能热动力发电系统的优点主要在于热电转换效率和热能的储放效率分别高于光电转换效率和电能的储放效率，使得热动力发电系统的整体电力转化效率约为 20%，高于光电系统的约 10%，相应的太阳能反射器面积为光电系统的 1/4～1/2。空间截面积的减小将降低空间站的运行阻力，可以减少轨道再提升次数，提高轨道负载能力，降低单位质量的发射费用。另外由于光电系统的整体效率和寿命受空间环境影响大，以及蓄电池寿命较短，光电系统不得不进行多次部件更换，增加了空间站的维护成本;而热动力发电系统各部件基本都可以达到空间站的寿命要求，可以节省大量的维护费用。如对自由号空间站电力系统的分析结果是，采用太阳能热动力发电系统在 30 年寿命期内可以节约大约 30 亿美元，这是一个可观的数字。但是空间太阳能热动力发电系统还没有经过实际空间运行考验，系统可靠性有待进一步检验，而且在大功率系统下才能显示出优势。

从空间技术远景来看，随着大型空间平台和太空工业的发展，空间电力需求将达到兆瓦级。空间太阳能热动力发电系统的一个远期发展目标是建立空间太阳能电站，将电能通过微波发回地面，地面采用天线接收。

9.8.2 空间太阳能热发电系统的热机循环

适于空间SD系统的热机循环有兰金循环(RC)、闭式布雷顿循环(CBC)、斯特林循环(SC)。RC由于存在微重力下相变流体的分离问题，技术上也有一定难度，目前已被淘汰。CBC型和SC型SD装置不受空间微重力甚至零重力条件的影响，热效率高，质量轻，使用寿命长，随着空间站电力需求的增长，这些优点将更加突出。

CBC装置的涡轮、压气机等部件在航空发动机中有数十年的应用经验，技术水平和可靠性都很高，采用布雷顿循环的地面燃气轮机电站也为数不少，而且循环的热效率较高，具有很好的空间应用前景。

斯特林循环的热效率是三种循环中最高的。与CBC装置相比，设计简单，相同发电功率下自由活塞式SC型发电系统的质量和面积更小，具有自启动能力。工质可选用氢气或氦气，因为氢气易爆炸，其不可控的扩散导致连续的工质损失，且会引起金属脆化，降低发动机使用寿命，故多选用氦气。这样，工作过程中工质无相变，对机器部件无腐蚀。SC系统的整个系统运转平稳、噪声小、磨损小，因而使用寿命长；缺点是结构复杂、密封要求严格、制造工艺水平要求相当高，因而早期研究进展缓慢。20世纪60年代以来，各国竞相发展斯特林发动机技术，到目前为止已取得很大进展。NASA的先进太阳能热动力发电计划(ASD)重点研究发展斯特林发动机技术。

9.9 太阳能聚焦热发电系统的技术经济分析

太阳能聚光集热发电技术(CSP)是很有发展前景的电力生产形式，欧美和我国多座商业运行的电站，在集热聚焦技术、储热技术、运行控制技术等方面积累了丰富的经验。但CSP技术能否有更大的发展，取决于其投资成本情况。

美国的新能源实验Sargent& Lundy公司(以下简称S&L)及由美国的桑迪亚国家实验室、国家新能源实验室共同组建的Sun Lab机构对未来CSP技术的发电成本进行了估计。在对槽式及塔式技术的技术进步案例分析中，S&L的分析表明，成本降低的3个因素及降低比例分别为批量生产(26%～28%)、电站规模(20%～48%)、技术进步(24%～54%)。

9.9.1 槽式太阳能聚焦热发电系统的技术经济分析

槽式太阳能电站的性能指标如下：

1. 集热场面积

集热器面积限定了太阳能集热场的面积大小，可用式(9-8)估算，即

$$C=\frac{kWd\times CF\times h}{\eta\times I} \tag{9-8}$$

式中：C 为聚光器面积，m^2；kWd 为电站设计容量，kW；CF 为容量因子，其值等于实际的(kW·h)/(kWd×8 760)；h 为一年的小时数，即 8 760；η 为净年光电转换效率；I 为年辐射量，(kW·h)/m^2。

对于一个给定尺寸和容量因子的电站，其集热场面积由净年效率决定，当效率增大时，集热器面积可在原来比例的基础上相应减小。

2. 年均光电效率

通常用电站年平均光电转换效率来评价槽式太阳能热发电站的整体性能。年均光电效率 $Enet$ 由式(9-9)计算，即

$$Enet = SFE \times TPPE \times ST \times P \times A \tag{9-9}$$

式中：SFE 为集热效率；$TPPE$ 为太阳能场与汽轮机之间的换热及热量传递效率；ST 为蒸汽循环放率；P 为供电率，即供电量与发电量的比率；A 为电站可用率。

3. 太阳能场光学效率

太阳能场光学效率是考虑了入射角影响、集热场可用度、集热器跟踪误差、镜面聚焦几何精确度、镜面反射率、镜面清洁度、吸热器遮挡、玻璃外墙的透射率、玻璃外管清洁度、吸热器对太阳能的吸收、末端损失、不同排的遮挡效应等因素后的综合效率。

4. 集热器热效率

集热效率表征于集热器热损失的影响。热损失与吸热管表面选择性吸收涂层的发射率(辐射热损)和环状空间的真空度(对流热损)有关。如果环状空间的真空度能得以保持，对流热损则可忽略。辐射热损也可表示成吸热管表面温度四次方的函数。涂层发射率表征了涂层对吸收的太阳能的辐射散热能力。因此，涂层发射率越低，辐射热损失越小。

5. 集热场管道热效率

集热场管道热效率与集流管和传热工质管系统热损失有关。管道热损失是管道表面积和管内温度与环境间温差的函数。Nexant 提出了不同布局的槽式集热场的管道模型。此模型已经被用于计算不同参数下的管道热损失。管道模型也是评估集热场热性能的基础。

6. 储热效率

储热效率是表征储热系统热损失大小的参量。储热热损是储热罐表面积和罐中流体温度与环境间温差的函数。SECS Ⅰ槽式电站和 Solar Two 塔式电站已经应用了高温大储量储热系统。这些系统的储热热损失很小，储热效率接近 100%。Nexant 提出了储热系统设计模型，可以评估热损失大小。此模型是依据 Solar Two 储热系统设计和运行经验而建立的。

7. 汽轮机年循环效率

汽轮机年循环效率由汽轮机设计工况点循环效率、开机启动损失、部分负荷运行和运行在最小负荷需求工况下(特别是对于无储热系统的电站)的热损失来决定。

8. 供电率

电厂主要的耗电设备为导热工质泵、给水泵、凝结水泵和循环水泵等泵的电动机，冷

却塔及辅助加热器锅炉的风机，其他的耗电负载有仪表、控制系统、计算机、阀门驱动装置、空气压缩机和照明用电。此外，集热场还有集热器驱动和通信用电。

9. 电站可用率

电站可用率受电力的强制或计划中断及电站配额值改变的影响。具有代表性的就是当电站电力中所供应或电网配额值降低时，集热场吸收的太阳能会相应减少，电站可用率会降低。

33 MW 的 SEGS 槽式太阳能热电站的年均光电效率和相关参数见表 9-4。

表 9-4 33 MW 的 SEGS 槽式太阳能热电站参数

入射角因子	集热场利用率	太阳能场光学效率	吸热器热效率	管道热效率	太阳能集热场传输效率(*SFE*)	发电侧供热效率(*TPPE*)	总蒸汽循环效率(*ST*)	供电率(*P*)	电站广义可用率(*A*)	年均光电转换效率(*Enet*)
87.3%	99.0%	61.7%	72.9%	96.1%	37.2%	93.7%	37.5%	82.7%	98.0%	10.6%

10. 短期内槽式太阳能热发电核心技术的进步会给槽式太阳能电站带来迅速的发展，主要包括以下几方面：

(1) 以色列 SOLEL 公司生产的新型 UVAC 集热器的技术革新将会给太阳能集热场带来 20%的热效率提升。

(2) 在集热场中用球形接头配件替代伸缩软管将会有效减少热介质泵的耗电量，也给扩大槽式太阳能集热场的规模带来可能。

11. 发展长远的、更加先进的储热技术是亟待解决的问题，其降低槽式太阳能热发电成本的潜力巨大，可从以下几方面考虑：

(1) 集成先进储热系统，将热传输流体的温度提高至 450℃～500℃范围，另一方面，当槽式系统运行温度在接近 500℃时和在 450℃时的光热转换效率差别很小，这和早期的结论完全相反，因此在不久的将来要对此进行详细的评估。

(2) 要想有效地降低槽式电站的成本，最易实现的途径显然是考虑槽式太阳能系统的 3 个关键组件，即支撑结构、吸热器和聚光器。实现此目的要采取不同的方法：

① 集热器的成本降低主要依靠扩大规模和产品尺寸及增强竞争力；

② 可替换的槽式反射镜及产品尺寸将会有效地降低成本；

③ 目前的集热器技术在 450℃的运行温度下是可以实现的，但长远来看，发展高性能和高可靠性的集热器技术对于实现成本的降低和性能的提升至关重要。

随着集热场规模的扩大、运行经验的积累和可靠性的技术提升，集热场的运行和维护成本将会持续降低。

9.9.2 塔式太阳能聚焦热发电系统

塔式太阳能电站的性能指标如下：

1. 集热场面积

集热器面积限定了太阳能集热场的面积，可用式(9-10)来估算，即

$$C = \frac{kWd \times CF \times h}{eff \times I} \tag{9-10}$$

式中：C 为聚光器面积，m^2；kWd 为电站设计容量，kW；CF 为容量因子，其值等于实际的 (kW·h)/(kWd×8 760)；h 为一年的小时数，即 8 760；eff 为净年光电转换效率；I 为年辐射量，$(kW·h)/m^2$。

对于一个给定尺寸和容量因子的电站，其集热场面积由净年效率决定，当效率增大时，集热器面积可在原来比例的基础上相应地减少。

2. 年均光电效率

年均光电效率 $Enet$ 由式(9-11)计算，即

$$Enet = HFE \times RE \times PE \times TSE \times ST \times SE \times P \times A \tag{9-11}$$

式中：HFE 为集热场效率；RE 为年均接收器效率；PE 年均管道效率；TSE 为年均储热效率；ST 为蒸汽循环效率；SE 为启动效率；P 为供电率，即供电量与发电量的比率；A 为电站可用率。

年均集热场效率 HFE 由式(9-12)计算，即

$$HFE = MR \times EFA \times EFO \times EMCA \times EMCL \times EFHWO \tag{9-12}$$

式中：MR 为镜面反射率；EFA 为集热场可用率；EFO 为集热场光学效率；$EMCA$ 为镜面避免腐蚀率；$EMCL$ 为镜面清洁度；$EFHWO$ 为集热场强风中断率。

3. 子系统效率

(1) 年均集热场效率。集热场效率受镜面反射率、集热场光学效率、集热场可用度、镜面腐蚀度、镜面清洁度和强风中断的影响。基于对 KJC 设施的实地考察，S&L 估算了镜面清洁度的上界为 95%，而 Sun Lab 给出的镜面清洁度上界为 97%。

(2) 吸收器年均效率。吸收器效率受吸收率、热效率和电站操作运行造成的损失的影响。当太阳辐射投射在吸收器上时，有部分能量被反射，被吸收的比例叫做吸收率。Pyromark 仪器的测试结果表明，一座新的塔式电站的吸收率为 95%。随着电站的持续使用，平均吸收率会越来越低(Radosevich，1988)。提高耐久性、规范使用和维护可保持吸收器平均效率至 95%。但电站吸收器的辐射和对流热损决定了吸收器的效率很难进一步提高至 100%。提高吸收器上的太阳能热流密度可以减小规模、降低热损失和提高热效率。高纯镍吸收器材料在未来的电站中可能得到应用。

电站运行操作损失发生在短期内无法完全利用可用能源的情况下。在太阳辐射过多时，过强的太阳能会导致吸收器过载，所以部分集热场必须散焦，避免对吸收器造成损坏，这会降低电站效率。当太阳辐射非常匮乏时，将关闭电站，以免入不敷出。同样的，当云层遮挡电站时，电站处于待机状态，此时热介质在吸热器中循环流动导致产生无能量输入时的热损失。电站的运行和调度策略也会造成储热系统蓄热已满，无法接收附加能量，此时集热系统也要中断(称为能量倾倒)。电站的经济优化设计将会减少诸如此类的散焦和能量倾倒损失。

(3) 年总循环效率。年总循环效率考虑了设计点总循环效率、开机启动损失及部分负荷运行情况。没考虑汽轮机最小负荷要求引起的损失是因为电站具有储热系统。总的循环效率由总的系统输出除以系统的热力输入得到。大储量、高容量电站具有较小的启动损失,在部分负荷时也能正常运行,可以最小化降低损失。

(4) 供电率。电厂主要的耗电设备为导热工质泵、给水泵、凝结水泵、循环水泵等泵的电动机,冷却塔和蒸发器,其他的耗电负载有仪表、控制系统、计算机、阀门驱动装置、空气压缩机和照明用电。此外,集热场也有集热器驱动和通信用电项。当采用更大尺寸的电站时,自耗电比例会降低。

(5) 年储热效率。年储热效率是表征储热系统热损失大小的参量。储热热损是储热罐表面积和罐中流体温度与环境温差的函数。随着储热罐尺寸的增大,表面积的增长比容量的增长慢很多,因此热损失减少,效率提高。

(6) 年均管道效率。管道效率表征管道热损失大小。热损失包括高塔和地面管道热损。

(7) 年均电厂可用率。年均电厂可用率与有规律的维修引起的电力计划性中断和设备故障引起的非计划电力中断有关。

太阳能集热场、发电系统、吸收器和储热系统估计占总投资的 80%。花费最多的部分在定日镜场。早期,太阳能集热温度由于受效率的限制,一般不超过 600℃,汽轮机入口参数低等原因导致整个系统的太阳能热发电效率较低。为了解决太阳能的不连续性,单纯太阳能系统往往将储热装置集成到系统中,同时也增加了太阳能热发电成本。

技术水平方面,槽式技术仍然占主流,但其他技术形式也在并行发展。在已安装的电站中,槽式技术占比约 94.6%,塔式约 4.4%,碟式和菲涅尔式约 1%。世界首座商业化碟式斯特林电站在美国投入运行。

在投资成本和发电成本方面,建在不同辐照条件下,采用不同技术参数电站的投资成本和发电成本不尽相同。太阳能热发电大规模实现后,发电成本会显著下降。

太阳能热发电技术的特点在于通过光热的转换、集中和储存,利用常规的发电技术,将太阳辐射能转换为电能,这一电能是常规发电机发出的电力,因此输出电压高,输送距离远,适用于大规模发电。在太阳能量的转换过程中,利用的是钢材水泥、机械设备等常规材料设备,特别适合像中国这样的以机械制造为主的大国发展,从而得到长期廉价、无污染的电能。

9.9.3 降低太阳能热发电成本的途径

太阳能热发电目前已经进入商业化发展的阶段。然而,与传统的化石燃料电站相比,相对较高的发电成本在一定程度上影响了太阳能热发电大规模化的进程,因此降低发电成本是推进太阳能热发电发展的首要任务。

发电成本是影响太阳能热发电发展的最美键因素。国际能源署(IEA)曾公布一种计算可再生能源系统发电成本的简化公式,在式中发电成本与电站的初始投资、贷款利率、年运行维护费用以及年净发电量等密切相关。其中,初始投资和电站年净发电量(年发电量一用电量)是关键。降低太阳能热发电站的初始投资,提高太阳能热发电站的年净发电量是降低太阳能热发电成本的有效途径。

太阳能热发电站的初始投资成本主要包括太阳能部件(太阳能镜场、太阳能吸热器、储热系统)以及常规热力循环部件(蒸汽发生、发电模块)的费用。降低初始投资的成本可通过降低各种部件的成本来实现。太阳能热发电站的年发电量与系统年均效率、投射在镜场上的年太阳直射辐照量相关,在相同的太阳辐照量下,系统年均效率越高,则电站的年发电量就越多。

经过初步测算发现,系统效率每提高 1%,相当于初投资降低 5%~7%。因此,提高系统效率是降低发电成本的重要途径。

太阳能热发电系统的效率,即光电转换效率,取决于集热效率和热机效率两个参数。这两者又与聚光比和吸热器的工作温度密切相关。当聚光比一定时,随着吸热器工作温度升高,集热效率会下降,而汽轮机的效率提高,系统效率曲线会出现一个“马鞍点”。

因此单纯提高吸热器的工作温度,并不一定能提高系统效率,反而可能会降低光电转换效率。只有聚光比与吸热器的温度协同提高,才是降低发电成本的有效途径。

1. 提高太阳能热发电系统效率的途径

提高太阳能热发电系统的效率主要可从以下几个方面进行:

(1) 尽量提高太阳能热发电聚光集热装置及光热转换装置的光热转换效率。

(2) 尽量提高太阳能热发电载热介质的传输效率。

(3) 尽量提高太阳能热发电蒸汽发生器的效率。

(4) 尽量提高太阳能热发电的汽轮发电机组的效率。

2. 系统运行模式

现在,人们已针对不同需求,因地制宜,设计出多种有关太阳能热系统运行模式,各类模式优化系统参数、工艺方案和设备的方法考虑如下:

(1) 介质运行压力和温度是系统中最重要的参数。

(2) 调节系统压力难度不高,最难的是系统温度调节,介质压力和温度越高,系统效率越高,但温度越高技术难度越大,投资越大,优化温度是关键。

(3) 正确选择不同的运行模式,简化和优化不同运行模式。

(4) 优化镜场的反射镜面积和反射镜结构,降低总重。

(5) 优化镜场面积、机组额定容量和各系统的容量配置,优化镜场的控制方案。

(6) 正确选择储热器的储热设备容量。

(7) 通过机组的变负荷和滑参数运行,优化和减少储热器的容量。

(8) 通过汽轮机接受不同温度变化的能力,承受由储热器运行带来的温度变化。

(9) 提高储热器的储热和放热速率。

(10) 提高机组整体控制水平,使变工况运行过程处于自动运行过程中,减少人为控制,甚至达到全自动运行。

(11) 通过以上方法,减少机组总投资,提高运行可靠性,保证机组的连续运行。

3. 太阳能热发电技术面临的问题

(1) 聚光过程一次投资高，光学效率低。太阳辐射的高密度聚集是太阳能热发电的基本过程。塔式和槽式系统中聚光器的成本占一次投资的45%～70%，聚光场的年平均效率一般为58%～72%。因此聚光过程的研究对系统效率和成本有着巨大影响。

聚光过程的能量损失主要有余弦损失、反射损失、空气传输损失和由聚光器误差带来的吸热器截断损失等几个方面。另外，在工作环境条件和寿命的约束下，要保证聚光器的精度，聚光器的成本降低目前受到了很大的限制。综合这两个方面中的诸多因素，需要从光学、力学和材料学等方面对光能的收集和高精度聚集进行深入的探索，克服由聚光面形的像差及跟踪误差等对能流传输效率的影响和由于能流矢量时空分布不满足吸热器的要求导致光热转换效率低的问题，需要建立基于能流高效传输的聚光与吸热的一体化设计方法。

(2) 热功转换效率低。传统的热功转换效率随工质参数的提高而提高。提高循环效率的基本方法是提高做功工质的温度和压力，但在太阳能热发电过程中，光热转换部分的效率随传热介质的参数提高而降低，且伴随着强烈的时间上的非稳态、空间上的非均匀及瞬时的强能流冲击。因此提高热功转换效率不能完全依照常规热力循环的方法来解决，流动和传热过程的规律也与常规的流动和传热过程有差别，要大幅度地提高效率，也不可能采用传统的材料体系。这些都对目前使用的传统技术提出了挑战。开展太阳辐射能流高效聚集，吸收、高温传热，以及储热机理及材料设计和太阳能热发电系统可靠性影响机制等方面的研究，既是能源技术领域中的前沿性课题，也是规模化、高效率太阳能热发电技术发展提出的迫切需求。

(3) 节水发电技术。由于电站选址的因素，无水冷、热力发电技术是热发电技术能商业化推广的重要基础。

今后的技术发展应以稳定运行为主线，以提高系统效率为目标，侧重于发展规模化太阳能热发电系统中的重大技术装备技术、系统集成技术、设备性能评价方法和测试平台、技术标准和规范。

4. 我国提高效率的方法

要降低太阳能热发电成本，提高热效率和发电效率是产业的关键。

(1) 关键设备国产化迫在眉睫。例如塔式的吸热器、储热器以及槽式的真空吸热管，包括反射镜，这些关键设备的国产化的研制迫在眉睫，这也是降低热发电成本的一个很重要的因素。

(2) 要开发具有自主知识产权的热发电技术，要坚持自主开发、设备的国产化，降低项目工程成本。

(3) 要关注热发电的前置和末端的技术开发，例如在前端的预热，还有尾部的余热利用，这样能提高太阳能热发电效率。

(4) 降低整个项目成本的因素还有一个是与化石燃料互补，就是联合循环，做混合电站，要用化石能源的电站做补充，这种混合型的电站也是一种途径。

9.9.4 聚焦太阳能热发电(CSP)技术的发展

1. 发展趋势

聚焦太阳能热发电从技术角度可分为两类,一类是发电形式不依赖规模的系统,如碟式太阳能热发电装置,适用于分散使用或建设分布式能源系统,也可多个碟式并联使用;另一种是依赖于规模化的热发电系统,如槽式系统、单塔和多塔系统,其介质参数越高、单机容量越大,系统效率就越高,发电成本越低。

从太阳能热发电技术发展趋势上看,主要向三个方面发展:

(1) 大容量:单机容量有 1 MW、10 MW、20 MW、50 MW,目前已投运最大单机容量为 80 MW,在建有 130 MW 和 200 MW 等级。

(2) 高参数:汽轮机入口参数决定机组的效率,蒸汽温度有 230℃饱和蒸汽,400℃、450℃、510℃等过热蒸汽,目前已投运的最高温度达 550℃,以空气为介质的运行温度更高。

(3) 工质/介质:分为储热介质和发电介质,由于水/水蒸气的品质和广泛存在的形式,发电一般以水/水蒸气作为介质,但水有两个特性,不同温度段和不同状态形式下,水/水蒸气的比热容差别很大,这会影响到不同区间的吸热/放热过程,水/水蒸气需要加压才能储存更多的能量。因此,水/水蒸气作为发电介质难以胜任,小容量储热尚可,但大容量储热需要花费更大的能量和设备投资。导热油作为储热介质,克服了水/水蒸气不连续的热容问题,因面得到了大量的应用,但导热油在运行过程中为防止汽化,需要加一定的压力,另外,导热油的价格比较高。因此,人们进一步研究采用熔融盐作为储热介质。熔融盐具有较大的单位热容量、较好的导热性和流动性,无毒、无腐蚀性,对环境影响小,特别是在储热过程中不需要加压,这使大规模储热的容器制备成为了可能。唯一的缺点是熔融盐的低温凝固点很高,一般都在 200℃左右。

太阳能热发电在大容量、高参数和有效储热材料的条件下,在技术上将得到进一步的提高。在系统优化和简化的基础上,槽式太阳能热发电系统分为无储热发电和有储热发电两类,无储热(少蓄热)可直接采用水/水蒸气发电技术,其难点在于集热管中蒸汽温度的控制;有储热是在无储热的基础上直接采用蒸汽发电,或采用导热油吸热,中间增加熔融盐储热和放热。

塔式系统可直接将熔融盐作为吸热和储热材料,以单模块的塔式系统并联,形成大规模的塔式电站,蒸汽循环部分可采用高参数,包括超临界参数的应用,其年均效率可达 20%~25%。以空气作为介质的燃气涡轮机发电的塔式系统,储热介质可采用更为便宜的混凝土储热块,以沙漠、戈壁地区的沙作为基本原料的储热材料等。碟式斯特林热发电系统不需要水作为冷却介质,在批量和规模化条件下,突破成本高的困难,解决储热问题后才能有应用的空间。

2. 当前发展目标

(1) 致力于实践太阳能热动力联合循环发电

以色列 LUZ 公司的槽式太阳能热动力发电与天然气相结合,组成双能源联合循环发电；澳大利亚太阳热和动力工程公司应用线性菲涅尔聚光集热系统为燃煤热力发电厂钢炉给水预热。这种联合全都取得了明显的效益，足以说明努力实践太阳能-常规能源联合循环发电，对发展太阳能热动力发电技术至关重要性。目前，不少学者提出了多种形式的太阳能-常规能源联合循环发电方案，如双能源、双工质、双循环等，这些都有待于深入研究和实验评估。

(2) 不断地开发先进的单元技术

为了提高太阳能热动力发电站的工作性能和降低电站比投资，人们已提出了不少新的技术概念，着力研发先进的太阳能聚光集热系统。研究关键部件技术，如对槽式太阳能热动力发电，研发复合空腔集热管，以及发展直接产生蒸汽技术；对塔式太阳能热发电，研发双工质复合容积接收器以提高聚光集热装置的效率、工作温度和运行可靠性，开发新型定日镜镜架结构，发展镜面面积为 200 m^2 的超大型定日镜，以求降低定日镜阵列的比投资。

碟式太阳能斯特林循环热发电系统自身所特有的技术优势和应用前景，尤其是太阳能自由活塞式斯特林循环热发电系统，技术发展优势十分明显。但作为其组成部件的聚光系统，目前技术上仍相对比较落后。碟式太阳能热动力发电装置的比投资大约是槽式太阳能热动力发电站的 2 倍，降低其比投资的方向是降低斯特林机和旋转抛物面聚光器的制造成本。为此，当前该技术发展工作的主要目标是转向开发大型自由活塞式斯特林发电机组和新型结构的旋转抛物面聚光器。

3. 太阳能互补发电系统的概念

鉴于早期利用储热系统以单纯太阳能模式运行的太阳能热电站存在许多问题，特别是考虑到开发太阳能热发电系统的投资和发电成本以及目前的储热技术还不够成熟等，将太阳能与常规的发电系统整合成多能源互补的系统，得到了广泛应用。太阳能与其他能源综合互补的利用模式，不仅可以有效地解决太阳能利用不稳定的问题，同时可利用成熟的常规发电技术，降低开发利用太阳能的技术和经济风险。对化石燃料锅炉或核动力锅炉等进行有益的补充，这称为集成太阳能联合循环(ISCC)。在这种模式下，对传统发电站增加太阳能区，如图 9-30 所示。太阳能区以水为输入介质，对其加热产生过热蒸汽，并在最高温度(高温操作)或低于最高温度(中低温操作)处提供这些蒸汽。

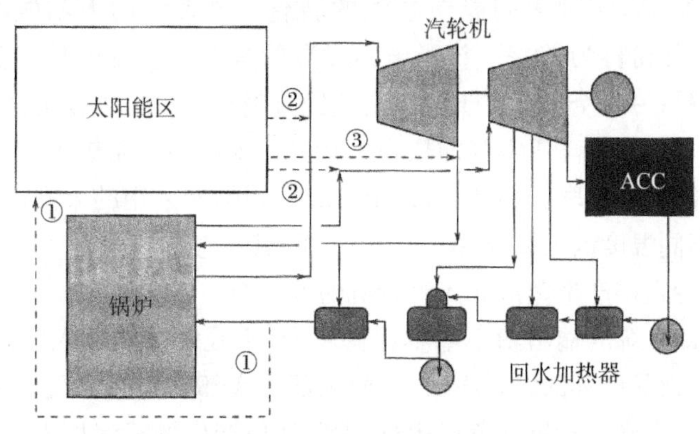

图 9-30　太阳能集成组合

ISCC 的一个显著优点是在有限的额外投资下，利用传统的发展成熟的发电技术构建太阳能组件，从而充分利用太阳能。同时，ISCC 也可在不影响正常运行的条件下通过增加太阳能组件来对现有的化石燃料发电厂进行改造。因此，ISCC 是传统发电厂和太阳能发电厂的共赢结合，既可降低资金成本，又能持续供电。ISCC 的另一个优点是在每日用电高峰时或年度空调满负荷运行时发电。因此，通过增加太阳能区，对某一地区的同一设备，发电厂的额定容量可大幅降低。

蒸汽轮机最高温度只能达到 800 K，但放热过程接近环境温度。如果将布雷顿循环放热过程排出的热量用于加热兰金循环的吸热过程，布雷顿-兰金联合循环的热效率可近似达到 70%，而单个循环中的最高热效率为 56%。

循环的平均吸、放热温度及等效卡诺热效率计算值。各种单循环的工作温度范围是构成联合循环时必须考虑的因素。高温循环适合作联合循环的顶循环，中、低温循环适合作联合循环的底循环。按照高、低温循环的温度范围，联合循环可以设计成下面几种组合：布雷顿-兰金联合循环、布雷顿-卡林纳联合循环、布雷顿-斯特林联合循环、蒸汽兰金-有机兰金联合循环、兰金-卡林纳联合循环等。各种理论上的联合循环都得到了广泛研究，特别是在太阳能和余热等中、低温热源利用技术中，但还都存在一定技术瓶颈。布雷顿-兰金联合循环是各种联合循环中技术最为成熟的一种，在太阳能热利用领域也得到了广泛关注。

太阳能由于其自身能源特点，目前在联合循环中利用的主要形式中是作为一种混合热源，辅助循环中的加热过程。中温槽式太阳能集热系统可以与底部兰金循环联合，而高温碟式太阳能集热系统可以通过煤气化与顶部布雷顿循环联合。

4. 互补系统的形式

太阳能-化石能源互补系统有多种不同的互补形式，根据所集成的常规化石燃料电站的不同，可以分为三类。第一类是将太阳能简单地集成到兰金循环（汽轮机）系统中（见图 9-31），这样将太阳能集成到燃煤电站中可以有效地减少燃料量，节约常规能源和减少污染物排放。第二类是将太阳能集成到布雷顿循环（燃气轮机）系统中（见图 9-32），利用太阳能来加热压气机出口的高压空气，以减少燃料量。在这类电站的典型代表工程中，太阳能将空气加热到 800℃，然后使其进入燃烧室再经过燃料加热到 1 300℃，最后进入燃气轮机膨胀做功，实现太阳能向电能的转化。该系统的太阳能净发电效率高达 20%，对应的太阳能份额为 29%。该类电站发展的难点在于吸热器的设计上，需要耐高温和热冲击的材料；另一个难点在于高压空气经过吸热器时压力损失要小。一种新的容积腔式吸热器可以直接将高压空气加热到 1 300℃，太阳能在系统中的份额将大大提高。第三类是将太阳能集成到联合循环中，即 ISCCS。根据所采用的太阳能集热技术和集热温度，可以实现不同温度的太阳能热的注入方式，其中最为典型的方式是将太阳能注入到余热锅炉中或者直接产生蒸汽注入汽轮机的低压级。

前一种模式即系统的输出功率基本保持不变，不受太阳能输入的影响，这意味着太阳能可以利用时，顶部循环的燃料将减少，而顶部和底部的功率之和不变，系统节省了燃料。后一种模式是指燃气轮机满负荷运行，太阳能所产生的蒸汽加入到底部循环增大系

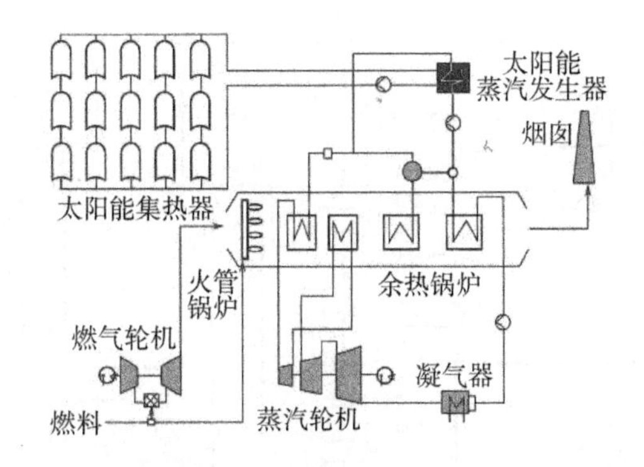

图 9-31　太阳能与化石能源互补的联合循环系统

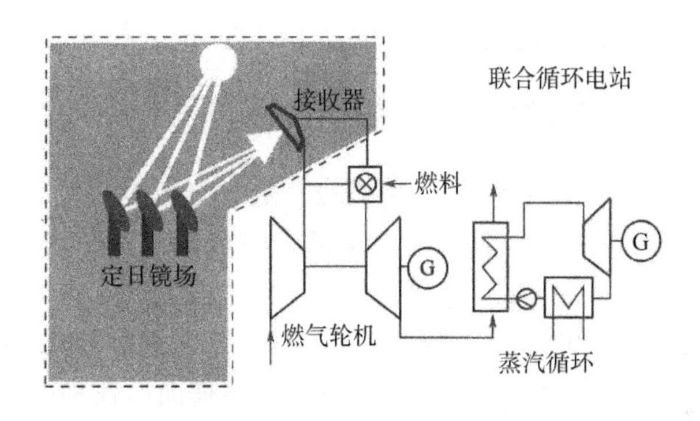

图 9-32　太阳能预热空气的多能源互补发电系统

统的输出功率。但是，当太阳能不能利用时，ISCCS 底部汽轮机必须在部分负荷下运行，相应的效率较低。对于承担基本负荷的联合循环电站，当没有储热系统时，太阳能年贡献率仅为 10%。因此，需要对 ISCCS 电站进行进一步的优化，减缓系统的底循环在部分负荷运行效率降低的情况。

5. 太阳能-燃气-蒸汽整体联合循环系统

太阳能整体联合循环系统(ISCCS)，是在燃气-蒸汽联合循环的基础上投入太阳能集热系统取代蒸汽兰金循环中的某一段来加热工质的热发电系统。在燃气-蒸汽联合循环系统中，加入利用太阳能预热空气的集成系统，压气机出来的空气进入太阳能集热场加热后再进入燃烧室燃烧，可节省化石燃料的使用。在此系统中，一般选用塔式或槽式集热装置，可以将空气加热到更高的温度。随着中国以天然气替代煤炭作为主要燃料，定会加强相关技术的研究。

槽式太阳能与整体联合循环系统集成的系统示意图见图 9-33。从槽式太阳能集热场来的热量被输送到太阳能过热器、太阳能预热器、太阳能再热器等几个装置。从凝汽器来的给水，经除氧后被送至余热回收系统(即余热锅炉)及太阳能集热器场中实现预热、蒸发及过热，生产的过热蒸汽进入汽轮机高压缸进行发电。

燃气机排气与太阳热能共同完成给水的预加热以及蒸汽的过热。因此，与常规的联合循环电厂相比，在 ISCC 电厂中，因为有额外的太阳能的帮助，所以能够产生压力更大、

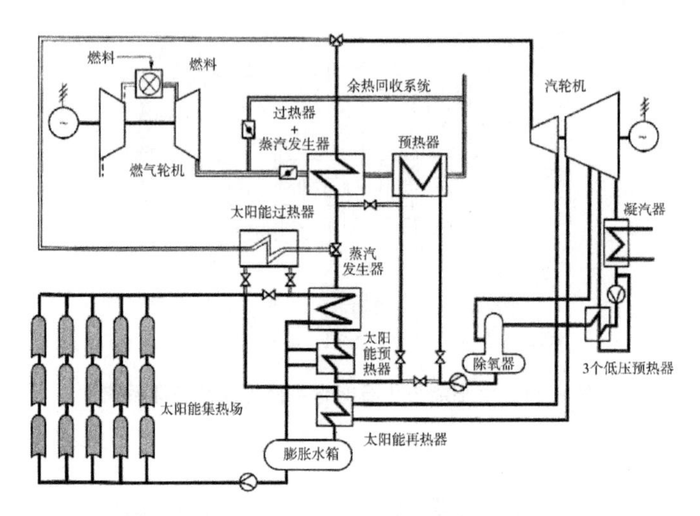

图 9-33　槽式太阳能与整体联合循环系统集成的系统

温度更高的蒸汽。与单纯的太阳能槽式集热电厂相比，蒸汽参数也有明显提高。因此，ISCC 电厂的效率要高于单纯的太阳能槽式集热电厂和常规的联合循环电厂。

位于西班牙南部的 PSA 太阳能研究所成功地实施了欧共体第五计划的“SOL-GATE”工程。该工程采用塔式集热装置，串联有 3 个压力容积的接收器，热容量为 0.3 MW。压缩空气分成 3 个阶段被太阳能加热，最终被加热到 810℃。该系统的总发电效率为 58.1%，其中太阳能转换效率为 77%。

与太阳能与兰金循环的集成相比，预热空气系统中，工质被加热到更高的温度，太阳能部分的发电效率提高。工质做功能力增强，系统热效率增加，系统投资的回收期限也进一步降低，但是接收器高温运行对设备的材质要求比较高。

图 9-34 是中国科学院电工所进行的燃气/燃油与太阳能槽式和塔式电站互补运行的北京八达岭太阳能实验电站方案。

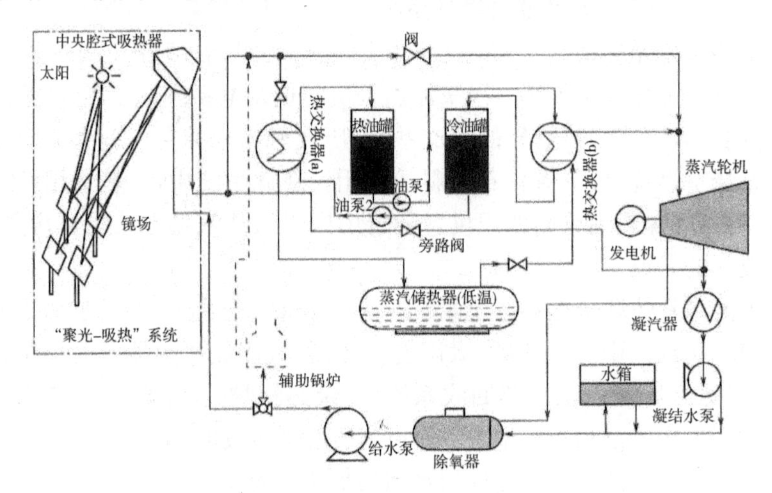

图 9-34　八达岭太阳能热发电试验电站的互补方案

ISCCS发电技术将太阳能热发电与燃气-蒸汽联合循环发电技术结合在一起，这种整体联合循环系统具有如下特点：

(1) 发电热效率高。目前采用ISCCS的电厂净热效率可达60%以上，比常规大型天然气-蒸汽联合循环发电厂的热效率(一般为45%～50%)高15%～20%，有望达到65%～70%。

(2) 优越的环保特性。ISCCS采用天然气作为主要燃料，利用太阳能，对周边环境无任何污染物排放。而天然气作为清洁能源，其各种污染物排放量都远低于国际先进的环保标准，能满足严格的环保要求。

(3) 燃料适应性广。可燃用满足燃气轮机发电机组的各种燃料，包括天然气、LNG、煤制天然气等。

(4) 节水。ISCC项目多用于干旱、沙漠等太阳能资源丰富的地区，机组冷凝系统均采用空冷系统。且ISCC机组中蒸汽循环部分占总发电量的1/2，使ISCC机组比起同容量的常规天然气-蒸汽联合循环发电机组，发电水耗大大降低，约为同容量常规天然气-蒸汽联合循环发电机组的60%。

(5) 可以实现多联产。ISCC项目本身为太阳能热发电与天然气联合循环发电的结合体，通过利用太阳能热，还可以引入生物质燃料作为辅助热源，使资源得以充分综合利用，从而使ISCC项目具有延伸的产业链。

(6) 替代常规能源实现CO_2减排。ISCC项目利用可再生能源太阳能以及清洁能源天然气，可减少大量温室气体，有助于申请CDM项目，获得技术或资金支持。

(7) 减少对电网影响。ISCC项目利用燃气轮机发电机组作为稳定负荷，可避免纯槽式太阳能热发电项目受外部环境影响而导致负荷变化大，对电网产生较大冲击。

ISCC项目作为槽式太阳能热发电系统的一种新兴形式，已越来越多地受到国际社会关注。ISCC太阳能一体化装置效率加倍。尽管太阳光每日每时的强度不同，但太阳能的发电效率提高了。与常规燃气发电机发电率(50%～55%)相比，这种联合体装置在高峰时间的发电率可以达到70%。

亚洲首座槽式太阳能-燃气联合循环ISCC发电站建设在宁夏回族自治区，为中国太阳能热发电产业的发展提供新模式。

工程在高温太阳能聚光集热系统部分的设计一致，只是在常规能源系统部分有所不同。燃气热力发电厂应用燃气轮机发电机组发电，燃气轮机的尾气排入余热锅炉，再作余热利用，加热工质，产生蒸汽，推动汽轮发电机组发电。这种太阳能-常规能源联合循环发电方式具有以下特点：

(1) 适用于以太阳能为主、天然气为辅的双能源联合循环发电。这样，电站中将不再设置储热系统，从而降低电站初次投资。

(2) 对天然气做到了充分的余热利用。

(3) 主要适用于和新建燃气、蒸汽热力发电厂组成的太阳能-常规能源联合循环发电。

总之，太阳能双能源联合循环发电系统具有其自身所独有的特点。它是自然能源和常规能源联合循环发电的新概念，能够充分发挥不同能源各自的特点与作用，其节能减排效益十分明显。

国际无线电科学联盟《太阳能发电卫星(SPS)白皮书》强调，这种系统(相比太阳光伏和太阳能热碟式发电)具有更长的寿命和更好的抗辐射特性。温差发电和碱金属热电转化(AMTEC)组合装置具有代表性，可以用于大型载荷(如SPS)轨道间运输器的供电系统。

6. 其他新的集成系统

(1) 一种应用于聚焦式太阳能热发电(CSP)，以填充岩石床作为蓄热介质、空气作为高温传热流体的蓄热方案，并建立了埋设于地下的中试规模的截头圆锥形蓄热装置，如图9-35所示。蓄热罐由混凝土制成，填充鹅卵石。蓄热时，热空气从顶部的进口管进入蓄热罐，流经填充岩石床层，最后在蓄热罐底部集中后流出。放热时的空气流向相反，冷空气从蓄热罐的底部进入，完成放热循环过程。

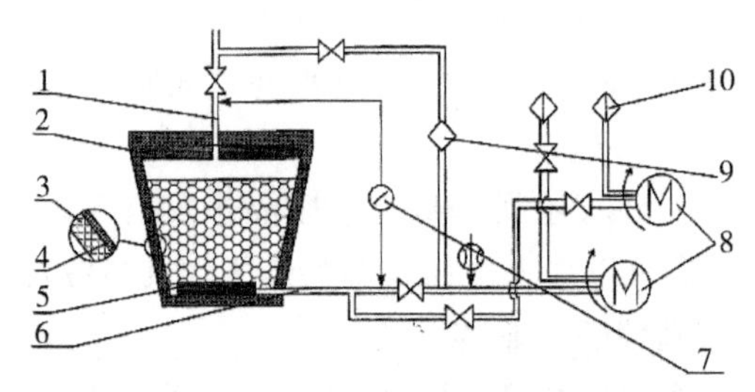

图9-35 岩石床-空气高温蓄热中试装置

1—进口管；2—泡沫玻璃；3—低密度混凝土；4—超高性能混凝土；5—金属网；
6—出口管；7—流量计；8—鼓风机；9—加热系统；10—空气过滤器

(2) 太阳能和风能集成系统

对风能和太阳能电池集成发电的研究较早，并有实际的应用。由于太阳能热发电成本低于太阳能光伏发电，因此太阳能热发电与风能集成的系统逐渐受到人们的关注。

模拟结果表明，在风力发电场的基础上添加太阳能热发电，而不是额外扩充风电场的容量，能够使成本和效益达到均衡，而且能够促进两种能源的共同进步。

(3) 太阳能光热发电与光伏发电集成发电系统

从单纯的发电效率来讲，利用太阳能光伏发电，只能使波长较短的光得到利用，波长较长的光完全被浪费，且使电池的温度升高，导致电池的效率下降。利用太阳能光热发电，可以充分利用整个波长的太阳光，但其发电效率比较低。如果可以将光伏发电与光热发电集成使用，能够增加发电效率。随着技术进步，光热被认为具备成为基础负荷电源潜力的新兴能源应用技术。

光伏发电和风电的间歇特性，决定了它们需要配套储能系统。光热发电最大的优势则在于其天然的储能特质，可先将白天的太阳能以热能形式储存起来，并在晚间或其他用电高峰期再带动汽轮发电。

业内普遍认为，光热发电机组比燃煤机组的启动时间更短，运行负荷范围更宽，可根据电网调度指令实现较为频繁的启停，具有更好的调峰性能。

由于可预期的规模化效应，塔式系统成为新一批光热发电项目主流技术。

太阳能光热发电与光伏发电集成的发电系统包括聚焦子系统、分光子系统、热电子系统和光电子系统。它是利用波长分离器将聚焦后的太阳光在某一波长处分开，将波长比较长的光用于光热发电，波长比较短的光用于光伏发电，使整个太阳光谱的光都能得到充分利用，从而提高太阳能的发电效率。太阳能光热发电与光伏发电集成发电系统如图 9-36 所示。

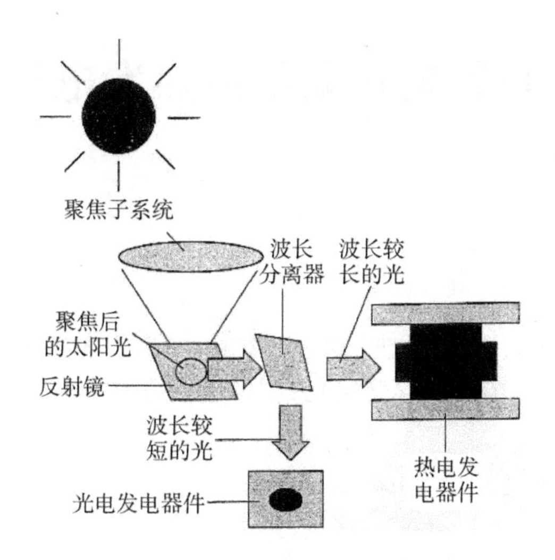

图 9-36　太阳能光热发电与光伏发电集成发电系统

国务院《2030 年前碳达峰行动方案》"重点任务"中提出：积极发展太阳能光热发电，推动建立光热发电与光伏发电、风电互补调节的风光热综合可再生能源发电基地。在"碳中和碳达峰"的大背景下，随着具有间歇性和不稳定性的光伏、风电等可再生能源的大规模发展，传统燃煤机组占比逐步降低，电网现有调峰能力逐步见底，以及在各种储能技术各自存在优缺点的综合形势下，具有传统同步电源特性的太阳能光热发电正迎来更大的发展空间。

10 非聚光式太阳能热发电技术

非聚光式太阳能热发电，是一种以海洋、沙漠、湖泊为天然集热器，不需要聚光和跟踪系统的低温太阳能热发电形式。非聚光式太阳能热发电技术现在日益受到关注。

10.1 太阳池热发电、海水温差发电

温差热发电技术是一种利用高、低温热源之间的温差，采用低沸点工作流体作为循环工质，在兰金循环基础上，用高温热源加热并蒸发循环工质产生的蒸汽推动透平机发电的技术，其主要组件包括蒸发器、冷凝器、涡轮机以及工作流体泵。通过高温热源加热蒸发器内的工作流体并使其蒸发，蒸发后的工作流体在涡轮机内绝热膨胀，推动涡轮机的叶片而达到发电的目的。发电后的工作流体被导入冷凝器，并将其热量传给低温热源，因而冷却并再恢复成液体，然后经循环泵送入蒸发器，形成一个循环。

太阳池热发电和海水温差发电都是利用盐水（海水）吸收太阳辐射形成水的纵向温差，进行低温发电，都是盐水（海水）同时承担集热、储热功能。两者不同之处是太阳池较浅，热水在下，而海洋深邃，热水在上，不同水层之间的温差很大，一般表层水温度比深层或底层水高得多。发电原理是，温水流入蒸发室之后，在低压下海水沸腾变为流动蒸汽或丙烷等蒸发气体作为流体，推动透平机旋转，启动交流电机发电，用过的废蒸汽进入冷凝室被深层水冷却凝结，再进行循环。

10.1.1 太阳池热发电技术简史

人们早已发现，盐水湖泊的水温随水深而上升。以色列科学家鲁道夫·布洛赫最先意识到，盐水湖实际上就是一个太阳能集热器，可以作为能源来开发。在他的倡导下，以色列便在死海的海岸旁建造了一个面积为 625 m^2 的实验盐水池，这个用盐水收集太阳辐射的集热装置被命名为太阳池。经亚热带阳光曝晒一段时间以后，该湖水下 80 cm 深处的湖水的温度就高达 90℃。20 世纪 70 年代末，以色列又建造了另一个面积为 7 000 m^2，深 2.5 m 的人工盐水湖。同样在太阳的热力作用下，深部的湖水也很快升高到 90℃。为了让这些已经

被加热的湖水能用来发电，人们在湖水中布设了许多U形管，然后在U形管一端滴入一种低沸点的液态氯化烷。在90℃的高温下，氯化烷迅速汽化，从U形管的另一端上升逸出，冲击连接着的汽轮发电机，使其发电。这个盐水湖太阳能发电站正式发电，功率达150 kW。

以色列科学家的成功，使意大利、日本、美国等国的科学家也纷纷加入对这种能储蓄太阳能的盐水湖的研究。日本科学家更形象地称其为“热量银行”。他们也建造了一个面积为1 500 m^2，深3 m的人工盐水湖。尽管处于高纬度地区，他们也成功使水深1.5 m处的水温上升到80℃。而意大利一位叫赞格拉多的女物理学家，更创造了一项世界纪录，她建造的一个小型盐水湖，竟使深部温度高达105℃。

储热盐水湖不仅可以用来发电，也可以用于其他需要热源的项目，如还可以在水下布设一些管道，然后注入冷水，经湖水加热以后，就可以将管道中的水用于取暖、供热、温室栽培等领域(盐湖水因具有腐蚀性，不宜直接抽取使用)。

世界上第一座太阳池热发电站的建成，预示了太阳池作为季节性储能装置的可行性和经济性。以色列在10～20年间，在死海沿岸建造了多座25 MW和50 MW太阳池热动力发电站。同时计划将死海的海域全部用于建造太阳池热动力发电站，目标是发电功率达2 000 MW，满足以色列20%的能量需求。从此“死海”之滨生气勃勃，一片光明。

美国也曾计划将加州南部索尔顿海的一部分建成太阳池，用以建造800～6 000 MW太阳池热动力发电站。以色列和美国的尝试，开启了太阳池热发电的篇章。

10.1.2 太阳池热电站系统

1. 太阳池工作原理

太阳池表层为清水，底层为接近饱和的浓盐水溶液，中间各层盐水浓度按阶梯式变化，通常1 m深的太阳池可以分为6～8层。投射到池面上的太阳辐射，其中大部分透过表面清水层透射到水体深处，被池底深层吸收，由此底层水体温度升高，形成一层热水层。若底层水体由于温升所产生的浮力还不足以扰乱池内盐水浓度梯度的稳定性，则其浓度梯度可以有效地抑制和消除因水体浮力而可能产生的池水混合的自然对流趋势，从而得以保持热水层的稳定，这是构造太阳池的理论基础。这时热水层的热能只能以导热的方式向四周散热。水的热导率较低，所以上层可以看作隔热层。水体四周的土壤比热容很大，可以储存可观的热量，是个巨大的储热体。此时太阳池就可以看作是一台具有巨大储热能力的闷晒式太阳能热水器。从池底部将热水层的热水抽出，经换热器加热工质后再返回热水层，构成取热循环，如图10-1(a)所示。人们将这种太阳池称为非对流型太阳池。

实际上，上述的非对流型太阳池在运行中总会存在一定的对流过程。例如在池的表面，由于风吹与水面蒸发，会形成表面对流层；而从池底取热时，也会形成底部的对流层。这些都将在一定程度上影响太阳池的性能。设想在太阳池中对流层和非对流层的界面处，人为地设置一层透明隔层，如图10-1(b)所示。上部隔层可以防止风吹和表面蒸发所产生的扰动，下部隔层可以将底部对流区和非对流区分开。这样一方面可以提高太阳池的运行稳定性，有利于提取热量；另一方面可以增厚对流区，改善太阳池的储热性能。美国设计建造了一座这种薄膜隔层型太阳池，池面积为2 000 m^2，夏季用于加热游泳池水，

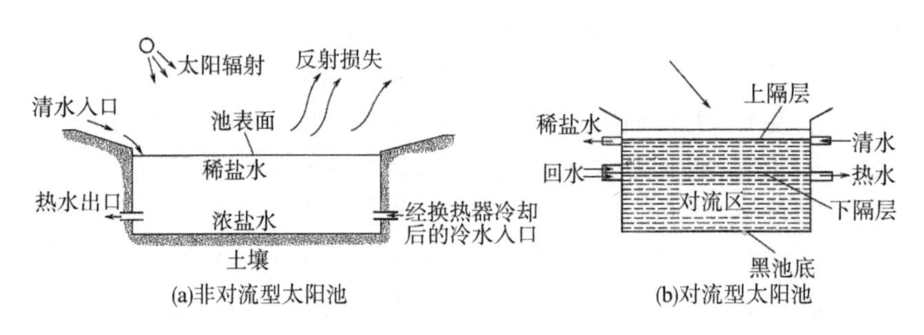

图 10-1 太阳池

并将多余的热能储存在池内，用于冬季房屋采暖，取得了良好的效益。薄膜隔层型太阳池是对典型非对流型太阳池性能上的一种改进，而基本工作原理则完全一样，人们称之为对流型太阳池，也称隔层型太阳池。其典型分层参数大致是：顶部上层对流区厚度占整个池深的10%～20%，中部厚度占50%～60%，底部下层对流区厚度占30%～40%。

由于盐水溶液的浓度梯度阻止了自然对流发生，因此保持了池水的稳定性。图10-2为太阳池发电系统的原理示意图。它的工作过程是：先把池底层的热水抽入蒸发器，使蒸发器中低沸点的有机工质蒸发，产生的蒸汽推动汽轮机做功；排气再进入冷凝器冷凝。冷凝液通过循环泵抽回蒸发器，从而形成循环。太阳池上部的冷水则作为冷凝器的冷却水。因此整个系统十分紧凑。

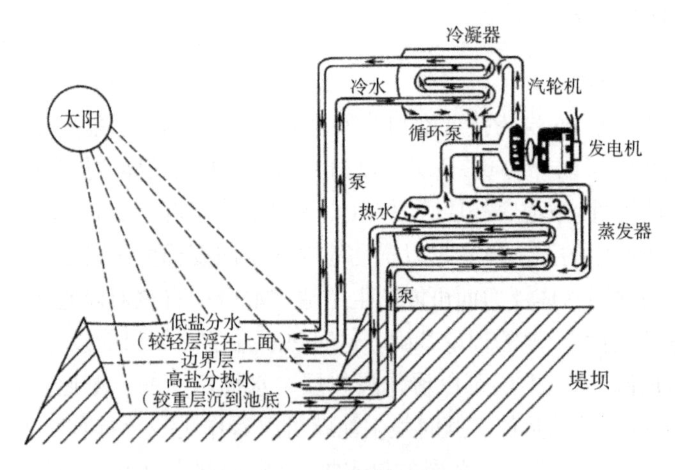

图 10-2 太阳池发电系统

2. 电站系统组成

太阳池热发电站由六部分组成，即太阳池、蒸发器、低沸点工质汽轮发电机组、工质汽-水分离器、水轮机盐水泵机组和监控系统（见图10-3）。

太阳池热发电系统由加热循环和热动力循环两部分组成，故称双循环系统，通过直接接触式蒸发器将两个系统组成一个电站整体。加热系统包括太阳池、盐水泵、工质分离水箱和水轮机，其工作流体为太阳池中的盐水。盐水泵将池底部的热盐水抽送到蒸发器，加热动力循环中的工作流体，经水轮机盐水泵机组回收部分动力后，再经工质分离水箱，分离

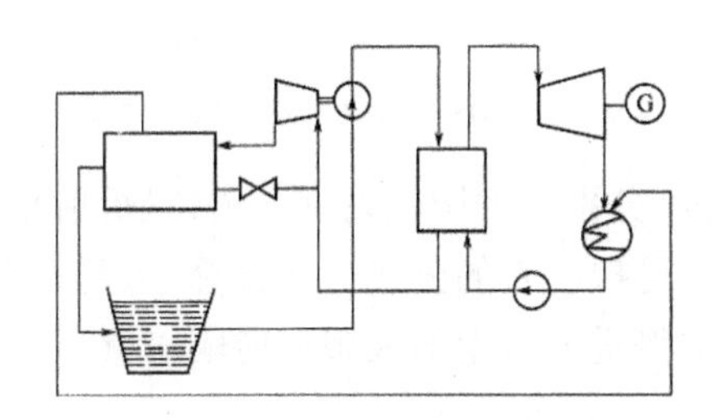

图 10-3 太阳池热发电系统原理

出盐水中所溶解的部分有机工质，冷盐水返回太阳池，完成加热循环。热动力系统包括汽轮发电机组、凝汽器、水泵和蒸发器，其工作流体为低沸点有机工质。工质在蒸发器中与热盐水进行直接接触热交换，产生高压饱和蒸汽，推动低沸点有机工质汽轮发电机组发电，从而完成全部热动力发电过程，构成普通有机工质兰金循环发电，将太阳能转换为电能。

此外，从工质分离水箱分离出的有机工质蒸汽，经由蒸汽回收管道送入凝汽器进行再凝结回收。

10.2 太阳池热电站原理

10.2.1 太阳池对入射太阳辐射的吸收

不同深度的水体对太阳辐射的透过率为

$$\tau=\sum_{j=1}^{4}X_{j}e^{-K_{j}z} \tag{10-1}$$

注意到，从 0.2～1.2 μm 的光谱区间内，只涵盖了 0.776 的太阳辐射量，其余波长大于 1.2 μm、总量为 0.224 的太阳辐射量，在水体表面深度 1～2 cm 处就已被完全吸收。所以，除表面 1～2 cm 外，其余深度，式(10-1)数据的计算精度在 3%以内。

Bryant 和 Colbeck 提出水体太阳辐射透过率 τ 的简化计算式为

$$\tau=0.36-0.08\ln z \tag{10-2}$$

式中：z 为水深，m。

式(10-2)为垂直辐射的计算式，通常太阳辐射对水平角为非垂直辐射，则式中的 z 由 $z/\cos\theta_r$ 代替，这里 θ_r 为水体折射角。

10.2.2 进入池水表面的太阳辐射量

1. 直接辐射

投射到池水表面的太阳辐射，其中小部分被水表面反射，大部分透过水表面进入水体，其强度沿深度方向减弱。被反射的辐射量决定于太阳入射辐射的入射角。Weinberger 提出空气与池水的界面上下太阳辐射强度比值 e 的计算式，即

$$e = 2n(a^2 + b^2)\cos\theta_i \cos\theta_r$$
$$a = 1/(\cos\theta_r + n\cos\theta_i); b = 1 \tag{10-3}$$

式中:n 为水的折射率;θ_i、θ_r 分别为太阳辐射的入射角、折射角。

太阳入射辐射的入射角可按已有的公式进行计算,入射辐射和折射辐射遵从折射定律。这样,根据计算,即可求得进入池中的太阳直射辐射量。

2. 散射辐射

已知太阳散射辐射总量在太阳总辐射中所占的分量较小。在假定天空散射辐射为均匀分布的情况下,Weinberger 计算得出,投射到水面上的太阳辐射分量进入水体的部分,约为其投射量的 0.93。

10.2.3 太阳池的热稳定性

太阳池依靠盐水的浓度来维持系统的热稳定性。如果由于水体被加热而破坏了它原有浓度的变化规律,将产生盐水上下层之间的热对流,太阳池的工作将遭到破坏。这个热稳定性条件为

$$\frac{d\rho_B}{dz} \geqslant 0 \tag{10-4}$$

式中:ρ_B 为池中盐水浓度。

由传热传质原理可知,在盐水中同时存在着扩散传质和非稳定导热两个过程,从而影响太阳池的热稳定性。

由池中盐水浓度与时间的变化曲线可知,这种浓度扩散尽管缓慢,但对实际运行的太阳池,必须采取有效措施以保持浓度梯度的稳定性。

10.2.4 太阳池温度分布

图 10-4 表示在水深为 0 cm 到 80 cm 的太阳池中,其底层温度与时间的变化曲线。由图可见,池水越深,一天中温度的波动越小,而可能达到的最终温度也愈高。池水越浅,则一天中温度波动愈大,可能达到的最终温度愈低,而天数也愈短。水深 80 cm 的太阳池,一天中的温度波动值约为 6℃。

10.2.5 热量的提取与太阳池效率

1. 热量的提取

从太阳池底层提取热量的常用方法是选择性抽取法。流体力学原理已经证明,当流体中存在竖直方向的密度梯度时,流体中的某种水平流动,对其上下层不会产生扰动。根据这一原理,利用太阳池中稳定的密度分层,可以直接从底层提取热量,而不影响其正常工况。对隔层型太阳池,更不存在提取热量时可能产生的扰动。

另一种提取热量的方法是在太阳池底层设置热交换器,由此增加投资,并加大损耗,现已不多采用。

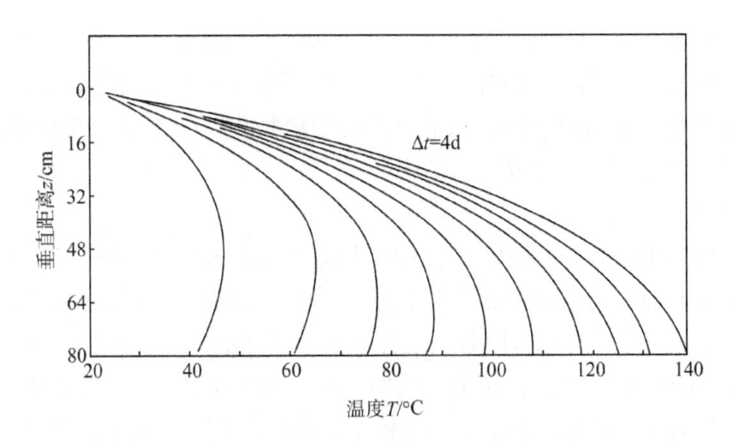

图 10-4 塔什干一座水深 80 cm 的太阳池中理论温度分布曲线

2. 太阳池效率

太阳池的效率,定义为单位时间内从底层所提取的热量与投射到池面上的平均太阳辐射能之比值。理论上讲,影响太阳池效率的因素有很多,如太阳入射辐射强度、各种热损失,以及取热温度和取热速度等。研究表明,对于一定的提取温度,有一个最佳的取热池水深度,这时热量提取率最大。最佳的能量提取量应该等于到达池底的太阳辐射能。

Weinberger 研究了最佳提取温度和太阳池效率与池深的函数关系,并对以色列的一座太阳池进行了计算,结果如图 10-5 所示。计算用环境温度为 26℃,在 1 m 深处,最佳提取温度为 73℃,太阳池效率为 27%,提取温度也可在 90℃,但效率为 23%。90℃的最佳提取深度为 1.2 m,此时效率为 24.6%。

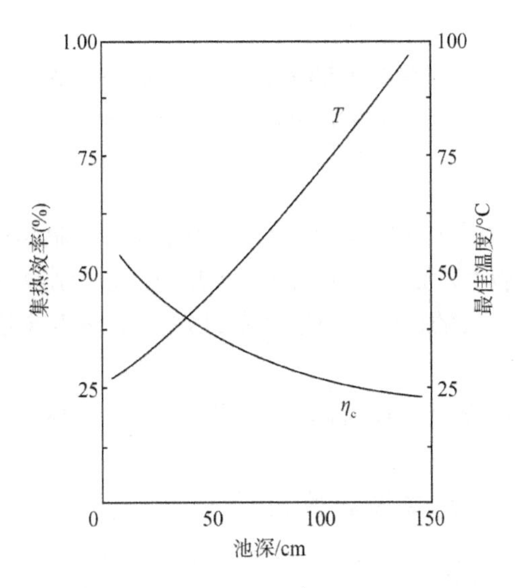

图 10-5 最佳提取温度和太阳池效率与池深的计算曲线

实验表明,太阳池可能产生近于水沸点的高温,可以方便地从底层提取热量,可以长期储热,工作稳定,不受一天中太阳辐射强度变化的影响,堪称是天然的具有巨大储热能力的太阳能集热器。太阳池底层的温度可以达到90℃，夏季用于吸收式制冷空调机，多余的热量储于池底，供冬季采暖和供热水，还可用于制盐与海水淡化，以及用来进行低温太阳池热动力发电。本书只讲述太阳池热动力发电技术。但不管是哪种热利用，作为太阳池，其基本原理则是完全一样的。

3. 储热能力

太阳池的储热能力，定义为以一定速率从底部连续提取热量时，底层温度的变化幅度。这与池底是否有对流层具有很大的关系。若底部没有对流层，池底温度每天变化±7℃，若底部有20 cm的对流层，则每天温度变化降为±2.5℃，如图10-6所示。由此可见，非对流型太阳池，由于对流区很薄，通常只有数天的储热能力。对流型太阳池的对流区可以隔得很厚，因此池底温度每天变化较小，可能实现长期储热。干燥土壤是个极好的蓄热体。设计良好的太阳池，不但可以跨季节储热，同时每天池底温度的变化幅度也很小。所以，太阳池特别适合于建在太阳辐射资源好而气候干燥的地区。

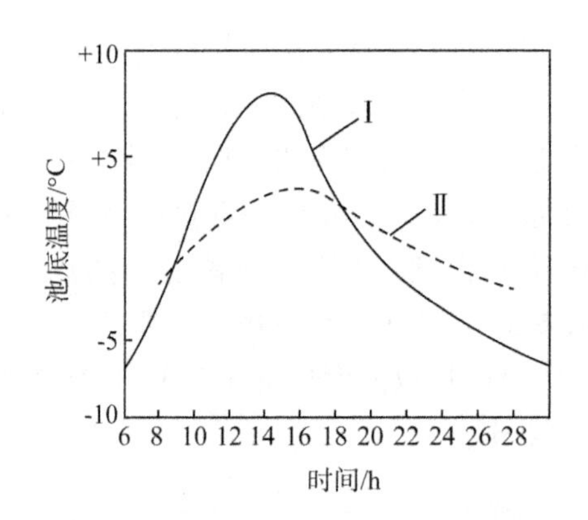

图10-6 池底有对流层和无对流层的太阳池中，每天池水温度变化的对比曲线

Ⅰ—池底无对流层；Ⅱ—池底有对流层

4. 有机工质的选择

太阳池的集热温度多在90℃以下，太阳池热动力循环工作流体，应选用低沸点有机工质。

目前，可供选用的有机工质有6种：丁烷、戊烷、已烷及制冷机R113、R114、R12。对它们进行热力循环性能比较的目标是输出功率、热循环效率和系统效率$\eta_{s,e}$以及质量、流量、温度和压力的影响。

采用已烷、戊烷和R113做工作流体，可获得7%～8%的最大系统效率。

10.3 太阳池系统影响因素及技术展望

10.3.1 太阳池系统运行的影响因素

1. 太阳池稳定运行的自然因素

太阳辐射比较丰富，要求在1类地区。

盐水资源比较丰富。

气候条件适宜，全年平均气温低于0℃的时间少于60 d；全年暴雨（日降水量50 mm以上）天数少于5 d；全年平均大风（风力8级以上）的天数少于50 d。

地下水文地质状况：地下水流速度低于1 m/d，地下水位深度为5 m。

罗莎莎等人指出，太阳能资源、盐资源、气候条件、水利与地质状况是影响太阳池建造和运行的主要因素，而各因素所占的比例为：太阳能资源50%，盐资源30%，环境和水力资源各6%，年降雨量和风力各4%。

2. 浓度和池深度

在太阳池的稳定运行中，非对流区的浓度梯度必须保持相对稳定，浓度梯度的变化将对整个太阳池的吸热和储热产生巨大影响。一旦池内的盐浓度发生变化，就需要周期性的向池底注入盐水溶液，同时用清水冲洗表面以防池顶部浓度增加（这会造成热损）。

还可将较热液体从底层抽出，通过低压快速蒸发，同时进行热交换使液体浓度提高，然后重新送入池底。

10.3.2 太阳池热发电技术的展望

太阳池作为一种既能收集又能储存热量的装置，其特点是能够长久、稳定、廉价、简洁地提供常温电能，所以引起广泛重视。据统计，自20世纪60年代到20世纪结束，世界各地已发表有关学术论文200余篇，进入21世纪更有增多的趋势。

太阳池热发电提供了一种与聚光式热发电迥然不同的思路，它可应用在狭小范围，也可适用于广大地域，它投资相对较少，使用常规发电设备，发展前景为各国学者普遍看好。

在天旱少雨、阳光强烈的地区（例如中亚），人们在屋顶上建造太阳池，除使用盐水以外，这种太阳池实质上与水深1.3 m左右的屋顶游泳池没有差别。

据哈萨克斯坦的学者试验，一座70 m^2 屋顶太阳池，就可以提供五口之家生活所需的全部电力，而屋顶储水又能有效降低室内温度，使人们居住舒适，并节省能源。由于水份蒸发量很大，需要在太阳池表面覆盖一层薄膜。

太阳池的原型就是盐水湖泊，这意味着诸多盐水湖泊都具有潜在发电能力。

葛洪川等人运用模糊数学方法，对我国建造太阳池的自然条件做了定量的综合分析，进而提出我国建造太阳池的适宜区域。

①适宜区城主要分布在中国华北、青藏高原、长江以南沿海各省、海南等干燥而阳光充沛地区。但是综合考虑各种因素，拥有众多天然盐湖的青藏高原无疑是首选之地。

②池体结构：为防止池壁顶部土壤移动和坍塌，池壁要做成坡形，一般采用的坡度比为1∶1。

而太阳池深度的选择取决于对储存热量的要求。因为盐水溶液的太阳辐射透过率与清水相近，即辐射强度随水深按指数规律衰减，在液面下80 cm处的辐射强度仅为池面的27.6%。显然较浅的太阳池能够将更多的太阳辐射能量传送到池底，但是它只能提供一个较薄的隔热层；反之，较深的太阳池虽然池底接收的太阳辐射较少，但其隔热层较厚，保温性能更好。水深80 cm的太阳池一天中的温度波动值为6℃。

太阳池依靠盐水的浓度梯度维持系统的热稳定性，盐水池中扩散传质和非稳定导热影响热稳定性，池中必须采取保持浓度梯度稳定性的措施。

由于对流区很薄，非对流型太阳池通常只有几天的储热能力，对流型的太阳池的对流区可以隔得很厚，池底温度变化小，可以实现长时间储热。

如明镜相嵌的青藏高原是世界盐水湖最密集的地区之一。据不完全统计，盐水湖数量在 1 500 个以上。其中最大的青海湖，湖面面积达 4 583 km^2，深 32.8 m。还有位于西藏的纳木错湖，面积 1 920 km^2，是我国的第二大盐水湖。这些湖虽然都处于较冷的高原地区，但具有很长的日照时间，在它们深部的水体里积蓄有大量的热能。

中国学者在藏北考察时发现错那湖湖水的盐度和温度自上向下逐步升高，湖表冰下表层盐度为 1.5%～2.5%，而湖底 42.5 m 处的盐度达 14%。在气温为－15℃的条件下，湖水中下层温度保持在 18℃，温差达 33℃，这一发现证实了太阳池效应。

中国科学院在巴颜喀拉山旁的一盐水湖进行的发电实验已取得成功。我国青藏高原中星罗棋布的盐水湖，正展现成为千百个能源基地的前景。

10.4 海水温差发电技术

10.4.1 海水温差发电原理

1. 海洋温差能源是一种基于太阳照射地球表面形成海洋表面到底部的垂直温度差而产生的新型能源。

海水温差发电技术就是以海洋受太阳能加热的表层海水（一般为 25℃～28℃的海水）作为高温热源，而以 500～1 000 m 深处的海水（一般为 4℃～7℃）作为低温热源，用热机组成的热力循环系统进行发电的技术。

太阳不仅加热表面海水，同时也融化地球两极的冰雪，冰冷的雪水由两极向海洋的深处流去，形成大洋下部的寒流。海水中的温差主要由海水表面所拥有的热位能差产生，而这些热位能主要来自太阳辐射，另外还有地球内部向海水放出的热量、海水中放射性物质的放热、海流摩擦产生的热，以及其他天体的辐射能，但 99.99%来自太阳辐射。

海洋表层海水温度与深层海水温度之间存在温度差，世界大洋的面积浩瀚无边，热带洋面也相当宽广，海洋热能用过后即可得到补充。因此，辽阔的海洋犹如一个巨大的"储热库"，大量地吸收太阳能，所得到的能量达 60 TW 左右。

经过长期观测，科学家发现到达水面的太阳辐射能，大约有 60%透射到 1 m 的水深处，有 18%可以到达海面 10 m 以下深处，少量的太阳辐射能甚至可以透射到水下 100 m 的深处。海水温度随水深变化而变化，一般深海区大致可以分为三层：第一层是从海面到深度为 60 m 左右的地方，称为表层，该层海水一方面吸收着太阳的辐射能，另一方面受到风浪的影响，海水互相混合，海水温度变化较小，在 25℃～27℃；第二层水深 60～300 m，海水温度随着深度加深急剧递减，温度变化较大，称为主要变温层；第三层深度在 300 m 以下，海水因为受到从极地流来的冷水的影响，温度降低到 4℃左右（见图 10-7）。

表层海水和深层海水之间存在着20℃以上的温差，是巨大的能量来源。利用海水温差发电，必须选择温差在20℃以上的海域。古巴、巴西、安哥拉、印度尼西亚和我国南部沿海等低纬度海域，是利用海水温差发电的理想场所。我国海域可利用的海水温差能达1.2亿kW。

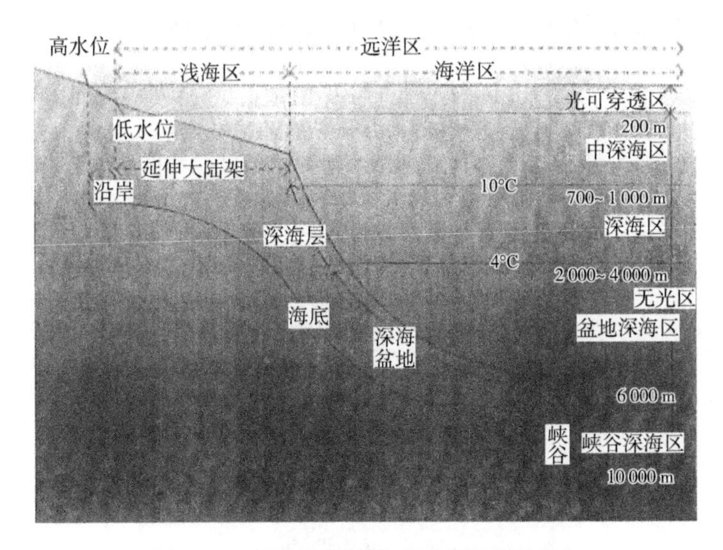

图 10-7　海岛及周边海水垂直温度的变化

地球各大洋海水平均盐度达3.448%，这使海水冰点降至零下1.9℃，海水的密度随盐度增加而降低，而且降低速率高于冰点随盐度增加而降低的速率。所以海水达到冰点时，尚未达到海水的最大密度，因而海水的对流混合作用并不停止，大大妨碍了海水的结冰。此外，海洋受洋流、波浪、风暴和潮汐影响很大，这些因素一方面加强了海水混合作用，另一方面也使冰晶难以形成。

这样，从高温热源到低温热源，可以获得总温差15℃～20℃的有效能量。最终可能获得具有工程意义的11℃温差的能量。

2. 以上的各种温差发电过程都遵循相同的循环过程，一般情况下，分为以下4个过程：

(1) 将海洋表层的温水抽到常温蒸发器，在蒸发器中加热氨水、氟利昂等流动介质，使之蒸发成高压气体介质。

(2) 将高压气体媒体送到透平机，使透平机转动并带动发电机发电，同时高压气体介质变为低压气体介质。

(3) 将深水区的冷水抽到冷凝器中，使由透平机出来的低压气体介质冷凝成液体介质。

(4) 将液体介质送到压缩器加压后，再将其送到蒸发器中去，进行新的循环。

在经历以上4个过程的循环转化后，通过温差能发电装置就可实现温差能到电能的转换，实现发电的目的，从而使海洋温差能为人类造福。

3. 海水温差发电技术原理

将海水中的温差能量转化成电能的过程要用到不同的转换装置，其中涉及热力学、动力学、统计学、海洋科学等学科的多种原理。应用热力学原理，以表层、深层的温、冷海水为热、冷源，将温差能转换成电能的发电方式叫做温差发电，国际上通常称为海洋热能转换(OTEC)。图 10-8、图 10-9 是温差发电的示意图和原理图。

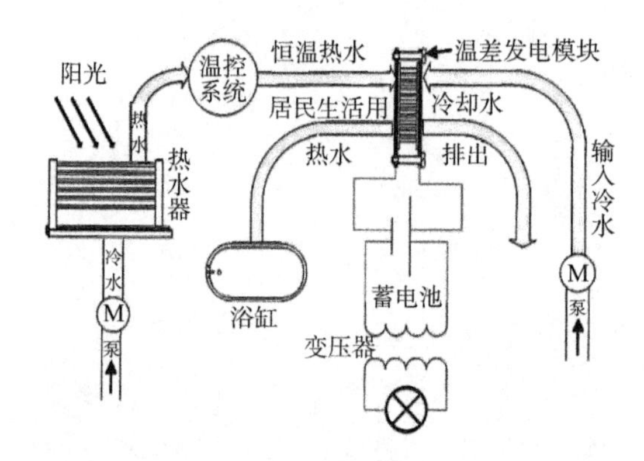

图 10-8　太阳能温差发电

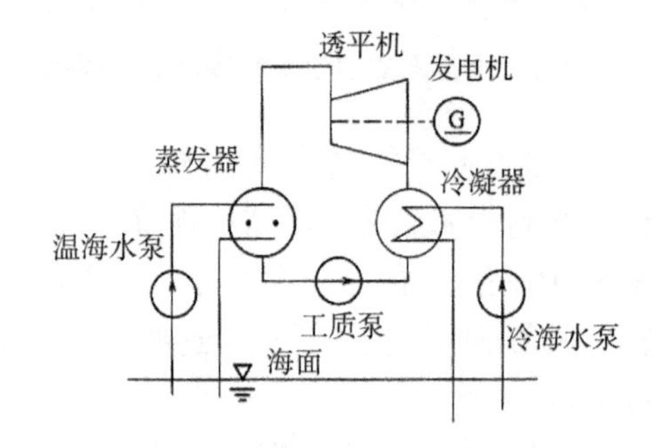

图 10-9　海洋温差能发电原理

在理论上，冷、热水之间的温差高于 16.6℃即可发电，而实际应用中，一般都高于 20℃。海洋温差发电有 3 种循环方式：开式循环、闭式循环和混式循环。

海洋温差发电开式循环流程如图 10-10 所示。

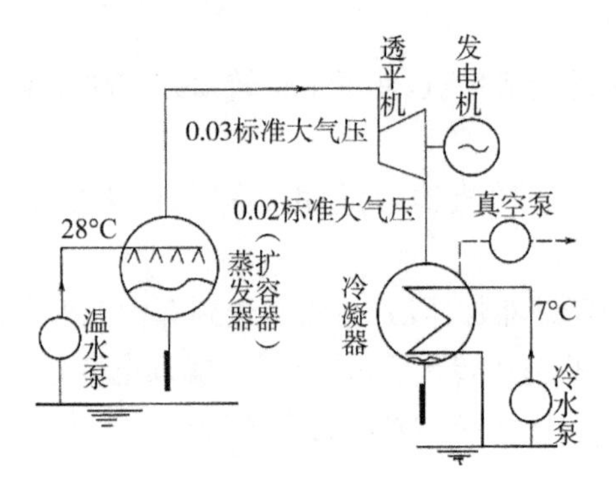

图 10-10　开式循环方式

海洋温差发电混式循环中的闪蒸器、汽轮机、凝汽器的作用与开式循环中的相同，其中工质的作用与闭式循环中的低沸点的丙烷、氨等相同，使温海水蒸发成蒸汽。蒸发器的作用是使蒸汽中的晶体（如氯化钠）析出。开式循环发电系统主要由真空泵、冷水泵、温水泵、冷凝器、蒸发器、透平机、发电机组等组成（见图 10-10）。在这种装置系统里，真空泵将系统内抽到一定真空，启动温水泵把表层的温海水抽入蒸发器，由于系统内已保持有一定的真空度，所以温海水就在蒸发器内沸腾蒸发，变为一定量的蒸汽。这些蒸汽通过管道由喷嘴喷出，所蕴含的大量能量推动透平机运转，带动发电机发电。

从汽轮机排出的废气进入冷凝器，被由冷水泵从深层海水中抽上的冷海水所冷却，重新凝结为水，并排入海中。在该系统中作为工质的海水，由泵吸入蒸发器蒸发到最后排回大海，并未循环利用，故该工作系统被称为开式循环系统。

在开式循环系统中，其冷凝水基本上是去盐水，可以做为淡水供应需要，但因以海水做工作流体和介质，蒸发器与冷凝器之间的压力非常小，因此必须充分注意管道等的压力损耗，同时为了获得预期的输出功率，必须使用极大的透平（可以和风力涡轮机相比）。

目前接近实用化的是闭式循环方式（见图 10-11）。

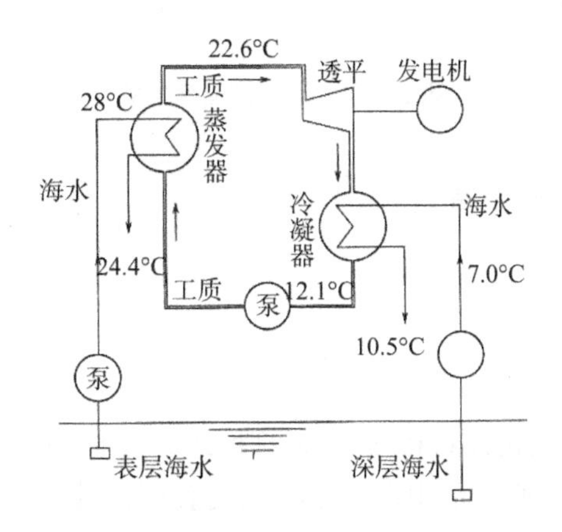

图 10-11　闭式循环方式

在温差闭式循环发电系统中，放弃用海水作为工作介质，而采用一些低沸点的物质（如丙烷、异丁烷、氟利昂、氨气等）作为工作流体，在闭合回路中反复进行蒸发、膨胀和冷凝。因为系统使用低沸点工作流体，蒸汽的压力将会得到进一步的提高。

闭式循环系统的工作流体要根据发电条件（涡轮机条件、热交换器条件）以及环境条件等来决定。现在已用氨、氟利昂、丙烷等工作流体，其中氨在经济性和热传导性等方面有突出优点，很有竞争力，但在管路安装方面还存在一些问题。

但是，相对于开式循环系统来讲，闭式循环系统有以下优点：

（1）可采用小型涡轮机，整套装置可以实现小型化。

（2）海水不用脱气，免除了这一部分动力需求。

当然，它的缺点是因为蒸发器和冷凝器采用表面式换热器，导致这一部分体积巨大，金属消耗量大，维护困难。

混合循环发电系统基本与闭式循环相同，但它用温海水蒸发出来的低压蒸汽来加热低沸点物质。这样做的好处在于减少了蒸发器的体积，可节省材料，便于维护。（图 10-12）

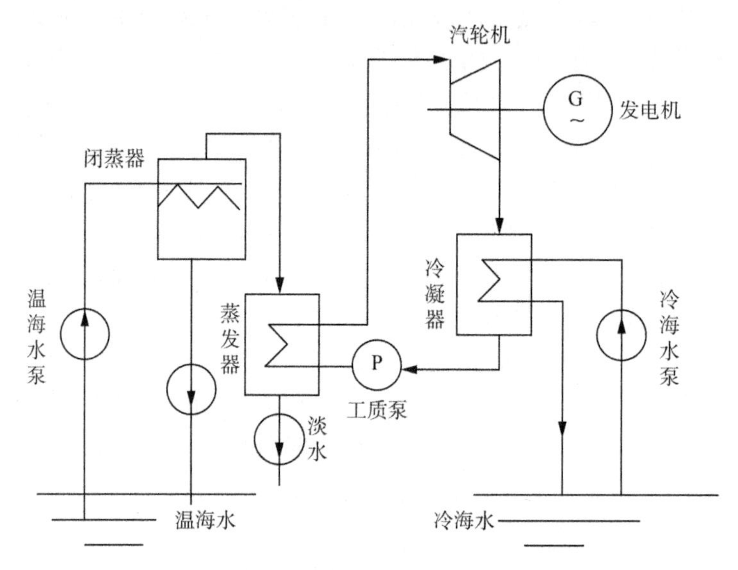

图 10-12　混合式循环方式

10.4.2　温差发电设备形式

1. 设置形式

从海洋温差发电各种设备的设置形式来看，大致分成陆上设备型和海上设备型两类。

其中，陆上型是把发电机设置在海岸，而把取水泵延伸到 500～1 000 m 或更深的深海处。海上设备型又可分成三类，即浮体式（包括表面浮体式、半潜式、潜水式）、着底式和海上移动式。

2. 锚固

能量转换器的固定是限制技术应用的薄弱环节，但又是最重要的部分。安装成本中的很大一部分都花费在了设备固定上，设备的成功与否完全由是否将其成功固定于海底决定。固定系统需要满足以下要求：

（1）在正常工作条件和预先定义风暴潮条件下能够维持设备在原位。

（2）在保证成本效益率的情况下能够承受各种作用于结构上的载荷。

（3）要能够抵御腐蚀和生物污损，自身能够提供足够的力量和耐力以延长固定设备的使用寿命。

（4）要有足够的冗余以最小化灾难性事故发生的可能性。

（5）允许对所有部件，特别是承受周期载荷的部件定期进行检查。

（6）允许成本效益变低，而且在需要的后续维修最小的情况下将设备退役。

适用于固定转换器的基本固定系统有重力基座、重力锚、吸力/爆抓/钻孔桩锚以及通过水翼利用潮流的动力学原理实现的固定系统。

重力基座的质量很大，以至于能以可接受的安全系数充分抵抗作用于转换器上的垂直载荷和水平载荷。

3. 生物污损

任何淹没或部分淹没在海水中的设备都会吸引海水中的生物在其表面生长，产生了腐蚀的可能性，增加了支撑结构的阻力，减少了执行器表面的水动力效率。在不同深度的光强和潮汐流本身的温度都会影响生物的种类和数量，也会对周围的水体产生不同的热特征。除了增加了阻力，生物污损往往会导致传感器发生故障，并可以在设备上产生一个新的食物链，增加了鱼类咬坏或者其他食肉动物破坏绳索和液压管路的概率。因此有必要提高装备的保护等级，但因为现有常用的防污剂都具有毒性，所以抑制生物污损可能会带来很大的环境问题。

目前已被查明的生物污损有2 000多种，但不可能采用危害海洋环境的有毒涂料来防止生物污损，如现在在海船底部常用的三丁基锡自抛光共聚物（TBT-SPC涂料）会危害海洋生物。海水温差发电在循环过程、热交换器、工质以及海洋工程技术等方面均取得了很大进展。从技术上讲，已没有不可克服的困难，且大部分技术已接近成熟。存在的问题主要是经济性和长期运行的可靠性。热交换器是温差发电系统的关键部件，占总生产成本的20%～50%，直接影响了装置的结构和经济性。提高热交换器的性能关键在于交换器的形式和材料。研究结果表明，钛是较优材料，其传热及防腐性能均较好。板式热交换器因体积小、传热效率高、造价低，适合在闭式循环中应用。工质也是闭式循环中的重要课题。从性能的角度，氨被证明是理想的工质。但从环保的角度，还需寻求新的工质。在海洋工程技术方面，对冷水管、输电等技术均进行研究，特别是冷水管的铺设技术，目前已对多种连接形式进行了试验，已有较成熟的成果。

4. 海水温差能开发的主要技术问题

（1）高效热力循环的机理研究。海水温差能由于热效率较低，系统自用电占总发电量的比例较高。随着热效率的提高，除系统发电能力得到提高外，水泵的自用电量也大幅下降，净发电量可以达到全部发电量的50%。因此，继续考虑热循环效率的提高，将会大大降低系统的造价和提高净发电量。

（2）系统高效设备的工程研制。海水温差能净输出功率除了受循环效率的影响外，还受到透平效率、循环泵和工质泵的用电功率影响。循环泵的用电功率与换热器的换热性能及其内部阻力有关。要减少换热器和汽轮机体积，降低成本，提高系统净输出功率，换热设备、透平机、循环泵、氨泵都要做到高效。

（3）温差能资源选区和水文气象环境条件、水深地形地貌及选址调查研究。温差能系统的方案研究、设计、海上安装需要温差能资源条件、温差能资源选区、水文气象环境条件、工程地质条件和选址论证。目前这些资料还相当匮乏，亟需开展温差能资源调查评价与选区、水文气象环境条件观测、水深地形地貌调查及选址论证研究。

（4）由于海水具有腐蚀性、生物污损性，海水温差发电设备应考虑使用耐腐蚀、少污染材料。

我国海水温差能资源蕴藏量大，在各类海洋能资源中居首位，主要分布在南海和台湾以东海域。南海中部的西沙群岛海域具有日照强烈、温差大且稳定、全年可开发利用、冷水层与海岸距离小、近岸海底地形陡峻等优点，开发利用条件良好。

海水温差能属于自然能源，海水温差发电的最大优点是可以不受时间、季节、气候等条件的限制，不受潮汐变化和海浪的影响而连续工作，能量供应稳定。但海水温差较小，能量密度较低，属于低品位能量，最大转换效率仅 4%，转换装置必须动用大量的水方可弥补自身效率低的缺点，海水温差发电的发展前景还有赖于传热传质技术的改进与强化。实际上，20%～40%的电力都用在了循环海水上。尽管闭式循环海水温差发电装置仍存在不少工程技术和成本方面的问题，但有很大潜力，有学者认为它是全世界从石油时代向太阳能时代过渡的重要组成部分，并可能提供人类所需的全部能量。

10.4.3　新海水温差发电技术

1. 现在新型的海水温差发电装置是把海水引入太阳能加温池，也就是浮在海水表面的太阳池中，把海水加热到 45℃～60℃，有时可高达 90℃，然后再把温水引进保持真空的汽锅蒸发进行发电。用海水温差发电，还可以得到副产品——淡水，所以说它还具有海水淡化功能。一座 10 万 kW 的海水温差发电站，每天可产生 378 m^3 的淡水，可以用来解决工业用水和饮用水的需要。另外，由于电站抽取的深层冷海水中含有丰富的营养盐类，因而发电站周围就会成为浮游生物和鱼类群集的场所，可以增加近海捕鱼量。

现在已有浮动式 OTEC 装置的技术协议。

此外，Saitoh 和 Yamada(2003)描述了同时利用太阳能和海洋温差能的多兰金循环系统的概念模型。如一个连接离岸太阳能水池的独特的 OTEC 装置，称为 OTEC-OSP 混合系统；一种 SOTEC 装置，如图 10-13 所示。该装置不仅利用海洋温差能，同时也利用太阳能作为热源。通过 SOTEC，海水通过一种低成本的太阳能集热器进一步提高了温度。在白天正常海况下，SOTEC 的净热效率较 OTEC 提高了 2.7 倍，较之传统的 OTEC 装置，SOTEC 的年均热效率提高了 1.5 倍左右。而太阳能集热器完全可以通过在海水表面设置太阳池来实现。从而将太阳池和海水温差发电两项技术完美结合起来。

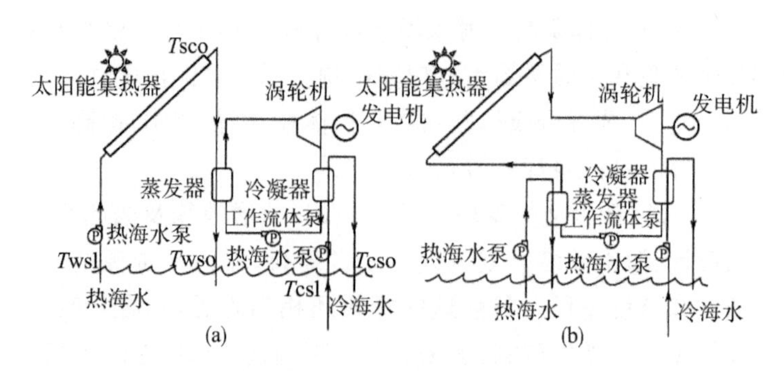

图 10-13　SOTEC 装置

2. 海水温差能与海洋波浪能结合的技术

为了吸收、储存由海洋热能转化系统产生的电能，海洋波浪能驱动两个水泵和一个工作液体泵，它们都由摆式波浪能量转换器的液压发动机驱动，能量就来自发动机产生的波浪。图 10-14 中的摆式波浪能量转换器在海洋热能转化系统中只用作发动机，具有以下优缺点：

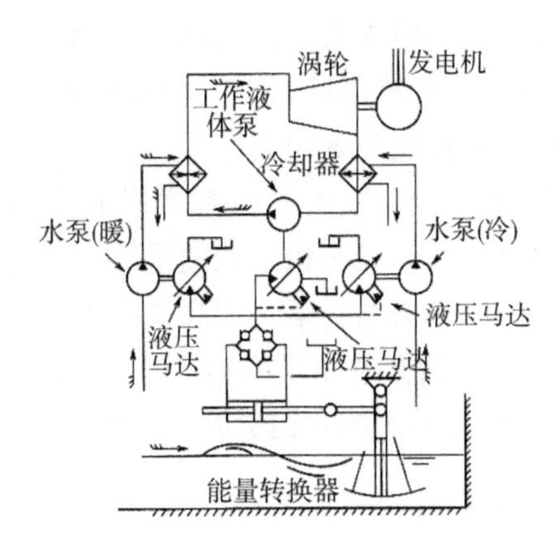

图 10-14　摆式波浪能量转换器

(1) 海洋热能转化系统的优点

波浪能几乎是通过最短的能量转换路径来驱动泵，即从一种机械能转化为另一种机械能。驱动装置是简单且有效的。

这个方法可比海洋热能转化系统和摆式波浪能量转换器独立运作时产生更多的电能。因此这个方法提高了产生能量的效率。

如果海洋热能转化系统提供的摆式波浪能量转换器固定在它周围环境的海洋热能转化系统上，摆式波浪能量转换器能吸收波浪的压力而保护海洋热能转化系统。

通过传统技术建立海洋热能转化系统已经有所发展，因此将它付诸实施就无太大困难。

(2) 海洋热能转化系统的缺点

既然海洋热能转化系统的产出依赖于波浪能潜在的能量，那么选址将要受到地域限制，所需地域不仅需要有足够的海洋热能，还要有足够的海洋波浪能。

设备的要求随地域不同、气候波浪的变化而变化。

海洋热能转化系统和摆式波浪能量转换器在阻抗匹配的情况下能良好工作。为了使泵达到最佳的工作状态，通过控制液压马达排量，取得摆式波浪能量转换器和液压泵的负载匹配，使摆式波浪能量转换器在最佳状态下工作。

3. 海水温差发电技术特点

海洋温差能发电主要是利用海面海水和海洋深处的冷海水之间的温度差发电。海洋面积占地球表面的 70%，能量巨大，可以说是取之不尽，用之不竭。

海水温度差只有 20℃且属于低品位能量，最大转换效率只有 4%左右。

海洋温差能属于自然能源，不会造成环境污染，与其他自然能源相比，可以不分昼夜，不受时间季节气候等条件的限制，能量供应稳定。

由于海水具有腐蚀性、生物污损性，因此温差发电设备应考虑使用耐腐蚀、少污染材料，同时要考虑耐生物污损的对策。由于深海抽上来的海水含有较多的营养成分，有利于提高海洋渔业产量。海洋热能转换装置最大的优点是可以不受潮汐变化和海浪影响而连续工作。

热带海面的水温通常约在27℃，深海水温则保持在冰点以上几摄氏度。这样的温度梯度使得海洋热能转换装置的能量转换率只能达到3%～4%。因此，海洋热能转换装置必须动用大量的水，方可弥补自身效率低的缺点。实际上20%～40%的电力用来把水通过进水管道抽入装置内部和热能转换装置四周。

由于海洋能密度比较小，要得到比较大的功率，海洋能发电装置要造得很庞大，而且还要有众多的发电装置，排列成阵，形成面积广大的采能场，才能获得足够的电力。这是海洋能利用的共同特点。海洋温差发电仍是一项高科技项目，它涉及许多耐压、绝热、防腐材料问题，以及热能利用效率问题(效率现仅为2%)，且投资巨大。但是，由于海洋温差能开发利用的巨大潜力，海洋温差发电普遍受到各国重视。

10.4.4 海水温差技术的应用前景

海洋温差能是海洋能中能量最稳定、密度最高的一种。海洋温差资源丰富，对大规模开发海洋来说，它可以在海上就近供电，并可同海水淡化相结合，从长远角度看，海洋热能转换是有战略意义的。从技术发展前景看，除现有闭式兰金循环路线外，还有开式和混合式循环，以及新概念的泡沫提升法和雾滴提升法等技术，因此，技术潜力较大。

虽然海洋热能开发的困难和投资都很大，但是由于它储量巨大，发电过程中不占用土地、不消耗燃料、不会枯竭，不受昼夜和气候变化影响，因此实现海洋温差能源的综合利用，是开发利用海洋温差能的发展趋势。于是，在常规能源日益耗减的严峻形势下，世界各国投入大量人力和资金，积极进行探索和研究。目前在印度洋、加勒比海地区、南太平洋、夏威夷海域都较好地应用了温差能发电技术，取得了较大进展。除发电外，海洋温差能利用的主要途径还有如下几种：

1. 海水淡化

海水淡化与利用OTEC发电同等重要，尤其是对淡水和电力都匮乏的地区来说，这些资源都非常珍贵，如南太平洋的一些岛屿，利用OTEC进行海水淡化比利用其他方法(反渗透法等)成本要小很多。例如，联合国环境规划署在“地中海行动计划”中指出，淡水短缺具有地域性特点，如马耳他每年要接待约100万游客，干旱季节的淡水供应严重不足，因此这种海水淡化技术的需求量非常大，市场前景很广阔。

2. 发展养殖业和热带农业

深海水中氮、磷、硅等营养盐十分丰富，而且无污染，对海洋生物没有危害，这种海水的上涌，如同某些高生产力海洋环境中的上升流，营养丰富，可以提高海洋养殖场的生产力，有利于海水养殖。

3. 在海岛上的利用

对于海岛来说，OTEC在很多方面都对中小岛(SIDS)的可持续发展起到了推动作用。海洋温差能为这些岛屿提供廉价的、取之不尽、用之不竭的能源，节省运送燃料的费用，通过海水淡化为岛上的生活和生产提供大量的淡水，保证人们的饮水安全，合理开发利用能源，缓解环境压力。夏威夷从20世纪70年代起在自然能源实验室(NELHA)进行了OTEC的试验。1979年美国投资300万美元在夏威夷海域建成全球第一座闭路循环的海水温差能发电站，发电机组的额定功率为53.6 kW;2006年美国的一家公司计划在夏威夷建造一个1 000 kW的OTEC发电站，是世界上最大的海洋热能转换系统之一。

总之，海水温差发电以超越各个大陆面积的浩瀚海洋作为地球上最庞大的集热器，开创太阳能热发电的广阔领域，由于存在巨大的、多样的资源基础，国内外开发者提出多种设计思想和方案，将海水淡化、养殖、发电等多种用途有机结合，实现综合利用的目标。地理适宜性、能源需求、发展经济、保护环境等很多方面都对OTEC的发展提供了良好的契机，市场前景十分广阔。大规模的海水温差发电工程，更有降低污染和减轻地球温室效应的功能，其应用价值远远大于电能的获得。

如美国洛克希德·马丁公司曾希望与中国合作，在中国南方沿海建立一座拥有10 kW的海洋温差发电站。

10.4.5 太阳能热水力发电、土壤发电

1. 太阳能热水力发电

太阳能热水力发电，是先将太阳辐射能转换成水力能，然后再转换成电能。倘若一个闭合的容器，除与大海有一个连通管道外，与海之间完全密封，由于蒸发，容器的水平面逐步降低，容器水平面的下降引起海水流动，可以利用不同水平面的位能，在容器与大海连接管的一端安装发电机。这种系统可以借助选择适当的水平面和动力装置(图10-15)，按照上述方法，系统可以连续工作。那么设想在阳光猛烈、没有河流和其他水源注入的内海，将其封闭以后，由于太阳能热的蒸发作用，内海的海面高度将长期低于堤栏外的海面，按此方法就能获得巨大的电力。沙特阿拉伯学者凯特尼对此进行了广泛研究，测量了蒸发率，并且与气象数据进行对比。现在，人们探讨在阳光充沛又终年少雨的沙特阿拉伯沿海修筑一座横跨巴林湾大坝的可能性，以便利用整个密封的海湾从事太阳能热水力发电。当然，这个计划能否成功，除技术条件外，风云变幻的中东局势也有很大影响。

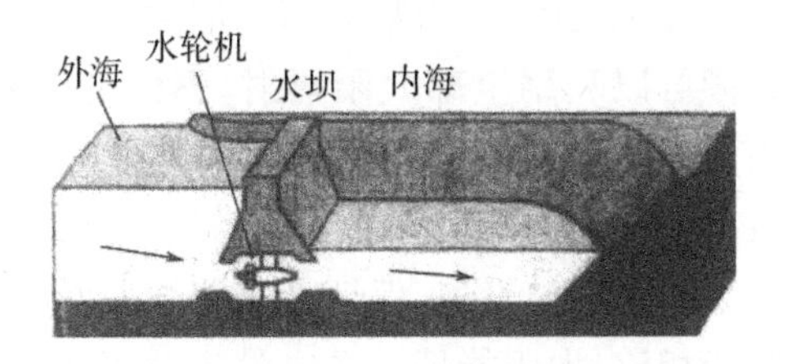

图10-15 太阳水泵原理

2. 太阳能热土壤温差发电

太阳普照大地和海洋，和太阳能热海水温差发电一样，也可以利用太阳能热土壤温

差发电，因为土壤受季节的变更产生的温差大于海洋温差。土壤温差发电，除可应用温差半导体外，还涉及太阳能热的跨季节储存技术和土壤热泵技术。

土壤蓄热是把地球当作一个大的蓄热体，将一年四季的太阳能储存于深层土壤之中以使太阳能与深层土壤蓄热结合，把夏季容易收集的太阳能储存到土壤之中，冬季采用热泵技术取出来进行供热或其他用途，夏季用同一个系统从土壤中取冷空调，这样就实现了太阳能移季利用的目的。太阳能土壤蓄热实际上就是把太阳能与深层土壤蓄热、土壤源热泵技术结合在一起。

太阳能-土壤源热泵系统(SESHPS)根据所采用的低位热源的不同，可以分为白天利用太阳能热泵、夜间运行土壤源热泵的交替运行模式，以及同时采用太阳能集热器与土壤埋地盘管提供热泵热源的联合运行两种模式，各运行模式中，据热源组合的不同又有不同的运行流程。SESHPS 各运行模式中，热源的组合及运行时间的分配对系统的设计、运行及系统的经济性与可靠性等有很大的影响。

SESHPS 交替运行模式研究的主要内容是确定太阳能热泵与土壤源热泵在供暖运行周期内最佳的运行时间分配比例。

10.5 太阳能热气流发电

10.5.1 技术的发展过程和优势

太阳能热气流发电常被形象地称为太阳烟囱发电(Solar Chimney Power，SCP)，是一种非聚焦型、低温太阳能热发电(温度常在 70℃以下)，太阳烟囱是一种将风力透平发电、温室技术、烟囱技术合为一体的太阳能热发电技术。

根据热压差效应，利用热烟囱中向上抽吸流动的热气流驱动风轮机做功，早在 20 世纪以前就有这样的提法。由于现代技术和材料科学的发展，可以实际建造高大的热烟囱，使得太阳能烟囱热气流动力发电在技术上变得可行。

借助于计算机模拟技术、计算机辅助设计，可以设计出 200 MW 及以上的太阳能烟囱发电站。经过计算机模拟运行的结果显示，设计的太阳能发电站的建造和运行都非常可靠。以 100 MW 的太阳能发电烟囱为例，气流进入烟囱底部时的温度提高了 35℃，烟囱底部的气流速度为 16 m/s。图 10-16 为某太阳能烟囱发电站示意图。

太阳能烟囱的采光大棚可以利用全部太阳辐射，不仅可以采集直射光，还可以采集散射光。这对于经常阴雨天的热带地区非常重要。而其他太阳能发电装置只能在直射光的照射下才有较高的效率。

太阳能烟囱发电技术采用了储热设施，保证太阳能烟囱发电站可以 24 h 连续运行。

与其他太阳能发电装置相比，太阳能烟囱发电站十分可靠，几乎不会出现因故停机。风力涡轮发电机组是该系统中唯一的运转设备，只要有稳定的气流，就能稳定发电。

建造太阳能烟囱的原料主要是混凝土和玻璃。太阳能烟囱的规模可根据需要设计建造。建造费用包括采光大棚、烟囱、涡轮机费用等。设计建造太阳能烟囱发电站时要

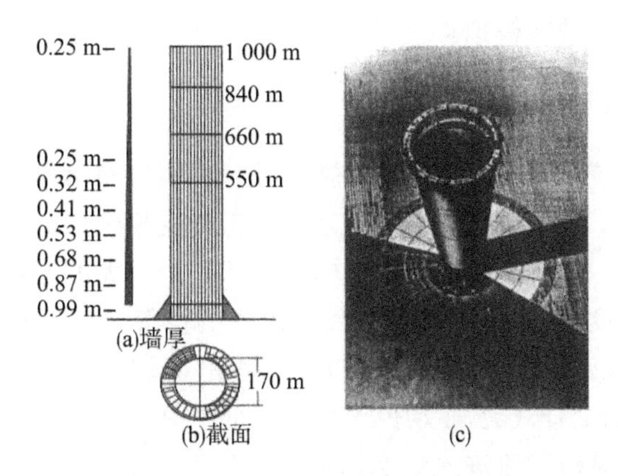

图 10-16　高 1 000 m、直径 170 m 的太阳能烟囱发电站示意图

综合考虑各种因素。

容易实现低密度太阳能的大面积收集。能量密度低、日照波动大是太阳辐射的基本特征，也是人类在大规模开发和利用太阳能时必须逾越的障碍。但是，太阳能热气流发电系统通过建造大尺度的温室，很容易实现对低密度太阳能的大面积、低成本收集。

储能方便，可实现在夜间不间断发电。集热棚底部铺设采用土壤、沙、石等储能材料，在太阳直射或天空散射条件下，系统储能材料照样可以吸收并储存能量，可以保证在日照变化条件下，以及在夜间向集热棚内的空气传热，从而保持系统持续稳定地发电。

系统做功介质仅为不发生相变的空气。中国西部地区太阳辐射充沛，但大部分地区严重缺水，无法大规模建设需要用水作为介质或水冷却装置的发电系统，但太阳能热气流发电系统的工作介质仅为空气，没有相变，不需要水或其他有机介质，也不需要冷却装置，这大大降低了系统的复杂性，同时也提升了在西部缺水地区实施的可行性。

技术可行，运动部件仅为涡轮机/发电机。由于系统的运动部件仅为涡轮机和发电机，此外没有需要更换的零件和集中维修的部件，因此电站建成后的运行成本和维护费用低，不需要难以掌握的尖端技术，而且可以解决大量的劳动力问题，这是发展中国家建设此类型电站最独特的优势。

利用西部的荒漠土地，没有移民问题。与大型水电站相比，太阳能热气流发电系统不会造成地面环境和气候的显著变化，也不会造成移民问题。

改善缺水缺电、生态脆弱的西部环境，无污染，替代相同规模的燃煤、燃油电厂可减少 CO_2、SO_2、NO_x 的排放量，还可利用其温室效应等改善局部环境，具有较好的社会效益。

投资和运行成本低。设计简单，施工方法和建材（玻璃、水泥、钢材）均可在当地获得，因此电站的建设成本不高，一次性投资预计与建造相同装机容量的水电站相当；温室内的土地没有浪费，可以与农业相结合，改善了温室内空气的品质，从而形成系统发电和农作物种植与栽培互补综合利用系统。

国内外学者已就烟囱高度、集热棚直径、烟囱内气体流动和守恒方程、集热系统、日照辐射、蓄热系统烟囱内壁摩擦力、气流、热量与烟囱高度、涡轮机压等进行深入探讨，建立各类传热模型并进行数字模拟。

10.5.2 发电原理和进展

太阳烟囱发电系统主要包括烟囱、集热棚、储热层、空气涡轮机组四部分及监控系统。如图 10-17 所示，系统以烟囱为中心，透明面盖和支架组成的集热棚呈圆周状分布，并与地面储热层保持一定距离。透光集热棚相当于一个巨大的温室，其地表储热层吸收太阳光短波辐射后温度迅速升高，并加热集热棚中的空气，空气吸热后，温度升高，密度降低，与外界环境形成密度差，从而形成压力差，起负压管作用的烟囱加大了系统内外的压力差，形成了强大的上升气流，驱动位于烟囱底部中央的空气涡轮发电机组；而冷空气在压差作用下从四周缝隙顺流进入烟囱内形成热气流，驱动风轮发电机组发电，从而将太阳能转换为电能。

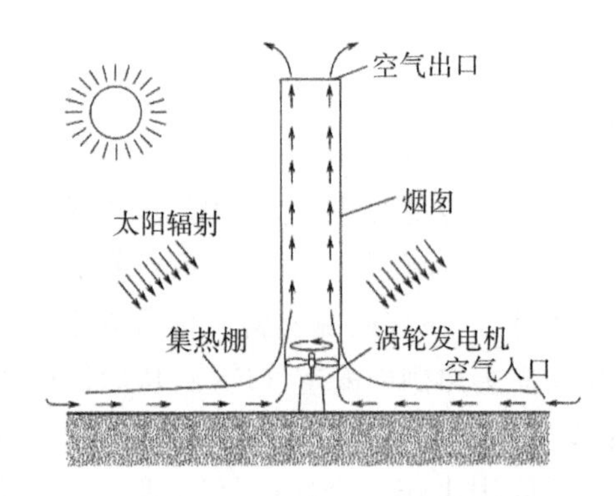

图 10-17　太阳能烟囱发电原理

1. 太阳能空气集热棚本质上就是简易太阳能空气加热器，其结构原理如图 10-17、图 10-18 所示。

太阳辐射透过接收器(集热棚)的透明顶棚照射在储热表面上，使其温度升高，加热集热棚内空气在烟囱作用下，受热空气形成强烈上升气流。许多研究人员将此称为太阳-空气-重力效应(HAG 效应)。

有两位学者将整个太阳能热气流发电系统的工质流动视为标准形式、理想的定压加热式布雷顿循环，工质在整个集热棚内，即从接收器(集热棚)进口至出口是定压吸热过程，自烟囱底部至烟囱出口为绝热膨胀过程，自烟囱出口温度冷却到高空温度为定压放热过程，自高空下降进入接收器进口之前可视为绝热压缩过程。由上述 4 个过程可获得系统各过程的过程参数和过程方程，得出系统循环效率。由于大部分的循环净功要用于在烟囱内克服重力做功，只有一部分通过轴功输出。因此太阳能热气流发电系统理想循环热效率低于相同增压比下的常规布雷顿循环。

太阳能集热棚的高度 H 正比于集热棚入口高度 H_2，正比于集热棚半径。与集热棚地面水平坐标成对应半径，比值的 6 次方。集热棚盖板不同的倾角指数，概念如同太阳能集热器中的安装倾角，由太阳烟囱安装地区地理纬度决定，但通常取 1。已有研究表明，太阳烟囱高度随电站容量的增大而增高，而单位电站容量所需烟囱高度的相对值(电站功率烟囱高度)却非按线性关系快速下降。

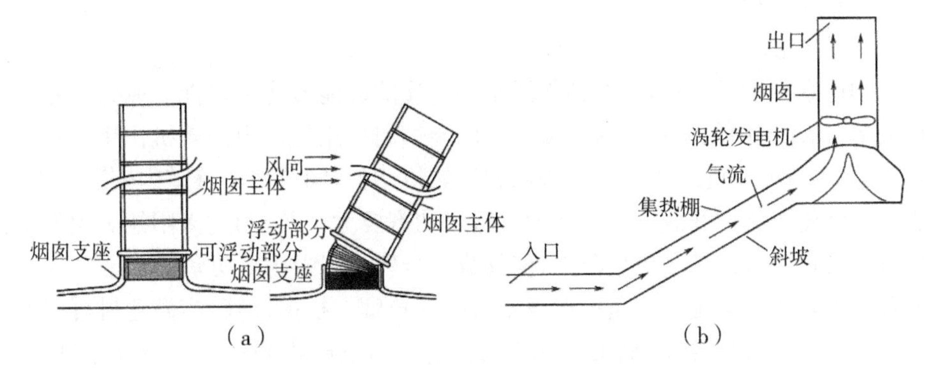

图 10-18　太阳能烟囱的结构原理

2. 太阳能烟囱技术

(1) 采光大棚

采光大棚实际上相当于一个巨大的温室。采光大棚由透光的棚顶和支撑结构组成。棚顶主要由薄膜或玻璃等透明材料建成。温室的高度为 0.6～2 m,周围较低,越接近烟囱越高,这样更有利于棚内气体的流动。

(2) 储热设施

简易的储热设施和太阳能热水器中的集热器相似,采用黑色的水管。在采光大棚的地面整齐地铺设几排水管,管内充满水,并将水管密封。如图 10-18 所示,白天,黑色水管储存的水吸收热量;夜间,当棚内气温下降,这些已经蓄满热量的水,将热量释放出来,加热棚内空气,从而保证夜间烟囱内的气流强度。因为不同于塔式、槽式太阳的高温储热,太阳烟囱可直接使用和建筑相同的相变材料储热,从而大幅度提高储热能力。保证夜间释放热量,电机连续发电。

(3) 烟囱

超高耸烟囱是太阳能热气流发电系统的重要组成部分和标志,其意义与塔式太阳能热发电系统中的太阳塔相似。烟囱的作用是形成压差,为电站提供热动力。太阳能热气流发电技术的发电效率与烟囱高度紧密相关。烟囱能使其内部气体向上流动。流动气体的温度越高,烟囱底部内部气体的压力与外界空气的压力差越大,则烟囱内的气流速度越高。面积较大的采光大棚可以使气流的温度在烟囱底部升高 35℃以上,达到 50℃～70℃,此时烟囱内气流上升的速度可达 15 m/s。烟囱的效率随其高度线性增大,并几乎恒定地下降到温差只有几摄氏度时的效率值。为提高烟囱效率,应该尽可能增加烟囱高度。要使太阳能热气流发电可用功率达到 200 MW,烟囱高度将达 1 000 m。

烟囱的建造材料有很多,常用的是钢筋混凝土,也可以采用钢材或玻璃钢等材料建造。这些方案都是比较成熟的技术,在热电厂建造冷却塔时曾经被广泛采用。国外著名塔结构专家认为由其底部气流源分布形式决定,太阳能烟囱具有不同于其他高耸的钢筋混凝土壳体结构的独特进气口和基础,需在其内部设置许多钢辐条支撑加强环,以增加超高薄圆柱壳体结构稳定性。

(4) 风力涡轮机

在太阳能烟囱中,风力涡轮机的作用是将气流的动能转化为电能。风力涡轮机安装于烟囱底部,由烟囱中的循环气流驱动。太阳能烟囱采用的风力涡轮机作用是将气流动能转换为电能,其原理与水力发电机采用的涡轮机相似,同属封闭管道内安装的涡轮机。相同直径的涡轮机相比开放式风力涡轮机输出功率要大 7 倍,因此太阳能烟囱发电技术中涡轮机的设计关键是扩大应用范围,使气流在合理范围内输出功率最大化。

实现以上目的的关键之一是把握涡轮机叶片角度。根据计算,当涡轮机可以引起气流能量减少 2/3 时,涡轮机的输出功率最大。与风力发电机采用压力级叶轮机不同,太阳能烟囱发电采用速度叶轮机。空气流和整个系统中的空气速度由风机叶片的斜度控制。经过 CFD 仿真分析,可得叶片表面的相对速度和压力分布,经过优化,涡轮机的效率可达 90%。

(5) 集热棚

集热棚是太阳能烟囱发电系统中最重要的部分,它的作用类似于空气集热器,主要收集太阳能加热棚内的空气,以获得推动空气涡轮机发电的动力。集热棚的覆盖层一般为透明的材料如玻璃、塑料等,这类材料能够使太阳辐照中最主要的短波辐射进入,并很好地阻止地面散热发射的长波透出,因此起到集热的效果。集热棚的效率跟当地气象状况(雨雪、沙尘、风速)及地质状况有关,与集热棚直径有很大关系,集热棚的直径越大,集热效率越高。根据卡诺循环,烟囱发电系统的效率与集热棚出口温度有很大的关系,集热棚出口空气的温度越高,整个系统的效率就会越高。但就目前的集热棚集热效果来看,一般出口温度只能提升 30℃左右,整个系统提高的效率很难达到 1%,因此要提高整个系统的效率,不仅要增大集热棚的直径,也要提高集热棚的出口温度。采用空气集热器作为集热棚的集热部分是一种很好的途径,空气集热器可以将空气加热到 80℃左右,并且空气集热器也具有比集热棚更高的集热效率,可达到 50%左右。

目前集热棚覆盖层的使用寿命为 5～7 年,如通过选用新的耐候材料将寿命延长到 30 年,太阳能烟囱发电成本就会降低。根据总太阳辐射能、涡轮机压降与工质的质量流量、总输出功率等参数综合计算得出的 10 MW 级太阳能气流的集热棚直径为烟囱高度的 5 倍,烟囱高度为烟囱直径的 5～20 倍,烟囱越高,烟囱高径比越小。

10.5.3 设计实例

图 10-19 为根据概念设计绘制的兆瓦级太阳能烟囱热气流动力发电站的主要尺寸与其容量之间的关系曲线,仅供设计大容量太阳能烟囱热气流动力发电站时参考。图中标示出一组参考数据,假定电站额定最大设计容量为 10 MW,则由曲线查得热烟囱高度为 800 m,热烟囱半径为 39.5 m,太阳能集热棚半径为 776 m,相比于概念设计数据,显然存在不小的差距。

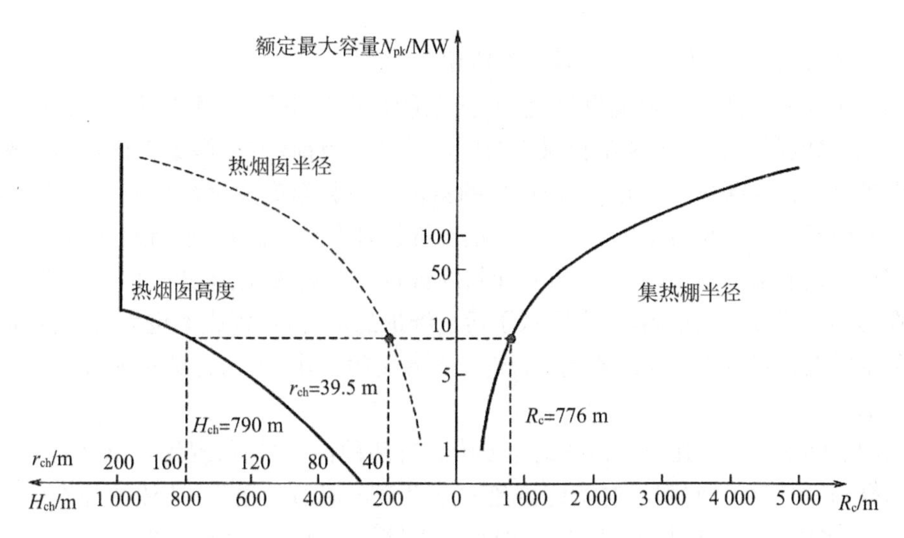

图 10-19　太阳能热气流发电站的尺寸和容量

1. 分析计算式

根据风轮发电机组功率计算的基本关系式，电站发电功率 P_W 可以表示为

$$P_W = \eta_t \frac{m}{\rho_m} \Delta p_t (\mathrm{W}) \tag{10-5}$$

式中：m 为流过风轮机的空气质量流量，kg/s；ρ_m 为空气平均密度，kg/m^3；η_t 为风轮发电机组的能量转换效率；Δp_t 为风轮机中气流的总压降，N/m^2。

$$\Delta p_t = \Delta p - (\Delta p_i + \Delta p_{ch} + \Delta p_{t,i} + \Delta p_b + \Delta p_{ch,o} + \Delta p_{dyn}) \tag{10-6}$$

2. 电站能量转换效率

根据效率定义，电站能量转换效率为

$$\eta = \frac{4P_W}{I_s \pi D_c^2} \tag{10-7}$$

式中：D_c 为集热棚直径，I_s 为太阳入射辐射能。

能量密度小、能流波动大和开发成本高是新能源发电的 3 个最主要难题。建设太阳能热气流发电系统可望有效解决上述难题，从而实现对化石能源的大规模替代。

一个不可回避的问题是，太阳能热气流发电系统的能量转换效率不高，所以装机容量大的系统其建筑规模很大。计算表明，建造一座功率为 10～100 MW 的太阳能热气流发电系统，集热棚直径为 1～6 km，烟囱高度为 400～1 000 m。但应当注意到，新能源发电技术不耗费化石燃料，有良好的生态效应和环境优势，不需要辅以大量的废气洁净技术设备和措施，具有节约资源、环境友好的优势。目前，能量转换效率低是所有新能源发电技术共有的一个问题，但这不是新能源发电技术的关键问题所在，这个问题完全可以通过新能源发电的其他优点所弥补。因此，不能以此来否定太阳能热气流发电技术的应用前景。

3. 太阳能烟囱发电技术在建筑中的应用

相对于其他类型的太阳能发电途径,太阳能烟囱发电原理简单,设备成熟,被誉为“沙漠中的水电厂”,受到国内外能源界的广泛关注。目前,许多国家都已经对太阳能烟囱发电进行了较为深入的研究,各种规模的示范电站甚至商业电站也有所建立,但由于电站一般位于沙漠等较为恶劣的环境中,烟囱维护具有很大的难度。设想热风发电烟囱借用都市高楼的部分结构,一方面可对建筑物进行保温隔热,改善建筑的通风性能;另一方面在结构上更加安全牢固,大大降低了运行维护的难度,投资成本也大大降低,同时又可将产生的电力直接用于建筑本身,是非常有意义的工作,国内外的科研界也做了部分探索性的工作。

太阳能烟囱电站与建筑一体化的主要形式有两种:一种是与现代城市高楼的立面墙体相结合,利用建筑物向阳面的墙体修建一条供气体流通的通道,墙体的外立面为集热棚,涡轮发电机放置于楼层底部;另一种是与人字形屋顶相结合,沿着屋顶修建空气通道,涡轮发电机放置于屋顶顶部,这种形式与斜坡太阳烟囱发电有类似之处。(图 10-20)

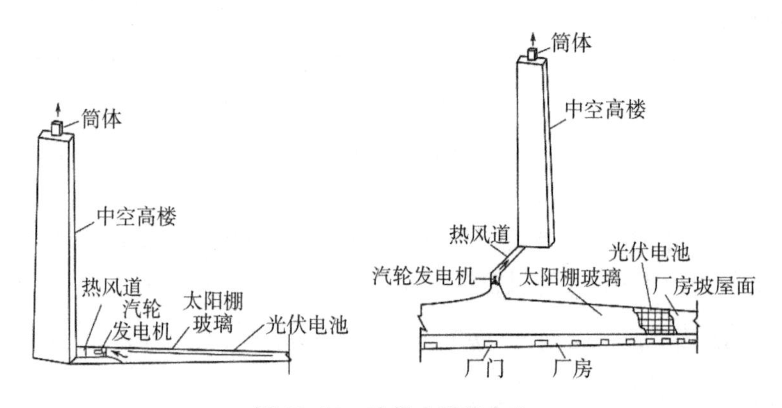

图 10-20 建筑太阳能电站

目前对于太阳能烟囱电站与建筑一体化的研究还比较有限,但是从技术层面上来说,利用太阳能烟囱为建筑提供新风或者地板采暖,已经在许多建筑上得到成功的应用,并行之多年。因此适合城市高楼一体化的热风利用技术从原理上来讲,并无太大困难。

维修费用低和运行时间长是太阳能烟囱发电的特点。太阳烟囱发电站在运行过程中不排出 SO_2 等有害气体,不排放温室气体 CO_2,也不排出固体废弃物,有利于生态环境。荒漠地区适合建造太阳能烟囱电站。

研究表明,影响电站运行特性的因素有云遮、空气中的尘埃、集热器的清洁度、土壤特性、环境风速、大气温度叠层、环境气温及大棚和烟囱的结构质量等。大气红外辐射对电站的总能量平衡起很重要的作用。在阴天且太阳辐射为全散射时,电站仍可在低功率水平下运行。空气中的尘埃成分降低太阳辐照度,影响电站单位功率输出。附着在大棚上的尘土影响棚顶的清洁度。专门选择的棚顶材料,例如具有适当自清洁及防尘附着性能的玻璃,就能减少尘土附着,保持覆盖材料的阳光透过率。尘土覆盖在棚顶上的最大影响是降低其透过率12%左右，但可以通过清除尘土的办法恢复。

太阳能烟囱的发电功率取决于烟囱的高度和温室场地的面积，这意味着不存在物理方面的优化，而只有经济方面的优化。

这使太阳烟囱可以走出沙漠荒原，参加城市建设。

10.5.4 太阳能烟囱发电展望

1、太阳能烟囱的生态环境优势

在各类太阳热动力发电系统中，太阳能烟囱发电是唯一不需要用水，同时不需要复杂聚光、跟踪、储热系统，能够利用全部辐射的发电形式，并且与干燥空气取水、热水、空调和建筑太阳能一体化技术结合。虽然在技术上还有诸多问题尚待解决，但它发展前景为各国学者看好。

能量密度小、能流波动大和开发成本高是新能源发电的3个最主要难题。建设太阳能热气流发电系统有望有效解决上述难题，从而实现对化石能源的大规模替代。

太阳能热气流发电系统的能量转换效率不高，所以装机容量大的系统，其建筑规模很大。计算表明，建造一座功率为10～100 MW的太阳能热气流发电系统，集热棚直径为1～6 km，烟囱高度为400～1 000 m。但应当注意到，新能源发电技术不耗费化石燃料，有良好的生态效应和环境优势，不需要辅以大量的废气洁净技术设备和措施，具有节约资源、环境友好的优势。目前，能量转换效率低是所有新能源发电技术共有的一个问题，但这不是新能源发电技术的关键问题所在，这个问题完全可以通过新能源发电的其他优点来弥补。因此，不能以此来否定太阳能热气流发电技术的应用前景。

目前，国际上关于太阳能热气流发电系统的经济性已经取得一致的意见，即从系统的总投资成本、运行成本、环境友好性等方面来讲，太阳能热气流发电系统是经济、可行的。

2. 太阳能烟囱与超高建筑

太阳能烟囱可以和正在兴起的天棚式建筑和超高建筑配合使用，这是太阳能烟囱的巨大优势。

太阳能烟囱不仅可以提供电力，而且可以在集热棚中种植各类作物，养殖家禽，其功能远远超过单纯发电，而且推动大范围内生态环境的改善。现在已有学者提出，如果一个兆瓦级太阳能烟囱电站占地7 km^2，那么建造数万个这样的电站，将会对我国西部开发和城市建设产生重大影响。

由于发电能力取决于烟囱高度和内外温差，所以高度（集热棚面积也与其相关）成为太阳能烟囱发电的重点。

兆瓦级的太阳能烟囱电站的烟囱高度在1 000 m左右，在修建技术上确有难度，但是太阳能烟囱中间只有热气流，通过比较，修建数百米甚至数千米需要承载接收器和众多管道，以及与定日镜阵列保持精确位置的太阳塔，与设计1 000 m以上的高楼相比，其技术相应要简单许多。

现在，世界各地都在设计超高建筑（立体城市），而不单独建造烟囱，将其作为超高建筑组成部分，同时作为这些建筑的外护部分，无疑是理想选择。使这些建筑发挥太阳能烟囱支撑的功能，并与太阳能电池、太阳能温差发电、风力发电相互配合，无疑是未来建筑的一个发展方向。

高数十米的烟囱只能在合适的天气中进行发电，而高达 2 00～2 000 m 的烟囱可以实现全天候发电，风速持续稳定，全年可以实现 8 000 h 以上的满负荷发电，而一般风力发电全年只有 2 000 h 左右的有效发电，并且还不能保证满负荷运转。

超高太阳能烟囱内部可以形成 30～60 m/s 的高速气流，其风速已经达到台风级别，可以带动约 100 个风力发电机组满负荷地高速运转，其发电量已经与一座大型火力电站不相上下，而造价却不及同级火力电站的 1/10，同时可以种植草木，改善生态，与污染环境的火力电站形成鲜明对比。

众多超高烟囱通过上部相互连接、固定，可以形成一个整体。这增强了太阳能烟囱抗击疾风、沙暴的能力，结合天棚式建筑技术，人们可以对某一数万平方千米甚至更大规模的沙漠进行整体治理设计。

3. 太阳能热气流与太阳能光伏综合发电系统

尽管大规模太阳能热气流发电系统的循环效率和能量利用度均可达到 2%，符合商业应用的要求，但仍有研究人员认为该效率太低，基于此，提出太阳能热气流与太阳能光伏发电相结合的太阳能热气流综合发电系统。该系统可充分利用光伏发电高效率的优点，克服光伏发电规模小、分散等缺点，充分利用太阳能热气流温室系统内的广阔空间布置光伏电池阵列，既节约土地资源，在相同发电量的情况下，又可减少集热棚的面积。考虑在整个集热棚内布置光伏电池，则系统的能量转换与利用效率将有显著的提高。

当透平压降超过 2 000 Pa 时，综合发电系统的能源利用效率有一个突跃，其主要原因是此时系统的流量几乎为零，系统的能量利用效率取决于光伏电池的效率。但系统在实际运用时，不会选择如此高的透平压降，对于烟囱高 1 000 m 的太阳能热气流发电系统，其实际可应用的透平压降在 1 000 Pa 左右。

光伏发电对综合发电系统输出功率的影响较大，对应的输出功率峰值条件下，综合发电系统的输出功率为单一的热气流发电系统的近 3 倍。但光伏发电吸收了相当一部分的太阳辐射能，剩余的太阳能才被蓄热层所吸收，从而加热集热棚内的气体，这就造成了系统流场的变化，甚至使热气流部分的输出功率发生变化。

10.6 新的太阳能热发电技术

在槽式、塔式、线性菲涅尔式发电技术日臻完善，并已投入使用的同时，人们也在开发各种新的热发电技术，这些技术有的已经呈现良好发展前景。

10.6.1 太阳能热动力直接发电

1. 基本原理

通过太阳能加热工质，使其汽化膨胀加压、冷却液(固)化收缩，从而推动磁性物体在线圈内往复运动而发电；或将这种往复运动通过机械转换为旋转运动，带动发电机轴运转发电。

2. 基本构造

将所述工质封闭在一端封闭、另一端可伸缩活动的金属筒腔体内(类似于一端可伸缩活动的热管)，使其汽化膨胀或冷凝收缩，从而使所述金属筒可伸缩活动端的活动密封构件做往复运动，并带动其上的磁性物体在线圈内往复运动而发电；或通过带有棘轮的齿轮齿条驱动发电机轴运转发电。

3. 关于工作介质

其工作介质可选用低温、常温、中温、高温等系列热管的工作介质，或各种具有升华、凝华性质的各种物质(如卤化铵)作为这种发电装置的工作介质，以满足这种发电装置在不同地区和各种不同光照条件下的运行需要。

4. 在一端面封闭的金属筒外围设立可透光的真空保温层。真空保温层可以由一端面封闭的双层玻璃抽真空构成，也可以由一端面封闭的单层玻璃管与一端面封闭的金属管之间的金属波纹管弹性密封后抽真空构成。这样真空管制造难度降低，在常温、低温状态下可用普通玻璃制作，降低制作成本。

5. 相对优势

与传统太阳能发电方式相比，这种新型发电方式具有以下优势：(1)无需聚光或聚光比很小；(2)积木化强，规模及安装地点灵活；(3)建设周期短，电站功率可根据需要组装，无论作为集中电站还是分布供电，或是作为小区、工厂、大型建筑的独立电站都非常合适，容量可小到只为手机供电，大到可以和目前的火力发电厂相比；(4)电厂离负荷可以很近，从而改善了地区频率偏移和电压波动，降低了现有变电设备和电流载波容量，减少了输变线路投资和线路损失；(5)制造简单、安装容易、维修方便、成本较低；(6)适用范围广，在几乎各种光照条件下均可工作。

10.6.2 线塔式聚光技术

线塔式聚光技术兼容了槽式线聚光技术布置特点，同时又具备较合适的高聚光度。其中聚光反射镜子类似塔式聚光技术，在吸热器两边布置大量可进行光跟踪的镜架，把光线反射到吸热器上。线塔式聚光与塔式点聚光不同之处是线聚光。

10.6.3 多级高能密度储热池技术

多级储热池设计遵循温度适合、梯级利用的原则，在充分提高能量利用率的同时，提高系统能量值率，主导思想是把高一级废弃热变为次一级有用热，或是低一级热为高一级热能输出垫个台阶，提高输出能量数值。本项技术热利用率≥85%，太阳能集热面辐射能利用率≥60%。

其中三级储热池系统适用于中小型太阳能热发电储热，同时利用低品位热能制冷、供暖和热水；五级储热池系统适合超大规模太阳能热发电储热，同时利用低品位热能的储能池。

10.6.4 低温太阳能热发电研究进展

低温太阳能热发电，一般热源温度在80℃～250℃之间，对系统设备要求相对较低，同时冷热源温差范围也相对较窄。

现在低温太阳能热发电技术研究，主要集中在工质、循环的优化与改善膨胀做功装置等方面。

(1) 工质，往往没有单一工质能够完全满足所有条件，选择时需要权衡利弊综合考虑。纯工质依据温熵图中饱和气相线的形状有R123等温流体、K290等温流体和R245fa熵流体之分。

(2) 循环的优化改善有再热循环、混合工质循环、新型氨吸收联合动力循环、联供系统和复合热源系统几个方面。冷温太阳能热发电系统与其他系统(如喷射制冷、辐射供暖)相耦合，与现有的冷源和热源进行复合，对应作为兰金循环的热源和冷源，实现能源梯级利用；与地热同时作为热源进行低沸点工质循环发电、海水温差、发动机尾气、生物质燃烧热能等复合利用，提高能源综合利用效率。

(3) 膨胀做功装置，包括透平机、涡旋膨胀机、滑片膨胀机、单/双螺杆膨胀机的研究。

10.7 对真空集热管和热管的改进

真空集热管和热管是太阳能光热转换的核心部件，是太阳能科技开发的热点。现在，用于太阳能热水、温室、海水淡化等领域的真空集热管的数量每年达数十亿支(根)，并且在急速扩大。自20世纪80年代以来，各国科技人员竞相研发新的真空集热管的生产工艺和结构，并且取得很大成功。但是现在市面流通的真空集热管仍有不足之处，主要表现有：(1)可选择性吸收光谱的质量和相应喷涂技术仍需提高；(2)金属与玻璃的热膨胀系数不同[分别为(3～5)×10/℃和(17～21)×10/℃]，两者可伐连接并不牢固，在受热和长时间状态有可能漏气，降低真空度，甚至影响安全；(3)在使用热管与倒V形间的缝隙，有9%左右的太阳光遭二次反射返回大气，没有得到利用；(4)对于有波纹管的集热管，形成的连接缝增多，增加了保持真空度和工艺操作的难度；(5)真空集热管、热管需要进一步适应集热器的结构、功能设计；(6)由内、外管皆由玻璃制成的集热管才能承受高温、高压；(7)各类真空集热管和热管都必须提高精度、降低成本、进一步向大规模工业化生产方向努力。

为解决现有真空集热管和热管的缺陷，我国科技人员提出多种改进方案。这里介绍东南大学王军等人研发的包括热管结构、性能、材料等各方面的几项创新成果。

10.7.1 用于槽式太阳能热发电的真空集热管创新

1. 一种槽式太阳能真空集热管

涉及的槽式太阳能真空集热管，其结构是玻璃管与金属管之间形成真空，管内放置吸气剂，以达到并保持管内10^{-2}Pa真空度，表面涂有吸收太阳光涂层的金属管与玻璃管间采用可伐合金封接，在金属管上采用两个膨胀节以补偿升温后玻璃管与金属管之间的膨胀量差。本创新的优点：在金属管上直接装置两个膨胀节后，将金属管大于玻璃管的膨胀量在集热管单元内部消化，避免在单元间加膨胀节；克服了以往集热管结构复杂、加工困难的弊端。

2. 一种可以确保满足槽式太阳能热发电温度的真空集热管

该槽式太阳能真空集热管包括表面涂有吸收太阳光涂层的金属管，金属管两端附近固定法兰盘，管外套装玻璃管；玻璃管的两端通过可伐合金与法兰盘封接，玻璃管与金属管间为真空层，其改进之处在于：两法兰外侧通过膨胀节与金属管两端连接，金属管两端固定遮盖膨胀节和可伐合金的防护罩。由于可伐合金与玻璃之间的熔封外加防护罩，因此可以防止聚焦光线直接照射在熔封接口，从而提高耐温性能，满足槽式太阳能热发电的温度要求。(图 10-21)

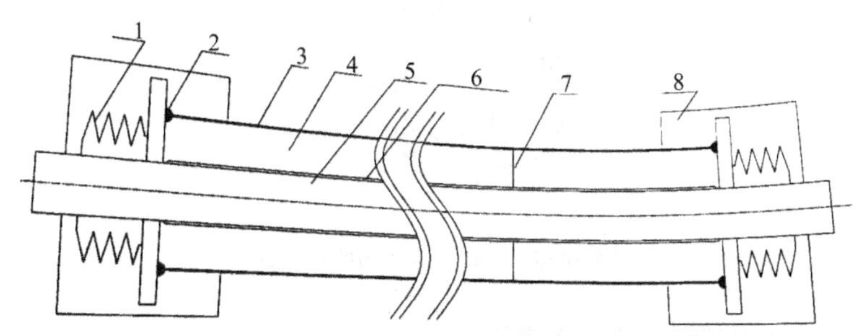

图 10-21　一种可以确保满足槽式太阳能热发电温度的真空集热管结构

1—膨胀节；2—可伐合金；3—玻璃管；4—真空层；
5—金属管；6—光涂层；7—环状固定支座；8—防护罩

10.7.2　双层玻璃集热管

1. 双层玻璃热管式聚焦集热管

双层玻璃热管式聚焦集热管工作原理：太阳光在透过真空玻璃套管时，经底部呈 W 形聚光板反射聚焦，被热管的加热段表面的选择性吸收涂层吸收，加热热管内的工质，管内工质汽化后到达热管的冷却段，将热量传递给热管外的冷却物质，热管的冷却段内蒸汽冷凝后，回到热管的加热段重新循环使用。内、外面两层玻璃管形成真空玻璃套管，套管内放置吸气剂，以达到并保持管内 10^{-5} Pa 真空度，聚光板底部呈 W 形，聚光板插入真空玻璃套管的内管内的空腔，表面涂有选择性吸收涂层的热管的加热段置于聚光板的焦线处，热管与真空玻璃套管间用塞子封口。由双层玻璃形成的真空不会因时间长或受强热发生泄漏现象，使真空度持久；玻璃套管与热管之间采用塞子封口，杜绝了因玻璃管破裂所造成的安全隐患；由双层玻璃形成的真空套管较现有技术中由玻璃和可伐连接形成的真空管易加工，热管与真空玻璃套管间用塞子封口，安装、维修方便；底部为 W 形的聚光板与热管间虽留有缝隙，但太阳光不会被反射出玻璃管。这种双层集热管可用于制备热水，产生蒸汽，进行发电。(图 10-24)

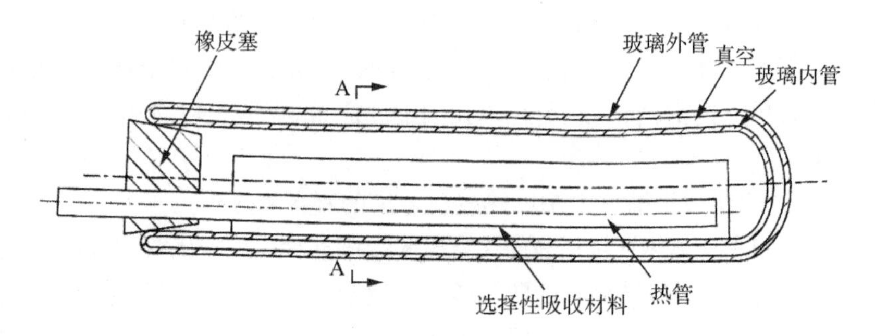

图 10-22　本发明的结构

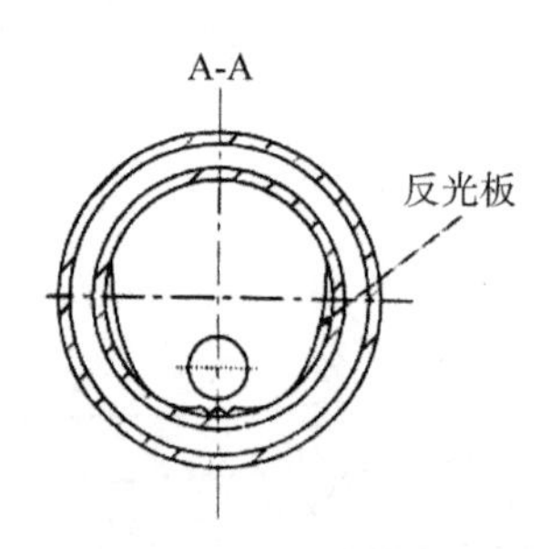

图 10-23　本发明结构的横截面

2. 双层真空玻璃管翅片式热管集热器

双层真空玻璃管翅片式热管集热器工作原理:太阳光在透过真空玻璃套管后照射到涂有太阳光吸收涂层的热管及其翅片上,涂层表面吸收太阳辐射,加热热管内的工质,在管内工质汽化—冷却段,将热量传递给热管管外的冷却物质,热管的冷却段内蒸汽冷凝后回到加热段重新循环使用,内外两层玻璃管内放置吸附剂,达到并保持 10^{-5}Pa 真空度。

表面涂有太阳光吸收涂层的带有翅片的热管插入真空玻璃套管空腔中,热管与真空玻璃套管间用塞子封口。本发明的优点:由双层玻璃形成的真空不会因时间长或受强热发生泄漏现象,使真空度持久;玻璃套管与热管之间采用塞子封口,杜绝了因玻璃管破裂所造成安全隐患;由双层玻璃形成的真空套管较现有技术中由玻璃和可伐连接形成的真空管易加工,热管与真空玻璃套管间用塞子封口,安装、维修方便。(图 10-24)

3. 波形管式双层玻璃真空集热管

在内外双层玻璃管之间形成真空层,在内管中插入中心管,试验证明,中心管两端的金属直管之间连接有吸热涂层的波形管,不仅增加了吸热面积,而且使管内工质在流动时产生涡流,提高了热交换系数,协调了中心管与玻璃管之间的热膨胀差异。玻璃套管与中心管之间用垫圈封口,降低了玻璃管破裂的隐患。整个集热管制造、组装方便,可以工业化生产,适用于太阳能热发电空调、海水淡化等需要高温集热的场合。(图 10-25)

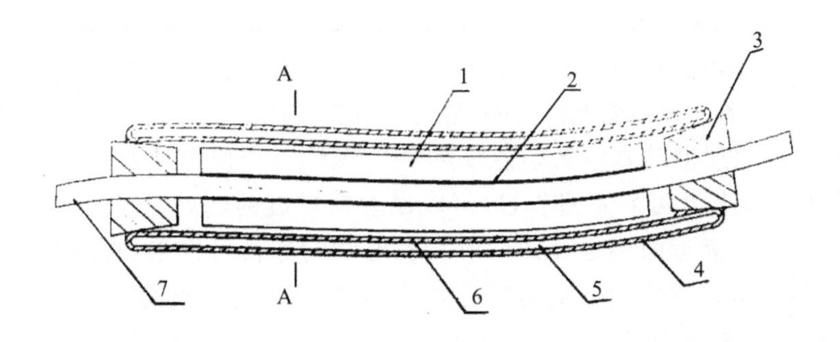

A-A（旋转90°）

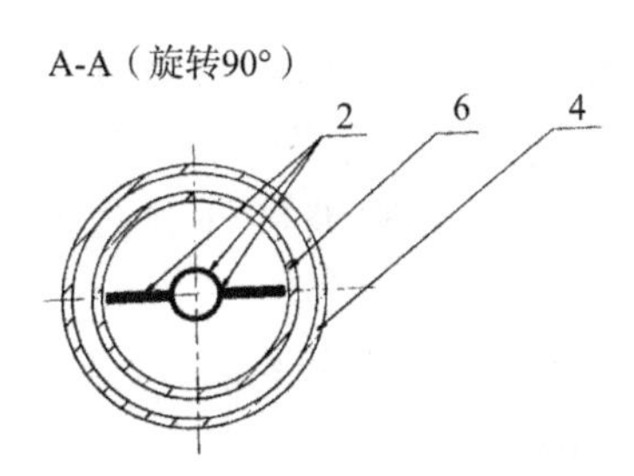

图 10-24　双层真空玻璃管翅片式热管集热器结构

1. 翅片　2. 太阳光吸收涂层　3. 塞子　4. 玻璃外管　5. 真空层　6. 玻璃内管　7. 金属管

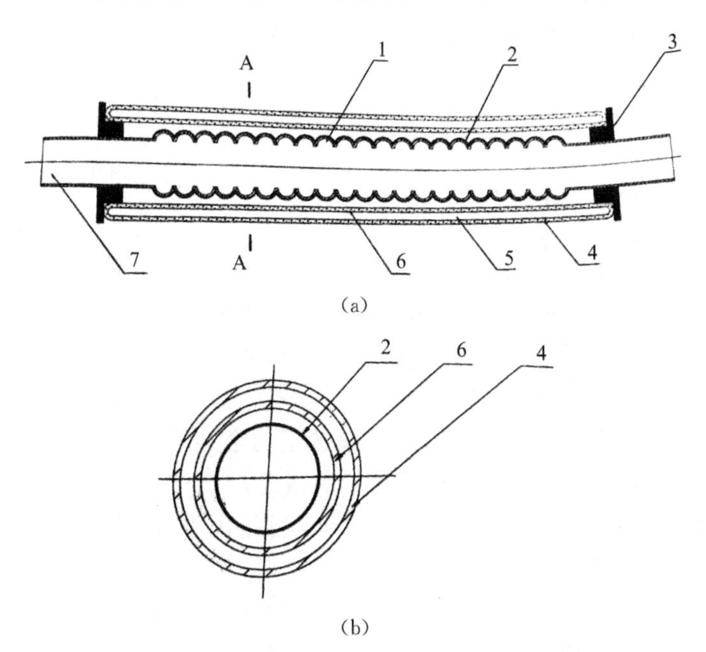

图 10-25　波形管式双层玻璃真空集热管结构

1. 波形管　2. 涂层　3. 垫圈　4. 玻璃外管　5. 真空层　6. 玻璃内管　7. 金属直管

4. 伸缩节式双层玻璃真空太阳能集热管

这种集热管包括玻璃内管和套置于该玻璃内管外的玻璃外管，该玻璃内管两端敞口，其外表面上设有太阳能选择性吸收涂层，玻璃内管和玻璃外管之间为真空空间，在该玻璃内管的背光面与玻璃外管之间设有聚光反射元件。该伸缩节式双层玻璃真空太阳能集热管上还设有伸缩节,伸缩节由可伐合金环、波纹管密封连接而成,伸缩节可以为一个也可以为两个。在玻璃内管与外管间,还有一对支撑杆。

当伸缩节式双层玻璃真空太阳能集热管中只有一个伸缩节时,所述伸缩节设在玻璃内管的中部,当为两个伸缩节时,可以设置在靠近两端处;所述伸缩节也可以设在玻璃外管的中部靠近两端处。伸缩节和玻璃管的连接可以采用热压封接工艺,低温玻璃焊料封接工艺或采用火焰熔封工艺、高频熔封工艺。伸缩节式双层玻璃真空太阳能集热管的玻璃外管内表面朝着太阳方向的部分,截面为抛物线状或者CPC型。

所述的伸缩节式双层玻璃真空太阳能集热管的聚光反射元件由位于玻璃外管内表面朝向太阳方向部分的反射膜构成,该聚光反射元件也可以为聚光反射板,聚光反射板设在玻璃内管的背光面和玻璃外管之间,截面可以为抛物线形或者为CPC型。

所述的伸缩节式双层玻璃真空太阳能集热管,其玻璃外管和玻璃内管可以同心设置也可以偏心设置。(图 10-26)

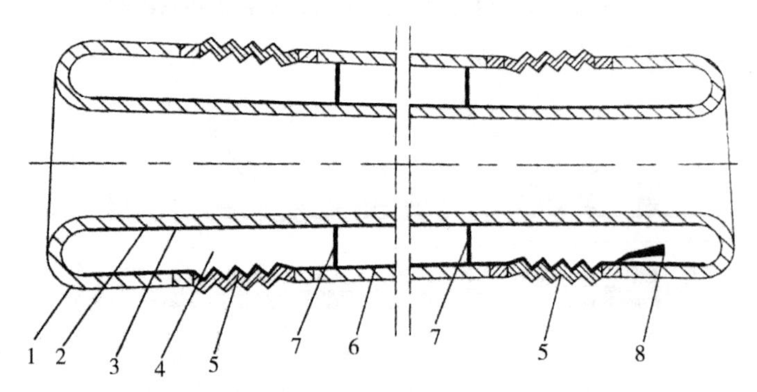

图 10-26 伸缩节式双层玻璃真空太阳能集热管结构图

1. 玻璃外管 2. 玻璃内管 3. 选择性吸收涂层 4. 真空层
5. 伸缩节 6. 反射元件 7. 支撑杆 8. 吸气剂

效果为:(1) 结构稳定,不易破裂,由于设置了两个伸缩节,此时为了保证管子的刚度,必须设置一对支撑杆来保持整个管子结构的稳定。

(2) 本技术由于设置了两个伸缩节,更好地消除了因内、外管温度不同而产生的膨胀量差,从而避免了爆管现象。

(3) 当两个伸缩节设在玻璃外管上时,更易于加工和安装。

(4) 聚光反射元件的设置,提高了太阳能集热管的集热效率,并且玻璃内管辐射出来的热量也可以被聚光反射元件部分地反射回去,减小了热量损失。

(5) 聚光反射元件的截面为抛物面状或者 CPC 型,增大了有效反射面积,提高了集热管聚光比。

10.7.3 热管生产蒸汽系统

1. 热管式一次性通过直接产生蒸汽(DSG)系统

本系统包含热管式再次循环直接产生和热管式一次性通过直接产生蒸汽的装置及方法。

系统中一回路为聚光集热回路,工质为导热油,槽形聚光器聚光得到高能流密度的太阳能,通过集热管(一般为金属玻璃直通式真空集热管)中的金属吸收管表面的吸收涂层转化为热能,加热集热管内工质,得到高温的导热油;二回路为水—蒸汽回路,工质为水,通过换热器,一回路中的高温导热油将热量传递给二回路中的水,产生高温、高压蒸汽。

上世纪开始研究以水为工质的单回路一次性通过直接蒸汽发电热利用系统。采用单回路原理,以水代替常规系统集热管内的导热油工质,吸收太阳能,直接获得高温、高压蒸汽一次通过方式的运行过程:集热管中的工质水由集热场入口处泵入,经过预热、蒸发、过热三个阶段,逐步产生过热蒸汽。由水变成过热蒸汽是一个逐步但连续的过程。

为了解决采用单回路一次性通过 DSG 系统的问题,本发明提出热管式一次性通过直接产生蒸汽(DSG)系统,采用热管式真空集热管取代现有金属—玻璃直通式真空集热管,形成热管式一次性通过 DSG 系统,既能保留普通 DSG 系统单回路相对于常规聚光太阳能热利用双回路的优势,又将 DSG 系统的承压部分和吸热部分分开,利用热管技术实现源汇分离,解决普通第二部分系统中的难点。

技术方案是热管式一次性通过 DSG 系统将多个聚光器经过串、并联的排列,聚光器聚集的太阳光透过热管式真空集热管的玻璃外管和真空腔,被选择性吸收涂层吸收后,加热热管蒸发段内的工质,热管内工质蒸发上升至热管的冷凝段,工质蒸汽将热量传递给热管管外、系统总管中的冷却介质水后,工质凝结成液体重新回到热管蒸发段循环使用。系统总管中的冷却介质水由泵打入到总管中,被不断加热后,由水变成蒸汽输出到需要场所。系统中,热管式真空集热管的热管冷凝段插入到总管中,实现源汇分离。

热管式一次性通过直接产生蒸汽的装置包括:聚光器、热管式真空集热管、泵、总管。其中,热管式真空集热管并联排列连接在总管的侧壁上,在总管的进口端设有泵,冷却介质水由泵打入总管,总管的出口输出蒸汽,热管式真空集热管的热管的冷凝段插入到总管中。

热管式真空集热管包括玻璃外管、真空腔、选择性吸收涂层、热管、蒸发段内的工质。热管蒸发段位于玻璃外管中,热管蒸发段与玻璃外管之间是真空腔,选择性吸收涂层涂在热管蒸发段上。(图 10-27)

所述热管式真空集热管为熔封式(火封式)真空集热管、熔封式(热压封式)真空集热管。

所述热管式真空集热管为如图 10-28 所示的普通型真空集热管、聚光式真空集热管或翅片式真空集热管。

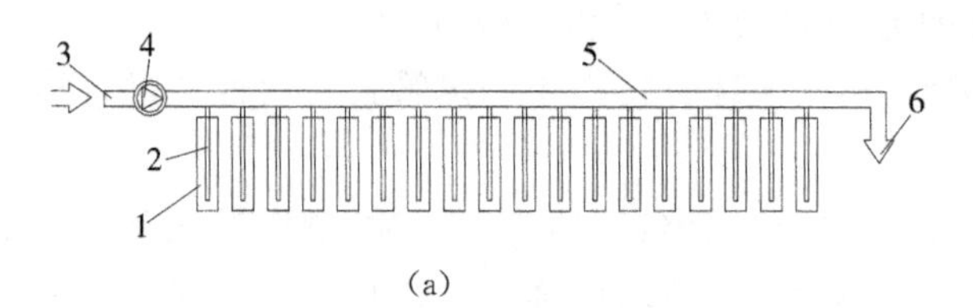

(a)

1. 聚光器　2. 热管式真空集热管　3. 冷却介质水　4. 泵　5. 总管　6. 水蒸气

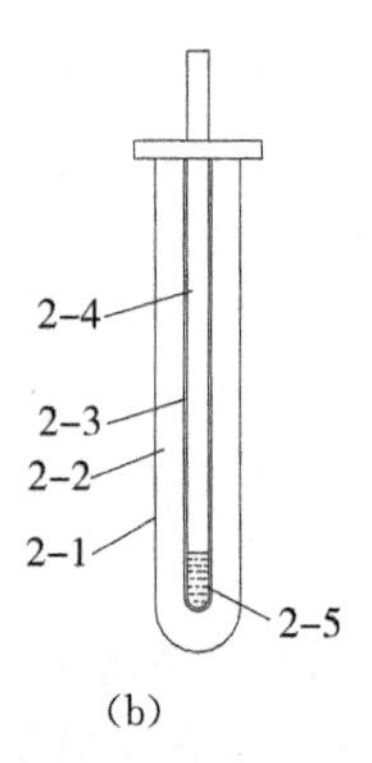

(b)

2-1　玻璃外管　2-2　真空腔　2-3　选择性涂层　2-4　热管　2-5　蒸发段工质

图 10-27　热管式一次性通过直接产生蒸汽系统

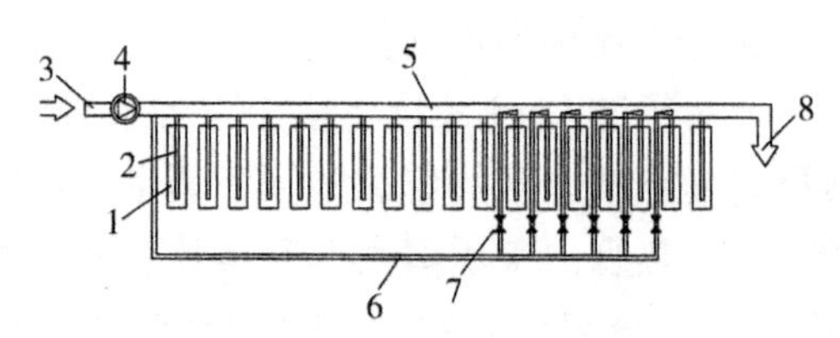

热管式逐次注入 DSG 系统

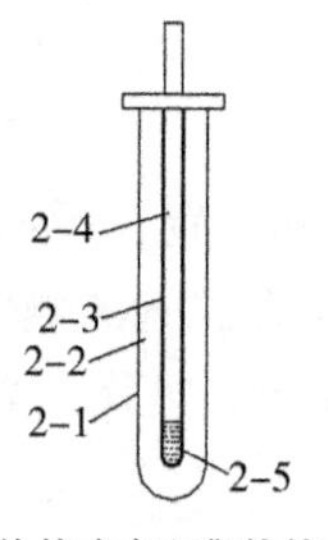

热管式真空集热管

图 10-28　热管式逐次注入式直接产生蒸汽系统

1. 聚光器　2. 热管式真空集热管　3. 冷却介质水　4. 给水泵　5. 总管　6. 旁路管　7. 注射泵　8. 水蒸气

2-1　玻璃外管　2-2　真空腔　2-3　涂层　2-4　热管　2-5　工质

2. 热管式逐次注入式直接产生蒸汽(DSG)系统

热管式再次循环直接产生蒸汽的装置及方法。

用热管式逐次或再次注入式直接产生蒸汽的装置及方法。采用热管式真空集热管取代现存的金属—玻璃直通式真空集热管,以解决采用单回路逐次或再次注入 DSG 的问题。(图 10-29)

采用热管式逐次注入方式形成的 DSG 系统:(1) 安全性好。水在系统总管中被加热,逐步由水变成汽水混合物再变成过热蒸汽,承受高温、高压的系统总管与热管式真空集热管的关键部分即保持真空的吸热部分是分离的,能有效地保护集热管的真空结构。(2) 易控制。与普通 DSG 系统由处于运动状态下聚光集热器的直通式真空集热管作为承压结构相比,热管式 DSG 系统的承压部分为处于固定状态下的总管,结构简单,运行更可靠,易控制。(3) 免维护。热管式真空集热管的吸热结构在玻璃管内,如同太阳能热水器的真空管一样,无需人工清洗。(4) 效率高。系统中虽然增加了热管元件,但热管是利用工质相变进行热量传输的高效传热元件,其热阻对于系统效率的影响很小,相反,热管式真空集热管的放热段插入到一根冷却介质(水或蒸汽)流动的总管中,相当于扰流柱,强化了传热,可提高系统效率。因而,热管式 DSG 系统既保留普通 DSG 系统单回路相对于常规聚光太阳能热利用双回路的效率和成本优势,又解决普通 DSG 系统中的真空集热管易损坏和控制复杂等问题。

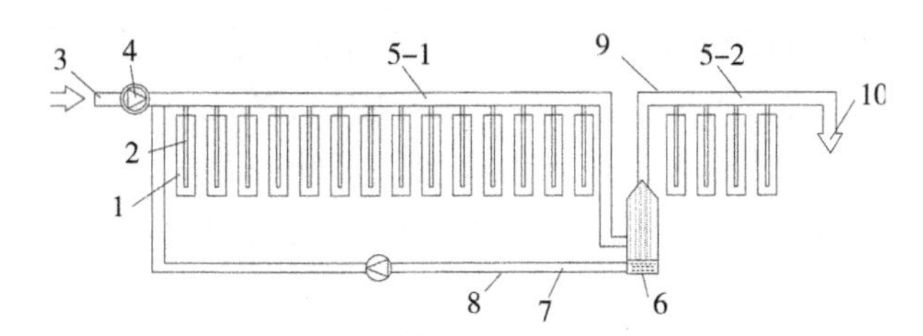

图 10-29 热管式再次循环直接产生蒸汽的装置的结构

1. 聚光器 2. 热管式真空集热管 3. 冷却介质水 4. 给水泵 5. 总管(5-1,5-2,9,10) 6. 旁路器 7. 注射泵 8. 水蒸气

10.7.4 几类新型真空管

1. 自聚式直通真空集热器件

槽式太阳能用真空集热管一般由膨胀阀、可伐合金、玻璃管、真空层金属管、吸收太阳光涂层、固定支座、胶构成,封接方式采用熔封结构。

这对聚光器的精度要求很高。玻璃板与反光板相分离,其接收的太阳能能量密度与不聚光的太阳能能量密度的比值即为槽式聚光器的聚光比。由于远离太阳光入射部分表面涂有反光材料,形成聚光反光面,将玻璃管与反光面合二为一,无需另在玻璃管内设置抛物面型聚光板,简化集热管结构,可以降低槽式聚光器的加工精度,提高系统的聚光比。图 10-30 是自聚式直通真空集热器件结构图。

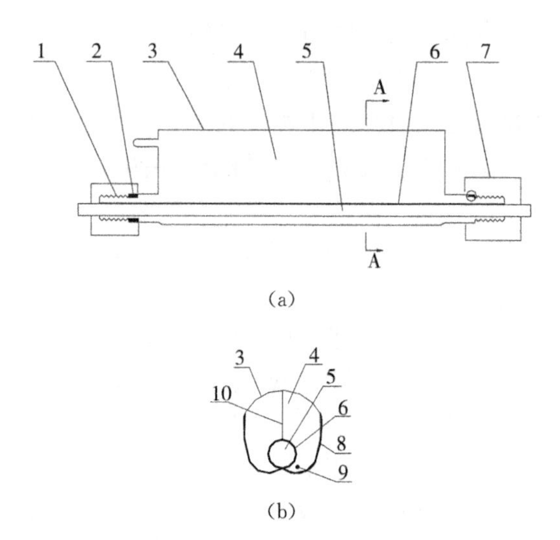

图 10-30　自聚式直通真空集热器件结构

1. 膨胀阀　2. 垫圈　3. 玻璃管　4. 真空　5. 吸收管　6. 涂层　7. 支座　8. 反光材料　9. 吸气剂　10. 固定支座

2. 带有回流装置的全玻璃热管式真空集热管

这是一种适用于太阳能热水集热器的部件，是现有热管式真空集热管部件的改进成果。根据集热器是否有真空空间可将集热器分为平板型集热器和真空管集热器。其中，全玻璃真空集热器在早期的热水器产业中有很广泛的应用，但是，由于在运行过程中，水工质直接传热效率较低，且若有一根管破损，系统将全部停止运行。此外，随着使用时间的延长，内管结构降低传热性能也是其缺点之一。为弥补这些缺陷，同时为了进一步提高集热器的运行温度，拓宽太阳能的应用领域，全玻璃热管式真空集热器应运而生。

因为采用了热管技术，全玻璃热管式真空集热管具有很多优点，比如：管内无水，在低温环境下耐冻防裂，耐热冲击；热管内工质热容量小，热管启动快；由于“热二极管效应”，集热管保温性能好等。此外，与金属热管式真空集热管相比，具有易成型、制作成本低、不存在玻璃与金属间气密封接技术的难题等优势。虽然全玻璃热管式真空集热管具有许多优点，性能也不断提高，但依然存在一些不足之处。

由于热管式真空集热管内工质在冷凝段放出热量后降温冷凝，形成液态工质，而液态工质的回流需依靠其自身重力流回至蒸发段，故安装时需将热管式真空集热器与地面呈一定倾角放置。不足之处在于当液态工质回流的同时，蒸发段产生的气态传热工质上升，会剪切回流的液态工质，进一步减缓了工质的回流，降低输送能力，削弱了集热管的液气循环，从而减弱集热管的传热效率。本发明带有回流装置的全玻璃热管式真空集热管，将回流液与上升的气态传热工质分离开来，减小气态传热工质对回流液的阻力，从而加速了液体的回流，提高输送能力，增强液气循环，提高集热管换热的工作效率。图 10-31 是带有回流装置的全玻璃热管式真空集热管结构。

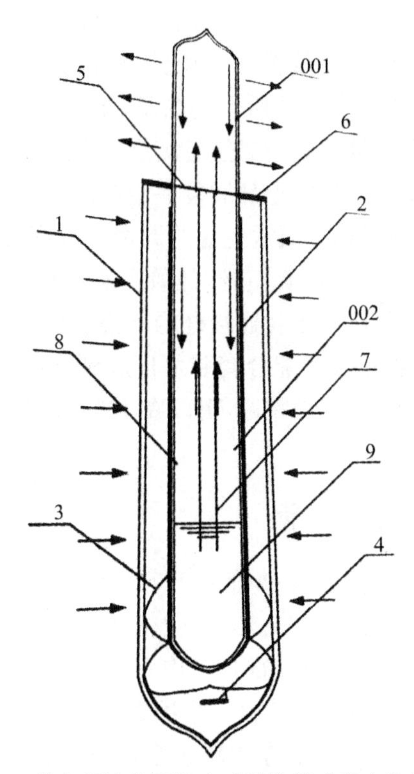

图 10-31　带有回流装置的全玻璃热管式真空集热管结构

1. 玻璃外管　2. 选择性吸收涂层　3. 自定心支撑　4. 吸气剂　5. 挡板　6. 封接结构
7. 导管　8. 玻璃热管　9. 热管工质　002. 蒸发段　001. 冷凝段

10.7.5　熔封式热管真空集热管

1. 内膨胀熔封太阳能热利用真空集热管

内膨胀熔封太阳能热利用真空集热管包括外层玻璃管，玻璃管套装在中部的金属管上，金属管外涂覆吸热涂层，其特征是：金属管的中间分断，通过波形膨胀节密封连接，玻璃管的两端通过可伐合金过渡件分别与两段金属管的外伸端封接，可伐合金过渡件的一端与对应的金属管密封焊接，另一端与对应的玻璃管端头熔封，玻璃管与金属管以及波形膨胀节之间抽真空形成真空层，两段金属管的中部与玻璃管之间分别装有自定心支撑。

本技术进一步的完善是，为了进一步提高可伐合金与玻璃管间熔封接口的安全性，使其可以应用于太阳能热发电等高温场合，以上真空集热管的金属管外伸段分别固定有遮住玻璃管熔封部位的防护罩。同时妥善解决了玻璃与金属热膨胀系数差异问题，并且强度高、刚性好、连接可靠，可以保持长期密封，从而满足大功率应用场合的需要。

2. 熔封式热管真空集热管

现有的热管式太阳能真空集热管技术熔封部位难以耐受 250℃以上的高温，熔封部位即使直接暴露在阳光照射下也没有必要采用防护措施。但玻璃管与金属管仅仅在熔封部位连接，容易应力集中，而且热管换热面积较小，在长时间工作或高温条件下，仍然容易泄漏，降低真空度和吸热效率。针对上述缺陷，王军等人经反复实验认识到封接处的长效密封性能是保证现有热管式真空集热管满足中高温工况使用的关键。

本熔式热管真空集热管的热管中上部插装在金属法兰盘中心孔中密封焊接，上部密封焊接带进口和出口的冷却套管，金属法兰盘的周边通过可伐合金环与玻璃外管口熔封密封连接，玻璃外管与热管之间形成真空腔，热管上装有遮住熔封连接缝的防护罩。其结构简单，制造工艺切实可行，所有熔封连接缝均不会受到太阳光的直接照射，可以避免温度过高，并且防护罩与玻璃外管的配合套装可以起到辅助支撑的作用，避免了熔封焊缝的应力过于集中；结构紧凑，吸热效率高，可以在400℃长期正常工作，特别适合于中高温太阳能热发电工程。

10.7.6　使用新型材料的集热管

1. 采用陶瓷内管的太阳能真空集热管

采用陶瓷材料内管的太阳能真空集热管，包括玻璃套管、同轴安装在玻璃套管中心的内管，以及位于二者之间的过渡连接部件。内管直接由可吸收太阳光的黑陶瓷制成，玻璃套管通过过渡连接部件与其密封连接。采用膨胀系数小的陶瓷材料做内管，没有使用波纹管。内管直接由可吸收太阳光的黑陶瓷制成，表面无需覆盖太阳能选择性吸收涂层，成本较低，工艺简单，进一步降低了真空集热管制造工艺难度和成本，有助于推动太阳能中、高温热利用技术的产业化进程。

2. 采用复合材料内管的太阳能真空集热管

本发明针对以上现有技术存在的缺点，提出一种采用复合材料内管的太阳能真空集热管，该复合材料内管和玻璃套管的线膨胀系数相近。因此不需要使用波纹管，仅通过粘接即可实现真空密封。

上述技术方案没有采用膨胀系数较大的金属内管，而是采用与玻璃套管膨胀系数相近的复合材料内管，成本较低；而且没有使用波纹管，避开了成本高、工艺复杂的可伐封接，以简单易行的密封粘接取而代之，因此进一步降低了制造工艺难度和成本。本发明应用前景广阔，不仅可以用于太阳能热水工程中替代玻璃真空管，内管不会破裂；也可以产生100℃～150℃的热源，用于太阳能海水淡化系统中；采用特定的复合材料内管和封接工艺，本发明还可以用于300℃以上的槽式太阳能热发电系统中。

10.7.7　分区式太阳能高温热管中心接收器

太阳能热发电系统的接收器有两种类型：空腔型和外部受光型。对于空腔型的接收器，定日镜所发射的太阳光可以直接照射到空腔内部，因此可以直接将接收器的热损失控制在最低限度，但是，空腔型接收器所能适应的镜场布置方式比较单一，即不超过180°受光，镜场的规模也因此受到限制，从而阻碍了塔式太阳能热发电系统的放大。虽然外部受光型接收器的热损失比空腔型要大，但它可以全周向受光，对镜场的型式和规模适应性强，适用于大容量发电站。

现在已开发的采用高温热管做吸热单元的外部受光型接收器，这种结构的接收器仍然存在问题，对接收器的工作存在着一定的影响：由于太阳方位的原因，不同方向的热管吸收的热量不同，吸收较少的热管加热的工质温度较低，吸热较多的热管加热的工质温度较高，所有热管统一加热工质，高低温度的工质混合，会导致系统熵的增加，降低能量的利用效率。

分区式太阳能高温热管中心接收器对联箱管和高温热管进行分区，隔热板为导热系数 0.001～0.01 W/(m·K)的真空隔热板。高温热管竖直放置，由环形管分为放热管（上段）、箱管（下段），隔热板组将上联箱管、下联箱管分成多个区，处于同一区的上联、下联箱管相互连通。

参考文献

[1] 朱宁,李继民,王新红,等. 太阳能供热采暖技术[M]. 北京:中国电力出版社,2017.

[2] 孙如军,卫江红. 太阳能热利用技术[M]. 北京:冶金工业出版社,2017.

[3] 朱敦智,刘君. 太阳能热利用基础[M].北京:中国电力出版社,2017.

[4] KISSELL T E. 太阳能利用技术及工程应用[M].朱永强,等译. 北京:机械工业出版社,2014.

[5] 罗运俊,王玉华,陶桢. 太阳能热水器及系统(第二版)[M].北京:化学工业出版社,2015.

[6] [美]陈成钧. 太阳能物理[M].连晓峰,等译. 北京:机械工业出版社,2012.

[7] 施钰川. 太阳能原理与技术[M]. 西安:西安交通大学出版社,2009.

[8] 邵理堂,李银轮. 新能源转换原理与技术:太阳能[M]. 镇江:江苏大学出版社,2016.

[9] 邵理堂,刘学冬,孟春站. 太阳能热利用技术[M]. 镇江:江苏大学出版社,2014.

[10] 熊绍珍,朱美芳. 太阳能电池基础与应用[M].北京:科学出版社,2009.